微纳米含能材料科学与技术

刘 杰 李凤生 编著

科 学 出 版 社

北 京

内 容 简 介

微纳米含能材料是保障国家安全和促进国民经济发展不可或缺的重要材料。本书针对微纳米含能材料制备过程所涉及的基础理论与技术、工程化与产业化及应用研究进展、性能变化机理与性能表征技术等进行了系统阐述，并对微纳米含能材料的研究与发展方向进行了凝炼和展望。

本书可作为含能材料专业人员、微纳米材料专业人员和科技管理人员的参考书；也可作为材料科学与工程、兵器科学与技术、安全科学与工程等学科的本科生与研究生教学以及专业技能人才培养的教材或参考书。

图书在版编目（CIP）数据

微纳米含能材料科学与技术/刘杰，李凤生编著. —北京：科学出版社，2020.8

ISBN 978-7-03-065874-6

Ⅰ. ①微… Ⅱ. ①刘… ②李… Ⅲ. ①纳米材料－研究 Ⅳ. ①TB383

中国版本图书馆 CIP 数据核字（2020）第 153831 号

责任编辑：张淑晓 李丽娇 / 责任校对：杜子昂

责任印制：吴兆东 / 封面设计：东方人华

科学出版社 出版

北京东黄城根北街 16 号

邮政编码：100717

http://www.sciencep.com

北京九州迅驰传媒文化有限公司 印刷

科学出版社发行 各地新华书店经销

*

2020 年 8 月第 一 版 开本：720×1000 1/16

2020 年 8 月第一次印刷 印张：23 1/4

字数：470 000

定价：138.00 元

（如有印装质量问题，我社负责调换）

前　　言

微纳米含能材料是保障国家安全和促进国民经济发展不可或缺的重要材料。它不仅具有含能材料的能量效应，还由于尺度微纳米化而具有表面效应、小尺寸效应，以及其他相关物理与化学效应。这就使得其在军民各个领域应用时表现出诸多优异特性。

微纳米含能材料的制备与应用及工程化与产业化等技术领域，涉及多学科交叉融合，只有深度揭示出这些技术领域的科学原理并攻克其技术瓶颈，才能使微纳米含能材料的优异特性得以高效充分发挥，并在实际应用中获得超常效果。然而，至今尚缺乏系统阐述“微纳米含能材料”科学理论与技术体系方面的著作。这严重制约了微纳米含能材料的快速顺利发展，同时也对微纳米含能材料领域的读者及教学、科研与生产工作者系统掌握这方面的基础知识、提高理论和技术水平及职业技能极为不利，并制约了微纳米含能材料的推广应用。

本书作者在查阅了国内外相关研究领域的文献资料基础上，结合所在研究团队近 30 年的科学研究、技术创新、成果转化与应用，以及与国内外学者的交流等所积累的理论和技术知识，尝试撰写了本书。针对含能材料微纳米化制备基础理论与技术、微纳米含能材料干燥基础理论与技术以及防团聚分散理论与技术、微纳米含能材料性能变化机理与性能表征技术、微纳米含能材料工程化与产业化及应用研究进展等进行了系统阐述，并对微纳米含能材料的研究与发展方向进行了凝炼和展望。

本书共 7 章，全书由刘杰副教授执笔撰写，李凤生教授负责全书撰写的指导以及修改、补充与完善。主要内容是基于李凤生教授所领导的国家特种超细粉体工程技术研究中心团队多年的研究工作总结、归纳与提升，同时参考了国内外许多同仁在这方面的论文与著作而撰写完成。并得到国家特种超细粉体工程技术研究中心各位老师的大力帮助与支持，以及研究中心诸多博士后、博士研究生及硕士研究生和相关院所与企业及工程技术人员的大力支持与帮助。还得到了中华人民共和国科学技术部、国家国防科技工业局、中国共产党中央军事委员会科学技术委员会、中国共产党中央军事委员会装备发展部、国家自然科学基金委员会，以及中国兵器工业集团有限公司、江苏省科学技术厅、中国北方化学工业集团有限公司等单位，在微纳米含能材料科学与技术研究方面给予的立项资助支持。在此一并表示衷心的感谢！

本书既有基础理论，又有技术途径，可作为含能材料专业人员、微纳米材料专业人员和科技管理人员的参考书；也可作为材料科学与工程、兵器科学与技术、安全科学与工程等学科的本科生与研究生教学以及专业技能人才培养的教材或参考书。然而，微纳米含能材料领域所涉及的知识面广，国内外可直接借鉴的理论与技术方面的文献资料较少，另外该技术涉及国家安全，所以公开资料更少。因此，撰写本书十分困难，加之作者水平有限，书中不妥之处在所难免；敬请读者批评指正，由衷希望本书可以达到抛砖引玉的目的。

作　者

2020 年 2 月于南京

目 录

第1章　绪　　论

1.1　概　　述

含能材料是自身含有爆炸性化学基团或氧化剂和可燃物组分，能独立进行化学反应并快速输出能量的化合物或混合物，即使在隔绝氧的惰性气体或真空环境中也可自身完成燃烧或爆炸。含能材料是军民领域推进剂、发射药、混合炸药及火工烟火药剂等火炸药产品的关键材料，其在保障国家安全、促进国民经济发展、推动科学技术进步及宇宙探索等方面发挥着巨大的作用。将含能材料进行微纳米化处理，使其粒度达微米级（1～10μm）、亚微米级（0.1～1μm）或纳米级（30～100nm），可使其产生表面效应、小尺寸效应等，进而改善燃爆性能、降低感度、提高能量释放效率、凸显基体增强优势、发挥低温度敏感特性，使综合性能获得大幅度提升。

微纳米含能材料通常是指粒度在一定范围内（微米级、亚微米级或纳米级）的含能化合物或混合物。其作为普通粗颗粒含能材料的补充和拓展，对含能材料的体系完善、应用推广及性能提高与优化具有重要的科学技术意义，并对军民领域火炸药产品的性能提升与优化及更新换代产生显著的影响。微纳米含能材料种类繁多，既包含由单一物质组成的微纳米含能化合物，又包含由微纳米含能化合物、微纳米氧化剂和微纳米可燃物等组成的二元或多元微纳米复合含能材料。为了便于表述，如无特殊说明，本书所述的“微纳米含能材料”特指粒度在30nm～10μm的微纳米含能化合物或微纳米复合含能材料。

1.2　微纳米含能材料发展简史

微纳米含能材料是微纳米科学技术在含能材料领域的应用和发展，既随着微纳米材料的发展而发展，又随着含能材料的发展而发展。并且往往首先发生的是微纳米材料的发展和微纳米科学技术的进步，然后进一步又促进微纳米含能材料的发展和技术进步。

1.2.1　微纳米材料和微纳米科学技术发展简史

1. 微纳米材料与微纳米科学技术发展历程

微纳米材料与微纳米科学技术，是在20世纪60～70年代才逐步发展起来的前沿、交叉性新兴领域，是继信息技术和生物技术之后，又一深刻影响人类和社会经济发展的重大科学技术。其迅猛发展将给21世纪经济、军事、科技、文化等领域带来一场革命性的变化。微纳米材料和微纳米科学技术伴随着自然界的演化而得以产生和发展，其在人类社会的应用至少可以追溯到2000多年前。只不过由于观测和表征手段的限制，人类在早前尚未发现和认知微纳米材料[1-5]。

在自然界，人们发现许多动物体内存在由粒径约30nm的磁性粒子组成的用于导航的天然线状或管状纳米结构，其中花棘石鳖类、座头鲸、候鸟等动物体内都发现了这种纳米磁性粒子。荷叶表面具有超疏水性质，是因为其表面微米级乳突表层又附着了许多与其结构相似的纳米级颗粒。并且，研究发现珍珠、贝壳等是由亚微米级或纳米级无机 $CaCO_3$ 与有机纳米薄膜交替叠加形成的更为复杂的天然纳米结构，因而具有与釉瓷相似的强度，同时具有比釉瓷高得多的韧性。

在人类社会，人们制备和应用微纳米材料的历史至少可以追溯到早期封建社会甚至奴隶社会。例如，我国古代利用燃烧蜡烛的烟雾制成纳米碳黑，用于制墨和印染；古铜镜表面的防锈层经分析被证实为纳米 SnO_2 薄膜。此外，古玛雅的绿色颜料也是具有纳米结构的混合材料，可以抗酸和抗生物侵蚀；中世纪欧洲教堂的彩色玻璃，以及1837年法国美术师发明的银版照相术等，均涉及微纳米材料和微纳米技术的应用。约1861年，胶体化学的建立开始了对小于100nm的胶体系统的研究，但是那时人们并没有真正认知纳米材料。1906年，德国学者Wilm（维尔姆）发现Al-4% Cu合金的时效硬化，通过时效在金属材料内沉淀析出小于100nm的粒子，早已成为提高金属材料特别是有色金属材料强度的重要技术，至今仍在材料工程中被广泛应用。然而，这些都是人们非自觉地研究和应用微纳米材料的过程，属于微纳米材料和微纳米科学技术发展的初始阶段。

1959年，美国物理学家、诺贝尔奖获得者Feynman（费曼）发表了题为“There is a plenty of room at the bottom”的演讲，提出了许多超前的设想：如在原子或分子的尺度上加工制造材料和器件，将24卷《大不列颠百科全书》存储到针尖大的空间，制造100个原子高度的机器，计算机的微型化——导线直径小到10～100个原子等。该演讲是一个重要的里程碑，有力地引导了微纳米材料和微纳米科学技术的发展。例如，1962年日本物理学家Kubo（久保）及其合作者对金属超细微粒进行了研究，提出了著名的久保理论；1969年日本物理学家Esaki（江崎）和美国物理学家Tsu（朱兆祥）提出了超晶格的概念；1972年，美国IBM公司张立刚等利用分子束外延技术生长出100多个周期的AlGaAs/GaAs的超晶格材料，并在外加电场超过 2V 时观察到与理论计算基本一致的负阻效应，Esaki 因此获得 1973 年的诺贝尔物理学奖。超晶格材料的出现，使人们可以像 Feynman 设想的那样在原子的尺度上设计和制备材料。

20 世纪 80～90 年代是微纳米材料和微纳米科学技术迅猛发展的时期，其标志有三点：①纳米块体材料的出现，使纳米材料和纳米技术及纳米器件的应用成为现实；②扫描隧道显微镜（STM）、原子力显微镜（AFM）的出现和应用，使人们能观察、移动和重新排列原子，为微纳米材料尤其是纳米材料的发展提供了强有力的技术支撑；③微纳米科学技术逐渐发展成为相对独立的学科，人们越来越重视并投入大量的精力开展微纳米科学技术研究。1984 年，德国萨尔大学 Gleiter（格莱特）教授等首次采用惰性气体蒸发冷凝法，制备了具有清洁表面的 Fe、Cu、Pd 等纳米金属微粒，这些纳米金属微粒表现出小尺寸效应和多种优良的物理力学性能。1985 年，美国 Smalley（斯莫利）和英国 Kroto（克罗托）在美国莱斯大学（Rice University）采用激光轰击石墨靶，并用甲苯收集获得 C_{60}，从此在世界上兴起了研究 C_{60} 的热潮；1991 年，日本电气股份有限公司（NEC）的 Iijima（饭岛澄男）首次发现碳纳米管，具有同轴多层结构，表现出多种优异特性，使碳纳米管成为全世界的研究热点。1988 年，法国科学家在纳米 Fe/Cr 多层膜中发现巨磁电阻效应；同样在 1988 年，美国明尼苏达大学和普林斯顿大学联合制成量子磁盘。1994 年，IBM 公司打开了纳米巨磁电阻材料的应用大门，用它制作磁记录装置的读出磁头，使磁盘记录密度提高 17 倍，达到 $0.775GB/cm^2$，于 1997 年 12 月正式推出并实现商品化，给磁存储领域带来了革命性变化。

上述研究成果显著提升了微纳米材料和微纳米科学技术的国际地位，1990 年 7 月在美国 Baltimore（巴尔的摩）召开了世界上第一届纳米科技学术会议，会议正式提出了纳米材料学、纳米生物学、纳米电子学、纳米机械学等概念。此次会议是微纳米材料和微纳米科学技术发展的又一个重要的里程碑，标志着微纳米科学技术正式登上科学技术的舞台，形成了全球性的“纳米热”。

2. 微纳米材料与微纳米科学技术研究现状

当前，微纳米科学技术的研究重点大多集中在微纳米材料与器件及其相关产品的制备技术、表征技术与应用技术上，如微纳米材料的制备基础原理的研究及新技术与新设备的开发、微纳结构复合材料的可控构筑技术研究、微纳米材料及微纳结构复合材料的高效应用技术及性能优化研究等。对于微纳米材料的制备，已有诸多较为成熟的技术和工艺设备，并已取得实质性的广泛应用。

国外，如美国、日本、德国、英国、俄罗斯等，已在微纳米科学技术领域取得了长足进步。美国针对微纳米材料的制备、表征、表面改性与粒子复合、应用等，开展了系统全面的研究工作，发表了大量论文并申请了许多专利，也获得了政府部门的大量经费支持，研究出具有很好疗效的药物微胶囊、功能纳米器件、高性能纳米涂料等。与此同时，日本和德国在微纳米材料的制备技术与设备，尤其是高性能特种设备的研制方面取得了突破性进展，为微纳米材料的工业化应用做出了卓越贡献。以英国为代表的欧洲国家，虽然也重视微纳米材料和微纳米科学技术的研究和应用，但却持慎重态度；他们十分重视微纳米材料的毒副作用及其对人类健康的影响，尤其是纳米技术在人体的应用，在欧洲相关国家受到较大的阻力。俄罗斯对于微纳米技术的研究，主要集中于军事领域，因而公开报道的资料较少。

我国在微纳米科学技术的研究方面起步较晚，于20世纪70年代末80年代初才开始这方面的探索研究。20世纪90年代中后期，我国在这方面投入了大量的科研经费，并设立了纳米科学技术专项，使我国微纳米科学技术取得了长足发展和进步。如南京理工大学国家特种超细粉体工程技术研究中心李凤生教授团队在该领域开展了大量的研究工作，取得了诸多原创性成果。他们针对大规模集成电路及芯片领域急需的高纯微米级球形硅微粉（二氧化硅，SiO_2）制备关键技术，与江苏联瑞新材料股份有限公司李晓冬高工团队开展产学研紧密合作，采用火焰燃烧法成功研发出了高纯微米级球形硅微粉，已实现大规模工业化生产（年产近万吨）。成功应用于大规模集成电路封装及IC基板与芯片材料中，用户评价产品性能达到或部分超过国际先进水平，并已出口返销日本、韩国、美国、欧洲等多个国家或地区，实现了自主创新，打破了国外技术封锁与垄断。该技术是将经纯化后的角形硅微粉，在特定设计的燃烧炉所产生的火焰场、温度场及气流场与压力场等因素的共同作用下，完成角形硅微粉的加热升温、吸热熔化、放热冷却，在表面张力的作用下，凝固成所需粒径的球形硅微粉，产品平均粒径在1～20μm范围内根据需求任意调控。其物理变化过程及所制备的微米级球形硅微粉形貌分别如图1-1、图1-2所示。

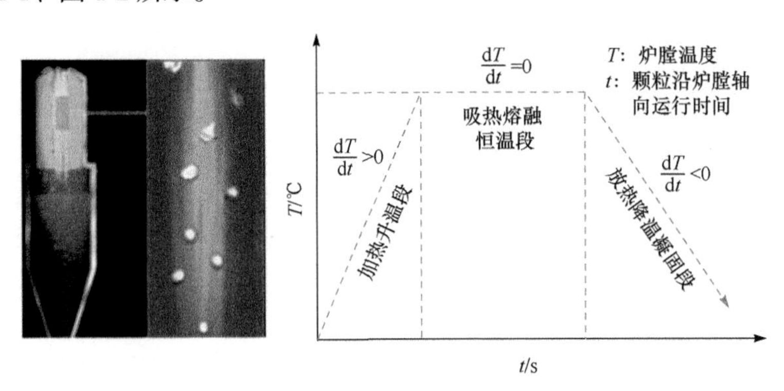

图1-1　角形硅微粉在特定炉膛内球形化过程模型

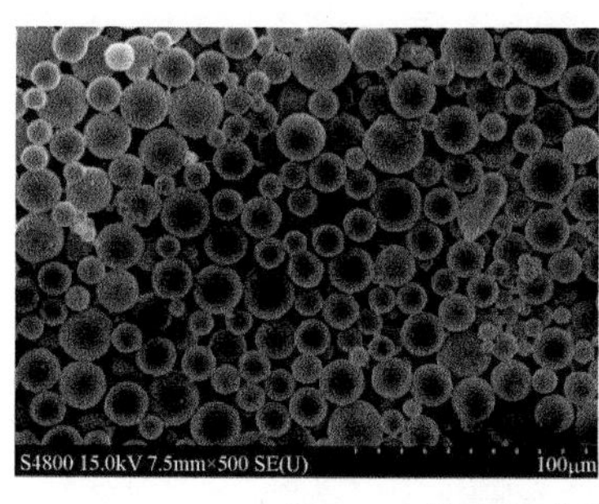

图 1-2 微米级球形硅微粉的 SEM 照片

李凤生教授与李晓冬高工联合研究团队还开发出了采用金属硅或硅盐化合物，直接在氧气中燃烧制备亚微米级高纯球形硅微粉的技术，产品平均粒径在0.1～0.8μm之间可任意调节，并已成功进行工程化与产业化转化，产品也已投放市场，应用效果良好。他们还进一步研发了先用溶胶-凝胶法制备出纳米二氧化硅，再通过烧结法制备高纯纳米级球形硅微粉的技术，产品也已投放市场试用，效果良好，目前正在进行工业化试制。

李凤生教授团队还研发出了采用电弧等离子体法及电感耦合等离子体法，制备纳米 Ni、Al、Ag、Cu 等金属粉及纳米 Ni-Al、Ni-Cu、Co-Al、Cr-Al 等复合金属粉的技术，产品粒径在 10～100nm 可调。在氩气所形成的等离子体气体环境下，其中电弧等离子体法反应区温度可达 4500K、电感耦合等离子体法反应区温度可达 6500K，将金属、金属混合物或合金气化，然后冷却凝固成所需的高纯纳米金属粉或复合金属粉。另外，他们也采用机械研磨粉碎法，成功制备出高纯纳米 Al_2O_3、纳米 TiO_2，以及高品质超细锆粉（Zr）、超细硅粉（Si）等产品。高品质超细锆粉及硅粉是军民领域火工药剂的重要原料，其中超细锆粉的粒度及诸多性能指标均达到或部分超过了国外先进产品，而且不必在水中保存与运输，大大降低了成本，方便下游用户直接使用；该产品已在火工品及安全气囊中试用，效果良好。此外，还采用自蔓延燃烧反应法制备出了纳米级及亚微米级高纯金属氧化物，如 Al_2O_3、MnO_2、SiO_2、ZnO_2、ZrO_2 等；并研究了采用超临界流体技术制备高纯微纳米粉体，以及进行生物活性成分如灵芝孢子油的提取。另外，他们还研制出了常温强剪切与柔性破壁关键技术，实现了中西药材与保健品及特种高分子（如 PPS、PEEK、PI、PSF）等超细粉体及破壁粉体的高效、高品质制备；并且实现了这些超细粉体和破壁粉体的防氧化与活性保持及防老化，产品粒度范围精确可控、可调，粒度分布窄，能够根据用户需求实现“定制化”生产。所研制的破壁粉体（如破壁灵芝孢子粉）的破壁率达 100%，如图 1-3 所示。

当前，我国在微纳米科学技术领域发表的论文及申请的专利已在国际上名列前茅。近 5 年来，国内自主研发的微纳米材料产品已逐步走向市场，如高纯微纳米 Al_2O_3、高纯纳米 TiO_2、高品质超细油墨与染料、超细锂电材料、集成电路及

图 1-3　灵芝孢子粉破壁前（a）和破壁后（b）的 SEM 照片

芯片用球形微纳米 SiO_2 等。这些材料的研发及应用成功，表明我国在微纳米科学技术领域的工艺、设备、产品等方面逐渐处于优势地位，显著提高了我国微纳米科学技术的国际地位。在介质搅拌粉碎设备、气流粉碎设备、剪切粉碎设备、特种干燥设备、粉体输送与混合及包装设备，以及相对应的工艺技术方面，我国已处于国际先进或领先地位。

然而，微纳米材料纵然具有如上所述的众多性能优势，但由于其比表面积大、表面能高，极容易发生团聚而使其表面活性降低，进而丧失优异特性，在应用时很难充分发挥性能优势，严重限制了其高效能应用。因此，如何解决微纳米材料在制备、储存、运输及使用过程中的团聚问题，保证其分散均匀性、保持独特性能优势，是后续研究工作亟待解决的关键技术难题。此外，在微纳米材料的制备和应用过程中，如何降低成本、减少人工劳动、提高自动化与连续化及智能化水平、防止环境污染与人体毒害等，也是微纳米材料和微纳米科学技术发展必然面临和必须解决的问题。只有彻底解决上述技术难题，才能真正开启微纳米材料广泛应用的大门。

1.2.2　含能材料发展简史

作为一种在热、电、机械、冲击波等外界刺激作用下能发生快速化学反应并释放能量的物质，含能材料在军民领域多个行业具有广泛的应用，其出现可追溯到 1200 多年前。从公元 9 世纪初我国有正式可考证的黑火药文字记载算起，含能材料的发展可划分为四个时期：黑火药时期；近代含能材料的兴起和发展时期；含能材料品种增加和综合性能不断提高时期；含能材料发展的新时期[6]。

1. 黑火药时期

公元 808 年，我国即有了黑火药配方的记载，是由硝石（硝酸钾）、硫磺和木炭组成的一种混合物。约在10世纪初（五代末或北宋初），即出现黑火药配方记载约100年后，黑火药开始步入军事应用，使武器由冷兵器逐渐转变为热兵器。宋朝军队曾大量使用以黑火药为推进动力或爆炸物组分的武器，如霹雳炮、火枪、铁火炮、火箭等，以击退金兵。13世纪前期，我国黑火药开始经印度传入阿拉伯国家，再逐渐传入欧洲，并获得进一步快速发展；其一直使用到19世纪中叶，延续近千年之久。黑火药对军事技术、人类文明和社会进步所产生的深远影响，一直为世所公认并载诸史册，“一硫、二硝、三木炭”的古老方子也在世界上广为流传。即便是现代，黑火药由于具有易点燃、燃速可控等特点，目前在军民领域仍有许多其他物质难以替代的用途。作为我国古代四大发明之一，黑火药是现代含能材料的始祖，它的发明开启了含能材料发展史上的第一个纪元。

2. 近代含能材料的兴起和发展时期

19世纪中叶，近代含能材料逐渐兴起并获得蓬勃发展，一直到20世纪40年代。1833年，法国化学家Braconnot（布莱克诺）制得的硝化淀粉和1834年德国科学家Mitscherlich（米希尔里希）合成的硝基苯和硝基甲苯，开创了合成含能化合物的先例，随后出现了近代含能材料发展的繁荣局面。如1846年意大利人Sobrero（索布雷罗）制得了硝化甘油（NG），为各类火药和“代那买特”（dynamite）炸药提供了主要原材料。1877年，荷兰人Mertens（默滕斯）首次制得“特屈儿”（tetryl），第一次世界大战中用作雷管和传爆药的装药。1885年，法国科学家Turpin（特平）首次用苦味酸（PA）铸装炮弹，从而结束了用黑火药作为弹体装药的历史。德国化学家Wilbrand（威尔布兰德）于1863年合成了“梯恩梯”（三硝基甲苯，TNT），并于1891年实现了工业化生产。1902年，TNT被用于装填炮弹以代替苦味酸，并成为第一次世界大战及第二次世界大战中的主要军用含能材料。1894年，由瑞典人Tollens（托伦斯）合成的太安（PETN），从20世纪20年代至今，一直广泛用于制造雷管、导爆索和传爆药柱。德国人Henning（亨宁）于1899年合成的黑索今（RDX）能量较高，在第二次世界大战中受到普遍重视，并发展了一系列以黑索今为基的高能混合炸药。1941年，加拿大人Wright（威特）和Backmann（贝克曼）在以乙酸酐法生产黑索今时发现了能量水平和很多性能均优于黑索今的奥克托今（HMX），并在第二次世界大战中得到实际应用，使含能材料的性能提高到一个新的水平。

3. 含能材料品种增加和综合性能不断提高时期

第二次世界大战后至20世纪80年代中期，含能材料的发展进入了一个新的时期。在这一时期中，含能材料品种不断增加，性能不断改善。这一时期，奥克托今进入实用阶段，制得了熔铸型混合炸药和多种高聚物黏结炸药，并广泛用作导弹、核武器和反坦克武器的战斗部装药。由于奥克托今较高的热稳定性，它也用于深井石油射孔弹的耐热装药；同时，奥克托今还可作为高能组分用于固体推进剂与发射药。20世纪60年代，国外合成了耐热低感含能化合物六硝基芪(HNS)，且美国于20世纪70年代将三氨基三硝基苯（TATB）用于制造耐热低感高聚物黏结炸药。我国从20世纪60年代开始研制奥克托今，到20世纪80年代已研究成功了几种新工艺；在20世纪70～80年代研制成功了TATB，并开展其在混合炸药中的应用。需要特别指出的是，我国在这一时期合成了高能含能化合物2, 4, 6-三硝基-2, 4, 6-三氮杂环已酮、六硝基苯、四硝基甘脲等，这几种含能化合物的爆速均超过9000m/s，密度达1.95～2.0g/cm^3。这在含能化合物合成史上写下了为国际同行所公认的一页，也开创了合成高能量密度含能化合物的先河。

4. 含能材料发展的新时期

进入20世纪80年代中期后，现代武器对含能材料的能量水平、安全性和可靠性提出了更高和更苛刻的要求，对含能材料的研究也更系统、更深入、更全面，有力地促进了含能材料的发展。

1987年美国的Nielsen（尼尔森）合成出迄今实测能量水平最高的含能化合物——六硝基六氮杂异伍兹烷（CL-20），英、法等国也很快掌握了合成CL-20的工艺。1994年，我国也合成了CL-20，成为当今世界上能研制CL-20的少数几个国家之一。这一时期含能化合物的发展是与“高能量密度材料”（HEDM）这一概念相联系的。这些高能量密度化合物的出现，又进一步推动了火炸药产品的发展。例如，20世纪90年代，美国研制成功了以CL-20为基的高聚物黏结炸药，相对于以HMX为基的高聚物黏结炸药，可使能量输出增加约14%；其他各国也相继研究成功。

当前，含能化合物逐渐向高能、低感度、低成本、绿色等方向发展，要求含能材料在具有高能量密度水平的同时，还需具有低感度，如1, 1-二氨基-2, 2-二硝基乙烯（FOX-7）、2, 6-二氨基-3, 5-二硝基吡嗪-1-氧化物（LLM-105）、1, 1′-二羟基-5, 5′-联四唑二羟胺盐（HATO）、3, 4-二硝基呋咱基氧化呋咱（DNTF）等。或者着重发展低成本、绿色制备工艺技术，如低成本RDX、HMX，以及CL-20的降成本合成工艺技术。抑或是探索具有更高能量水平的新一代含能材料，如超高能全氮阴离子盐含能材料、超高能全氮化合物等。这也揭示了“能量、安全、成本”在含能材料领域始终具有很强的生命力，引领着含能化合物技术的发展和进步。

总的来说，含能材料的发展通常是在武器装备的性能提升需求牵引下逐步发展的，同时也是在新的理论、新的技术、新的设备等的支持下不断完善和发展的。

1.2.3 微纳米含能材料发展历程与现状

微纳米含能材料既具有含能材料的能量与感度特性，又具有由于尺度微纳米化所带来的特性，如小尺寸效应、表面效应等。含能材料的尺度微纳米化后，会引起能量释放效率与感度发生改变，并引起其他理化性能（如比表面积、熔点、热分解等）发生变化。通过有效发挥微纳米含能材料的性能优势，将其应用于固体推进剂、发射药、混合炸药及火工烟火药剂等产品中，可使这些产品的性能获得改善和提升，进而使武器装备的综合性能得以提升。随着微纳米科学技术的发展和武器装备性能提升的需求牵引，微纳米含能材料逐渐进入科研工作者的视野并于近30年取得巨大进展。

20世纪80年代，电爆炸箔技术的发展促生了冲击片雷管，该雷管强化了对高压短脉冲作用敏感的微纳米含能材料的需求，如亚微米级 PETN、HNS-Ⅳ及TATB等。尤其是超细HNS（即HNS-Ⅳ），在冲击片雷管中表现出显著的降低发火能量的特性，大量应用于多种型号的先进常规武器中。这也促进了微纳米含能材料的制备、表征与应用等方面的研究工作不断深入发展，并逐渐获得了多种不同结构、形貌和尺寸的微纳米含能材料[7]。

制备微纳米材料的技术较多，如物理气相沉积法、化学气相沉积法、等离子体法等。然而，鉴于含能材料的易燃易爆特性，许多方法不宜直接用于微纳米含能材料的制备。通常，含能材料微纳米化制备技术包括粉碎技术（即从大到小法，也称自上而下法或称 Top-Down 法）和重结晶技术（即从小到大法，也称自下而上法或称 Bottom-Up 法），以及合成构筑技术。随着微纳米化制备技术的不断进步，微纳米含能材料的粒径不断减小，由数微米逐渐降低至亚微米级和纳米级，甚至达到了单分子层水平（如 LLM-105）。随着研究工作的深入，更小粒径、更高比表面积已不再是微纳米含能材料追求的唯一目标，微纳尺度下的形貌、结构、粒度均一性等精确控制逐渐成为新的研究热点。

随着研究工作的进一步深入，微纳米含能材料的团聚和分散难题又逐渐成为研究者关注的重点。微纳米含能材料比表面积大、表面能高，极容易在干燥、储存、运输及使用等过程中发生团聚、结块，甚至颗粒长大，导致其优异特性丧失。如何有效解决微纳米含能材料的团聚问题，使其真正以高效分散状态应用于固体推进剂、发射药及混合炸药中，是充分发挥微纳米含能材料的性能优势、提高火炸药产品性能的关键技术难题。此外，含能材料在微纳米化处理过程中的纯度、晶型的保持技术，也是制约其性能高效发挥的重要技术难题。如用于冲击片雷管装药的 HNS-Ⅳ始发药就对杂质含量有严格的要求，必须对含有杂质的微纳米含能颗粒进行纯化处理。另外，微纳米含能材料的包装、储存、表面改性、复合等后处理技术，以及微纳米含能材料的表征技术也十分重要，进而吸引了很多研究者开展这方面的研究工作。上述研究工作促使微纳米含能材料获得了更全面的发展。

20 世纪 90 年代以来，微纳米含能材料的范畴已经从微纳米含能化合物扩展到微纳米复合含能材料，即含能微单元，如纳米铝热剂、多层反应薄膜材料、纳米含能芯片等。与微纳米含能化合物相比，微纳米复合含能材料表现出更高的能量密度、更可控的组成与结构、更多的种类等优势。再加上微纳米复合含能材料比普通含能混合物具有更高的能量释放效率，使其受到广大研究者的青睐，并于近 20 年获得长足发展和进步。

对于微纳米含能化合物，研究者们早期寄望小尺寸颗粒内部产生的高压应力能伴随有额外的能量释放。后来的理论及实验证明，在实际应用的尺度范围内（如 30～100nm）并没有表现出明显的能量优势，但含能化合物的颗粒尺寸大小及分布对其感度与热分解历程等产生显著的影响。并且对固体推进剂与发射药及混合炸药等产品的力学性能、燃烧性能、感度也会产生显著的影响，因而这也促使研究者正在全力开展微纳米含能化合物（如 RDX、HMX、CL-20、HNS 等）的制备技术与装备研究。在微纳米复合含能材料，尤其是纳米复合含能材料方面，研究者们通过大量的研究工作表明：由于这种复合体系具有小的临界直径、高反应速率及大放热量，适用于作为“爆炸芯片”；并且有些性能优异的纳米含能材料具有非常快的燃烧速度，如负载有高氯酸钠的纳米多孔硅膜的燃烧速度超过 3000m/s，可以应用于多个领域，尤其是高性能火工品领域。然而，这种复合体系中诸多反应的引发与传播机制，至今仍没有彻底揭示，还需深入研究。

进入 21 世纪以来，随着固体推进剂、发射药、混合炸药及火工烟火药剂等产品对提高力学性能、调节燃烧/爆炸性能、改善环境适应性等方面的需求日益迫切，对微纳米含能化合物的需求量也急剧增大。这是因为，研究表明：微纳米含能化合物不仅能够在改善力学性能、燃爆性能和环境适应性等方面表现出独特的优势，还不影响配方体系的相容性，具有得天独厚的应用优势。然而，由于微纳米含能材料的感度特性、能量特性、表面效应等，大批量制备获得分散性良好的干粉产品的难度很大，这又阻碍了其大规模实际应用。

2010 年以来，南京理工大学国家特种超细粉体工程技术研究中心原创性地提出了“微力高效精确施加”粉碎原理和“膨胀撑离”防团聚干燥原理，研制出了 HLG 型粉碎设备和 LDD 型真空冷冻干燥设备，分别设计了“单工位间断粉碎与真空冷冻干燥协同联用”和“多工位连续粉碎与真空冷冻干燥协同联用”两种工艺技术途径。成功实现了含能材料连续微纳米化可控粉碎与微纳米含能材料高效防团聚干燥，大批量制备得到了分散性良好的微纳米 RDX、HMX、CL-20 等干粉产品，为高能固体推进剂、发射药、混合炸药及火工烟火药剂的性能提升提供了技术支撑和原材料保障。

当前，微纳米含能材料正朝着低成本、形貌类球形化、粒度均一化，以及制备工艺连续化、智能化等方向发展，并进一步向定制化、粒子复合化、表面多功能化等方向发展。

1.3　微纳米含能材料在保障国家安全中的地位和作用

微纳米含能材料首先作为含能材料，与普通粗颗粒含能材料一样，广泛应用在兵器、航空、航天、船舶、核等军事领域的各种武器装备中，其作为化学能源，在保障国家安全中发挥着重要作用。其次，微纳米含能材料是普通粗颗粒含能材料在尺度、形貌、均一性等方面的优化和扩展，其应用对进一步提高固体推进剂、发射药、混合炸药及火工烟火药剂等产品的综合性能具有至关重要的作用；进而能够提升武器装备的性能、拓展武器装备的应用适用性、提高武器装备的生存能力。因此，也可以说微纳米含能材料提升了含能材料在保障国家安全中的地位和作用。

作为近 30 年兴起并于近 10 年逐步获得大规模应用的含能材料，微纳米含能材料不仅具有普通粗颗粒含能材料的燃烧或爆炸特性；当其应用后，还能在改善火炸药产品力学性能、感度性能、燃爆性能等方面表现出显著的作用。微纳米含能材料作为高性能原材料，其应用后制得的火炸药产品在军事领域的地位较长时期内是无法被取代的。这是因为火炸药是一种在一定引发条件下能发生燃烧或爆炸化学反应，可控放出大量能量的物质，即便在真空或惰性气体中也不影响其能量的有效释放。并且火炸药的反应速率较快、功率密度较高，是其他现有能源无法比拟的。此外，火炸药产品通常为固态，储存、运输方便，可大大提高武器装备的机动性和突防能力，进而提高军事打击能力和战略威慑力。

基于微纳米含能材料的火炸药产品应用后，可满足武器装备诸多战术、技术要求。如在提高生存能力、提高机动性、保持先进性、保持相容性等要求方面，发挥着重要作用。

微纳米含能材料是通过发挥微纳米尺度效应与表面效应，实现高效能应用，以改善火炸药产品的综合性能，而获得在战略战术武器装备中更好的应用，进而发挥在保障国家安全方面的重要作用。如提高固体推进剂、发射药、混合炸药等的力学性能，提高火工药剂的点火灵敏度和起爆精度，以及改善它们的燃烧或爆炸性能等。总之，微纳米含能材料不仅能够维持普通粗颗粒含能材料的推进、发射、毁伤、起爆/传爆等效能，还能进一步拓展含能材料的应用领域和应用效果，使火炸药产品的性能获得大幅度提升，从而提高军事水平。

1.4　微纳米含能材料在促进国民经济发展中的地位和作用

1998 年 4 月，美国总统科技顾问 Lane（莱恩）说："如果我被问及明日最能产生突破的一个科技领域，我将指出是纳米科学与技术。" 1999 年 1 月，美国国家科学基金会发表声明指出："当我们进入 21 世纪的时候，纳米技术将对世界人民的健康、财富和安全产生重大影响，至少如同 20 世纪的抗生素、集成电路和人工合成聚合物那样。" 随着现代科技的发展，微纳米科学技术在现代科技中起着越来越重要的作用，其研究与应用遍及当今各个科学领域和各行各业。当今的新材料领域无一不涉及微纳米技术与微纳米材料的应用。如将微纳米材料与技术引入复合材料和高分子材料领域后，新的多功能材料就随之而生，声、光、电、磁、热等多功能材料随之进入工业化生产与应用。作为微纳米科学技术的一个方向，微纳米含能材料及相关科学技术也必然会对国民经济发展产生强大的推动作用。

如前所述，微纳米含能材料通过其微纳尺度效应与表面效应，可大幅度提高火炸药产品及民爆产品的综合性能，进而可拓展含能材料在国民经济建设和人们日常生产生活中的作用。如微纳米含能材料已在国民经济各领域具有广泛的应用或潜在应用，已在矿业、冶金、建筑、石油、宇航、娱乐等各个领域均扮演着重要角色。近年来，微纳米含能材料又逐渐在商业航天、新一代安全气囊、森林消防等领域逐步应用。总之，微纳米含能材料始终伴随着国民经济发展而发展，并且还有力地促进着国民经济的发展。

1.5　微纳米含能材料的研究范畴

微纳米含能材料兼具含能材料的燃爆特性和微纳米材料的易团聚特性，其研究过程必须始终围绕这两大特性。只有通过研究解决其安全问题和微纳尺度所引起的团聚问题，才能实现其高品质制备与高效能应用，使其更好地为军民各个领域服务。针对微纳米含能材料的研究工作，主要涉及含能材料的微纳米化理论及技术、微纳米含能材料的干燥理论及技术、微纳米含能材料的高效应用理论及技术、微纳米含能材料的性能变化机理与性能表征技术等。

1. 含能材料高品质微纳米化制备相关理论及技术研究

含能材料如 RDX、HMX、CL-20、HNS 等，由于其感度较高，对其进行微纳米化处理时安全风险较大，容易引起意外的燃烧或爆炸，造成巨大的经济损失甚至人员伤亡。这与普通矿石粉、五谷杂粮粉、中西药材及保健品粉等的制备过程具有显著的、本质的差别，存在不可逾越的安全红线。这是因为，在对含能材料进行微纳米化处理时，可能由于摩擦、撞击、静电等作用，在含能材料内部形成热点，热点附近的含能材料发生热分解而放出大量的热量，进而加剧体系热分解并进一步引发剧烈的燃烧或爆炸。因此，在对含能材料进行微纳米化处理时，通常需要将含能材料分散或溶解在液相介质中（如水、乙酸乙酯、丙酮等），确保温度、压力、机械作用等因素控制在安全阈值范围内。然后才能控制悬浮液中粗颗粒含能材料的微纳米化粉碎条件，或溶液中含能材料分子的结晶条件，制备得到微纳米尺度的含能材料颗粒。

在上述含能材料微纳米化制备过程中，如何精确控制工艺条件，实现高品质微纳米化制备，是主要的研究内容和关键的技术难题。即必须在确保安全的前提下，有效控制粒度均匀性、形貌规则性、颗粒密实性，并防止晶型发生转变。这就涉及含能材料粗颗粒粉碎细化或分子结晶的基础理论突破、工艺技术攻关、特种装备的定制化研制等研究工作，是关于多学科交叉的系统理论和技术体系，如安全科学、物理、化学、分子动力学、流体力学、机械、计算机等。只有彻底解析在安全所允许的范围内精确控制含能材料颗粒尺寸的基础理论，才能具有针对性地设计出特定的工艺技术途径，并进一步研制出符合工艺要求的装备，最终制备出高品质微纳米含能材料。因此，需要系统全面地开展含能材料微纳米化理论与制备技术研究。

2. 微纳米含能材料高效防团聚干燥相关理论及技术研究

含能材料被微纳米化处理后，所制得的微纳米含能颗粒比表面积大、表面能高，极容易发生团聚、结块。当微纳米含能材料浆料干燥时，液相组分在汽化（或升华）脱除时的表面张力效应和毛细管效应，可能导致微纳米含能材料颗粒团聚、结块。甚至由于液相组分对微纳米颗粒的溶解作用，微细颗粒发生溶解-重结晶而导致颗粒长大、粒度分布范围变宽、形貌不规则。即便在干燥结束后，粉末状的微纳米含能材料在存放过程中也可能发生团聚、结块或颗粒长大现象；对于易吸湿或易在水中溶解的含能材料，这种现象尤为显著。出现这些情况后，微纳米含能材料的性能将恶化，优异特性将不复存在。并且，干燥过程中的温度、静电、机械刺激等因素，还可能引发安全风险，造成经济损失甚至人员伤亡。

因此，微纳米含能材料浆料在干燥时，首先需控制温度、静电、机械刺激等因素在安全阈值范围内。然后设计特殊的分散体系和干燥方式，尽量减小分散介质对微纳米含能颗粒的溶解，并且降低分散介质的表面张力，抑制液相组分脱除时物料体系的表面张力效应和毛细管效应。再设计特定的干燥工艺技术路线，分步驱除微纳米含能材料浆料体系中不同种类、不同结合形式的液相组分。最后还需结合干燥工艺和物料特性，设计出安全可靠的干燥装备，才能获得分散性良好的微纳米含能材料干粉产品（通常含水率小于 0.1%）。此外，还需结合物料特性对存储环境的温度、湿度、静电等进行控制，甚至还需采取一定的防吸湿措施，如表面疏水化处理、真空处理或惰性气体环境处理等，这样才能避免发生物料团聚、结块或颗粒长大。

上述针对微纳米含能材料浆料的高效防团聚干燥处理过程，涉及溶解/结晶动力学、表面/界面科学、物理化学、化学工艺、机械设计、安全科学等多学科交叉。必须系统地研究相关基础理论和技术，逐一解决从理论到工艺技术、再到装备等全过程中所遇到的难题和瓶颈，才能获得分散性良好的微纳米含能材料干粉产品。

3. 微纳米含能材料高效分散应用相关理论及技术研究

微纳米含能材料的尺寸在微米级、亚微米级或纳米级，比表面积大、颗粒表面能高，极容易发生团聚。当其作为高性能组分在固体推进剂、发射药、混合炸药及火工烟火药剂中应用时，很难均匀分散在这些火炸药产品的基体体系中，进而无法充分发挥优异特性。解决微纳米含能材料颗粒在火炸药产品中的分散均匀性，是提高火炸药产品综合性能的重要途径。然而，对于微纳米含能材料颗粒，很难像操纵宏观物体那样使其一个个均匀分散在特定的体系中。

这就需要对微纳米含能材料的高效分散基础理论、工艺技术、特殊装备等进行全面的研究。只有在确保安全的前提下，引入“柔性”强分散措施，才能实现微纳米含能材料高效分散应用，使其优异特性得以高效发挥，进而使火炸药产品的综合性能按设计需求得以有效提高。这方面的研究工作，涉及高分子科学、复合材料、表面/界面科学、非均相体系、安全科学、机械设计等多学科的理论和技术，必须全面研究，以揭示相关作用机制并攻克技术瓶颈。

4. 微纳米含能材料性能变化机理与性能表征技术研究

含能材料尺度微纳米化后，由于小尺寸效应与表面效应等所引起的热分解、燃烧、爆炸及感度性能的变化机理，以及当微纳米含能材料应用于火炸药产品后，引起产品燃爆性能、力学性能、感度、温度敏感性等发生变化的机理，需要系统深入的研究，并彻底揭示。这样才能更好地指导微纳米含能材料性能优化与火炸药产品设计，为固体推进剂、发射药、混合炸药及火工烟火药剂等产品的性能改善与优化及提升提供理论支撑。并且，微纳米含能材料的粒度特性、基本物理性能、热性能、安定性与相容性、感度、能量、分散均匀性等，还需精确表征。这样才能为微纳米含能材料的制备与应用提供有力的支撑和指导，为优化制备和应用工艺技术提供全方位的“眼睛”。这些研究工作，涉及分析化学、燃烧科学、传质传热、高分子科学、复合材料、安全科学等多学科交叉，需深入理解和掌握，才能全面揭示出微纳米含能材料的性能变化机理，并对性能进行精确表征。

总之，微纳米含能材料的研究，是涉及多学科交叉的理论、技术和装备研究，是关于新材料开发的系统工程。其发展将围绕高品质微纳米化制备、高效防团聚干燥与分散、高效能应用、高精度表征等几大研究方向，在军民领域相关产品的需求牵引下发展进步，并逐渐表现为定制化、简便化、连续化与智能化等特征。

参考文献

[1] 李凤生. 超细粉体技术[M]. 北京: 国防工业出版社, 2000.
[2] 李凤生, 刘宏英, 陈静, 等. 微纳米粉体技术理论基础[M]. 北京: 科学出版社, 2010.
[3] 丁秉钧. 纳米材料[M]. 北京: 机械工业出版社, 2004.
[4] 袁哲俊. 纳米科学与技术[M]. 哈尔滨: 哈尔滨工业大学出版社, 2005.
[5] 唐元洪. 纳米材料导论[M]. 长沙: 湖南大学出版社, 2010.
[6] 王泽山, 欧育湘, 任务正. 火炸药科学技术[M]. 北京: 北京理工大学出版社, 2002.
[7] 曾贵玉, 聂福德. 微纳米含能材料[M]. 北京: 国防工业出版社, 2015.

第 2 章　含能材料微纳米化制备基础理论及技术

当前，微纳米含能材料所涉及的基础理论及技术研究，主要包括与其制备相关的基础理论研究，与其自身性能及应用后所引起的后续产品性能变化方面相关的基础理论研究，以及制备与应用过程所涉及的相关技术研究。由于微纳米含能材料的能量特性和燃爆特性，其制备过程往往需要两个工序。即通常是首先采用湿法进行微纳米化处理（制备），然后再采用合适的干燥方式对制得的微纳米含能材料浆料进行干燥，才能获得干粉产品。之后再对微纳米含能材料的性能进行分析，并将其应用于固体推进剂、发射药、混合炸药及火工烟火药剂中，研究其对火炸药产品性能的影响规律。微纳米含能材料的基础理论及技术涉及其微纳米化、干燥、性能变化与表征及应用等多个方面。本章将针对含能材料的微纳米化制备基础理论及技术进行阐述。

在对含能材料进行微纳米化处理时，有三种制备方法：其一，直接在化学合成时通过控制晶核形成和晶体生长，实现含能材料颗粒尺度微纳米化，即合成构筑法；其二，采用一定手段将化学合成的粗颗粒含能材料变为分子状态，再通过控制分子重结晶析出的工艺参数，实现含能材料颗粒尺度微纳米化，即重结晶法；其三，对化学合成的粗颗粒含能材料施加特定的粉碎力场，使颗粒破碎而实现尺度微纳米化，即粉碎法。也就是说，含能材料的微纳米化技术可分为合成构筑技术、重结晶技术和粉碎技术[1]，这些技术又涉及相应的基础理论。其中针对重结晶和粉碎两大类基础理论及技术方面的研究工作较多，并且它们二者还可进一步细分为各种具体的相关理论及技术。

需要特别指出的是，含能材料与普通材料（如 TiO_2、Al_2O_3、SiO_2 等）不同，它是一种自身含有氧和可燃成分的易燃易爆材料。即使在惰性气体保护下或完全隔绝氧的密闭环境中，当受到适当的激发能量刺激时都会发生燃烧或爆炸。然而，对含能材料进行微纳米化处理时，往往必须在比较严格或苛刻的条件下进行，这个处理过程的力场、温度场、静电等反过来又可能引发燃爆事故。如采用粉碎技术对含能材料粗颗粒原料进行微纳米化处理时，就必须施加强大的外力（外能）才能使颗粒逐步细化。通常，微纳米化粉碎过程要求输入能的下限阈值尽可能高，而含能材料的燃爆特性却又要求输入能的上限阈值尽可能低。这是一对十分突出的矛盾，是制约含能材料安全、高效、高品质微纳米化粉碎技术进步的关键瓶颈。也是国内外含能材料科研及生产工作者正在努力攻克的技术难题。

南京理工大学国家特种超细粉体工程技术研究中心在这方面进行了大量翔实研究，提出要解决这一突出矛盾并突破技术瓶颈，必须系统地研究含能材料在外能作用下发生燃烧或爆炸的分解历程。建立含能材料在粉碎力场作用下吸收并积聚能量，进而引起体系温度升高引发热分解，并进一步产生热分解自加速效应而引发燃烧或爆炸的延迟时间，与粉碎力场、外界温度、压力等的关系模型。例如，典型含能材料的热分解历程为

$$C_aH_bO_cN_d \xrightarrow{\text{分解}} eCO_2 + fH_2O + gCO + hN_2 + iNO_2 + jNO + \cdots$$

在该热分解理论模型的基础上，凝炼出了实现含能材料安全、高效微纳米化粉碎制备的关键科学技术问题。即含能材料在微纳米化粉碎加工制造时，某一瞬间向被粉碎物质输入的能与输出能之差，与该含能材料将发生燃爆的瞬间临界能之间的平衡与控制问题。当瞬间输入能与输出能之差大于含能材料的燃爆临界能时，微纳米化粉碎过程将可能发生燃爆。只有当瞬间输入能与输出能之差小于燃爆临界能时，微纳米化粉碎过程才安全可靠。在含能材料微纳米化粉碎过程中，瞬间输入能与输出能关系，以及使之达到安全阈值的能量平衡关系如图 2-1 所示。

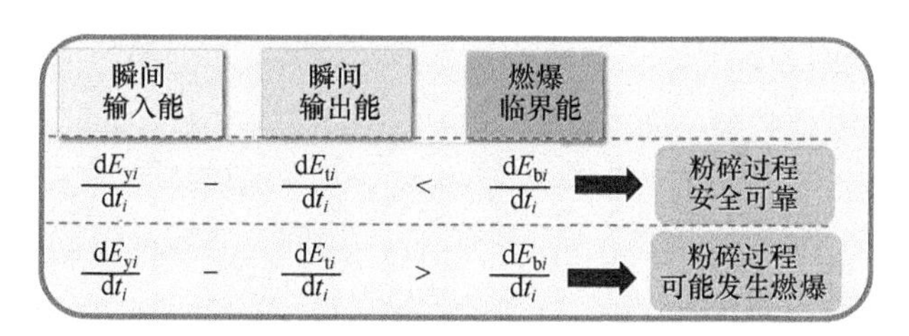

图 2-1　含能材料微纳米化粉碎过程的能量平衡关系

要实现含能材料微纳米化粉碎过程安全可靠，必须首先寻找并确定含能材料在动态粉碎加工过程中临界能（警戒能 E_b）或临界温度（T_b）。并设计出在动态粉碎加工时能量的输入与输出方法及快速在线检测与控制能量平衡的方法。再进一步选择合适的能量输入与输出方式，控制瞬间输入能与输出能之差，始终小于燃爆临界能（小于安全阈值）。决定粉碎过程瞬间输入能大小或强弱的关键因素是摩擦、撞击、挤压、碾磨、剪切等粉碎力场的强弱，以及温度、压力、静电等。通过设计粉碎力场类型和强度，实现“柔性”施力，精确控制温度、压力，才能对粉碎过程的瞬间输入能加以精确有效控制，并引入高效消除静电的措施，进而确保粉碎过程安全。在此基础上，还需进一步对粉碎装置进行特殊设计，使粉碎力场均匀分布，才能使产品颗粒形貌规则、粒度分布窄、质量稳定、工艺可控。因此，要实现对含能材料进行安全、高效、高品质微纳米化粉碎制备，其根本技术途径在于粉碎力场的柔性化设计、温度与压力的精确控制、静电的高效消除，

以及特殊粉碎装置内柔性力场的均匀、可控、定向施加。由此可见，含能材料微纳米化粉碎难度比普通材料的微纳米化粉碎难度大得多，其粉碎原理与工艺技术及设备都必须进行系统研发和精心设计，以适应不同敏感度的含能材料特性，在达到所需粉碎粒度要求的条件下，确保粉碎过程安全、可靠、可控。

由上述分析可知，不管采用何种技术对含能材料进行微纳米化处理，首先必须设计并控制力场、温度场等在安全阈值范围内。然后再结合具体的理论，对微纳米化工艺技术进行特殊设计和优化，才能安全制备微纳米含能材料。因此，含能材料微纳米化制备过程的安全问题，是需要全面研究和揭示的首要技术难题，相关理论和技术必须紧紧围绕和解决这一难题。

2.1　合成构筑基础理论及技术

1. 合成构筑基础理论与工艺技术

在采用合成构筑法对含能材料进行微纳米化处理时，相关基础理论主要涉及含能材料在化学合成时的分子结晶动力学及其控制。

1）晶核生成和晶体生长的驱动力

晶核生成和晶体生长的驱动力是吉布斯自由能在相间的差值ΔG。ΔG的绝对值越大，相变速率就越快，即晶核生成和晶体生长的速率也就越快。在溶液-晶体两相平衡系统中，假设溶液的饱和浓度为C_0，在等温等压条件下，将溶液的浓度由C_0增大至C_1，则此时的溶液处于亚稳态，C_1即为溶液的过饱和浓度。根据热力学知识，理想稀溶液溶质i的化学势μ_i^1为

$$\mu_i^1 = \mu_i^0(P,T) + RT\ln C \tag{2-1}$$

式中，μ_i^0为纯溶质i的化学势；P为压强；T为温度；R为理想气体常数；C为溶液中溶质的浓度。根据相平衡条件，当溶液-晶体两相平衡时，溶质i在溶液中的化学势和晶体中的化学势μ_i^s相等，即

$$\mu_i^1 = \mu_i^s = \mu_i^0(P,T) + RT\ln C_0 \tag{2-2}$$

若设温度T、压强P不变，系统中溶质i的浓度由C_0增大至C_1，则此时的溶液为过饱和溶液，它有析出晶体的趋势。在过饱和溶液中溶质i的化学势为

$$\mu_i^1 = \mu_i^0(P,T) + RT\ln C_1 \tag{2-3}$$

当有浓度为C_1的过饱和溶液生成1mol晶体时，其系统的吉布斯自由能的降低值为

$$\Delta G = -RT\ln(C_1 / C_0) \tag{2-4}$$

因此，温度 T、C_1/C_0 比值决定了ΔG 的绝对值，也就是说温度 T 和 C_1/C_0 的比值决定了晶核生成和晶体生长的速率。

2）晶核生成和晶体生长的速率

晶核生成速率指单位时间内单位体积溶液中产生的晶核数；晶体生长速率指单位时间内晶体某线性尺寸的增加量。晶核生成速率 $v_{核}$ 和晶体生长速率 $v_{长}$ 可用化学动力学公式表示如下：

$$v_{核} = \frac{\mathrm{d}N}{\mathrm{d}t} = K_{核}\Delta C^{p} \tag{2-5}$$

$$v_{长} = \frac{\mathrm{d}L}{\mathrm{d}t} = K_{长}\Delta C^{q} \tag{2-6}$$

式中，N 为单位体积溶液中的晶核数；L 为晶体线性尺寸；t 为时间；$\Delta C=(C_1-C_0)/C_1$；p 为晶核生成级数；q 为晶体生长级数；$K_{核}$、$K_{长}$ 分别为晶核生成速率常数和晶体生长速率常数。由此则可得到

$$\frac{v_{核}}{v_{长}} = \frac{K_{核}}{K_{长}}\Delta C^{p-q} \tag{2-7}$$

一般来说，$p-q\geqslant 0$，即ΔC 增大，$v_{核}$ 增加，利于制备小颗粒；反之，ΔC 减小，$v_{长}$ 增大，利于制备大颗粒。

3）生长速率对晶体的影响

通常，快速生长的晶体多发育成细长的柱状、针状和鳞片状的集合体；若晶体在近似平衡的条件下缓慢生长，一般情况下能获得比较完整的结晶多面体。并且，晶体快速生长时，母液中会形成较多结晶中心，所以生长出的晶体数目较多且个体较小。如果结晶进行得很缓慢，产生的晶核少，且有一定的时间允许晶核之间互相吞并，只有少数的晶核发育长大成晶体，所以生长出的晶体少且完整、个体比较大。此外，晶体生长速率较大时，常常将晶体中的其他物质包裹进晶体中，造成晶体的结构缺陷，使晶体的纯度和完整性变差，反之则可能得到比较理想的晶体。

因此，采用合成构筑法对含能材料进行微纳米化，关键在于对化学合成过程中溶液过饱和度ΔC 和温度 T，以及反应的微观环境的精确控制，进而控制晶核生成和晶体生长的速率，实现含能材料微纳米化制备。在实际制备时，通常需控制反应体系的组成，使体系尽量进行均相成核反应；并且反应温度需控制得当，使 $K_{核} > K_{长}$（即晶核的生成速率大于晶体的生长速率），才有利于小粒度晶体颗粒的形成；还需控制反应物浓度和反应时间在合适范围内，以获得所需粒度的含能材料颗粒。此外，还需控制化学反应“微区”的大小，或在结晶过程中引入强剪

切乳化等措施，最终获得特定粒度级别的微纳米含能材料。在进行强剪切乳化等处理时，还必须保证过程的安全。

2. 合成构筑技术制备微纳米含能材料

中国工程物理研究院化工材料研究所王军[2]采用合成构筑法，根据 TATB 分子结构及晶体特性，探讨了 TATB 晶体生长的热力学和动力学，设计了亚微米级 TATB 合成构筑的高度乳化细化工艺技术途径，有效限制了 TATB 晶体的生长速率，成功制备得到了粒径主要分布在 0.4～1.0μm 的 TATB。他们通过控制反应体系中溶液的过饱和度ΔC在合适范围内，以减小晶体生长的动力并促使均匀成核。再将反应“微区”控制在水包油型或油包水型的乳液体系内，使新生成的 TATB 分子不溶于溶剂而快速以固相形式沉析于乳液的质点中；且能稳定地被乳液中的质点所保护而不再产生 TATB 颗粒的再次积聚和团聚。最终获得亚微米级 TATB 晶体颗粒，如图 2-2 所示。

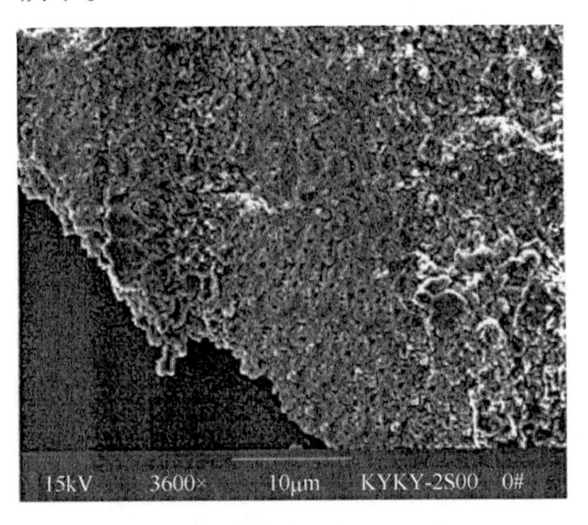

图 2-2　合成构筑的亚微米级 TATB 的 SEM 照片

北京理工大学庞思平教授团队，也采用合成构筑技术，通过控制结晶溶液浓度（过饱和度）、结晶过程温度、剪切乳化分散强度及结晶时间等工艺参数，制备得到了微米级超细 CL-20。

2.2　重结晶基础理论及技术

采用重结晶技术对含能材料进行微纳米化处理时，首先需将含能材料颗粒变为分子状态，如将含能材料溶解到某种溶剂或复合溶剂中形成溶液。然后通过控制溶液体系的过饱和度，采用冷却降温、蒸发浓缩、将分子状态的含能材料引入非溶剂等手段，使含能材料分子重结晶析出。通过控制重结晶工艺参数，如冷却速度、溶液浓度、搅拌速度、温度、溶液稀释速度、表面活性剂用量等，获得微纳米含能材料颗粒。根据含能材料在微纳米化过程所采用的具体工艺技术途径不同，可将重结晶法细分为溶剂/非溶剂重结晶法、超临界流体重结晶法、雾化干燥重结晶法、微乳液重结晶法、溶胶-凝胶重结晶法等，这些具体方法的相关基础理论及技术如下所述。

2.2.1　溶剂/非溶剂重结晶基础理论及技术

1. 溶剂/非溶剂重结晶基础理论与工艺技术

溶剂/非溶剂重结晶法是对含能材料进行微纳米化处理较简单常用的方法，其基本过程是将含能材料溶液在一定条件下与非溶剂或不良溶剂（以下统称非溶剂）按一定的方式混合，使溶液在极短时间内达到过饱和状态而快速大量成核。通过控制晶核的形成和晶体的生长速率，即可得到微纳米尺度的含能材料颗粒。溶剂/非溶剂法原理简单、操作简便，在湿态和低温下操作，过程相对安全，可获得亚微米级或纳米级的含能材料颗粒。

溶剂/非溶剂重结晶法的关键技术在于对两种流体的比例、混合均匀度、混合强度和混合时间等因素的精确控制。由于微细颗粒本身及其与周围溶液间存在极大的表面作用，因而采用该方法制备的颗粒粒度和晶型对溶液特性有很强的依赖性。另外，晶核形成过程和晶体生长过程也会影响产物的颗粒粒度和形貌。采用这种方法对含能材料进行微纳米化处理时，通常需对以下因素进行控制：溶剂与非溶剂种类、溶液浓度、非溶剂用量、重结晶温度、溶液与非溶剂的混合方式、混合强度、防团聚措施等。

1）溶剂与非溶剂种类

溶剂与非溶剂是构成含能材料液相重结晶体系的两个基本要素，也是决定产物颗粒大小与形貌的重要因素。溶剂和非溶剂的特性对实现预期的微纳米化效果起着重要作用，其选择要遵循以下原则。

对于溶剂，须遵循：对含能材料有足够大的溶解度，与非溶剂互溶，成本低、易回收、无毒害、黏度适宜等。其中，溶剂黏度将对重结晶过程的溶液过饱和度变化产生较大影响，从而影响产物颗粒粒度和形貌。对于非溶剂，须遵循：不溶解或仅微溶含能材料，与溶剂互溶，不吸附溶质或微吸附溶质，成本低、易回收、无毒等。

2）溶液浓度

含能材料溶液浓度是决定过饱和度高低的一个关键因素，高的过饱和度一般需要高的溶液浓度，但过高的溶液浓度又会影响结晶微区域的均匀性，从而影响产物粒度分布。因此，溶液浓度需控制在适当范围以保证溶液过饱和度在合适的范围内。大多数含能材料溶液的黏度较低，溶液过饱和度对成核速率的影响一般大于对晶体生长速率的影响。随着溶液浓度增加，重结晶体系形成的过饱和度上升，成核速率较晶体生长速率增加更显著，有利于得到细小含能颗粒；而低浓度下得到的颗粒粒径较大、形貌较完整。

以浓硫酸、二甲基亚砜（DMSO）等高黏度液体为溶剂时，溶液浓度对含能材料微纳米化处理效果的影响与低黏度溶剂不同。高黏度的高浓度溶液在非溶剂中的扩散相对比较困难，在一定浓度范围内，随着溶液浓度减小，溶液扩散更容易，单位时间内在非溶剂中形成的重结晶区域更大、成核数量更多。重结晶区域内较低的浓度反过来又阻止了晶核的进一步生长和团聚，得到的颗粒粒径更小；但过低的溶液浓度则影响成核速率和制备效率。总的来说，对于高黏度含能材料溶液宜采用较低的溶液浓度，以获得较小粒径的含能颗粒。

3）非溶剂用量

对于溶剂/非溶剂重结晶过程而言，溶液过饱和度是晶核生成数量和晶体生长速率的重要驱动力，高的过饱和度有利于结晶初期溶质大量成核，形成细小晶核。在温度一定的条件下，溶质、溶剂及非溶剂的用量决定了结晶体系的过饱和度。非溶剂用量通常根据溶液浓度和用量确定，溶液浓度高或用量大时，加入的非溶剂量应多；溶液浓度低或用量较少时，非溶剂的用量可减少。非溶剂与溶液的体积比一般控制在 5∶1 以上，为了获得亚微米级或纳米级颗粒，非溶剂与溶液的体积比通常可达到 10∶1 以上。

4）重结晶温度

重结晶温度显著影响重结晶体系的过饱和度，决定溶质的成核和晶体生长速率，还影响微纳米含能材料颗粒的状态（团聚或分散），因而对微纳米化产物的粒径、粒度分布和比表面积影响显著。非溶剂温度是控制重结晶温度的重要因素，对混合体系的过饱和度产生显著的影响。由于低温下形成的过饱和度更大，成核驱动力更大，有利于溶质短时间内大量成核，得到的含能材料颗粒群比表面积更高、粒径更小、粒度分布更窄。因此，含能材料微纳米化重结晶制备时，多采用低温的非溶剂，其温度通常控制在 10℃以下。

5）溶液与非溶剂的混合方式

含能材料溶液与非溶剂的混合方式有多种，既可将非溶剂以一定的速度加入到含能材料溶液中（通常称为正向加料混合法），也可以将含能材料溶液以滴加、喷射或倾倒等方式加入到非溶剂中（通常称为反向加料混合法），还可以将两者以撞击方式同时喷入混合器内进行高湍流度的混合（通常称为撞击混合法）。

i）正向加料混合法

这种混合方法的特点是在强烈搅拌等作用下将非溶剂以一定方式加入到溶液

中，使溶液被非溶剂稀释而成为过饱和溶液，进而发生溶质成核、晶体生长而成为细小晶体颗粒析出。采用这种加料混合方式时，结晶初期形成的过饱和度较低，无法瞬间大量成核，形成的晶核数量有限，所得到的颗粒粒度较大、比表面积较小。因此，正向加料混合法多用于微米级以上较大含能材料颗粒的制备。

ii）反向加料混合法

反向加料混合法是将含能材料溶液以所需的速度控制加入非溶剂体系中，溶液中溶质在大量非溶剂中结晶，形成少量溶液瞬间接触到大量非溶剂的重结晶条件，溶液迅速达到高过饱和状态，含能材料分子瞬间生成大量细小晶核而析出。再配合高速搅拌等强烈作用使析出的微小含能材料晶粒得到良好分散，晶体生长过程受到抑制，易制得亚微米级或纳米级含能材料颗粒。采用反向加料混合法时，含能材料溶液可通过滴加装置滴加到非溶剂中，也可在压力作用下通过特殊结构装置均匀喷射到非溶剂中，然后在强烈搅拌或超声分散作用下，含能材料均匀成核析出，得到微纳米级颗粒。溶液加入非溶剂的方式直接影响混合微区域内的溶液液滴大小和过饱和度，对制备的微纳米含能颗粒粒径及粒度分布影响很大。

如当溶液以小液滴状与非溶剂混合时，混合微区域内的溶质很快分散到大范围的结晶体系中，各个重结晶微区域环境相似，晶核形成和生长速率相近，有利于得到粒度分布范围较窄的微纳米颗粒。若溶液以连续流方式加入时，含能材料溶液加入速度快，溶质无法在短时间内良好分散到整个结晶体系中，结晶浓度呈梯度分布，各重结晶微区域内的过饱和度存在差异，使成核速率和生长速率不尽相同，得到的颗粒粒度分布宽。并且连续流直径增大，结晶体系浓度梯度更加明显，得到的颗粒粒径更分散。另外，采用连续流混合方式下高过饱和度的重结晶微区域增多，有利于晶体生长，进一步使得产物颗粒的粒径较大、粒度分布较宽。在采用连续流加入方式进行液相混合重结晶时，若能设法减小连续流的直径使其以极细小的细流状甚至雾状方式与非溶剂混合，减少单位时间内进入非溶剂的溶质量，同时辅以能促进成核和重结晶微区域均匀性、抑制晶体生长的有效措施，则可得到颗粒粒径小且粒度分布窄的亚微米级或纳米级含能材料。

iii）撞击混合法

在撞击混合重结晶（或者称之为微团化动态重结晶）过程中，非溶剂和含能材料溶液经加压后形成直径小、压强高、流速大的两股高压高速射流，两者以适宜方式撞击混合，溶质快速结晶，从而得到微纳米颗粒。高速撞击过程可看作是一种高速湍流混合的同时还伴随强烈剪切分散的特殊重结晶过程，含能材料溶液被大量高速运动的非溶剂射流剪切成微团，因此也可看作是一种微团化的动态重结晶过程。高速撞击作用使微团重结晶区域内的过饱和度变化很大、微团混合状态非常均匀、作用时间也很短，成核和生长过程均在极短时间内完成，使溶质大量均匀成核。在高速射流产生的强湍流环境下，生成的微纳米颗粒被快速分散到大量的非溶剂中，在重结晶区域的停留时间很短，使晶体生长难以持续，生长过程和团聚过程均得到有效抑制。强烈喷射搅拌作用也促使微纳米含能材料颗粒得以良好分散，减轻了颗粒间的团聚，有利于得到微纳米尺度而且粒度分布范围窄的含能材料颗粒。采用撞击混合重结晶方式制备微纳米含能材料时，微纳米化效果受溶液浓度、过程温度、溶液与非溶剂的比例、射流速度、表面活性剂等多种因素的影响，可以通过优化这些统一参数，实现大量均相成核并抑制晶体生长，提高微纳米化效果。

此外，对于那些在常温溶剂中的溶解度过小的含能材料而言，在采用上述三种混合方式进行微纳米化制备时，还需进一步考虑并避免温度所引起的重结晶效果恶化。这是因为，为了提高这类含能材料的微纳米化重结晶制备效率和制备能力，通常需要提高溶液温度以增大含能材料溶解度。在采用溶液和非溶剂以某种特定的方式混合时，由于溶液与周围环境存在温差，较高浓度溶液在从溶解装置向与非溶剂体系混合区域的传输过程中，溶液温度不断降低，过饱和度增大，溶质可能会在接触非溶剂前已成为过饱和溶液而成核析出。这些析出的颗粒将随溶液一起进入非溶剂，导致微纳米化产物平均粒径变大、粒度分布范围变宽。因此，还需根据物料和溶剂的特性对溶液与非溶剂的混合方式进行优化设计。

6）混合强度

在溶剂/非溶剂重结晶过程中，强烈混合作用可使溶液与非溶剂在接触的瞬间达到过饱和状态，而且重结晶微区域内的环境相似、溶质成核和生长过程相近，较有利于得到粒度均匀、颗粒大小分布范围较窄的微纳米含能材料颗粒。此外，高强度混合所提供的强烈碰撞和剪切作用也有利于微纳米含能颗粒团聚体的破碎和分散，使已经析出的微细颗粒不易团聚。然而，混合强度越高，含能材料微纳米化处理过程的安全风险也越大，需综合考虑和设计。因此，在溶剂/非溶剂重结晶过程中，在确保安全的前提下，往往需要提供强烈混合环境，使含能材料产物颗粒粒度更小、分布更均匀、比表面积更大。

7）防团聚措施

在采用溶剂/非溶剂重结晶过程中，微纳米含能材料颗粒由于比表面积大、表面能高，极容易发生团聚，甚至逐渐发生颗粒长大，进而导致优异特性丧失。针对这一难题，在设计溶剂与非溶剂体系时，需首先保证非溶剂及其混合体系对微纳米含能材料颗粒有较好的润湿性，使得新生的微纳米含能材料颗粒表面迅速包覆一层液膜，在一定程度上阻碍微纳米颗粒的团聚。其次，需结合溶剂与非溶剂体系的性质，以及含能材料的特性，设计特定的分散剂体系，如表面活性剂与助表面活性剂、乳化剂、低沸点有机试剂等，进一步阻碍微纳米含能材料颗粒发生团聚。再次，还得向溶剂/非溶剂重结晶体系中引入搅拌、超声、振动等强制分散的措施和力场，这样才能进一步强化分散效果，有效避免颗粒团聚体的形成。最后，还需结合温度、非溶剂用量、溶液浓度等工艺技术参数，对微纳米含能材料的防团聚工艺进行优化处理。只有全面地考虑并合理地采取上述技术措施，才能提高颗粒的防团聚效果，进而获得理想的微纳米含能材料。

2. 溶剂/非溶剂重结晶技术制备微纳米含能材料

1）普通溶剂/非溶剂重结晶技术制备微纳米含能材料

i）普通溶剂/非溶剂重结晶技术制备微纳米 RDX

南京理工大学张永旭等[3]采用溶剂/非溶剂重结晶法，将 RDX 的丙酮溶液加入非溶剂（水）中使之产生局部过饱和而重结晶析出，获得了几十纳米到若干微米的 RDX 晶体颗粒。通过透射电子显微镜（TEM）和动态光散射（DLS）研究了 RDX 浓度对颗粒粒径的影响和陈化时间对颗粒生长的影响，结果表明：通过控制溶液中 RDX 的浓度可制得所需尺寸的 RDX 微粒。例如，当 RDX 的浓度由 0.002mol/L 增加到 0.100mol/L 时，所获得的微纳米 RDX 的粒径由 40nm 增加到 1μm 左右，且所得颗粒由球形向规则的四边形转化。当纳米 RDX 在室温下陈化 10 天后，纳米级小颗粒生长为几微米的大颗粒。南京理工大学芮久后等[4]将 RDX 溶于浓 HNO_3（98wt%①）中，然后将 RDX 溶液加入 0～50℃的水中，通过控制结晶温度、搅拌速度、溶液浓度和稀释水量等工艺参数，制备得到了中位粒径在 5～7μm 的超细 RDX。西安近代化学研究所李生慧等[5]将 RDX 溶解于 *N*, *N*-二甲基甲酰胺（DMF）或二甲基亚砜中，然后再将 RDX 溶液加入水中，并辅以适当的粒子表面处理技术，制备得到了平均粒径小于 3μm、最大粒径小于 8μm、粒度分布范围窄的超细 RDX。

印度科学家 Kumar（库马尔）等[6]以丙酮为溶剂、水为非溶剂，系统地研究了溶剂与非溶剂的配比、重结晶温度、溶液浓度等工艺参数对 RDX 粒径和形貌的影响，制备得到了纳米 RDX。并采用场发射扫描电子显微镜（FESEM）和 DLS 对颗粒的尺寸及粒度分布进行了表征。结果表明：在不同的工艺条件下，所获得的纳米 RDX 的平均粒径在 40～230nm 之间，其 FESEM 照片如图 2-3 所示。

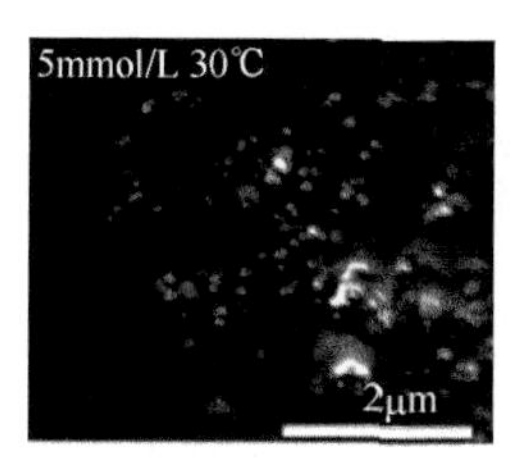

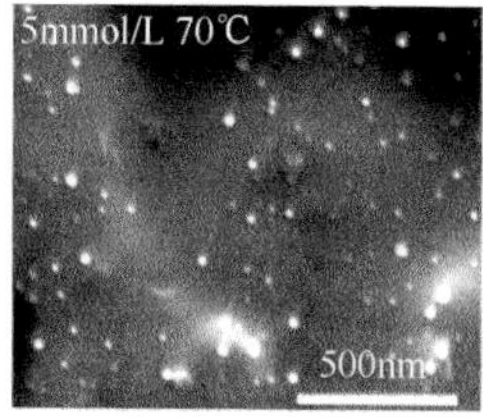

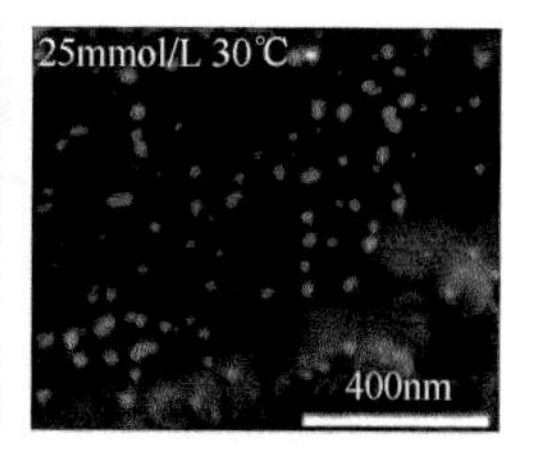

① wt%表示质量分数，全书同。

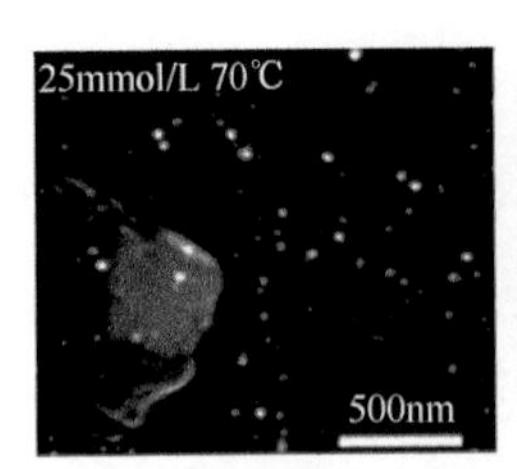

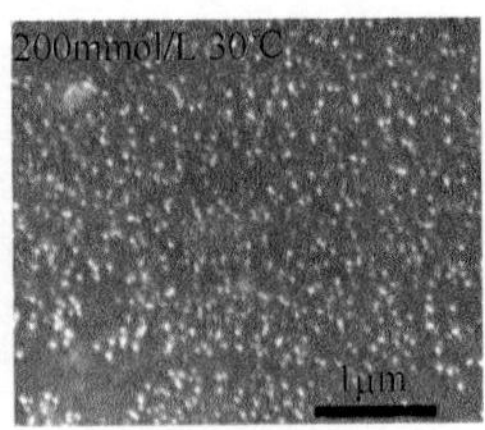

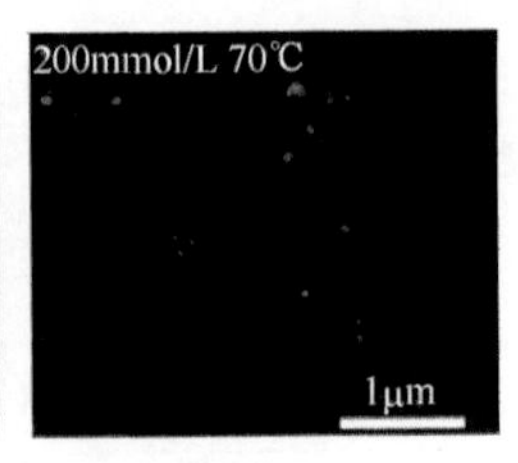

图 2-3　不同条件下制得的纳米 RDX 的 FESEM 照片

ii）普通溶剂/非溶剂重结晶技术制备微纳米 HMX

南京理工大学张永旭等[7]将 HMX 溶于丙酮中配制得到 5mmol/L 的溶液，然后将 0.5mL 溶液加入 50mL 搅拌状态的有机非溶剂中，制备得到了网状结构、粒径在 50nm 左右的类球形纳米 HMX，如图 2-4 所示。

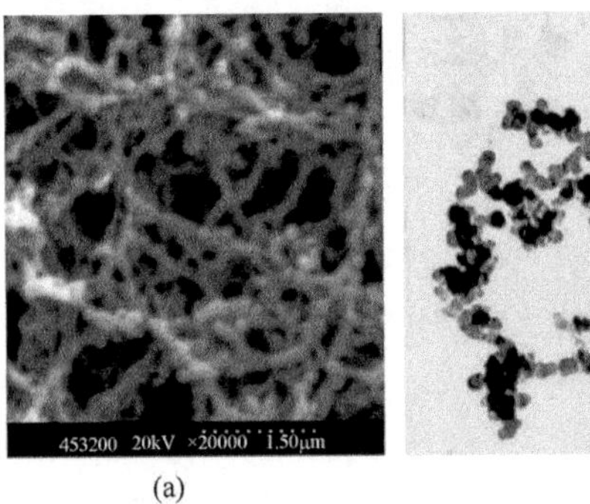

(a)

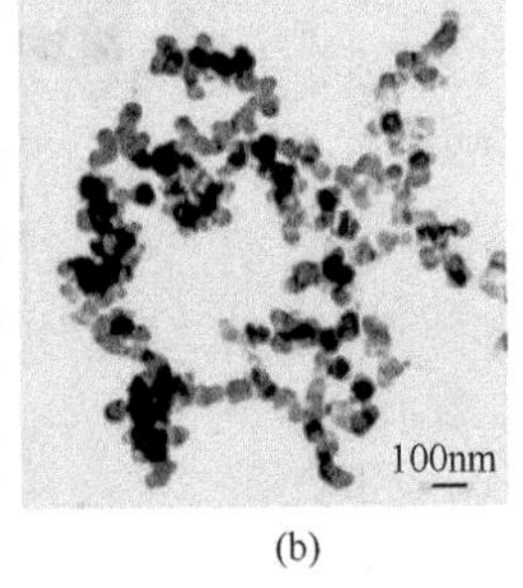

(b)

图 2-4　纳米 HMX 的 SEM 照片（a）和 TEM 照片（b）

中北大学马东旭等[8]采用 3 种对 HMX 溶解度差异很大的溶剂制得溶液后进行重结晶，控制非溶剂（水）和溶剂的比例为 100∶1。通过控制重结晶温度、混合速度、搅拌速度等工艺参数制备得到了微纳米 HMX。当采用对 HMX 溶解度最大且与水任意互溶的二甲基亚砜作为溶剂时，由于二甲基亚砜与大量的水迅速混合而很容易形成很大的过饱和度，HMX 会迅速结晶，所得到的超细 HMX 粒径在 350～550nm、粒度分布范围窄，颗粒呈短柱状。当采用溶解度较小的丙酮作为溶剂时，在同样的非溶剂条件下由于发生过饱和较困难，导致结晶速率缓慢、制备得到的超细 HMX 在 1～4μm，颗粒呈长棒状。当采用溶解度最小的浓硝酸（68wt%）作为溶剂时，发生过饱和十分困难，导致所制备得到的 HMX 粒径在 9～11μm，颗粒呈立方块状。通过研究还发现，重结晶过程中体系温度差越大，所制备得到的产品粒度分布越宽、形状越不规则。

iii）普通溶剂/非溶剂重结晶技术制备微纳米 TATB

中北大学王保国等[9]以浓硫酸为溶剂、水为非溶剂，采用溶剂/非溶剂重结晶法制备得到了亚微米级 TATB，并探讨了工艺条件对产品粒度的影响。结果表明：影响粒度的因素主要为溶液质量浓度、溶液与水的温度差、搅拌速度、溶液滴加速度，而溶液与水的温度差对产品的粒径大小和粒度分布影响最大。中国工程物理研究院曾贵玉等[10]以浓硫酸为溶剂、水为非溶剂，通过将 TATB 的溶液与经冰柜或冰块冷却的水混合，控制混合过程水的温度在 10℃以下，再将重结晶获得的微纳米炸药颗粒浆料进行固液分离、洗涤纯化后干燥，制备得到体积平均粒径达 170nm、中位粒径 d_{50} 达 100nm 的微纳米 TATB。

iv）普通溶剂/非溶剂重结晶技术制备微纳米 HNS

北京理工大学杨利等[11]采用溶剂/非溶剂重结晶法，以 DMF 为溶剂、水为非溶剂，将 HNS 溶液加入含有晶型控制剂的水中，研究了晶型控制剂的种类和用量、加料方式等因素在重结晶细化过程中对 HNS 形貌和粒度的影响。结果表明：上述几种因素对超细 HNS 的形貌、粒度及团聚的影响较大。当采用质量分数 0.5%的淀粉分解产物作为晶型控制剂、用针管滴加溶液，所制备得到的超细 HNS 大多为椭球形及球形小颗粒、部分呈规则块状，流散性好、无团聚，粒径在 100～400nm。当采用质量分数 1%的聚氧乙烯醚类化合物作为晶型控制剂、用针管滴加溶液，所制备得到的超细 HNS 绝大多数为球形小颗粒、粒度分布范围较窄，最小粒径可达 50nm。所制得的超细 HNS 如图 2-5 所示。

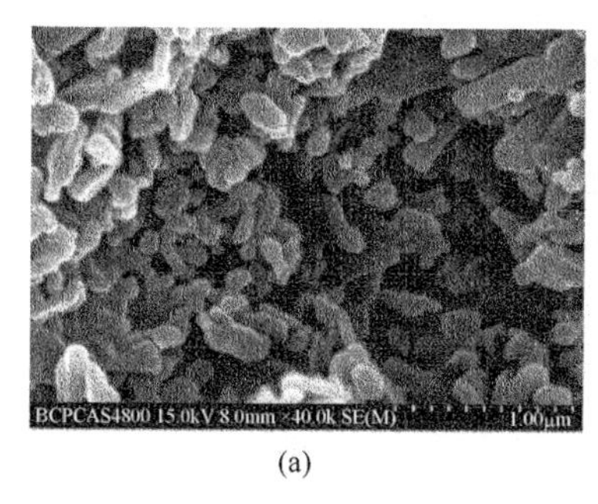

(a)

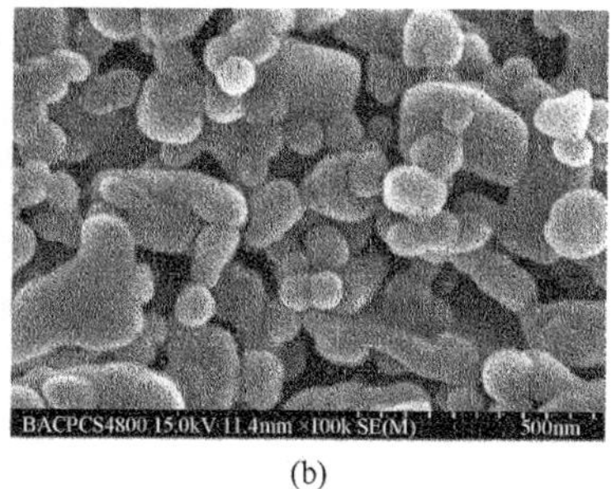

(b)

图 2-5　超细 HNS 的 SEM 照片

中北大学晏蜜等[12]以 DMF 为溶剂、以水为非溶剂，将 HNS 以及 HNS/ANPZO（2, 6-二氨基-3, 5-二硝基吡嗪-1-氧化物）的溶液加入水中，通过控制溶液滴加速度、搅拌速度等工艺参数，制备得到了表面光滑、呈类球形、粒径在 100～200nm 的超细 HNS，以及超细 HNS/ANPZO 混晶炸药。其中 ANPZO 形状不规则，呈长条片状、柱状或椭球状，长轴长为 200nm～1μm，HNS 颗粒相对均匀地附着在 ANPZO 晶体上，如图 2-6 所示。

西安近代化学研究所尚雁等[13]采用溶剂/非溶剂重结晶法，系统研究了溶剂、非溶剂、洗涤溶剂等对所制备超细 HNS 粒度与形貌的影响。结果表明：较适宜的溶剂为 DMF、非溶剂为水、洗涤溶剂为甲醇。通过控制温度、溶剂用量、非溶剂用量、表面活性剂用量等，可调节产品粒度，得到粒径为 0.5～1.0μm、形貌较好的超细 HNS 产品。中国工程物理研究院化工材料研究所王平等[14]采用溶剂/非

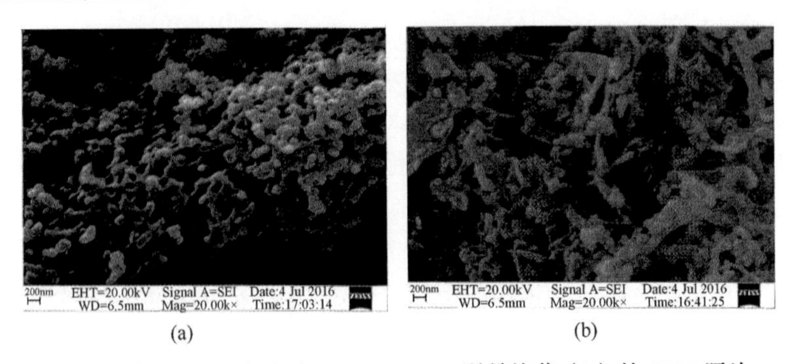

(a)　(b)

图 2-6　超细 HNS（a）和 HNS/ANPZO 混晶炸药（b）的 SEM 照片

溶剂重结晶法，将 HNS 及其与 HMX 的混合物同时加入适量有机溶剂中溶解；然后将溶液喷入含有分散剂的搅拌非溶剂中，快速析出细小晶体，经分离、洗涤、纯化、干燥得到超细 HNS（粒径为 0.1～0.3μm）和超细 HNS/HMX 浅黄色混晶。美国学者 Quinlin（奎林）等[15]采用溶剂/非溶剂重结晶法，以 *N*-甲基吡咯烷酮（NMP）为溶剂、水为非溶剂，将 HNS 加入 NMP 中混匀后加热约 1h，然后将 HNS 的溶液快速与冷水混合，使 HNS 重结晶析出得到悬浮液浆料，并用 0.45μm 过滤器过滤悬浮液，之后对滤液进行冷冻干燥得到超细 HNS。

2）雾化辅助溶剂/非溶剂重结晶技术制备微纳米含能材料

雾化辅助溶剂/非溶剂重结晶法是在压缩空气等作用下，将含能材料溶液雾化呈微细液滴，然后将雾化后的微细液滴引入非溶剂体系中，发生溶剂/非溶剂重结晶作用而使含能材料分子析出生成晶体颗粒。通过控制雾化液滴尺寸、重结晶温度、溶液浓度、搅拌强度等工艺技术参数，实现含能材料微纳米化制备。

中北大学王晶禹等[16]采用雾化辅助溶剂/非溶剂重结晶法，以丙酮为溶剂将 HMX 溶解后，利用压缩空气通过细小管口形成高速气流，产生的负压带动液体一起喷射到管壁上。在高速撞击下向周围飞溅，使得液滴变成雾状微粒，并从导管喷出后与超声条件的水接触而发生重结晶析出。通过控制雾化速率和重结晶温度等参数，制备得到了粒径 2～5μm 的超细 HMX，如图 2-7 所示。

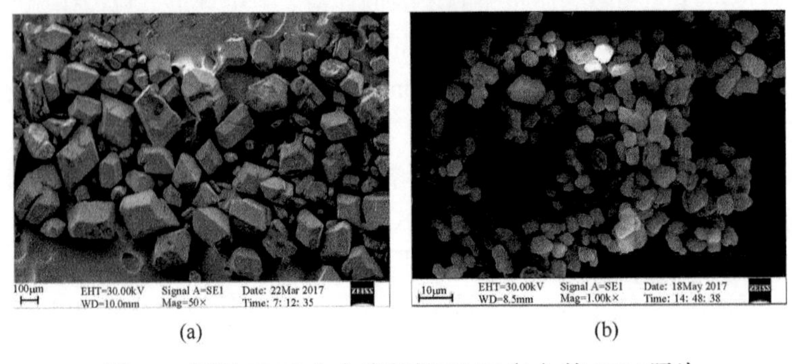

(a)　(b)

图 2-7　原料 HMX（a）和超细 HMX（b）的 SEM 照片

他们还进一步采用雾化辅助溶剂/非溶剂重结晶法[17, 18]，首先将 CL-20 溶解于乙酸乙酯中，然后在压缩空气作用下将溶液雾化成微小液滴，再将液滴引入非溶剂正庚烷中。在搅拌和超声作用下使 CL-20 重结晶析出，得到粒径在 700～900nm、呈类球形的亚微米级 CL-20 颗粒，以及平均粒径为 470nm、粒度分布在 400～700nm、呈类球形且颗粒表面光滑的亚微米级 CL-20，如图 2-8 所示。

(a)　(b)

图 2-8　亚微米级 CL-20 的 SEM 照片

伊朗科学家 Bayat（巴亚特）等[19]采用雾化辅助溶剂/非溶剂重结晶法，将 CL-20 溶于乙酸乙酯形成溶液后，在气流作用下使溶液雾化，再将雾滴引入非溶剂异辛烷中，在搅拌作用下，使 CL-20 重结晶析出，制备得到了微纳米 CL-20。若重结晶过程无超声作用，则得到团聚严重、粒径为 600nm 左右的亚微米级 CL-20；若在超声环境中重结晶，则可得到形状规则、平均粒径为 95nm 的纳米级 CL-20。

3）喷射重结晶技术制备微纳米含能材料

喷射重结晶过程是将含能材料溶液与非溶剂分别从不同的喷嘴喷出，含能材料溶液被高速喷射的非溶剂射流剪切成很小的微团，进而在强湍流扩散和磨削作用下被分散成近乎微米级的微团，从而达到微观混合状态。首先，在这种情况下，就使得溶液过饱和度实现可控成为可能，从而达到大量均相成核、提高微纳米化处理效果的目的。其次，在高速喷射离散产生的强湍流涡旋环境下，形成的初始粒子马上被离散于非溶剂液体中，大大减弱了晶粒继续生长的条件，使晶体生长得到有效抑制。而且，强烈的喷射搅拌作用使粒子间发生剧烈碰撞，可将凝聚的粒子打碎，有利于获得微细颗粒。喷射重结晶微纳米化过程如图 2-9 所示。

中北大学张景林、王晶禹等[20-24]采用喷射重结晶法，以 DMF 为溶剂、蒸馏水为非溶剂，将溶有 RDX 的 DMF 饱和溶液在计量泵的驱动下，连续地被经过压力计量泵加压的高速蒸馏水射流，在特殊处理的晶体结晶室中强力碰撞。利用碰撞过程的流体微观剪切力以及强大的湍流度，将快速接触的流体以微观尺寸薄片层的形式分散，在这极短的碰撞过程中，RDX 的 DMF 溶液与蒸馏水很快形成过饱和溶液，使 RDX 连续快速沉淀结晶。然后对结晶出的物质进行连续过滤、洗涤和真空冷冻干燥，制备得到了平均粒径为 852.5nm 的亚微米级 RDX。他们也采用喷射重结晶法，制备得到了 1～2μm 的超细 HMX 和粒度分布范围窄的亚微米级（d_{50} = 0.40μm）HMX。并采用喷射重结晶法，以乙酸乙酯为溶剂、正庚烷为非溶剂，通过控制溶液浓度和温度，制备了超细 CL-20。当溶液浓度为 0.4g/mL、温度为 60℃时可得到中位粒径为 450nm 的亚微米级 CL-20 混合晶体，且粒度分布窄，颗粒呈近球形，具有较好的分散性。他们还采用喷射重结晶法，以 DMF 为溶剂、蒸馏水为非溶剂，将纯化后的 HNS 溶解于 DMF 中形成溶液，然后经喷射细化制备得到了平均粒径为 86.1nm 的纳米级 HNS，其比表面积达到了 19.27m^2/g。

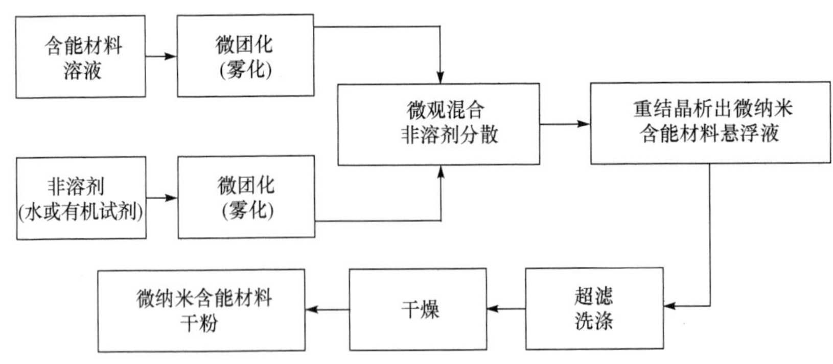

图 2-9　喷射重结晶技术制备微纳米含能材料过程示意图

中北大学周得才、邵琴等[25, 26]采用喷射重结晶法，制备得到了亚微米级 RDX 和亚微米级 HMX，并以离子液体（1-乙基-3-甲基咪唑乙酸盐）/DMSO 混合体系微溶剂、蒸馏水为非溶剂，制备得到了整体颗粒小于 100nm、粒度分布均匀、颗粒表面比较光滑且无明显晶体缺陷的纳米级 TATB，如图 2-10 所示。

图 2-10　原料 TATB（a）和纳米 TATB（b）的 SEM 照片

中国工程物理研究院化工材料研究所李玉斌等[27]采用喷射重结晶法，在重结晶过程中辅以高速剪切，将直接合成的、粒度较大、形貌为放射状孪晶的 LLM-105

细化，制备得到了粒径为 1.4μm 的超细 LLM-105，产品为无放射状体。此外，江西新余国科科技股份有限公司张亮等[28]也采用喷射重结晶法，以工业微米级 CL-20 为原材料、乙酸乙酯为溶剂，分别以正庚烷和正己烷为非溶剂，对 CL-20 进行超细化制备。当选用正庚烷为非溶剂时，制备得到平均粒径在 510nm 左右的亚微米级 CL-20，比采用正己烷为非溶剂所制得的 CL-20 粒径小。另外，中国科学院上海有机化学研究所吕龙研究员团队，也采用喷射重结晶技术，连续制备得到了微米级超细 CL-20。

4）微流控重结晶技术制备微纳米含能材料

i）微流控重结晶技术简介

微流控技术是由瑞士的 Manz（曼茨）等于 20 世纪 90 年代提出，最初应用于分析化学领域，近年来逐渐被用于含能材料微纳米化重结晶制备。在采用溶剂/非溶剂重结晶技术对含能材料进行微纳米化处理时，往往存在含能材料溶液与非溶剂在混合过程中比例不断变化的问题，使得形成不均一的重结晶环境，混合效率也较低。重结晶过程晶核生成和晶体生长环境不完全一致，使得微纳米含能颗粒的粒度分布较宽。微流控重结晶技术是利用微流控芯片，在微米级的尺寸范围内精准操控液体流动，使溶液和非溶剂快速混合，从而制备出粒度分布均一、批次间几乎无差异的微纳米含能材料。微流控重结晶过程如图 2-11 所示。

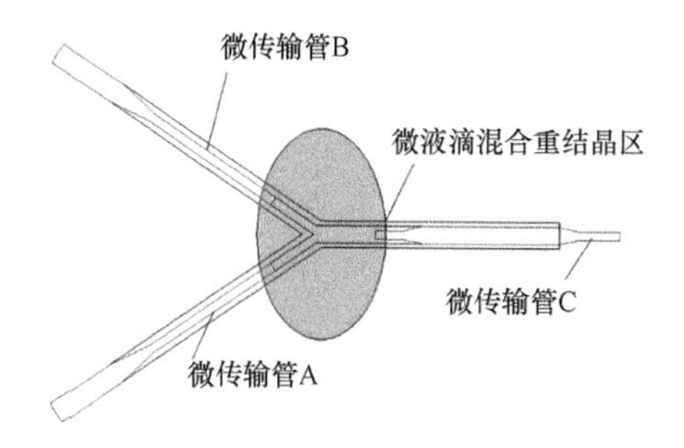

图 2-11　微流控重结晶过程示意图

ii）微纳米含能材料的制备

南京理工大学朱朋等[29, 30]采用微流控重结晶法，以 DMF 为溶剂、去离子水为非溶剂，通过控制非溶剂与溶剂的流速比，并通过引入表面活性剂，制备得到了纳米级 HNS，如图 2-12 所示。

他们还进一步以 DMSO 为溶剂、去离子水为非溶剂，采用微流控重结晶法可控制备了粒径在 91～255nm 的微纳米 HNS，且粒径可稳定控制在 100nm、150nm 和 200nm，形状可控制为纳米颗粒、二维纳米片和短棒状。

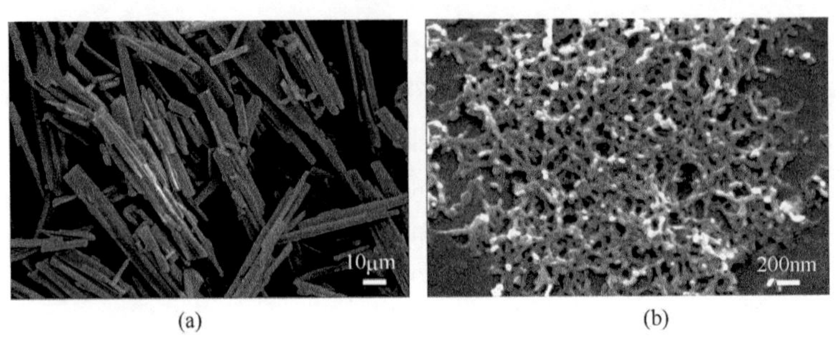

(a) (b)

图 2-12 原料 HNS（a）和纳米 HNS（b）的 SEM 照片

2.2.2 超临界流体重结晶基础理论及技术

需要指出的是，本章所述的“超临界流体重结晶”是指利用超临界流体的特性，使含能材料溶液达到过饱和状态，进而使分子重结晶析出，获得微纳米级含能材料颗粒的过程。本书第 3 章中所述的“超临界流体干燥”是指利用超临界流体的特性，萃取微纳米含能材料浆料中的液相组分，使微纳米含能颗粒与液相组分分离而实现干燥的目的，进而获得微纳米含能材料干粉产品的过程。

1. 超临界流体重结晶基础理论与工艺技术

超临界流体重结晶技术自问世以来，由于对材料进行微纳米化处理的环境在准均匀介质中进行，因而能够很好地控制结晶过程，在产物颗粒粒度、均匀性等控制方面已表现出优越性。21 世纪以来，已逐步在对含能材料进行微纳米化处理研究方面获得大量应用[31]。

1）超临界流体重结晶基本原理及技术分类

当流体的温度和压强分别高于临界温度（T_c）和临界压强（P_c）时，即处于超临界状态。对于超临界流体而言，液体与气体分界消失，其理化性质兼具液体溶解能力和气体高扩散特性等特点；是一种特殊的黏度类似于气态的流体，且即使加压也不会液化的非凝聚性气体，黏度低、表面张力小，因而扩散能力非常强（比普通液体的扩散速率大约高两个数量级）。同时其密度比一般气体要大两个数量级，与液体相近，对溶质的溶解能力很大。超临界流体的一个显著特点是在其临界点附近具有很高的等温压缩性，在 $1<T/T_c<1.2$ 的温度范围内，等温压缩率很大，极小的压强波动都会引发密度的急剧变化。基于超临界流体密度和介电常数对压强敏感的这一特性，可通过调节超临界流体的压强而实现调节对含能材料或溶剂的溶解能力，进而可控调节溶液的过饱和度，实现微纳米含能材料颗粒粒度的有效控制。

超临界流体重结晶过程一般可分为过饱和溶液的形成、晶核生成、晶体生长等过程。通常用过饱和度、晶核生成速率和晶体生长速率等参数描述重结晶动力学。其中过饱和度 S 可表示为

$$S = C_1 / C_0 \tag{2-8}$$

式中，C_1为溶液的浓度；C_0为溶液的平衡浓度，即饱和浓度。过饱和度是重结晶过程的推动力，普通溶剂/非溶剂重结晶过程中的过饱和度 S 由温度和加料速度等控制。而超临界流体重结晶过程的过饱和度 S 则由过程的压强、压强上升速率、温度及初始浓度等控制，且更大程度上受过程压强及其上升速率的影响，所引起的过饱和度变化程度大。

在超临界流体重结晶过程中，晶核生成速率和晶体生长速率都受过饱和度 S 的控制，且存在对过饱和度 S 的竞争作用。过饱和度大时有利于晶核的生成，此时生成速率快，晶核临界半径小；过饱和度小时，则有利于晶体的生长，产物颗粒较大。通过控制过饱和度 S 即可达到对晶核生成和晶体生长速率的控制，从而获得对重结晶颗粒大小及分布的控制；而过饱和度又受超临界流体压强及其变化速率的控制。因此，控制超临界流体的压强及其变化速率，就可以实现对微纳米含能材料产物颗粒粒度及其分布进行控制。

很多物质都具有超临界流体状态，其中多种物质可被用作超临界流体而用于各个领域，如乙烷、乙烯、丙烷、丙烯、甲醇、乙醇、水、二氧化碳（CO_2）等。其中 CO_2 是首选的用作超临界流体的物质，这是因为 CO_2 的超临界条件易达到（P_c= 7.38MPa，T_c=31.2℃），且无毒、无味、不燃、价廉、易精制。

按照对含能材料进行微纳米化处理的工艺过程不同，可将超临界流体重结晶技术分为两大类：超临界流体溶液快速膨胀（rapidly expanded supercritical solution）重结晶技术（简称 RESS 技术）和超临界流体反溶剂（supercritical fluids antisolvents）沉析重结晶技术（简称 SAS 技术）。

i）RESS 技术

该技术即将含能材料溶解于某种超临界流体中（通常是 CO_2），然后使这种超临界流体溶液迅速膨胀，使溶液中的过饱和度迅速增大，而使含能材料以微细颗粒迅速重结晶沉淀析出。同等条件下，含能材料在超临界流体中的溶解度，比在大气压下相应物质流体（通常是气体）中的溶解度大几个到十几个数量级。因此，当溶解有含能材料的超临界流体溶液通过特殊结构的喷嘴在极短时间内快速膨胀至常压或负压时，流体性质会发生根本性变化，溶解能力迅速下降，形成极大的过饱和度。溶质快速均匀成核并进一步发生晶体生长，从而得到微纳米级含能材料颗粒。这种方法的不足是：CO_2 超临界流体对含能材料的溶解度较小，而其他可作为超临界流体溶剂的物质，其临界温度和临界压强往往较高，使操作过程的温度和压强均很高，因而相应设备必须耐高温、高压，进而使得设备的使用和维护成本升高。

在 RESS 重结晶过程中，如果晶核形成速率快，体系以成核为主，则所得含能颗粒粒径小。如果晶体生长速率快，则所得颗粒的粒径大、粒度分布宽。通常，对于溶解度较大的含能材料，提高其在超临界流体中的浓度，会使过饱和度增大，成核速率增加、产物颗粒粒径变小。对于溶解度较小的物质，提高其在超临界流体中的浓度，反而可能导致晶体生长速率较快，进而出现粒径变大的现象。降低超临界流体出口前温度，使溶液在喷嘴里的沉积推迟，可形成尺度更小的颗粒。随着出口后的温度的升高，颗粒湍动加剧，频繁碰撞导致颗粒黏附长大，进而使颗粒粒径增大。此外，含能材料种类、超临界流体种类、压强变化范围等都对含能材料微纳米化处理过程产生影响。

ii）SAS 技术

该技术即首先将含能材料溶于某种良溶剂，再与超临界流体反溶剂以一定方式混合，溶液体积发生膨胀、溶剂溶解能力大幅度下降，短时间内形成大的过饱和度，使含能材料重结晶析出。其基本原理是利用超临界流体对溶质和溶剂溶解度的巨大差异，将溶液中的溶剂溶解带走后使溶质达到过饱和而重结晶析出生成颗粒。该技术的首要条件是在重结晶温度和压强下，良溶剂与超临界流体共存并能完全混合。超临界流体的扩散系数比一般液体高两个数量级，因此超临界流体在溶液中的快速扩散可迅速形成过饱和溶液，从而得到微纳米含能材料颗粒。

与 RESS 技术相比，SAS 技术具有显著的优点：反溶剂可以选择临界温度和临界压强较低的流体，如 CO_2，进而可降低操作过程的温度和压强，降低设备的使用和维护成本，提高操作过程安全性。但在产物粒径大小及粒度分布方面，RESS 技术所制备的产品往往粒径更小、粒度分布更窄。

2）影响超临界流体重结晶效果的主要因素

采用超临界流体重结晶技术对含能材料进行微纳米化处理时，产物颗粒大小、形貌及产率受到许多因素的影响，如溶剂种类、压强、非溶剂注入速率、温度、溶液初始浓度、喷嘴几何形状等。

（1）溶剂种类：影响溶液过饱和度，并且改变溶剂种类可以获得截然不同的沉析行为，进而制得不同形貌和粒径大小的颗粒。

（2）压强：超临界流体压强的变化会引起溶液膨胀的变化并影响溶液过饱和度，进而影响重结晶颗粒的大小。压强大，则溶液膨胀程度大，沉析后溶液的平衡浓度就低，形成的过饱和度大，传质速率和成核速率加快，因而产物颗粒随着压强的增加而变小。此外，升压速度也是间歇式操作中控制颗粒大小和形状的一个重要参数。

（3）非溶剂注入速率：进气速率低，溶液过饱和度小，成核速率低，晶核生成后有较长的生长时间，而且低进气速率下的溶液湍动程度减弱，导致颗粒较大。进气速率增大，溶液过饱和度变大，有利于提高成核速率，形成较小粒径的颗粒。

（4）温度：对产物颗粒大小、分布的影响与压强相类似，但温度对颗粒粒度的影响程度比压强小。温度升高，溶液过饱和度增加，成核速率增大，有利于得到粒径更小的颗粒。

（5）溶液初始浓度：在一定范围内，溶液初始浓度增加，过饱和度变大，有利于得到小颗粒。

（6）喷嘴几何形状：喷嘴结构直接影响液滴大小和不同流体混合情况，一般而言，喷嘴的长径比（L/d）越大，重结晶沉析的颗粒越细；长径比减小时形成细丝状颗粒。此外，喷嘴孔径增大，形成的产物颗粒粒径也增大。

2. 超临界流体重结晶技术制备微纳米含能材料

1）超临界流体重结晶技术制备微纳米 RDX

美国 Stepanov（斯特潘诺夫）等[32, 33]在采用 RESS 技术制备微纳米 RDX 研究方面开展了大量的研究工作，分别设计了 CO_2 不循环使用的 RESS 装置和 CO_2 循环使用的 RESS 装置。他们采用 RESS 重结晶法，将 RDX 溶解在一定温度的超临界 CO_2 流体中，再将 RDX 的超临界溶液通过喷嘴膨胀而排出到膨胀室中，通过控制预膨胀温度和压强，使 RDX 重结晶析出而沉积，进而制备得到亚微米级 RDX，如图 2-13 所示。

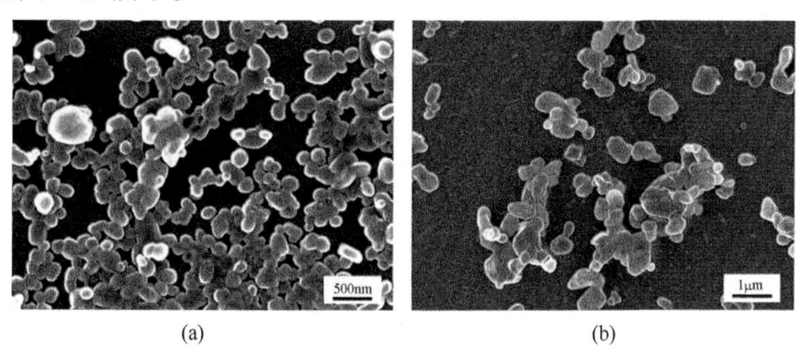

(a)　　(b)

图 2-13　亚微米级 RDX 的 SEM 照片

美国 Matsunaga（松永）等[34]采用 RESS 重结晶法，通过控制喷嘴直径和压强等，使溶有 RDX 的超临界 CO_2 溶液快速膨胀制备得到平均粒径约 70nm 的纳米 RDX。Stepanov 等[35]还采用 RESS 重结晶法，将 RDX 溶解在 CO_2 超临界流体中形成溶液，制备得到了平均粒径约 100nm、粒度分布相对较窄、呈类球状的纳米 RDX 颗粒，以及纳米 RDX/聚偏氟乙烯-六氟丙烯（VDF-HFP22）复合含能材料。韩国 Lee 等[36]也采用 RESS 重结晶法，以二甲醚（DME）作为溶剂，通过将 RDX 溶解到超临界状态的 DME 流体中，然后使溶液经喷嘴喷出而迅速膨胀，使 RDX 重结晶析出，制备得到亚微米级 RDX 样品，如图 2-14 所示。

此外，韩国韩南大学 Dou 等[37]还采用 SAS 重结晶法，将 RDX 溶解于 DMF 中，之后以 CO_2 超临界流体对溶剂进行萃取得到微米级超细 RDX。

(a)　(b)

图 2-14　原料 RDX（a）和亚微米级 RDX（b）的 SEM 照片

2）超临界流体重结晶技术制备微纳米 HMX

中北大学陈亚芳等[38]采用 SAS 重结晶法，制备了以亚微米 HMX 为主体炸药的超细传爆药 HMX/氟橡胶（FPM_{2602}），所制得的超细传爆药粒径最小为 2μm 左右，最大为 8μm 左右，粒度分布比较均匀，且表面比较圆滑、无明显的棱角、包覆均匀。华东理工大学高振明等[39]采用 SAS 重结晶法，采用 CO_2 超临界流体，通过控制预膨胀压强、HMX 丙酮溶液初始浓度、取样停留时间、喷嘴尺寸等工艺参数，制备得到了平均粒径在 350nm 以下、一部分颗粒小于 100nm 的超细 HMX。研究结果表明：预膨胀压强对 HMX 颗粒尺寸的影响较大，压强增加，HMX 平均粒径变小、粒度分布变窄；HMX 丙酮溶液初始浓度减小，产物颗粒平均粒径就变小、粒度分布变窄。伊朗 Bayat 等[40]采用 SAS 重结晶法，以 CO_2 作为超临界流体介质，通过控制压强、温度、HMX 溶液浓度、溶液流速、溶剂类别、CO_2 流量等工艺参数，制备得到了粒径约为 56nm 的纳米 HMX，如图 2-15 所示。

图 2-15　优化工艺下制备得到的纳米 HMX 的 SEM 照片

3）超临界流体重结晶技术制备微纳米 CL-20

中北大学尚菲菲等[41]采用 SAS 重结晶法，以 CO_2 作为超临界流体介质，将 CL-20 溶解在乙酸乙酯中，通过控制温度、压强、溶液浓度、超临界流体流速等工艺参数，制备得到了呈类球形、表面圆润无明显棱角、平均粒径为 685.4nm 的亚微米级 CL-20。此外，中北大学陈亚芳等[42]也采用 SAS 重结晶法，以 CO_2 作为超临界流体介质，将CL-20溶解于乙酸乙酯后，通过控制压强平均上升速率、CL-20溶液初始浓度、系统压强、系统温度、保压时间等工艺参数，制备得到平均粒径721.9nm的亚微米级CL-20。

南京理工大学国家特种超细粉体工程技术研究中心在采用超临界流体技术制备微纳米含能材料方面，开展了大量的研究工作。尤其是针对基于SAS技术的超临界流体设备及工艺技术，进行了系统全面的研究，设计并研制出了基于CO_2的SAS装置（图 2-16）。进一步还研制出了SAS改进优化装置（图 2-17），即将含能材料溶液和CO_2超临界流体按设计要求分别从不同的喷嘴雾化喷出，在一定温度的重结晶器内超临界流体迅速将溶液中的溶剂溶解并带走排出，而使含能材料重结晶析出，获得微纳米RDX、HMX、CL-20等含能材料颗粒。

然而，研究结果也表明：采用超临界流体技术对含能材料进行微纳米化处理时，能够通过控制工艺技术参数，如CO_2超临界流体的温度、压强，含能材料溶

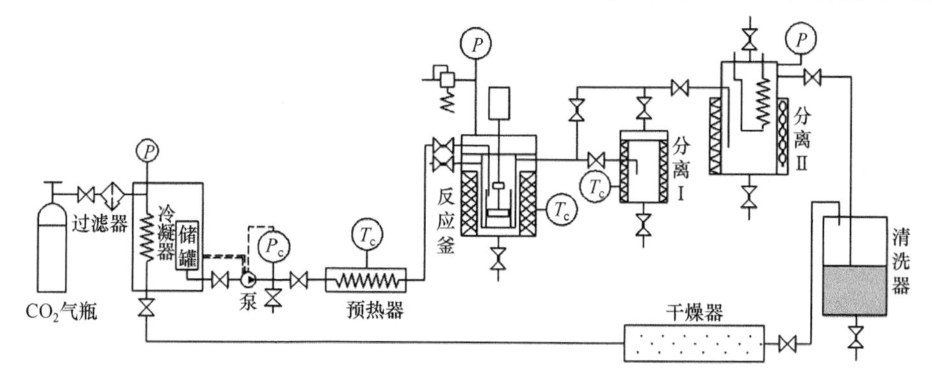

图 2-16　普通 SAS 重结晶装置示意图

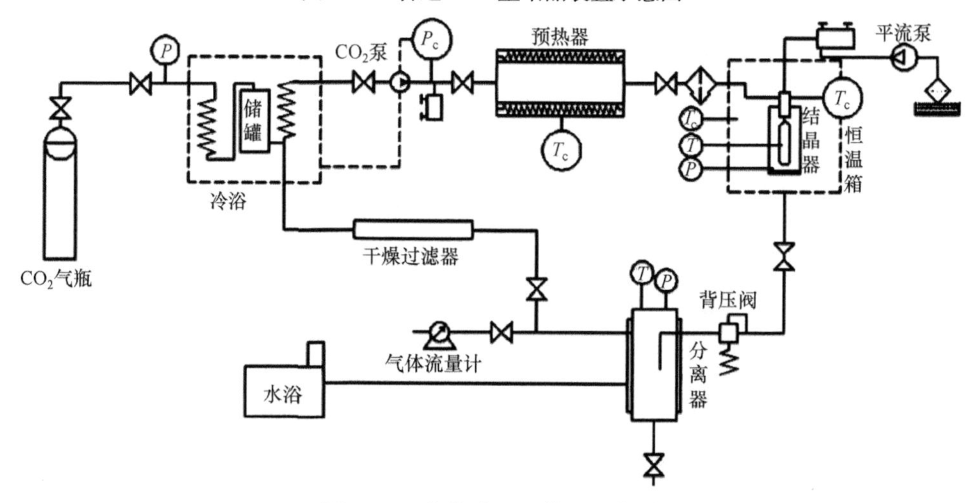

图 2-17　改进型 SAS 装置示意图

液浓度、溶剂种类等，获得粒径小、粒度分布窄、颗粒规则（如类球形）的微纳米含能材料。但是，该技术对含能材料的微纳米化处理能力小，并且涉及高温、高压等过程，设备易磨损（如 CO_2 增压泵等）、超临界流体难以完全重复使用，成本高且产品收集难度较大，难以实现工程化和产业化。

2.2.3 雾化干燥重结晶基础理论及技术

需要特别指出的是，本章所述的"雾化干燥重结晶"是指采用雾化干燥工艺技术途径，使含能材料溶液中的溶剂脱除而使溶质分子重结晶析出，进而得到微纳米级含能材料颗粒的过程。本书第 3 章中所述的"雾化连续干燥"是指采用雾化连续干燥工艺技术途径，使微纳米含能材料浆料中的液体组分（非溶剂主要是水）与含能颗粒分离而脱除（非结晶析出过程），进而获得微纳米含能材料干粉产品的过程。即本章是阐述基于雾化干燥工艺的重结晶过程，而第 3 章则是阐述微纳米含能材料浆料的连续脱水干燥过程（不考虑该过程发生重结晶作用）。

1. 雾化干燥重结晶基础理论与工艺技术

1）基础理论

采用雾化干燥重结晶技术对含能材料进行微纳米化处理，是在压缩气体、离心力、超声波、静电等作用下，首先使含能材料溶液雾化、形成雾状的小液滴。再将雾滴引入一定压强的加热气体（如空气、氮气、氩气等）中，使雾滴受到温度和压强双重作用，溶剂快速挥发，微小雾滴迅速成为过饱和溶液。含能材料溶质分子快速重结晶成核析出，经生长、凝结后形成干燥的微纳米含能颗粒，并在气流带动下向指定收集装置或收集区域移动。雾化干燥重结晶法已受到广泛的关注，其核心是采用合适的措施形成含能材料溶液雾滴。下面以气流式雾化干燥重结晶技术为例，介绍该重结晶过程的相关基础理论[43, 44]。

气流式雾化干燥重结晶装置的最关键部件之一是喷嘴，喷嘴产生的液滴平均直径 d 可根据半经验公式进行估算：

$$\frac{d}{L}=\left[1+\frac{1}{R}\right]^{x}\left[A\left(\frac{\gamma_{\mathrm{L}}}{\rho_{\mathrm{a}}u^{2}L}\right)^{a}+B\left(\frac{\eta^{2}}{L\gamma_{\mathrm{L}}\rho_{\mathrm{L}}}\right)^{b}\right] \tag{2-9}$$

式中，L 为喷嘴特征尺寸，μm；R 为喷嘴液气质量比；γ_{L} 为液体的表面张力，N/m；ρ_{a} 为空气的密度，kg/m^3；u 为液体喷射的相对速度，m/s；η 为液体黏度，Pa · s；ρ_{L} 为液体的密度，kg/m^3；A、B、a、b、x 均为与喷嘴结构相关的常数。

进一步地，含能材料颗粒的粒径 d_1 与液滴粒径 d 间的关系可近似地用经验公式表示为

$$d_1 = d\left(\frac{C}{\rho}\right)^{1/3} \tag{2-10}$$

式中，C 为溶液浓度，g/cm^3；ρ为含能材料密度，g/cm^3。

雾化干燥重结晶过程制备微纳米含能材料颗粒是在瞬间完成的，因此需要尽量增大溶液的分散度。即增加单位体积内溶液的表面积，也就是减小雾滴尺寸，就可以加快传质和传热的过程。根据机理不同，溶液的雾化可以分为滴状、丝状和膜状雾化三种类型。

（1）滴状雾化：指溶液以较小的速度从喷嘴喷出，由于表面张力的作用会形成一个不稳定的圆柱状的液滴，当液滴某一处的尺寸小于平均尺寸时，就会在此处形成比较薄的液膜。在较薄的液膜处的表面张力会比较厚的液膜处大许多，因此，液体较薄的部分就会转移到较厚的部分。然后，这部分就会延长成线并进一步分裂成大小不一样的液滴，最终在离喷嘴一定距离处就形成了小液滴。

（2）丝状雾化：指当溶液从喷嘴喷出时，气液相对速度较大，在外力和表面张力的作用下，液柱会被拉长成液丝，在液丝比较细的地方就会断裂成许多小雾滴。

（3）膜状雾化：指气体或溶液以相当高的速度从喷嘴喷出，当气液相对速度达到足够大的时候，就会形成一个绕空气心旋转的空心锥薄膜。薄膜连续膨胀扩大，然后薄膜就分裂为极细的液丝或液滴，而薄膜的周边就会分裂成雾滴。

2）影响雾化干燥重结晶效果的主要因素

溶液浓度可影响重结晶时的过饱和度，导致不同的晶核形成速率和晶体生长速率，从而得到不同粒度和形貌的微纳米含能材料颗粒。溶液浓度高、液滴中的溶质含量多，易形成大颗粒；反之，溶质含量少，则可形成微纳米级颗粒。对于雾化干燥重结晶过程，通常雾滴的直径（或尺寸）及其分布对微纳米含能材料颗粒的影响远大于溶液浓度的影响。在一定浓度范围内，雾滴直径减小，颗粒粒径随之减小。雾滴尺寸的相关影响因素包括重结晶温度、进样量和载气流量、雾化方式等。

i）重结晶温度

一般来说，重结晶温度高，所形成的雾滴尺寸较小，并且温度高时溶剂易于挥发，形成过饱和溶液的速度快，成核速率大，因而易得到小颗粒。反之，在低温下重结晶易得到大颗粒。

ii）进样量和载气流量

载气流量（热气流流量）一定时，进样量减小，气液质量比增大，雾化产生的液滴直径变小、单位体积内的液滴数量降低，结晶析出的颗粒粒径较小、颗粒数量减少。若进样量过低形成的颗粒粒径过小，则颗粒不易收集。载气流量增大，溶剂挥发速度快、成核快、团聚少，得到的颗粒粒径小。若载气流量过大，则容易形成气流反冲，反而影响重结晶过程的顺利进行及产率。

iii）雾化方式

压缩气体、离心力、超声波、静电等因素均可使含能材料溶液雾化，不同的雾化方式，其所形成的雾滴尺寸及分布有所不同。通常，采用气流式雾化，可通过调节雾化气流的压强和喷嘴的结构，获得较小尺寸和分布范围窄的雾滴。离心式雾化由于机械旋转部件的转速不能太高（通常小于 30000r/min），因而离心力也受到限制，使得雾滴尺寸较大。超声波雾化是利用超声波的电子高频振荡（1.7MHz 或 2.4MHz），将能量传递给含能材料溶液，从而将液体破碎成细小雾滴，达到雾化效果。

静电雾化基本原理是应用高压静电在喷头与接收基板间形成高压电场[45]，使以一定流速流经喷头的溶液通过充电的方式被充上电荷，形成带电液体。带电液体在高压静电场中会受到一个电场力，同时也会受到一个方向相反的表面张力。喷头末端的液滴在静电场的作用下，产生形变并逐步形成泰勒锥。当静电场强足够大时，液滴受到静电场力能够克服表面张力时，泰勒锥表面就会喷射出微米级甚至更小的液滴流，这就形成静电雾化现象。雾化形成的小液滴在向接收基板运动过程中，溶剂不断挥发，发生重结晶析出生成微纳米含能材料颗粒，积聚在接收板上。由于静电雾化形成的大量微小液滴表面带有电荷，库仑力阻止了液滴间的聚集，并使其更容易穿透环境中气体介质同时还能方便控制液滴的运动轨迹；并且液滴运动过程中溶剂挥发后形成的微纳米颗粒也带有电荷，这在一定程度上能克服微纳米颗粒的团聚。然而，静电雾化所形成的雾滴尺寸及粒度分布受静电电压、溶剂种类、溶液浓度、雾化距离等多个因素的影响，雾化过程较难控制，且雾化能力往往较小。

2. 雾化干燥重结晶技术制备微纳米含能材料

1）雾化干燥重结晶技术制备微纳米 RDX

南京理工大学陈厚和、马慧华等[46-48]采用气流式雾化干燥重结晶法，将工业微米级 RDX 炸药溶解于以丙酮为主溶剂的混合溶剂中，加入表面活性剂形成无水微乳液后，在一定的压强和温度条件下将微乳液喷入接收器中，制备得到平均粒径 60nm 左右、呈类球形的纳米级 RDX。西南科技大学李博[49]采用静电雾化干燥重结晶法，将 RDX 或硝基胍（NQ）溶解在丙酮中形成溶液，通过控制雾化电压、距离、喷嘴内径、溶液浓度、流速、温度等工艺参数，制备得到了亚微米级 RDX、NQ 及 RDX/NQ 复合物，且所制备的亚微米 RDX 呈类球形。美国 Hongwei Qiu（邱宏伟）等[50]采用气流式雾化干燥重结晶法，将 RDX 及 PVAc 溶解于丙酮中，使含能材料溶液雾滴在 55℃的氮气环境中迅速挥发溶剂，制备得到了粒径在

0.1～1μm 的微纳米 RDX 及微纳米 RDX/PVAc 复合含能材料，如图 2-18 所示。

图 2-18　RDX/PVAc 复合含能材料中表面（a）和内部（b）微纳米 RDX 的 SEM 照片

法国 Klaumünzer（克劳姆策）等[51]采用气流式雾化干燥重结晶法，将 RDX 溶解于丙酮和三氯甲烷的混合溶剂中，通过压缩氮气将溶液加压后，控制喷嘴直径、干燥温度等参数，制备得到了纳米级 RDX 粉末。法国 Pessina（佩西纳）等[52]采用气流式雾化干燥重结晶法，将 RDX 溶于丙酮中，通过控制雾化喷嘴尺寸、温度、压强、表面活性剂用量等工艺条件，制备得到了平均粒径约 500nm 的亚微米级 RDX；并且加入表面活性剂聚乙烯吡咯烷酮（PVP）后，可使 RDX 的粒度大幅度减小。韩国 Kim 等[53]采用超声波雾化重结晶法，将 RDX 溶解于丙酮中，以聚乙烯吡咯烷酮为表面活性剂，在 1.7MHz 超声波作用下，通过控制 RDX 溶液浓度和干燥温度等参数，制备得到了 0.8～2.6μm 的微纳米 RDX，如图 2-19 所示。

图 2-19　在 0.5wt%（a）和 4.0wt%（b）溶液浓度条件下制备的微纳米 RDX 的 SEM 照片

荷兰 Radacsi（雷达克斯）等[54]采用气流式雾化干燥重结晶法，将 RDX 溶于丙酮中，然后通过控制喷嘴尺寸、RDX 浓度、雾化压强等参数，将 RDX 溶液雾化后喷入介质阻挡放电型低温等离子加热源中，制备得到了粒径在 200～900nm 的亚微米级 RDX。他们还采用静电雾化干燥重结晶法[55]，将 RDX 溶解在丙酮中，通过控制喷嘴直径、静电雾化电压、溶液浓度、溶液流速等工艺参数，使 RDX

溶液形成薄雾然后迅速蒸发溶剂，制备得到了粒径大小在 200～600nm、呈类球形的亚微米级 RDX。

2）雾化干燥重结晶技术制备微纳米 HMX

法国 Risse（里斯）等[56]采用气流式雾化重结晶法，将 HMX 溶于丙酮中制得一定浓度的溶液，用高压氮气将溶液加压至 6MPa 后通过 60μm 的喷嘴雾化至真空室中，控制真空室的真空度在 500Pa 左右，制备得到了中位粒径在 50～500nm 的微纳米 HMX，如图 2-20 所示。

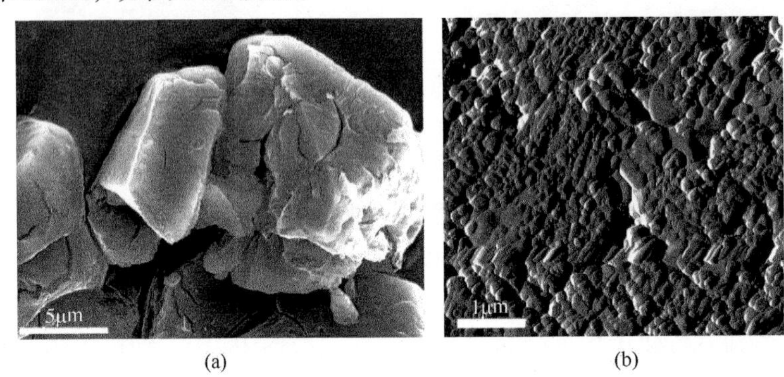

(a)　　(b)

图 2-20　原料 HMX 的 SEM 照片（a）和纳米 HMX 的 AFM 照片（b）

3）雾化干燥重结晶技术制备微纳米 CL-20

北京理工大学李梦尧[45]采用静电雾化干燥重结晶法，将 CL-20 溶解在丙酮中，通过控制溶液浓度、雾化电压、溶液流速、喷嘴直径等工艺参数，制备得到了亚微米级 CL-20，并进一步制备得到了亚微米级 CL-20/NC（硝化棉）复合含能材料。中北大学徐文峥等[17]采用气流式雾化干燥重结晶法，将 CL-20 溶于丙酮中，通过控制溶液浓度、雾化速率、压强等工艺条件，制备得到了粒径在 300～500nm 的亚微米级类球形 CL-20 颗粒，如图 2-21 所示。

(a)　　(b)

图 2-21　原料 CL-20（a）和亚微米级 CL-20（b）的 SEM 照片

4）雾化干燥重结晶技术制备微纳米 TATB

德国 Hotchkiss（霍奇基斯）等[57]采用气流式雾化重结晶法，将 TATB 溶于

DMSO 中，通过控制溶液浓度、溶液温度、雾化压强等参数，并在 CO_2 辅助作用下雾化，然后将雾滴引入充有加热氮气的干燥室中，制备得到了粒度分布在 100～400nm、平均粒径约为 228nm 的亚微米级 TATB，如图 2-22 所示。

图 2-22　亚微米级 TATB 的 SEM 照片

5）雾化干燥重结晶技术制备微纳米 HNS

中北大学吕春玲等[58]采用离心式雾化干燥重结晶法，将 HNS 溶于 DMF 中，利用蠕动泵将 HNS 溶液从雾化干燥器顶部送入干燥室，溶液由高速旋转的雾化轮（26000r/min）雾化成液滴后，与热氮气直接充分接触后，溶剂迅速蒸发，HNS 粉末和尾气被吸出进入旋风分离器而实现气固分离，含能材料颗粒被收集而尾气排走。通过控制入口气体温度、溶液浓度、进料速度、气体流速等工艺条件，制备得到了粒度分布在 1～6μm 的光滑球形 HNS 颗粒。

南京理工大学国家特种超细粉体工程技术研究中心在雾化干燥重结晶技术方面，开展了大量的研究工作，尤其是在基于气流式雾化和离心式雾化技术及设备方面，进行了系统、全面的研究。设计并研制出了原理样机与相应的工艺技术，实现了微纳米 RDX、HMX 等的高效制备。然而，由于含能材料即便在惰性气体或真空环境中，也能发生燃烧或爆炸，使得雾化干燥重结晶过程的安全风险也较高。如果要实现大批量制备，必须首先解决温度、机械刺激、气流扰动等所引起的安全隐患，才能保证雾化干燥重结晶过程的安全。此外，含能材料的溶剂基本都是有机试剂，雾化干燥后的有机气体回收进而避免环境污染，也是该技术放大时所要面临的关键问题。

2.2.4　微乳液重结晶基础理论及技术

1. 微乳液重结晶基础理论与工艺技术

微乳液是由两种或者两种以上互不相溶的液体在表面活性剂及助表面活性剂的存在条件下，形成的一种透明或半透明的分散体系，其中液滴的直径可控制在

5～100nm。1982 年，瑞典科学家 Boutonnet（布托勒）等首先在油包水型（W/O）微乳液的水核中制备出 Pr、Pd、Rh 等金属团簇微粒，开启了微乳液技术制备微纳米颗粒的大门[59]。微乳液重结晶技术作为微乳液技术的重要组成部分，当用于对含能材料进行微纳米化处理时，具有如下特点：产物粒度分布较窄，微纳米颗粒表面包覆一层或几层表面活性剂、颗粒间不易聚结，微纳米颗粒表面可被特定的表面活性剂修饰，界面特性得以改善。

微乳液可分为水包油型（O/W）微乳液和油包水型（W/O，也称反相微乳液）微乳液。用于制备微纳米含能材料的微乳液技术通常是油包水型反相微乳液技术，该技术将含能材料溶液制备得到反相微乳液，通过控制微乳液的重结晶工艺参数，获得微纳米含能颗粒。

采用反相微乳液重结晶技术对含能材料进行微纳米化处理时，为了获得粒径小、粒度分布窄的纳米级含能材料，通常是首先将含能材料溶解于某种溶剂中，使含能材料溶液与不相溶的液体及表面活性剂（或复合表面活性剂）混合制备得到反相微乳液 A。然后再把含能材料的非溶剂（通常是水）与上述同种液体和表面活性剂混合制备得到反相微乳液 B。最后把反相微乳液 A 与反相微乳液 B 混合，使含能材料溶液在含有非溶剂的微乳液滴内，发生重结晶析出，生成微纳米含能颗粒（图 2-23）。该过程包括反相微乳液制备、反相微乳液混合、晶核生成、晶体生长等过程。

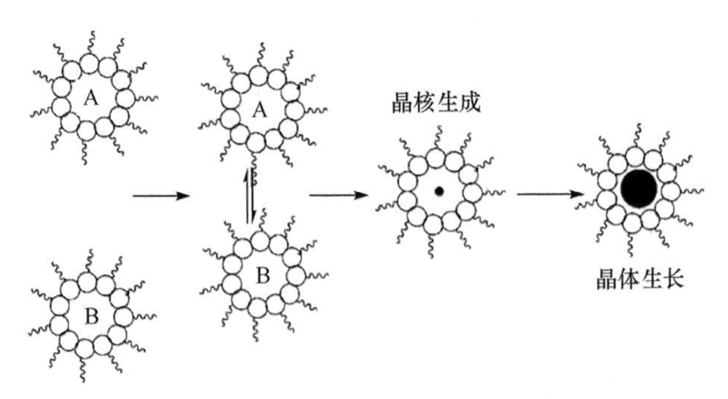

图 2-23　反相微乳液制备微纳米含能材料的机理示意图

西班牙科学家 Tojo（东条）等通过计算机模拟手段来研究纳米粒子在反胶束中的晶核形成和晶体生长过程，结果表明：反相微乳液体系的胶束碰撞频率受到表面活性剂膜强度的影响。也就是说，微乳液重结晶技术所制备的微纳米颗粒尺寸受表面活性剂的影响。一方面，表面活性剂所形成的反相胶束稳定性越高，含能材料溶液和非溶剂混合越困难，发生重结晶析出的难度越大，制备能力也就越小。另一方面，反相胶束的稳定性差，会引起胶束之间融合，进而使得胶束内的微纳米含能材料颗粒团聚或颗粒长大，使得粒度分布范围变宽。

1）微乳液的形成理论

微乳液重结晶技术的第一步需解决的问题是微乳液的制备。关于微乳液的形成理论有很多，主要包括混合界面膜理论、几何排列理论、增溶理论和热力学理论等，下面将对这几个理论做简单阐述。

i）混合界面膜理论

在微乳液体系中，表面活性剂和助表面活性剂分散在油水之间形成一层混合界面，而油和水分别位于混合膜两侧，形成水/膜界面（W/M）和油/膜界面（O/M），因此界面膜又可以称为双层膜。假设最初混合膜为平板型膜，因为膜两侧的界面张力不同，双层膜将受到剪切力的作用而发生弯曲。结果是膜压高的一边弯向膜压低的一边使其面积不断增大，而膜压低的一边面积不断缩小。当膜两侧的压力或张力相等时停止弯曲，进而形成微乳液。该理论认为混合界面膜的表面张力 γ_T 为

$$\gamma_T = (\gamma_{O\text{-}W})_a - \pi \tag{2-11}$$

式中，$(\gamma_{O\text{-}W})_a$ 为加入助表面活性剂的油-水界面张力；π为混合膜扩展压。通过在微乳液制备过程中加入助表面活性剂，既可以减小 $(\gamma_{O\text{-}W})_a$ 值，又可以增大π值。

ii）几何排列理论

美国科学家 Robbins（罗宾斯）、澳大利亚科学家 Mitchell（米契尔）和 Ninham（尼纳姆）等提出界面膜中排列的几何模型，该模型可用于解释微乳液的结构问题以及界面膜的优先弯曲问题。该模型认为界面膜是一个双层膜，表面活性剂在混合界面上的几何填充非常重要，可用一个反映表面活性剂分子中疏水基和亲水基截面积相对大小的填充参数 $V/a_o l_c$ 来表示。当 $V/a_o l_c<1$ 时，表明表面活性剂分子中疏水基的截面积小于亲水基的截面积，有利于形成 O/W 型微乳液。当 $V/a_o l_c>1$ 时，表明表面活性剂分子中疏水基的截面积大于亲水基的截面积，有利于形成 W/O 型微乳液。当 $V/a_o l_c\approx1$ 时，表明表面活性剂分子中疏水基的截面积约等于亲水基的截面积，则有利于形成层状液晶结构。

iii）增溶理论

日本科学家 Shinoda（筱田）和瑞典学者 Friberg（弗里贝里）等认为微乳液液滴是油或者水通过连续相进入胶束使其膨胀的结果。当表面活性剂在水中（O/W 型）或者油中（W/O 型）的浓度大于临界胶束浓度时，表面活性剂就会聚集形成胶束或者反胶束。此时若将水相（或油相）溶入亲水基团（或疏水基团）胶束（或反胶束）就会使胶束发生胀大。随着进入胶束（或反胶束）中水量（或油量）的增加，胶束（或反胶束）会溶胀而变成小水滴（或小油滴），最后形成微乳液（或反相微乳液）。

iv）热力学理论

热力学理论是通过计算微乳液形成时的吉布斯自由能变化来研究微乳液的稳定条件，该理论认为液-液界面张力 γ 和界面自由能 ΔG 有如下关系式：

$$\Delta G = \int \gamma \mathrm{d}A \tag{2-12}$$

式中，A 为界面面积。当表面活性剂和助表面活性剂的引入使得 $\gamma<0$ 时，界面面积的增大（$\mathrm{d}A>0$）使得 $\Delta G<0$，从而使微乳液的形成有了自发趋势。

2）影响微乳液重结晶效果的主要因素

反相微乳液重结晶过程通常会受到各种因素的影响，这些因素主要包括水与表面活性剂的摩尔比（ω）、溶液浓度、表面活性剂的种类及用量、助表面活性剂的种类及用量、重结晶温度等。

i）水与表面活性剂的摩尔比

在制备反相微乳液时，水与表面活性剂的摩尔比（ω）是一个重要的参数，它可以反映微乳液液滴的大小以及每个液滴上的表面活性剂个数。当 ω 值发生变化时，微乳液中液滴的直径、胶束聚集数、界面膜强度都会发生改变。研究表明，液滴的半径 r 与 ω 成正比，即液滴的半径随 ω 值增大而增大。由于含能材料颗粒是在微乳液的液滴中重结晶生成的，因此液滴的大小直接影响了生成的粒子粒径的大小。而液滴的大小又受到 ω 值的影响，所以重结晶制备的含能材料颗粒粒度也受到 ω 值的影响。一般而言，当 ω 值增大时，混合界面膜的强度会随之降低，最终导致制备的粒子粒径增大。

ii）溶液浓度

利用反相微乳液重结晶法制备微纳米含能材料颗粒时，含能材料溶液的浓度将会影响产物粒子的粒径及粒度分布。这是因为，溶液浓度会影响两种反相微乳液混合所形成的重结晶胶束内的过饱和度，影响晶核生成和晶体生长速率，进而对产物粒度及分布产生影响。

iii）表面活性剂的种类及用量

一方面，在形成反胶束时，不同的表面活性剂在界面上的聚集数会有一定差异，这不仅会影响液滴的大小及形状，而且会影响界面膜的强度。如不同类型但碳原子数相同的表面活性剂在形成反胶束时，其聚集数最大的是阴离子表面活性剂，其次是阳离子表面活性剂，非离子表面活性剂所形成的聚集数最少。并且，不同类型的表面活性剂在界面膜上的排列会有所不同，所以界面膜强度也会因此存在差异，进而影响微纳米含能材料颗粒品质。

另一方面，反胶束的尺寸会随着表面活性剂用量的增大而增大，而反胶束的数目会随着表面活性剂用量的增大而减少，这会导致制备的固体颗粒粒径变大。但从另一个角度看，当表面活性剂浓度增大时，粒子表面覆盖着的表面活性剂也增加，这样不仅会阻止晶核的进一步长大，而且也防止生成的细小粒子发生团聚，从而使制备的固体颗粒粒径有所减小。此外，反胶束的增溶量会随着表面活性剂浓度的增加而增大，这会导致制备的固体颗粒粒径增大。

综合以上分析可以发现，在采用反相微乳液重结晶法制备微纳米含能材料时，表面活性剂对最终产物粒度的影响较为复杂。因此，在制备过程中应该根据实际情况来选择表面活性剂种类及用量。

ⅳ）助表面活性剂的种类及用量

使用非离子表面活性剂配制微乳液时，若不加助表面活性剂（醇类，如正丁醇、正己醇），则很难形成微乳液，加入醇之后，微乳液的增溶量明显增大。醇在非离子型表面活性剂微乳液体系中所发挥的作用主要有三方面。首先，醇可以降低混合界面膜的界面张力，从而使微乳液易于形成；对于单一的表面活性剂而言，当其达到临界胶束浓度时，混合膜的界面张力尚未降低到零而不利于微乳液的形成；但加入醇（一般是中等链长的醇）之后，由于它能打乱界面膜的有序排列，这使得界面张力进一步降低直至负值，最终表现是形成较大面积的微乳区。其次，醇可以调节表面活性剂的 HLB 值；在配制微乳液时，通常会根据 HLB 值来选择所需的表面活性剂或者复合表面活性剂，使其在油/水界面上的吸附量较大；当选择的表面活性剂不合适时，可以在体系中加入醇使油/水界面上吸附较多的表面活性剂。最后，界面膜的流动性会随着醇的加入而有所提高；在生成微乳液时，大液滴需要克服界面压力和界面张力才能形成小液滴；加入助表面活性剂醇，可以使油/水界面的刚性被降低，混合膜的流动性增加，形成微乳液时所需要的弯曲能也随之减小，这使得微乳液易于自发形成。

ⅴ）重结晶温度

温度也会在一定程度上影响微乳液的性质，这是因为过高的温度会影响微乳液的稳定性。可通过升高温度的方法实现破乳，进而调节微乳液中含能材料溶液的过饱和度，实现对微纳米含能材料产物颗粒粒径及粒度分布的控制。因此，在材料反相微乳液重结晶法制备微纳米含能材料粒子时，温度也是一个不容忽视的因素。

总的来说，采用微乳液重结晶法制备微纳米含能材料时，由于微乳液内是尺寸很小（通常是几纳米到几十纳米）的反相胶束，这种反相胶束所形成的水核在一定条件下具有稳定的特性，即使破裂后还能重新组合。这类似于生物细胞的一些功能，因此被称为“智能微型反应器”。这个微型反应器拥有很大的界面，可以为含能材料溶液提供非常好的重结晶微区域。当在水核内进行重结晶析出微纳米颗粒时，由于重结晶过程被限制在水核内，外裹表面活性剂保护膜，反应产物也处于高度分散状态；并且助表面活性剂又增强了膜的弹性与韧性，使得产物颗粒难以聚集，从而控制重结晶过程晶核生成和晶体生长。然而，当采用微乳液重结晶技术制备得到微纳米含能材料颗粒后，由于颗粒粒径小、在乳液中分散非常好，使得产物颗粒的分离又比较困难，通常需采用高速离心或其他破乳手段实现产物收集。此外，微纳米含能材料颗粒表面的表面活性剂的完全脱除也比较困难，因而往往使得产物纯度受到一定影响。

2. 微乳液重结晶技术制备微纳米含能材料

南京理工大学国家特种超细粉体工程技术研究中心在采用反相微乳液技术制备微纳米含能材料方面，开展了大量的研究工作[60]。如采用反相微乳液重结晶法，将 RDX 溶解于 DMF 或 DMSO 中，以正己烷为油相、Span80/Tween20 为复合表面活性剂、正己醇为助表面活性剂，在搅拌作用下将 RDX 溶液和水分别滴加到含有表面活性剂和助表面活性剂的油相中，分别制备得到 RDX 溶液的微乳液和水的反相微乳液；然后将两种微乳液混合使 RDX 发生重结晶，通过控制溶液浓度等制备得到了纳米 RDX，如图 2-24 所示。

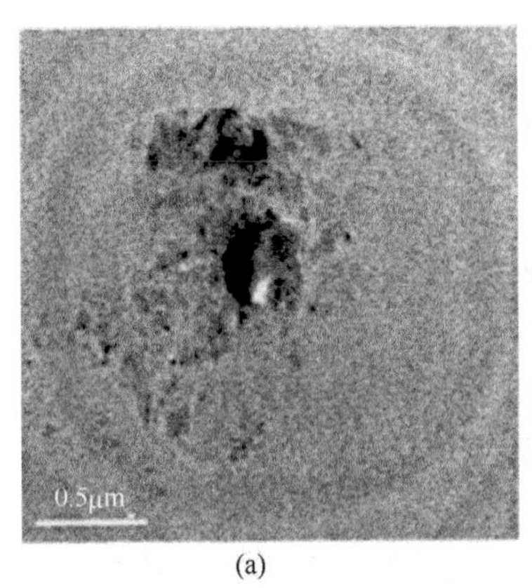

(a)

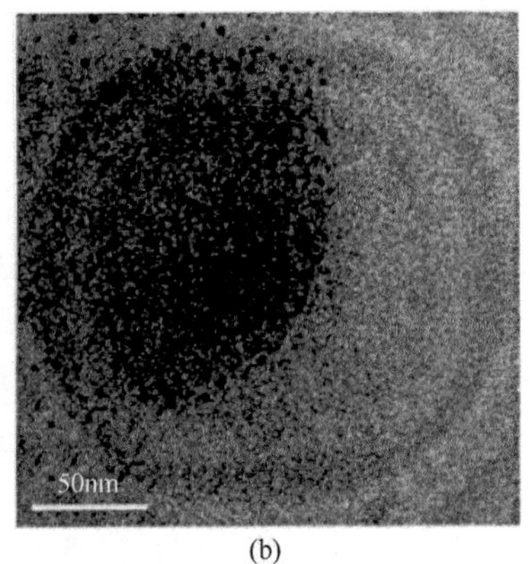

(b)

图 2-24　纳米 RDX 的 TEM 照片

西安近代化学研究所刘志建等[61]采用微乳液重结晶法，将 RDX 溶解于溶剂中，并加入混合表面活性剂在乳化装置中乳化形成微乳液，然后把 RDX 的微乳液加入含有少量破乳剂的水中分散破乳重结晶析出，制备得到了 0.42～1.02μm 的亚微米级 RDX。中国兵器工业集团公司第二一三研究所彭加斌等[62]采用反相微乳液重结晶法，将 RDX 溶解于 DMF 中，然后将 RDX 溶液和水分别加入含有表面活性剂的异辛烷中，制备得到两种微乳液，在搅拌作用下将两种微乳液混合使 RDX 重结晶析出，通过控制溶液浓度制备得到纳米 RDX。华北工学院（2004 年更名为中北大学）闻利群等[63]采用微乳液重结晶法，将 HNS 的 DMF 溶液制成微乳液，然后将微乳液加入冷水浴中使 HNS 重结晶析出，制备得到微米级超细 HNS。此外，西南科技大学王敦举等[64]采用反相微乳液重结晶法，将 HMX 溶解于 68%

的 HNO_3 溶液中，在搅拌作用下使复合表面活性剂 Span80/Tween80、正己醇和正辛烷形成乳状液，然后将 HMX 溶液和碱溶液分别加入乳状液中形成微乳液，把两种微乳液混合使 HMX 重结晶析出，制备得到了 100～200nm 的亚微米级 HMX。伊朗 Bayat 等[65]采用微乳液重结晶法，将 CL-20 溶解于乙酸正丁酯或乙酸乙酯中，在十二烷基硫酸钠（SDS）和异丙醇作用下，使 CL-20 溶液在水中形成微乳液，然后对微乳液体系进行快速冷冻，之后采用冷冻干燥，经过滤、洗涤制备得到纳米级 CL-20，如图 2-25 所示。

(a)

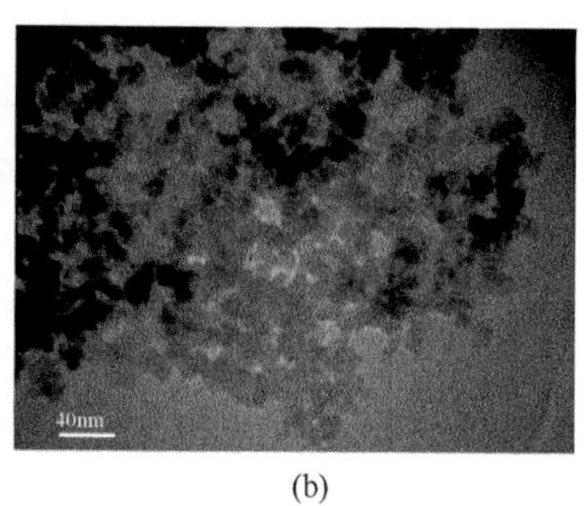

(b)

图 2-25　纳米 CL-20 的 SEM 和 TEM 照片

2.2.5　溶胶-凝胶重结晶基础理论及技术

1. 溶胶-凝胶重结晶基础理论与工艺技术

溶胶是指粒径处于 1～100nm 的分散相粒子在分散介质中分散，并且分散相粒子与分散介质之间有明显物理分界面的胶体分散体系。根据分散介质不同，可将溶胶分为气溶胶、液溶胶和固溶胶；溶胶-凝胶重结晶技术所涉及的“溶胶”为液溶胶。凝胶是指溶胶中的基本单元粒子或者高聚物分子相互交联，使整个体系失去流动性，形成的三维网络的固体结构。采用溶胶-凝胶重结晶技术制备微纳米含能材料颗粒时，首先将含能材料溶解于某种溶剂中，制备得到一定浓度的含能材料溶液。然后向含能材料溶液中加入一定量的前驱体（如 1, 2-环氧丙烷），通过搅拌、超声等作用使前驱体混合均匀。再通过控制溶液温度，使前驱体发生水解、缩合等化学反应，进而在含能材料溶液中形成稳定的透明溶胶体系。接下来使溶胶体系陈化，发生缓慢的聚合反应，形成三维网络状结构的凝胶体系。最后对凝胶体系进行防团聚干燥处理（如冷冻干燥、超临界干燥等），使溶剂脱除、含能材料颗粒重结晶析出。通过控制溶液浓度、凝胶骨架的结构等，实现对含能材料颗粒的粒径及粒度分布进行控制。待凝胶干燥后进行研磨处理并去除凝胶骨架，最终获得微纳米含能材料颗粒。

1）胶体稳定的基础理论

采用溶胶-凝胶重结晶技术制备微纳米含能材料颗粒时，关键在于稳定胶体体系的形成。有两种方法可以获得胶体：一是分散法，即通过声、电、机械等方法将大颗粒分裂成小粒径粒子，成为胶体粒子；二是凝聚法，此方法是将离子、原子或分子聚结成胶体粒子。其中凝聚法又根据变化过程是化学变化还是物理变化分为化学凝聚法和物理凝聚法。对于含能材料的溶胶-凝胶重结晶过程而言，胶体通常是通过化学凝聚法形成的。

化学凝聚法制备得到的胶体分散体系是分散程度很高的多相体系，其内部溶胶的颗粒半径在纳米级，具有相界面大、表面能高、吸附性能强等特点。许多胶体溶液能够长期保存，形成热力学不稳定而动力学稳定的体系，这主要是由于三方面的原因。第一，根据 Stern 双电层理论，双电层结构的胶体粒子发生溶剂化作用形成一层弹性外壳，从而增加了溶胶团聚的机械阻力。第二，根据 DLVO 理论，胶粒表面吸附了相同电荷的离子，静电斥力使得胶粒不易聚沉。第三，胶粒的布朗运动可在一定程度上克服重力场的影响而避免聚沉。若采取针对性的方法中和胶体颗粒所带电荷、降低溶剂化作用或减弱布朗运动，如在胶体溶液中加入电解质或者让两种带相反电荷的胶体溶液相互作用，则会立即破坏这种动力学上的稳定性，从而使胶体颗粒发生聚沉。

稳定的溶胶体系是整个溶胶-凝胶过程胶体稳定的基础，在此基础上，通过控制温度等因素，使溶胶粒子相互交联、聚合，进而使得整个体系逐渐失去流动性，形成以前驱体为骨架具有稳定三维网状结构的凝胶体系。之后，再对凝胶体系进行干燥处理，同时采取防止凝胶骨架塌陷的干燥方式，获得三维网状结构的干凝胶，进而避免微纳米含能材料颗粒团聚，获得分散性良好的微纳米颗粒。

2）主要反应过程

i）溶胶的形成

对于采用化学凝聚法制备得到的溶胶体系，其通常是采用金属有机物前驱体（如金属醇盐），在有机溶剂中控制水解，通过分子簇的缩聚形成无机聚合物溶胶，这种途径得到的溶胶也称为化学胶。化学胶的形成过程就是将反应物分散到溶剂中，经过水解、醇解生成活性单体，活性单体经初步缩聚，得到分散性良好的纳米级溶胶溶液。

ii）凝胶的形成

在溶胶-凝胶重结晶过程中，溶胶体系在适当的条件下，可进一步通过聚合转化为凝胶体系，如可改变温度、转化或蒸发溶剂、加入相反电荷的电解质等。通常，应尽量避免蒸发溶剂的方法，以免引起含能材料溶液过饱和度增大而提前重结晶析出，使得产物颗粒粒径变大、粒度分布范围变宽。

iii）凝胶干燥

在凝胶干燥过程中，分布于凝胶骨架孔隙内的含能材料溶液中溶剂逐步脱除，含能材料溶质也随之重结晶析出。凝胶干燥过程对整个溶胶-凝胶重结晶过程非常重要，若采用暴露于大气环境下或置于烘箱中蒸发的干燥方式，由于凝胶气液界面的形成，在凝胶微孔中因液体表面张力的作用而产生弯月面。随着蒸发干燥的进行，弯月面消退到凝胶本体中，作用在乳壁上的力增加，使凝胶骨架塌陷，导致凝胶收缩团聚，晶体颗粒团聚、长大，难以得到分散性良好的微纳米含能颗粒。为解决上述问题，可采用真空冷冻干燥或超临界流体干燥等方式去除溶剂，以避免或减小因表面张力作用而使凝胶骨架塌陷，以及发生凝胶收缩团聚使颗粒长大的现象，使含能材料溶质均匀重结晶析出，得到分散性良好的微纳米含能颗粒。

2. 溶胶-凝胶重结晶技术制备微纳米含能材料

南京理工大学国家特种超细粉体工程技术研究中心针对溶胶-凝胶重结晶技术，开展了大量的研究工作，系统研究了工艺条件对微纳米含能材料粒径及粒径分布的影响规律。例如，采用溶胶-凝胶重结晶法[66]，将 RDX 溶解于 DMF 中，并将适量 $Fe(NO_3)_3 \cdot 9H_2O$ 溶于无水乙醇中，进一步将两种溶液混合后滴加水解促进剂 1, 2-环氧丙烷，生成 RDX/Fe_2O_3 湿凝胶。然后将湿凝胶静置陈化后置入 CO_2 超临界装置的反应釜内进行超临界干燥，并进一步经真空烘箱低温干燥得到 RDX/Fe_2O_3 气凝胶。最后将气凝胶研磨后用稀盐酸溶解 Fe_2O_3，经分离、洗涤后干燥得到 60～90nm 的纳米级 RDX。

北京理工大学晋苗苗等[67]采用溶胶-凝胶重结晶法，将 RDX 和 NC 溶解于丙酮中，然后向溶液中加入适量的甲苯二异氰酸酯（TDI）和二丁基锡二月桂酸酯，混合均匀后在超声条件下排除气泡。通过控制 RDX 溶液浓度，并在一定温度的恒温水培箱中静置、老化一段时间，得到 RDX/NC 湿凝胶。最后对制得的湿凝胶进行超临界干燥即得到纳米 RDX/NC 复合含能材料，如图 2-26 所示。

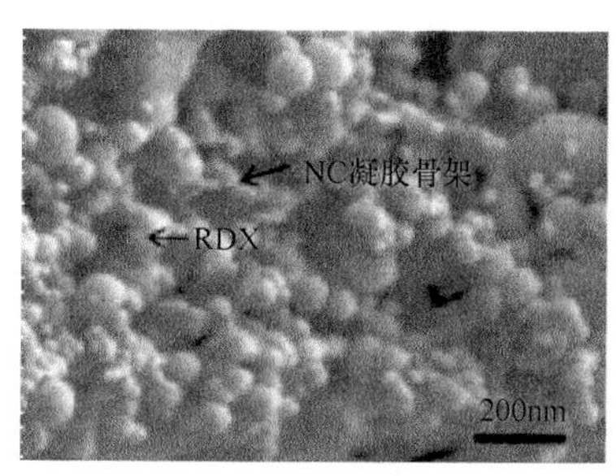

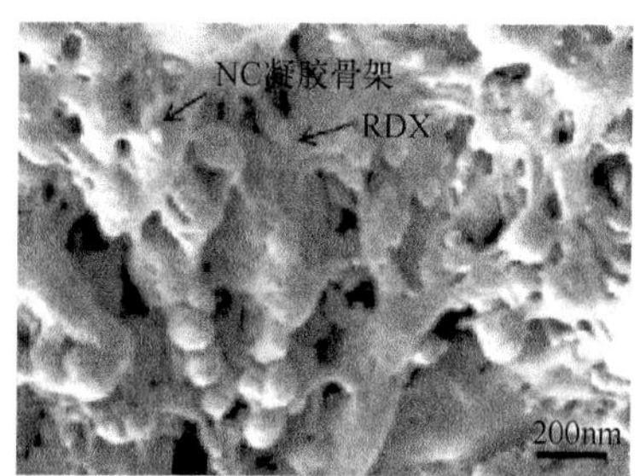

图 2-26　纳米 RDX/NC 复合含能材料的 SEM 照片

中国工程物理研究院化工材料研究所聂福德等[68]采用溶胶-凝胶重结晶法，首先将间苯二酚和甲醛溶于含有 $Na_2CO_3 \cdot 10H_2O$ 作为催化剂的 DMSO 中，然后向溶液中加入 HMX 和高氯酸铵（AP）形成混合溶液。之后将混合溶液置于 90℃的环境中陈化 5～7 天得到凝胶，再将该凝胶浸入无水乙醇中获得乙醇凝胶。最后将乙

醇凝胶放入 CO_2 超临界干燥设备进行超临界干燥，制备得到了高能组分颗粒粒径在 48～93nm 的纳米 HMX/AP/RF（RF 指间苯二酚-甲醛树脂）复合含能材料，如图 2-27 所示。

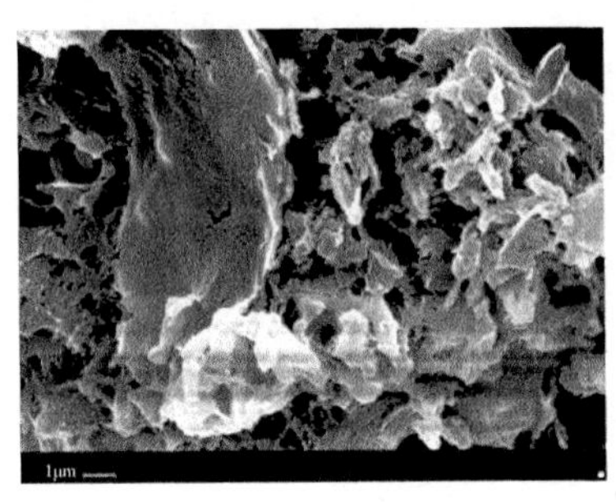

图 2-27　纳米 HMX/AP/RF 复合含能材料的 SEM 照片

如上所述，采用重结晶技术，能够实现对 RDX、HMX、CL-20、TATB、HNS 等含能材料进行微纳米化处理。但是，重结晶微纳米化制备过程存在工艺参数较复杂、产品粒度精确控制难度较大、溶剂消耗量大、溶剂回收成本较高且毒性较大、容易引起环境污染、产品收集困难等缺点。所制备的微纳米含能材料往往需进行反复洗涤、过滤，或者对有机溶剂用水进行置换处理，废水排放量大，工序复杂、过程间断、产品中易残留杂质进而导致产品纯度降低。并且过滤后再对微纳米含能材料进行干燥会导致产品团聚、结块、分散性差等问题。重结晶过程结束后所形成料液体系中含有大量的溶剂，对含能材料的溶解量大，固液分离后液相会带走大量的含能材料，使得微纳米含能材料产品得率降低。反复过滤、洗涤过程也会导致微细颗粒流失，使得率进一步降低，成本大幅度提高。此外，某些含能材料（如 CL-20）在重结晶过程中容易引起晶型转变，进而导致高能特性丧失、稳定性变差而无法使用；且制备过程重复稳定性较难控制，较难大批量制备出分散性良好的微纳米含能材料产品。

2.3　粉碎基础理论及技术

采用粉碎技术对含能材料进行微纳米化处理，是利用各种特殊的粉碎设备，对物料施加碾磨、冲击、剪切、挤压、撑裂、冲刷、剥削等作用力。通过控制机械设备内介质研磨粉碎力场、部件高速运动所产生的撞击与剪切粉碎力场、高速流体撞击与剪切及冲刷与剥削粉碎力场、超声粉碎力场等，以及物料浓度、分散剂种类、表面活性剂种类及用量等工艺参数，来克服含能材料颗粒内部凝聚力进而达到使之破碎的目的。并进一步对微细颗粒表面磨削以削去棱角，从而制备得到一定形状（如类球形）的微纳米含能材料。

粉碎效果与含能材料物料所受外力的大小、均匀性、种类、时间等有关，也与物料本身的性质有关。当含能材料被粉碎至微米或亚微米级甚至纳米级时，颗粒的比表面积和比表面能急速增大，极容易发生团聚。颗粒粒径越小，这种团聚现象越显著。在一定的粉碎设备及工艺条件下，随着粉碎时间的延长，逐渐趋向粉碎-团聚的动态平衡过程。在这种情况下，粒径减小的速度趋于缓慢，即使继续延长粉碎时间，含能材料的粒径也不可能再减小，甚至出现颗粒长大的现象，这在粉碎领域被称为“反粉碎”或“逆粉碎”。粉碎-团聚平衡时的物料粒度称为该微纳米化粉碎条件下该物料的“粉碎极限”。物料粉碎极限是相对的，它与机械力的施加方式和效率、粉碎工艺、物料性质等因素有关。在相同的粉碎工艺条件下，不同种类物料的粉碎极限一般来说也是不相同的。此外，力场的大小、施加方式、粉碎时间过长等还可能引发安全问题。因此，研究含能材料的微纳米化粉碎理论及技术，对其粉碎效果和效率的提高、保证粉碎过程安全具有重要意义。

南京理工大学国家特种超细粉体工程技术研究中心李凤生教授团队，针对含能材料安全、高效、高品质微纳米化粉碎，开展了系统深入的研究工作。从理论创新、工艺技术攻关、特种装备自主研发及工程化与产业化等全方位、全流程开展了全面的研究工作，并取得了一系列原创性突破。研究结果也表明：相对于重结晶技术或合成构筑技术，采用特定粉碎技术对含能材料进行微纳米化处理时，工艺重复稳定性好、无溶剂引起的环保问题、成本较低；一旦在粉碎理论与技术及装备方面取得突破，易于实现工程化与产业化放大。

2.3.1　粉碎法概述

1. 粉碎过程力场的作用形式

对含能材料进行粉碎所利用的力场（或能量）其主要表现形式有冲击（撞击）、挤压、剪切、磨削等[69-71]。

冲击粉碎，主要是指含能材料颗粒与粉碎介质、颗粒与颗粒之间、颗粒与粉碎设备内部部件或内壁等发生的强烈冲击作用。使受到冲击的颗粒沿其内部固有的裂纹破裂或断裂，或在颗粒内局部区域因应力集中而产生新的裂纹，在下一次冲击中进一步发生断裂或破裂。这种粉碎方法针对的主要是脆性含能材料物料，且得到的产品特点是：颗粒多呈不规则状、棱角明显。

挤压粉碎，是含能材料物料在外界挤压作用下应力不断积累的一种力学过程。在含能材料颗粒被挤压的过程中，颗粒尖角部位因应力集中而发生破碎。同时，外力促使物料颗粒内部缺陷加剧，当挤压达到一定程度时，物料会因崩裂而细化。

剪切粉碎（也称劈裂粉碎），主要是在含能材料颗粒支点间施加外力而使其沿剪切方向断口或裂开的过程。由于物料的颗粒形状千差万别，在运动过程中必定会相互接触，这就使得某个物料颗粒在某一面上存在着点支撑。当该颗粒受到剪切力作用时，因为点支撑的影响，物料的某一端面上局部强度极限小于剪切应力，物料颗粒便会发生破裂，从而导致物料被粉碎。剪切粉碎的特点是力的作用比较集中，但作用规模小，主要发生在局部，比较适用于韧性较大的物料。

磨削粉碎，主要是含能材料物料颗粒与介质、颗粒与颗粒，以及颗粒与旋转部件等，在一定的条件下，发生位错和摩擦剪切，使大颗粒不断变小的过程。一方面，物料颗粒之间因质量差异而导致速度差异，不可避免地会因相互摩擦而发生局部磨削。另一方面，介质（或旋转部件）和物料颗粒也因具有不同的运动速度而产生磨削作用。当这种复合的磨削力场大于含能材料的抗剪极限时，物料颗粒表面将发生剥离而细化。磨削粉碎所得到的产品粒径都比较小，并且可对物料的表面棱角进行打磨，使产品颗粒形状规则。

实际微纳米化粉碎过程中，含能材料物料往往是受到上述多种力场所形成的复合粉碎力场作用，如脆性物料在被粉碎时首先受到高速冲击或强挤压而发生破碎，然后再被反复碾磨、磨削而逐渐细化。韧性物料往往是首先在强剪切粉碎力场作用下发生断裂破碎，然后在持续的剪切力场中也受到磨削作用而使表面逐渐规则。

随着含能材料颗粒粒径减小，颗粒的理化性质也可能逐步由量变发展为质变。这一变化过程需要两方面的能量：一是颗粒发生裂解前的变形能，该部分能量与颗粒的体积有关；二是颗粒产生裂解出现新表面所需的表面能，该部分能量与新出现的表面积的大小有关。粉碎过程本质上就是使颗粒在这两方面能量增加的过程。实际粉碎过程中的能量转化为变形能和表面能的比例是比较低的。这是因为：粉碎过程涉及微纳米尺度的颗粒，其粒径本来已经较小，若需进一步细化，有效受力比较困难；并且，即便微细颗粒受到了力场的作用，其对能量的逸散作用也会比普通粗颗粒强得多，致使能量的利用率降低。因此，在对含能材料进行微纳米化粉碎时，需施加很强的粉碎力场或能量场。然而，随着所施加的力场增大，粉碎过程中的安全风险也会随之增大，这就急需对粉碎过程的安全进行全面深入的研究。

2. 实现含能材料安全粉碎的基本原理

对于颗粒状的含能材料，通常都是晶体，从晶体学角度看，构成晶体的基本单位是晶胞，而晶胞是由离子、原子或分子等质点在空间以一定的几何规则周期性排列而成的。构成晶体的质点相互之间的吸引力和排斥力维持平衡，质点间的作用力 P 如下式所示：

$$P = A\frac{e^2}{r^2} + \frac{nB}{r^{n+1}} \tag{2-13}$$

式中，r 为质点间的距离；n 与晶体类型有关；e 为质点所带的电荷量；A 为 Madelung（马德隆）常数，取决于晶胞质点的排列方式；B 为与晶体结构有关的常数。

当质点间作用力 P=0 时，质点间距离为 r_0，则可求得 $B = A\dfrac{e^2}{n}r_0^{n-1}$，进一步得

$$P = \frac{Ae^2}{r^2}\left[1-\left(\frac{r_0}{r}\right)^{n-1}\right] \tag{2-14}$$

当含能材料晶体颗粒被压缩时，$r < r_0$，斥力的增大超过了引力的增大，剩余的斥力抵抗外力的压迫作用。当晶体被拉伸时，$r > r_0$，引力的减小小于斥力的减小，多余的引力抵抗着外力的拆散作用。当施加于晶体颗粒上的外力超过了最大作用力 P_{max}（即理论破碎强度）时，晶体将发生破碎或产生永久变形。对于实际的含能材料颗粒而言，存在着质点排列上或构造上的缺陷，常使破碎所需的外力较理论计算的要小得多。

要实现含能材料微纳米化粉碎，必须使所施加的瞬时粉碎力场（或累积粉碎力场）大于特定粒度级别颗粒的破碎强度。但是，为了确保粉碎过程的安全，还必须及时输出粉碎体系内多余的能量，使施加的能量除了用于转化为含能材料颗粒的变形能与表面能外，及时逸出，进而保证粉碎过程中含能材料在任意时刻所累积的能量均小于燃爆临界能，这样才能实现安全粉碎。在含能材料微纳米化粉碎过程中，累积的能量主要以热能的形式表现。因此，必须保证粉碎全过程的散热效果良好，及时排除多余的能量。

3. 含能材料颗粒粉碎形式及粉碎理论

含能材料颗粒在被粉碎时首先发生变形，当变形超过颗粒所能承受的极限时，颗粒便发生粉碎。根据变形区域的大小，可以将粉碎分为整体变形粉碎、局部变形粉碎及微变形粉碎三种。只有充分了解和利用粉碎形式，才能更加有效地提高粉碎效果和能量利用率。

整体变形粉碎：对于塑性及韧性较强的含能材料大颗粒，若进行受力速度慢、受力面积大的粉碎，材料产生的变形为整体变形。变形恢复由于需要吸收大量的能量，使得物料颗粒温度提高。整体变形粉碎通常是采取挤压和摩擦等作用形式。

局部变形粉碎：是含能材料颗粒在受力速度较快、受力面积较小时的粉碎。这种粉碎形式使物料产生的温度升高较小。局部变形粉碎通常采用剪切、撞击等作用形式。

微变形粉碎：含能材料颗粒在几乎没有来得及产生变形或只有很小区域的微变形量就产生了粉碎，这种粉碎形式多见于脆性物料的粉碎。微变形粉碎通常是采取冲击、挤压和摩擦等作用形式。由于变形需要消耗能量，变形越大，消耗的

能量越多，有效用于粉碎的能量就会相应减少，因而最理想的情况是只在破碎的地方产生变形或者应变。

1）颗粒断裂理论

颗粒断裂理论是以弹性理论和塑性理论为基础的，英国学者 Griffith（格里菲斯）所提出的理论和以应变能为基础的各种颗粒断裂理论，其核心都是物料存在裂缝这一假设。在含能材料粗颗粒中存在着杂乱无章的 Griffith 裂缝，当对物料施加外力时，物料的断裂是朝向裂隙最多且最严重的方向发展，从裂隙到破断龟裂，最后表现为宏观的断裂。物料颗粒的强度由内部最薄弱部分决定，也就是由某缺陷部位或缝隙支配。颗粒的裂隙分布表现为概率性分布，小颗粒比大颗粒小，因而含有的裂纹尺寸小而且数量少，最薄弱环节的分布概率也小，所以小颗粒比大颗粒的强度高，不易粉碎，这就是通常所说的颗粒破碎的难易程度具有尺寸效应。颗粒断裂理论还认为颗粒断裂的微观形式有三种：由颗粒晶面相对滑移引起的剪切断裂；颗粒内部晶格分离的劈裂；颗粒与颗粒之间从滑移直到分离。Griffith 通过对完全脆性材料的断裂强度的实验研究认为：物料实际断裂强度大大小于理论强度，这是因为有一定大小裂纹存在，一次脆断是裂纹失稳扩展（快速扩展或加速扩展）的结束；并且从能量平衡的观点建立了脆性断裂判据，即裂纹体的裂纹失稳扩展的判据。在 Griffith 理论的基础上，美国科学家 Irwin（欧文）和 Orowan（奥罗万）通过对金属材料的实验研究发现：裂纹失稳扩展前，在裂纹尖端总有塑性变形存在，指出裂纹扩展所释放的弹性变形能不仅用于使表面能增加，而且大量地为塑性变形所吸收，称为塑性变形功；即使对于高强钢，塑性变形功也比表面能的增加大很多，相比之下完全可以略去由于表面能的增加而导致的能量消耗，进而提出了 Irwin-Orowan 修正理论。

2）粉碎能耗理论

在粉碎过程中，由粉碎设备提供的力场所做的功，称为功耗或能耗。功耗主要表现在以下几方面：粉碎设备传动中的能耗；颗粒在粉碎发生之前的变形能和粉碎之后的储能；被粉碎物料新增表面积的表面能；颗粒晶体结构变化所消耗的能量；与环境进行能量交换所输出的能量；粉碎介质磨料之间的摩擦、振动及其他能耗。由于粉碎机理的复杂性，至今尚无普适性的理论，对于粉碎过程的能量消耗，有以下三种基本假说。

表面积假说：该假说是奥地利学者 Rittinger（雷廷格尔）于 1876 年提出，其核心是物料被粉碎时外力做的功用于产生新的表面，粉碎能耗与粉碎后新增加的表面积成正比。

体积假说：由德国学者 Kick（基克）等于 1885 年提出，认为粉碎所消耗的能量与颗粒的体积成正比，粉碎后颗粒的粒径也呈正比减小，进而得到粉碎能耗与物料粉碎前后的粒度之间的关系。

裂缝假说：该假说是由美国学者 Bond（邦德）在 1952 年提出的，介于表面积假说和体积假说之间的一种粉碎功耗理论。裂缝假说认为物料在外力作用下先产生变形，当内部的变形能积累到一定程度时，在某些薄弱点或面首先产生裂缝。这时变形能集中到裂缝附近，使裂缝扩大而形成破碎，输入功的有用部分转化为新生表面上的表面能，其他部分则成为热损失。因此，粉碎所需的功应考虑变形能和表面能两项，粉碎所需的能量应当与体积和表面积的乘积成正比、与粒径的平方根成反比。

上述三种假说中，Rittinger 表面积假说只能应用于比较理想的情况，要求物料在破碎过程中没有变形，各向均匀，无节理和层次结构。Kick 体积假说把物料视为性质均匀的弹性体，粉碎能耗与颗粒尺寸本身大小无关；然而，实际上颗粒越小粉碎越困难，而且各种物料在一定条件下都存在粉碎下限，所以也不能完全反映粉碎的真实过程。Bond 裂缝假说提出的裂缝长度的概念仅仅是人为的假定，并无确切的物理意义。虽然三种假说都存在着一定的局限性，但在一定的适用条件下，它们分别反映了粉碎过程的某阶段的能耗规律，从而组成了整个粉碎过程，即弹性变形阶段（Kick 假说）、裂纹产生及扩展阶段（Bond 假说）、形成新表面阶段（Rittinger 假说），它们相互补充，互不矛盾。然而，这三种假说所针对的主要是粒径大于 10μm 的粉碎过程。对于含能材料的微纳米化粉碎过程，还不能很好地描述。

3）二成分性理论

Rosin-Rammler（罗辛-拉姆勒）等学者认为，粉碎产物的粒度分布包含粗粒和微粉两部分的分布，即具有二成分性（或多成分性）。粉碎产物粒度分布的二成分性表明材料颗粒的破坏过程不是由连续单一的一种破坏形式所构成的，而是两种以上不同破坏形式的组合。在此基础上，Hutting（哈亭）等提出了体积粉碎模型、表面积粉碎模型和均一粉碎模型。这三种模型中，均一粉碎模型仅在结合极不紧密的特殊颗粒集合体中出现，对于一般情况下的粉碎，可以不考虑这一模型。实际的粉碎是体积粉碎模型和表面积粉碎模型的叠加，其中体积粉碎模型构成过渡段粉碎颗粒，表面积粉碎模型构成稳定段粉碎颗粒，从而形成二成分分布。然而，对于含能材料微纳米化粉碎而言，该基于传统粗破碎过程的理论具有局限性。这是因为：微纳米含能材料的粒径小、粒度分布范围较窄，并且往往可以通过控制粉碎工艺条件，使产物的粒度分布更窄，从而使该理论表现出明显的局限性。

4. 影响粉碎效果的因素

含能材料的粉碎效果主要受到以下几个因素影响：①被粉碎物料的力学性能，如强度、硬度、韧性、脆性等；②被粉碎物料的理化性能，如密度、化学键特性、原料形状和大小等；③被粉碎物料的晶相组织，如晶体形状、大小、杂质分布状况等；④被粉碎物料所处的环境状况，如分散介质、研磨介质、物料浓度、环境温度等；⑤被粉碎物料的受力方式，如冲击、挤压、磨削、剪切等。尤其要指出的是，含能材料在被微纳米化粉碎过程中，需及时导出体系内多余的能量（热量），避免能量积聚引发安全问题，因而与外界存在强烈的热交换。并且，温度场对含能材料微纳米化粉碎效果影响极大，如某些含能材料在常温水中已具有较高的溶解度，并且温度越高、粒径越小，溶解度越大。对于这类物料，需严格控制温度在较低范围（≤5℃），才能真正实现微纳米化粉碎制备。

强度反映物料弹性极限的大小，强度越大，物料越不容易被折断、压碎或剪碎。硬度反映物料弹性模量的大小，硬度越高，物料抵抗塑性变形的能力越大，越不容易被磨碎或撕碎。韧性反映物料吸收应变能量、抵抗裂缝扩展的能力，韧性越大，物料越能吸收应变能量，越不容易发生应力集中，越不容易断裂或破裂。脆性反映物料塑变区域的长短，脆性大、塑变区域短，在破坏前吸收的能量小，即容易被击碎或撞碎。对于具体含能材料物料，上述几种特性之间往往存在着内在的关系。通常，强度越大、硬度越高、韧性越大或脆性越小的物料，其破坏所需的功耗就越大、粉碎效果就越差。

采用粉碎技术对含能材料进行微纳米化处理时，所涉及的主要是高速撞击流粉碎法、高速旋转撞击粉碎法、气流粉碎法、超声粉碎法、内部无动件球磨粉碎法、机械研磨粉碎法等，与这些粉碎方法相关的基础理论及技术如下所述。

2.3.2 高速撞击流粉碎基础理论及技术

1. 高速撞击流粉碎基础理论与工艺技术

1）高速撞击流粉碎法概述

采用高速撞击流粉碎法对含能材料进行微纳米化处理时，所采用的粉碎设备主要有靶板式和对撞式两大类液流粉碎机。其中靶板式液流粉碎机是以高速液流为介质携带含能材料物料，与设置的固定靶板相撞，物料颗粒在与靶板的高速撞击中，液流的高速动能最终转变成物料的破碎能，使物料破碎。对撞式液流粉碎机也是以高速液流为介质，它是使两股或多股高速液流携带含能材料物料，在特定的粉碎腔（室）内发生相互碰撞，将高速动能转变成物料颗粒的破碎能，使物料颗粒破碎成微纳米颗粒。在高速碰撞过程中，液流速度越快，动能转变成破碎能越多，固体颗粒的内能升高越多，碰撞时固体颗粒破碎生成的新颗粒就越小。因而，提高高速撞击流技术粉碎效果的一个关键手段就是提高液流与靶板或液流与液流之间的碰撞速度[72]。

在高速液流粉碎机内，通过设计特殊结构的撞击器使高速液流直接撞击靶板，或使两股非常靠近的液固两相流沿同轴的方向相向高速流动而高速撞击，进而使携带的含能材料颗粒破碎。该粉碎过程的粉碎作用力场主要包括如下三个方面。

i）颗粒的撞击作用

假设颗粒与靶板或颗粒间相互碰撞时受到的撞击压强为 P，则 P 取决于以下几个因素：

$$P = \rho \cdot u_{\mathrm{s}} \cdot v_{\mathrm{p}} \tag{2-15}$$

式中，ρ为颗粒密度，$\mathrm{kg/m^3}$；u_{s}为高速液流产生的冲击波速度，m/s；v_{p}为颗粒碰撞速度，m/s。由上式可知，颗粒的碰撞所受到的压强与颗粒碰撞速度、冲击波速度和颗粒密度成正比。因而颗粒高速撞击产生的压缩粉碎及稀疏波产生的拉伸粉碎，是高速液流粉碎中最主要、最有效的作用形式。

ii）微通道内的强剪切作用

携带含能材料的液流在高速通过微通道时，产生了极强的剪切和磨削作用，一方面使颗粒被破碎，另一方面粉碎后颗粒粒度分布的离散性变小，较好地保证了粉碎颗粒粒度的均匀性。

iii）空穴冲蚀作用

对于微孔流道内的高速流动液体，静压强的突升和突降会导致其中的气泡在瞬时大量生成和破灭，形成“空穴”现象而产生粉碎作用。气泡溃灭时所形成的冲蚀压强 P_{i} 为

$$P_{\mathrm{i}} = \frac{\rho_{\mathrm{i}} \cdot u_{\mathrm{i}}^2}{1270} \exp\left(\frac{2}{3c}\right) \tag{2-16}$$

式中，ρ_{i} 为液体介质密度，$\mathrm{kg/m^3}$；u_{i} 为高速液流的流速，m/s；c 为高速液流中气体的含量，%。空穴冲蚀将产生强的冲击压强，强度甚至可达碰撞冲击压强的 10 倍以上，是高速液流撞击粉碎中重要的粉碎作用形式。

2）影响高速撞击流粉碎效果的主要因素

在高速撞击流粉碎过程中，影响含能材料颗粒粉碎效果的主要因素包括以下几个方面。

i）撞击器结构

为保证高速运行的液流在撞击器中相互撞击后产生强烈的轴向和径向湍流速度分量，并能形成强烈的冲击波作用和在撞击区的良好混合，需要进行特殊的撞击器结构设计。充分利用多种力场的共同作用，是达到良好粉碎、保证产品粒度均匀性和分散效果的基础。撞击器的微孔流通道孔径十分重要，其值越小越可能产生大的剪切力；但过小的微通道会造成堵塞或引发系统压强过载等问题。另外，孔径越小对撞击器的选材也提出更高要求，因而需综合考虑。

ii）液流速度

它决定了高速流体及颗粒之间碰撞与摩擦产生的撞击力、挤压力和剪切力的大小。液流的高速运动通过外加压强实现，故应有高压供给系统，同时要确保粉碎装置的密封性。

iii）其他因素

对结构一定的撞击器，当液流速度也恒定时，其破碎过程中的加载压强、撞击处理次数、悬浮液浓度、被粉碎物料性质等因素对粉碎产物的粒径大小和粒度分布也起着重要的甚至决定性的作用。

3）高速撞击流粉碎过程中液流介质的作用

液流介质通常对物料具有很好的浸润性能，因此能大大降低颗粒的表面能、减小断裂所需的应力。并且从颗粒断裂的过程来看，依据裂纹扩展的条件，流体介质分子吸附在新生表面还可以减小裂纹扩展所需的外应力，防止新生裂纹的重新闭合，并促进裂纹扩展。下面以水为例，介绍流体介质对物料粉碎的促进作用。

含能材料水化的前提是颗粒表面吸水（或分散剂、溶剂），概括起来，水化可分为两种类型。第一种为颗粒表面直接吸附水分子，物料颗粒与水之间存在着界面，根据能量最低原则，亲水颗粒表面必然要吸附水分子，以最大限度地降低体系的表面能；并且亲水颗粒表面与水分子之间存在氢键和范德瓦耳斯力，故水分子可自动富集于亲水物料颗粒的表面。第二种为颗粒表面间接吸附水分子，若物料颗粒表面吸附有补偿阳离子，补偿阳离子的水化作用给颗粒带来水化膜。

通常，水化作用会引起含能材料发生微观的晶层膨胀和渗透膨胀。当含能物料颗粒的晶层表面吸满两层水分子后，体系中存在自由水，颗粒表面吸附的补偿阳离子离开表面进入水中形成扩散双电层，因双电层的排斥作用，颗粒体积进一步膨胀。渗透水化吸附的水与颗粒表面的结合力较弱，故把这部分水称为弱结合水。渗透水化引起的体积膨胀很大，如可使黏土体积增大 8～20 倍。水化作用会削弱或破坏颗粒间的联结，使颗粒沿着已有的结合薄弱的部位，形成新的裂隙，使颗粒破碎，降低颗粒的力学强度。这种颗粒裂隙的生成或加剧，可为进一步的高速液流粉碎降低能耗。

水化的动力主要是表面水化能，即表面吸附水分子所放出的能量，包括直接吸附水分子和补偿阳离子吸附水分子所放出的能量。与此同时，水化过程也伴随着膨胀压强增大。含能物料自身的理化性能对水化膨胀强弱起决定性的作用，如扩散双电层厚度影响水化膨胀性，扩散双电层越厚，水化膨胀性越强。水化作用是水化分散的先导，含能材料颗粒的吸水膨胀性越强，其水化分散能力越强，在水中形成的颗粒越细；吸水膨胀性越弱，水化分散能力越弱。因此，流体介质对浸润性良好物料的微纳米化有显著的促进作用。

对于含能材料颗粒而言，由于其与水的亲和作用较弱，水化能力也较弱，为了提高粉碎效果，通常需在以水为主体介质的分散液中引入表面活性剂或降低表面张力的物质，以提高粉碎效果。

2. 高速撞击流粉碎技术制备微纳米含能材料

采用高速撞击流粉碎技术制备微纳米含能材料时，通常是采用经特殊设计的对撞式液流粉碎机（图 2-28），即两股非常靠近的液-固两相流沿同轴相向高速流动，在中心点处撞击。相向流体碰撞的结果是产生一个极高压强的、窄的高度湍流区，在这一区域中，为强化悬浮体中相间的传递和颗粒间的碰撞及破碎提供了极好的条件。可结合材料性质，通过设计对撞器结构，控制加载压强、撞击处理次数、悬浮液浓度、料液温度等工艺参数，实现含能材料的微纳米化制备，并进一步控制产物颗粒的粒径及粒度分布。

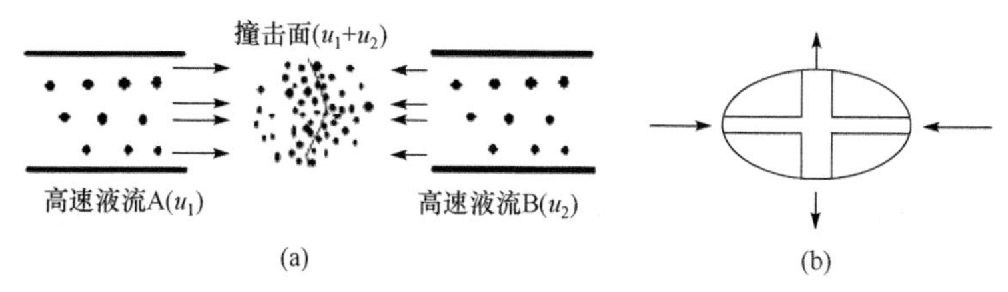

图 2-28　对撞式高速撞击流粉碎原理（a）及对撞器结构示意图（b）

北京理工大学张小宁等[73, 74]研究认为，在撞击过程中，产生两个对粉碎和分散过程起重要作用的因素：①相间或颗粒之间的碰撞、互磨产生的挤压力和剪切力造成颗粒的破碎；②相向流动连续相的碰撞，即射流撞击，产生强烈的径向和轴向湍流速度分量，在撞击区造成良好的混合。他们采用高速撞击流粉碎法，系统研究了撞击压强、粉碎次数、物料浓度等对粉碎效果的影响规律，通过对撞击器进行特殊设计和改进，并控制撞击工艺参数，制备得到了最大颗粒粒径在 3～5μm、小颗粒粒径在 300～600nm，且最小颗粒粒径达到 100～200nm 的超细 RDX（d_{50} = 1.52μm）和超细 HMX（d_{50} = 1.45μm），如图 2-29 所示。

图 2-29　超细 RDX（a）和超细 HMX（b）的 SEM 照片

北京理工大学何得昌等[75-81]也采用高速撞击流粉碎法，系统研究了撞击压强、粉碎次数、物料浓度、分散剂种类及用量等对含能材料颗粒粒径及粒度分布的影响，通过控制工艺参数制备得到了具有窄分布的亚微米级或纳米级 HMX、RDX。例如，当撞击压强为 120MPa 时，可制备得到平均粒径 79.6nm、分布宽度 18.6nm 的纳米级 RDX。此外，甘肃银光化学工业集团有限公司李志华等[82]采用高速撞击流粉碎法，通过控制物料浓度、撞击压强、粉碎次数等工艺参数，制备得到了平均粒径在 3～5μm 的超细 RDX。

2.3.3　高速旋转撞击粉碎基础理论及技术

1. 高速旋转撞击粉碎基础理论与工艺技术

采用高速旋转撞击粉碎法对含能材料进行微纳米化处理，是利用高速旋转撞击设备所产生强撞击、剪切等粉碎力场，对以浆料形式进入粉碎设备内的含能材料颗粒实施粉碎。根据粉碎设备内高速旋转部件结构的不同，可简单分为锤式、销棒式、回转圆盘式、环式等粉碎机，也可按高速旋转部件所处的方位分为立式和卧式粉碎机[83]。

1）高速旋转撞击粉碎原理

当采用高速旋转撞击粉碎机对含能材料浆料进行粉碎处理时，高速旋转的部件将粉碎机的机械能以动能的形式传递给颗粒，转化为含能材料颗粒的应力能，当这种应力能达到某一特定值后，就会转变为颗粒的破碎能，进而使含能材料颗粒破碎而被粉碎细化。高速旋转的部件其线速度通常可达到 100m/s 以上，以提供强大的撞击粉碎能。在高速旋转撞击粉碎过程中，含能材料颗粒除了受到旋转部件的撞击作用之外，还有摩擦、剪切、流体冲刷、气爆及湍流等多种作用。并且，含能材料颗粒之间也会发生高速撞击。

高速旋转撞击粉碎过程中力场作用形式比较复杂，但高速旋转的部件对含能材料颗粒的撞击粉碎原理，以及含能材料颗粒自身的撞击粉碎原理，可近似地按理想碰撞原理来解释。设有两个颗粒，质量为 M_1、M_2，碰撞前和碰撞后的速度分别为 v_1 、 v_2 和 u_1、u_2，则根据冲量守恒定律得

$$M_1(v_1 - u_1) = M_2(u_2 - v_2) \tag{2-17}$$

碰撞时，由于颗粒受到压缩产生变形。对于理想的弹性体，它们最初变形不损失能量；对于理想的刚性体，则要损失能量；对于脆性物料，可以说碰撞的能量几乎都损失了。能量的损失正是颗粒被粉碎的原因，即碰撞能量超过颗粒粉碎所需要的能量时，颗粒就被粉碎了。设碰撞后，两颗粒具有相同的速度，即 $u_1= u_2= u$，则

$$u = \frac{M_1 v_1 + M_2 v_2}{M_1 + M_2} \quad (2\text{-}18)$$

在碰撞前，两颗粒的总动能 W_a 为

$$W_a = \frac{1}{2} M_1 {v_1}^2 + \frac{1}{2} M_2 {v_2}^2 \quad (2\text{-}19)$$

在碰撞后，两颗粒的总动能 W_b 为

$$W_b = \frac{1}{2}(M_1 + M_2) u^2 \quad (2\text{-}20)$$

由于能量守恒，假设损失的能量全部用于颗粒粉碎，则

$$\Delta W = W_a - W_b = \frac{M_1 \cdot M_2}{M_1 + M_2} \cdot \frac{(v_1 - v_2)^2}{2} \quad (2\text{-}21)$$

若两颗粒质量相等，$M_1 = M_2 = M$，则

$$\Delta W = \frac{1}{4} M (v_1 - v_2)^2 \quad (2\text{-}22)$$

对于机械旋转机构（如锤头、转齿），其质量（M_2）相对于颗粒可视为无限大（$M_1 \leqslant M_2 = \infty$），则式（2-21）可简化为

$$\Delta W = \frac{1}{2} M (v_1 - v_2)^2 \quad (2\text{-}23)$$

要使含能材料颗粒被粉碎，则必须使损失的动能大于或等于使颗粒粉碎所需的最小能量 E_c，即必须满足：

$$\Delta W \geqslant E_c \quad (2\text{-}24)$$

由此可知，高速撞击时的相对速度决定粉碎效果，若颗粒与锤、转齿、定齿以及颗粒与颗粒之间的相对速度越大，则粉碎机对含能材料物料颗粒的粉碎效果越好，产物颗粒越小。

2）高速旋转撞击粉碎力学模型

为了便于研究，就旋转部件对物料的撞击粉碎做如下几点假设：①物料为脆性颗粒，在撞击粉碎过程中，碰撞为弹性碰撞；②在撞击粉碎过程中，忽略摩擦力等其他阻力的影响；③颗粒进入转齿间与转齿发生碰撞时，在切向上相对于转齿的速度为转齿线速度 u，即颗粒的撞击速度为 u；④物料颗粒相对于转齿撞击的动能全部转化为颗粒的粉碎能。

在上述假设的基础上，由撞击粉碎原理就可以确定撞击速度 u 与颗粒粒径大小的关系，并可估算撞击粉碎力场的大小。日本学者 Kanda（神田）等从断裂力学的观点，在颗粒撞碎实验结果的基础上得出了颗粒粒径与粉碎能的关系式：

$$E_c(X)=0.15\cdot 6^{\frac{5}{3m}}\cdot\pi^{\frac{5m-5}{3m}}\cdot\left(\frac{1-\upsilon}{Y}\right)^{\frac{2}{3}}\cdot(S_0V_0^{\frac{1}{m}})^{\frac{5}{3}}\cdot d^{\frac{3m-5}{m}} \tag{2-25}$$

式中，$E_c(X)$为颗粒粉碎能；d 为颗粒粒径；m 为 Weibull（韦布尔）均匀性系数；Y 为杨氏弹性模量；υ 为泊松（Poisson）比；S_0 为单位体积颗粒的抗压强度；V_0 为单位体积。

颗粒的冲击动能为

$$W_e=\frac{1}{2}Mu^2 \tag{2-26}$$

可得撞击速度 u 与粒径 d 的关系式：

$$u=\left[1.79\cdot 6^{\frac{5}{3m}}\rho^{-1}\pi^{\frac{2m-5}{3m}}\cdot\left(\frac{1-\upsilon}{Y}\right)^{\frac{2}{3}}\cdot\left(S_0V_0^{\frac{1}{m}}\right)^{\frac{3}{5}}\right]^{\frac{1}{2}}\cdot d^{-\frac{5}{2m}} \tag{2-27}$$

式中，ρ为颗粒密度。这一模型建立了高速旋转部件的线速度、物料性质（ρ）和颗粒大小之间的确切关系，表明颗粒在高速撞击粉碎所需的速度 u 随粒径 d 的减小而增大，这一速度就是颗粒撞击粉碎所需的最低速度。若测定了含能材料物料的特性参数，便可确定满足产品粒度要求的最低转子转速；同样，若已知转子转速，便可估算产品粒径。然而，实际粉碎过程由于流体阻力大、能耗损失大，使得所需转子转速比最低转速大很多，或者说在一定转速下所获得的含能材料颗粒粒径比理论值大。进一步可以得到，通过提高粉碎机的转速可增大旋转部件对颗粒的撞击强度，进而减小产品粒径；外圈旋转部件相对内圈部件能产生更高的撞击速度，粉碎效果更好。因此，在转速相同的条件下，通过增大旋转部件的直径来提高线速度，进而实现减小粉碎产品粒径的目的。

3）高速旋转撞击粉碎的流场特点

采用高速旋转撞击粉碎法对含能材料浆料进行微纳米化粉碎时，由于含能材料浆料中往往含有表面活性剂，或者是浆料中液相介质本身就可以看作是一种表面活性剂，因而对细小颗粒具有很强的分散作用，并且对分散物料起稳定和解聚作用。另外，流体中微小射流及不规则的湍流对细小颗粒也具有极好的分散作用；在考虑流体对细小颗粒分散作用的同时，流体介质对颗粒与旋转部件间的碰撞影响必须考虑。以上两点都涉及流体介质的流场性质。因此，开展不同流体介质的流场特性，以及在相同流体介质和不同的旋转部件结构下流体的流场特性及其对粉碎效果影响的研究就显得非常重要。

在高速旋转撞击粉碎设备腔体内，若转子上的冲击件为销棒，且按周向排列呈多圈（通常为 3 圈），与定子上周向排列的销棒交错啮合，物料从转子与定子的中心进入粉碎腔内，在离心力作用下，由内向外逐级受到粉碎。若以高速转动的转子为参照系，粉碎腔内的流体运动状况可视为稳定的流场，流体状况可看成是不可压缩流体。为此可以采用流函数涡量法对粉碎腔内销棒间的流场进行模拟。

理论研究表明：在颗粒与销棒发生相互碰撞的粉碎面附近，流体将形成规则或不规则的涡流。由于液流的黏性作用，壁面涡流向流体内扩散；同时，流体处于高速旋转的非惯性体系中，惯性力将形成较强的涡流；相互作用的结果使得流体形成许多不规则的小涡。因此，当采用高速旋转撞击粉碎机对含能材料浆料进行粉碎时，不规则的湍流将使得粉碎腔内被粉碎的颗粒运动也处于无规则状态，这种状态有利于颗粒的粉碎。同时，不规则的湍流将破坏细小的颗粒间的团聚，从而使得细小颗粒在连续的粉碎过程中不断得到粉碎，而不因团聚发生逆粉碎现象，可获得粒径很小的产物颗粒。然而，对整个高速旋转撞击粉碎过程而言，粉碎机中流场的紊流并非都有利于粉碎机对产品的超细化粉碎，其前提是必须保证颗粒与旋转部件（粉碎靶）具有一定的碰撞速度，这样才有利于提高粉碎机的粉碎效果。

综上所述，采用高速旋转撞击粉碎法对含能材料浆料进行粉碎时，粉碎腔内的流场不规则的小涡对粉碎效果影响较大，所形成的湍流可有效地阻止细小颗粒的团聚，根据这一点，可以优化粉碎机的结构设计。此外，这种粉碎机对颗粒的粉碎方式是连续多级粉碎，越往外壁，被粉碎的颗粒粒径越小。然而，颗粒越小，团聚现象也就越容易发生，这时就需要防止或破坏微细颗粒的团聚，以使得颗粒在后续的粉碎过程中继续被粉碎。

需要特别指出的是，在高速旋转撞击粉碎过程中，为了获得粒径较小的含能材料颗粒，如前所述需提高转速或增大旋转部件的直径，以获得更高的旋转线速度进而获得更高的粉碎能量。然而，随着旋转线速度的提高，粉碎过程中产热也更多、更快，含能材料浆料的温度上升很快，需采取有效的降温措施，以保证粉碎过程安全和粉碎效果。此外，高速旋转轴与粉碎腔体间的密封性，还极大地制约着粉碎过程的安全。若密封效果不好，会导致含能材料浆料进入轴封，进而在高速旋转粉碎过程中形成很大的安全隐患。因而必须确保密封性良好。

2. 高速旋转撞击粉碎技术制备微纳米含能材料

南京理工大学国家特种超细粉体工程技术研究中心在高速旋转撞击粉碎技术领域，开展了系统全面的研究工作。自主设计并研制出了 LS 型高速旋转撞击粉碎设备（又称 LS 型高速旋转撞击粉碎设备），旋转线速度达 120m/s 以上，该设备主机结构如图 2-30 所示。

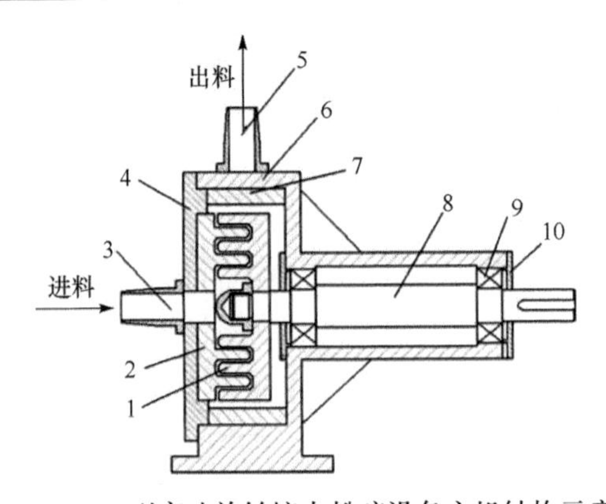

图 2-30　LS 型高速旋转撞击粉碎设备主机结构示意图

1. 转子；2. 定子；3. 进料口；4. 盖板；5. 出料口；6. 机架；7. 撞击环；8. 轴；9. 轴承；10. 轴承盖

LS 型高速旋转撞击粉碎设备的主机由转子、定子和腔壁撞击环等组成，其中转子和定子按照一定要求交错啮合，以提高物料受力次数及强度。通过设计控制设备转子的线速度、物料浓度、粉碎时间等参数，使物料受到强撞击、剪切、摩擦等复合粉碎力场，成功实现了含能材料超细化粉碎，制备得到了超细 RDX（d_{50} 小于 7μm）和超细 HMX（d_{50} 小于 5μm）。这种设备及技术于 20 世纪末期研制成功并在工厂实施应用，实现了 RDX 等的批量超细化粉碎处理。李凤生教授团队还研究了采用内外多层多孔（圆形、方形或菱形孔）粉碎筛筐代替齿形转子和定子，设计制造了多孔筐式高速旋转剪切与撞击相结合的高效粉碎设备。该设备粉碎效果更佳，可将含能材料 RDX、HMX、CL-20 等粉碎至平均粒径小于 1μm。该设备不需引入任何研磨介质，避免了研磨介质对产品的污染，粉碎获得的产品纯度高。但该粉碎机对粉碎筛筐的材质强度与硬度及耐磨性要求极高，否则使用寿命很短。

此外，德国 Gerber（格贝尔）等[84]采用高速旋转撞击粉碎法，通过控制物料浓度、转子转速、粉碎时间等工艺参数，制备得到了平均粒径约 5μm 的超细 CL-20。中国兵器工业集团公司第二一三研究所雷波等[85]也采用高速旋转撞击粉碎法，通过控制 HNS 的浓度等参数，制备得到了中位粒径 d_{50} 为 1.74μm 的超细 HNS。

2.3.4　气流粉碎基础理论及技术

1. 气流粉碎基础理论与工艺技术

采用气流粉碎技术对含能材料进行微纳米化处理，是利用气流的能量，即利用高压气体通过喷嘴产生的高速气流所孕育的巨大动能，对物料颗粒产生强冲刷、磨削作用，并使物料颗粒发生互相强冲击碰撞，或与固定靶（如冲击板、冲击环等）强冲击碰撞，进而达到超细粉碎的目的。这种粉碎技术的特点是干法粉碎、无须后续防团聚干燥处理，因而也受到广大研究者的青睐。

在气流粉碎过程中，要使颗粒得到充分的粉碎，粉碎力场是关键因素，而气流是含能材料颗粒获得能量和速度的动力。颗粒在冲击作用下被超细粉碎时所需要的冲击速度 v 为

$$v=\sigma\sqrt{\frac{g}{E\gamma(1-\varepsilon^2)}} \tag{2-28}$$

式中，σ为物料强度极限；g 为重力加速度；E 为弹性模量；γ为物料重度；ε为冲击粉碎后的恢复速度。

从上式可以看出，物料颗粒受冲击作用发生破碎时所需要的速度与颗粒的强度极限、弹性模量及重度等性能有关，同时颗粒表面形态和结构形态也对冲击速度有很大的影响。但颗粒表面和内部总是存在着各种各样的缺陷，如裂纹、微孔等，能使应力高度集中，从而降低了颗粒的强度，使得所需的粉碎冲击速度降低。此外，在气流粉碎过程中，物料颗粒还会受到高速气流的冲刷、磨削作用，以及反复的冲击作用，进而使得产品粒径进一步降低。

纵然气流粉碎技术具有非常显著的优势，但当其用于对含能材料进行微纳米化处理时，安全问题是不可回避的核心问题。如何消除或减弱气流粉碎过程中高速摩擦、撞击等机械作用所引发的安全风险，以及静电所引起的安全风险，是必须正视和亟待解决的难题。

2. 气流粉碎技术制备微纳米含能材料

南京理工大学国家特种超细粉体工程技术研究中心针对气流粉碎技术，开展了系统深入的研究工作。首先针对气流粉碎过程进行了模拟仿真研究，然后设计并研制出了 GQF 型气流粉碎设备，实现了含能材料超细化粉碎。基于 Fluent 等软件，采用计算流体力学与计算结构动力学相耦合的方法，完成了超音速气流粉碎过程的数值模拟。通过对粉碎腔体内气流流场进行模拟仿真研究，得到了粉碎腔体内气流压强、流速等的分布规律，如图 2-31～图 2-33 所示。

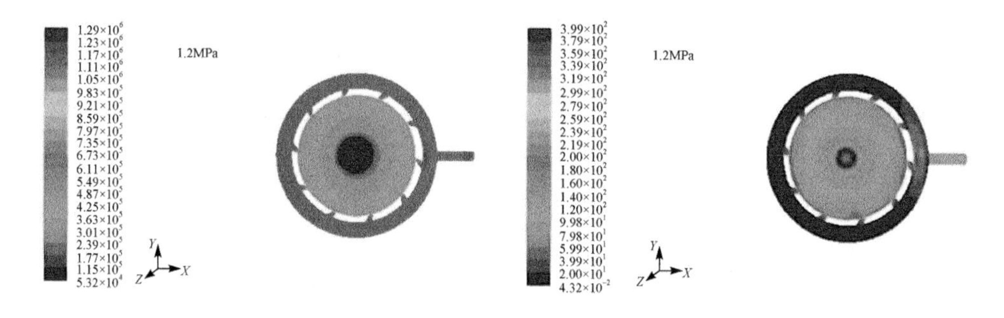

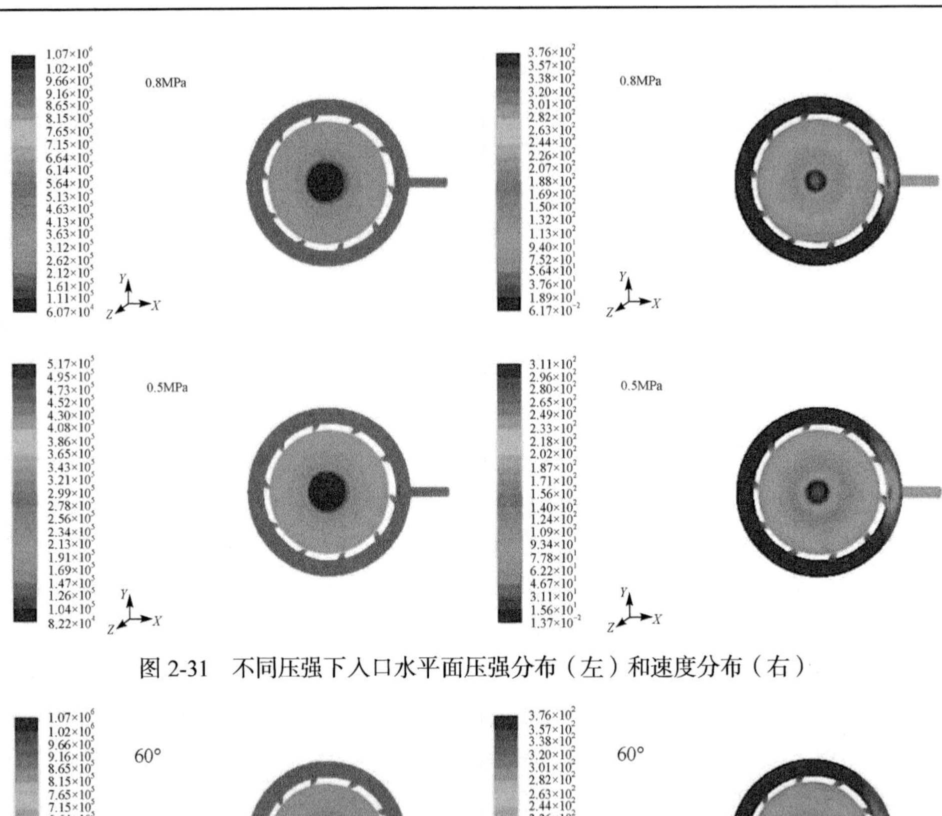

图 2-31 不同压强下入口水平面压强分布（左）和速度分布（右）

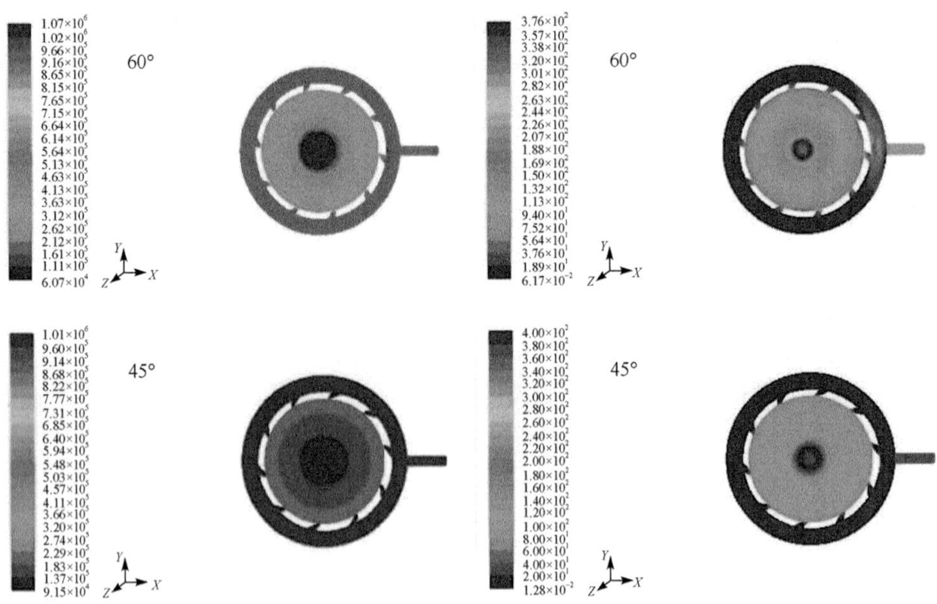

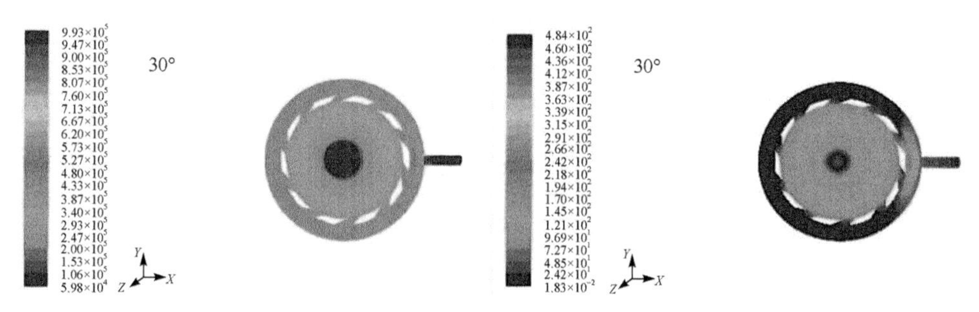

图 2-32　不同入射角时入口水平面压强分布（左）和速度分布（右）

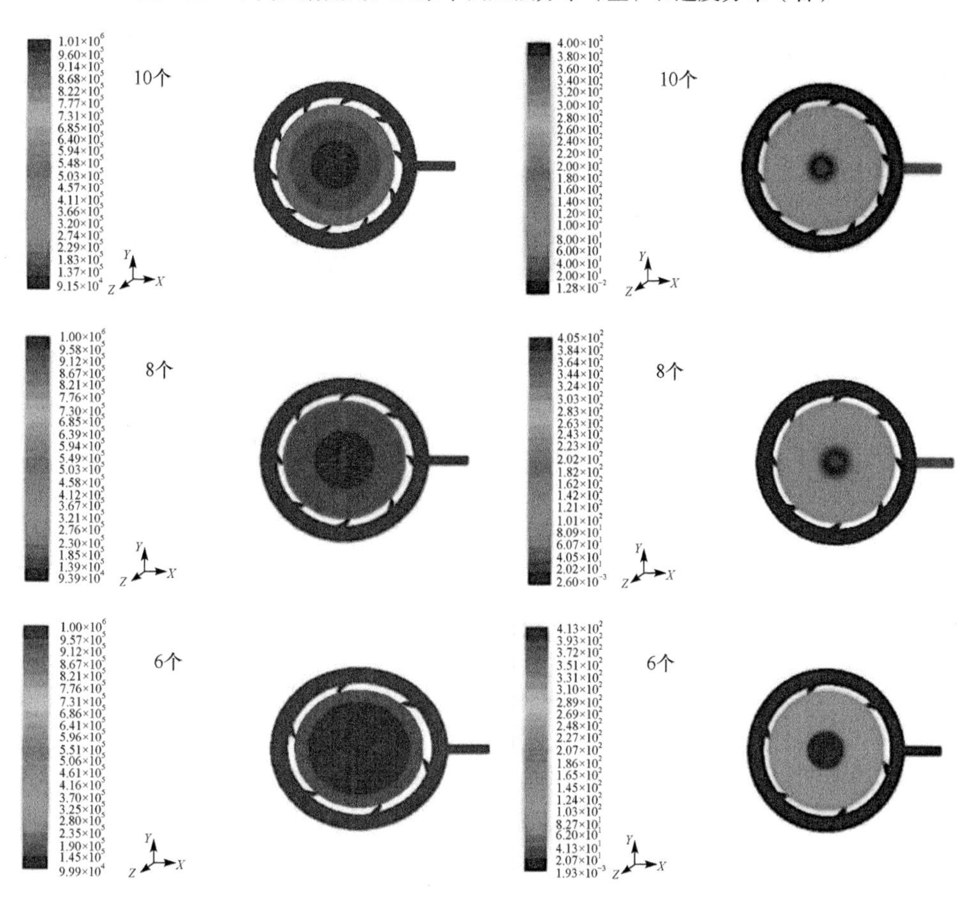

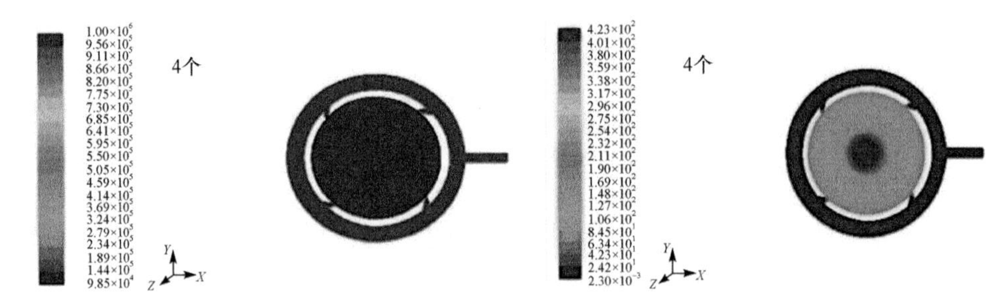

图 2-33　不同喷射孔数时入口水平面压强分布（左）和速度分布（右）

在上述模拟仿真研究基础上，优化了气流粉碎腔体结构、材质等，研制出了特种气流粉碎设备，如图 2-34 所示。

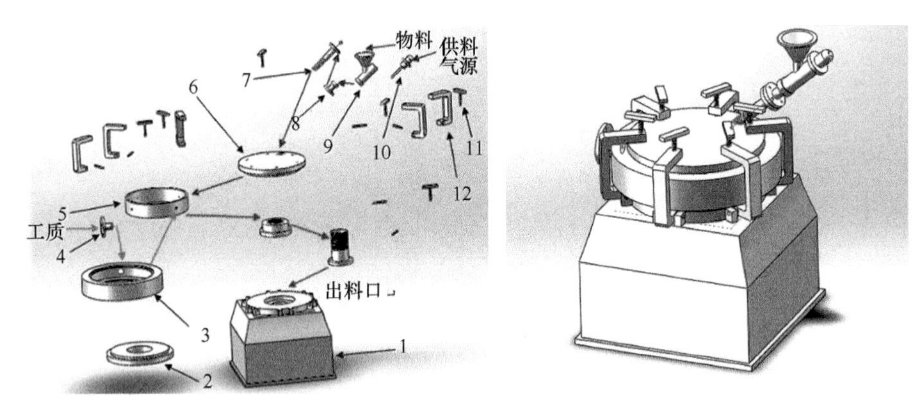

图 2-34　GQF 型气流粉碎设备主机结构模型图

1. 底架；2. 下磨盘；3. 环体；4. 主气流喷嘴；5. 碰撞环；6. 上磨盘；7. 斜杆；8. 喷喉；9. 喷杆；10. 辅气流喷嘴；11. 固定销；12. 固定架

这种气流粉碎设备的工作原理是：压缩气体工质从入口处进入粉碎腔体外层空间形成流场，然后经锥形进气孔加速后进入粉碎腔体内部，产生负压而对进料口的物料形成一定的吸引作用。物料在压缩气体的带动下沿进料口进入粉碎腔体内部。进入粉碎腔体内的物料受到多级高压高速气流粉碎作用，如高速冲刷、高速撞击、高速剪切、高速磨削等，并随气流在粉碎腔体内做回转运动。物料在运动过程中由于受到离心力的作用，同时又受到气流向粉碎腔体内中心管运动的向心力的作用，从而使粗颗粒向粉碎腔体内部外壁运动、细颗粒向粉碎腔体内部中心运动。达到粉碎要求的物料从粉碎腔体中心出料管自动排出，进而实现连续粉碎和自动分级，如图 2-35 所示。

在上述研究工作基础上，通过优化粉碎气体压强、物料进料速度、粉碎腔体结构等工艺技术参数，制备得到了粒径在 1～5μm 的超细 RDX 和粒径在 0.5μm 左右的 TATB 等微纳米含能材料。然而，由于气流粉碎过程潜在安全风险较大，故暂未将气流粉碎制备微纳米含能材料的技术进行工程化与产业化放大。

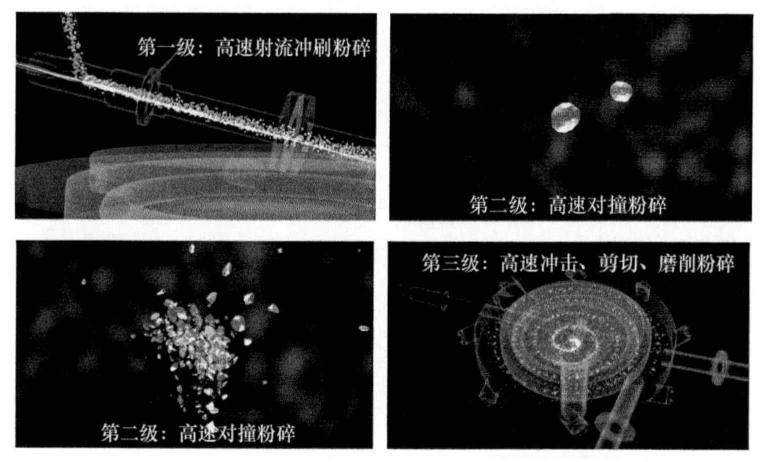

图 2-35　多级气流粉碎及自动分级原理示意图

中国工程物理研究院化工材料研究所曾贵玉、聂福德等[86-88]也采用气流粉碎法，通过控制气流流速、压强、表面活性剂种类及用量等工艺参数，制备得到了平均粒径在 0.45μm 左右的亚微米级 TATB。此外，中国空气动力研究与发展中心刘俊志等[89, 90]采用气流粉碎法，通过控制工艺参数制备了颗粒粒径主要分布在 7～8μm 的超细 RDX 和平均粒径约 7μm 的超细 HMX。该课题组进一步对气流粉碎设备及工艺进行了改进，制备出了亚微米级 TATB。

2.3.5　超声粉碎基础理论及技术

1. 超声粉碎基础理论与工艺技术

采用超声粉碎技术对含能材料进行微纳米化处理，其原理是利用超声波发生器所产生强烈的高频超声振动，在含能材料的悬浮液中形成强烈空化作用（存在于液体中的微气核空化泡在声波的作用下振动，当声压达到一定值时发生的生长和崩溃的动力学过程），使悬浮液中的粗颗粒含能材料高速地往复运动并发生碰撞，当粗颗粒内部聚集的能量足以克服其束缚能时，含能材料颗粒发生破碎，从而达到粉碎的目的。这种方法对脆性的含能材料粉碎较为有效。

超声粉碎技术依托于超声粉碎机，其主要由超声波发生器、换能器、变幅杆及工具头组成，其中变幅杆的性能直接影响超声振动系统的优劣。超声粉碎机可分为间断式和连续式，如图 2-36 所示。

超声波是一种振动频率高于声波（20kHz）的机械波，它在液体中疏密相间地向前辐射，产生数以万计的微小气泡，并在超声波纵向传播层的负压区形成、生长，而在正压区迅速闭合，形成超过 1000atm（1atm=1.01325×10^5Pa）的瞬时高压，连续不断地形成一连串小“爆炸”，冲击介质与物料颗粒。通常，超声波频率与功率越高、强度越大、振荡时间越长，物料粉碎效果就越好。此外，为了获得较小粒径的含能材料产物，还需严格控制粉碎过程中含能材料浆料的温度。

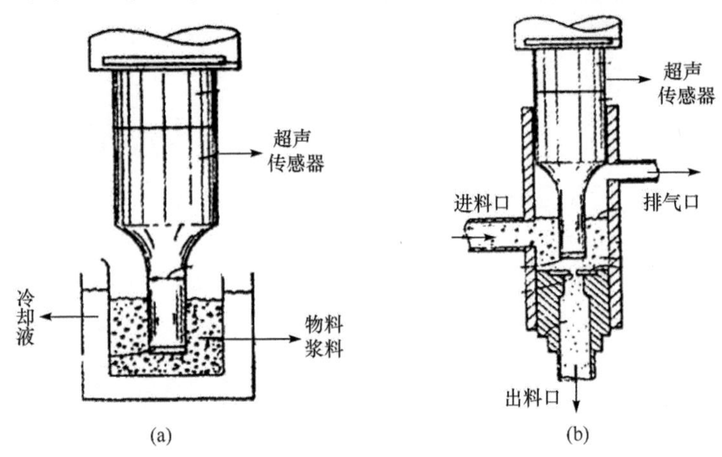

图 2-36　间断式（a）和连续式（b）超声粉碎机结构示意图

2. 超声粉碎技术制备微纳米含能材料

南京理工大学国家特种超细粉体工程技术研究中心曾在采用超声粉碎技术制备微纳米含能材料方面，开展了大量的研究工作，并通过控制超声波功率、粉碎时间、物料浓度、粉碎温度等工艺参数，制备得到了粒径在 0.5～5μm 的微米级与亚微米级 RDX、HMX、TATB 等含能材料。然而，由于超声粉碎过程能耗较大、制备能力较小，且制备过程噪声较大，因而未进一步开展工程化放大研究。

德国 Teipel（泰皮）等[91]采用超声粉碎法，对 RDX、HMX、HNS、NTO 等含能材料进行了细化研究，通过控制超声波功率、粉碎时间、物料浓度等工艺参数，实现了含能材料初步细化，制备得到了平均粒径约 10μm 的超细 RDX 等。美国 Somoza（索莫扎）[92]也采用超声粉碎法，实现了 RDX 等含能材料的初步细化。中国工程物理研究院化工材料研究所曾贵玉、王平等[93, 94]采用超声粉碎法，以高压超声波作为粉碎能量源，通过控制粉碎压强、料液浓度、粉碎次数、表面活性剂等工艺参数，制备得到了平均粒径在 530nm 左右的超细 TATB 和平均粒径在 1.63μm 左右的超细 HNS。

2.3.6　内部无动件球磨粉碎基础理论及技术

1. 内部无动件球磨粉碎基础理论与工艺技术

1）内部无动件球磨粉碎法概述

采用内部无动件球磨法对含能材料进行微纳米化处理，是在传动机械的作用下，带动靠内部无动件球磨机（简称球磨机，筒体内无搅拌器）的筒体做旋转运动或振动，使筒体内装入的各种材质和形状的研磨介质（如棒、球等）运动，进而产生相互冲击与研磨及挤压等作用使物料粉碎。在球磨机内，待粉碎物料必须运动到某一区域受力而破碎，这一区域称为有效粉碎区，有效粉碎区仅占整个粉碎腔的一小部分[95]。通常在球磨机中，物料仅在球磨介质之间或球磨介质与筒体内壁之间受力，因此该接触区就是有效粉碎区。然而，由于被粉碎物料的颗粒床是无约束的，在粉碎过程中颗粒床中的部分物料被挤压逸散，只有一小部分物料被介质与介质或介质与内筒壁之间的界面捕获。依据这些粉碎界面所能有效捕获的颗粒范围，就可以确定球磨机中物料颗粒被粉碎的活性区。

实验研究表明，在能量吸收相同的情况下，采用不同几何形状的球磨介质对物料颗粒进行粉碎时，能量利用率大致相同，即在有效粉碎区内颗粒被粉碎时的能量利用率与所用介质的几何形状无关。然而，理论和长期实践经验表明，非球形结构的球磨介质产生的有效粉碎区面积较小,并且球磨介质自身磨损也更严重。因此，球磨机中的介质通常选择为球形结构，在装有球形介质球磨机的活性粉碎区内，聚集了对颗粒的粉碎作用。

结合图 2-37 可计算得到球-球界面粉碎的有效区面积 V_A 为

$$V_A = \frac{\pi}{4} h(\alpha_0 \cdot d)^2 \qquad (2\text{-}29)$$

式中，h 为有效粉碎区球与球之间的平均距离；d 为介质球的直径；α_0 为预测角，其大小可决定图中阴影部分宽窄。

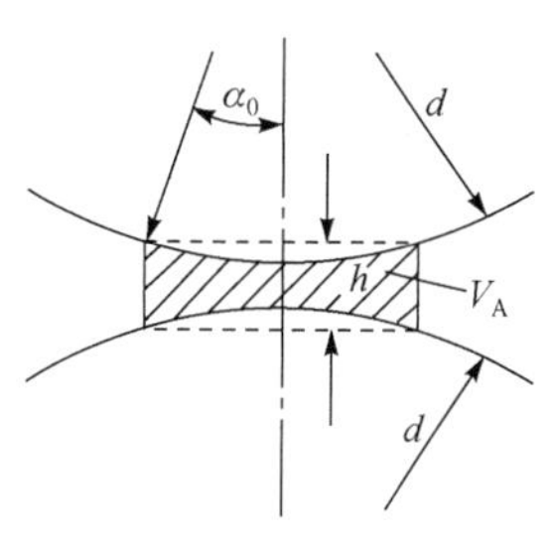

图 2-37　球与球之间的有效粉碎区

对于含能材料的湿法微纳米化球磨粉碎，流体拖曳力作用非常显著，还需考虑流体的拖曳力对物料颗粒流动作用的影响，进而对粉碎效果的影响。含能材料颗粒在料液中所受到的流体拖曳力，与含能材料的分散性相关。通常，分散性越好、流体拖曳力越小。因此，提高含能材料颗粒的分散性，是提高粉碎效果的重要途径。

2）球磨机内介质球的运动规律

球磨机中物料的粉碎是靠介质球（磨介，也称磨球）的冲击、挤压、磨削等作用来完成的。下面以普通卧式球磨机为例，对筒体内介质球的运动规律进行介绍。当筒体旋转时，在衬板与磨介之间以及磨介相互之间的摩擦力、推力和离心力的作用下，磨介随着筒体内衬壁先向上运动一段距离，然后下落。磨介视球磨机的直径、转速、衬板类型、筒体内磨介总质量等因素，呈图 2-38 所示的三种可能的运动状况，即泻落式、抛落式或离心式。

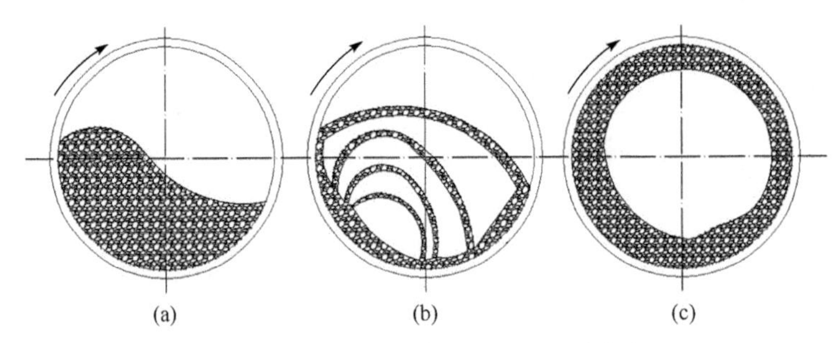

图 2-38　球磨机内磨介的三种运动状态
（a）泻落式；（b）抛落式；（c）离心式

当筒体衬板内壁较光滑，球体总质量较小、磨机转速较低时，球体随筒体上升较低一段高度后即沿筒体内壁向下滑动，或球体以其本身的轴线做旋转运动；出现这种情况时粉碎效果较差，实际粉碎过程中应尽量避免这种情况出现。当球体总质量较大、磨介的填充率较高（40%～50%）、磨机的转速较低时，呈月牙形的整体磨介随粉碎机筒体内壁升高至与垂线呈 40°～50°角后，磨介一层层地向下滑滚，称为泻落；磨介朝下滑滚时，对磨介间的物料产生挤压、磨削等粉碎作用，使物料粉碎。若磨机转速较高，磨介随筒体内壁升高至一定高度后，然后离开筒体内壁而以抛物线轨迹呈自由落体下落；这种状态称为抛落，在此情况下，磨介将对物料施以冲击、挤压及磨削等粉碎作用，使物料粉碎。随着磨机转速进一步提高，磨介紧贴筒体内壁随筒体一起做圆周运动，此时磨介对物料无任何研磨冲击粉碎作用，这种状况称为离心状态。球磨机旋转时，内部磨介达到离心状态的最低转速（临界转速，n_c）可按下式计算：

$$n_c = \frac{42.3}{\sqrt{\Phi}} \tag{2-30}$$

式中，Φ为球磨机筒体直径。筒体外层磨介的回转直径大，产生离心状态的临界转速小；筒体内层的回转直径小，临界转速就大。通常把按筒体内径代入式（2-30）求出的转速乘以一个小于 1 的系数Ψ（称为转速率），作为球磨机的工作转速。转速率越高，角度（称为脱离角）越小，磨介开始抛射的位置也越高。当转速率Ψ=100%、$\cos\alpha$=1（α=0°）时，磨介就从抛落运动状态转到离心运动状态。

当整个磨介载荷的旋转速度已知时，即可从理论上导出各层磨介的脱离点和在筒体内的落点的轨迹、磨介区的最小半径、最大的磨介填充率和磨介所做的功等。但在实际生产中，还是要根据具体情况来决定，如对于较粗物料的粉碎，抛落式的冲击及泻落式与抛落式所产生的磨介间的滑动摩擦对物料能起到良好的粉碎作用。但对于超微细粉碎过程，磨介的抛落冲击及磨介的泻落对极细物料的冲击研磨粉碎作用已不明显。因此，需结合被粉碎物料和目标产品的实际粒度情况，对球磨机内的粉碎力场进行精确设计，才能实现含能材料的微纳米化粉碎。不然，不仅将导致粉碎能耗高、成本高、生产效率极低，还将导致达不到粉碎要求，进而限制实际应用。

3）球磨机分类及粉碎能耗

内部无动件球磨机包括多种形式的广义球磨机，如普通卧式球磨机、振动球磨机、高能球磨机等。普通卧式球磨机对物料的粉碎作用主要来自于磨介对物料的冲击粉碎和研磨粉碎。泻落时以研磨作用为主；抛落时冲击和研磨作用并存。对较粗物料，利用冲击和研磨作用明显。但对于超微粉体一般的冲击的研磨作用不明显，能耗很高。

振动球磨机是将装有物料和磨介的筒体支撑在弹性支座上，电机通过弹性联轴机驱动平衡块回转，产生极大的扰动力，使筒体做高频率的连续振动，引起球磨机产生抛射、冲击和旋转运动，物料在磨介的强烈冲击和剥蚀下，获得粉碎。振动球磨的优点在于磨介的尺寸减小、填充率较高（可达 60%～70%）、总的表面积较大、有效粉碎区大，进而利用磨介之间极为频繁的相互作用而提高粉碎效率。但这种球磨机在工作时噪声大且设备放大难度较大。

高能球磨机（如行星式高能球磨机）是利用旋转机构所产生的高速旋转运转，带动球磨罐高速旋转，使球磨罐内磨介产生强烈的撞击、挤压、碾磨等作用，对物料进行超细化粉碎。这种类型的球磨机由于旋转速度高，其内部粉碎力场较强，能将含能材料粉碎至亚微米级或纳米级。然而，这种类型的球磨机在工作时产热量特别大，物料温度上升很快，需每隔一定时间（如 10min 或 30min）停机，使物料冷却后再继续粉碎处理。并且，这种球磨机内通常含有 2 个或 4 个对称放置的球磨罐，由于球磨罐的容积较小、很难放大，对含能材料的微纳米化处理能力较小，一般仅能用于小型科研实验研究。

由上述分析可知，要提高内部无动件球磨机的粉碎效果，一方面要提高粉碎力场，如提高球磨机的转速，以增大磨介的撞击、挤压、碾磨等作用。另一方面还要提高球磨机的有效粉碎区面积，如减小磨介直径、增加磨介数量、对磨介进行粒度级配、改变磨介运动方式等。球磨机中磨介对物料粉碎的有效区及物料在粉碎过程中所吸收的能量，与磨介在球磨机筒内所处的状态有关。虽然磨介之间的有效粉碎区的增大可依靠提高球磨机筒内磨介的填充率，以及减小磨介的球径来实现。但是增大球磨机的填充率，也会导致球磨机的能量利用率降低，并且粉碎过程中过应力出现的概率增大、设备损坏风险加大。减小球径来增大颗粒粉碎的有效区，是一种较好的办法，但也存在如下问题：球磨机在运转过程中由于物料流动不畅，进而导致球磨机内物料分布不均匀，部分物料得不到充分粉碎，使得产品粒度分布变宽。因此，当球磨机转速、磨介填充率、磨介材质、磨介尺寸等一定时，要提高粉碎效率，还得提高物料浆料的流动性，并且适当延长粉碎时间。只有充分考虑并优化上述影响球磨机粉碎效果的因素，才能节约能耗、提高含能材料微纳米化粉碎效率。

2. 内部无动件球磨粉碎技术制备微纳米含能材料

南京理工大学国家特种超细粉体工程技术研究中心在内部无动件球磨粉碎技术领域，开展了多年系统的研究工作。研究发现：为了提高球磨机粉碎效率，不仅需要对球磨机转速、磨介填充率、磨介尺寸等工艺参数进行控制和优化，还需对球磨筒体的结构进行优化设计。如在普通卧式球磨筒体内引入衬板和扰动装置，使磨介之间产生很强的撞击、压机、剪切、碾磨等作用，以提高粉碎力场、增大有效粉碎区面积，进而使粉碎效率获得提高。在这些研究基础上，实现了 RDX、HMX、CL-20、TATB、HNS 等含能材料微纳米化粉碎制备，所得到的纳米含能材料颗粒粒径可达 80～100nm。

中北大学宋长坤等[96]采用内部无动件球磨法，通过控制物料浓度、球磨机转速、粉碎时间等参数，制备得到了颗粒呈类球形、表面光滑、中位粒径分别为 140nm[图 2-39（a）]和 1.5μm[图 2-39（b）]的超细 CL-20，如图 2-39 所示。

(a) (b)

图 2-39　超细 CL-20 的 SEM 照片

中北大学宋小兰、王毅等[97-99]采用内部无动件高能球磨法，通过控制球磨机转速、物料浓度、研磨介质填充量、粉碎时间等工艺参数，制备得到了平均粒径 58.1nm 的纳米级 TATB（图 2-40）；也制备得到了颗粒呈类球形、粒度呈正态分布且平均粒径为 94.8nm 的纳米 HNS（图 2-41）；进一步还制备了平均粒径为 93.2nm 的纳米级 HMX/HNS 共/混晶炸药（图 2-42）。

此外，中国工程物理研究院化工材料研究所刘春等[100]采用内部无动件高能球磨法，通过控制表面活性剂种类及用量、水料比、球磨机转速、球磨温度、粉碎时间等工艺参数，制备得到了亚微米级 TATB。美国 Patel（帕特尔）等[101]采用内部无动件球磨法，通过控制球磨机转速、粉碎时间、物料浓度、表面活性剂种类及用量等参数，制备得到了颗粒呈类球形且小于 200nm 的纳米级 CL-20/HMX 共晶炸药。

图 2-40　纳米 TATB 的 SEM 照片

图 2-41　纳米 HNS 的 SEM 照片

图 2-42　纳米 HMX/HNS 共/混晶炸药的 SEM 照片（a）和 TEM 照片（b）

2.3.7　机械研磨粉碎基础理论及技术

1. 机械研磨粉碎基础理论与工艺技术

机械研磨粉碎机（也称为介质搅拌球磨机，简称搅拌磨），与上述内部无动件球磨机的不同之处在于搅拌磨中的搅拌器以转动形式将动能传递给研磨介质（或介质球），而不是像内部无动件球磨机靠筒体运动（如旋转或振动）带动研磨介质运动。内部无动件球磨机的致命弱点是研磨介质间的粉碎效果差，如腔体中心易形成空洞、物料粉碎均匀性较差，因而产品粒度较粗、粒度分布范围较宽。搅拌磨克服了内部无动件球磨机的上述缺点，粉碎效果好、产品粒度细、分布范围窄，且粉碎效率高，还能够对含能材料实现连续化粉碎[102]。

1920 年匈牙利的 Szegvari（赛格瓦力）博士和 Klein（克莱因）发明了介质搅拌研磨机，该研磨机主要由一个搅拌器和一个内部可填充研磨介质和物料的研磨筒体构成，筒体一般设计为圆柱状。搅拌磨中最大线速度产生在搅拌叶片（由搅拌轴带动做高速旋转）的尖端，由圆周运动规律可知，磨介的运动速度因与转动轴距离不同而异，与静止的球磨筒间存在速度梯度。使得研磨介质不是做整体运动，而是做不规则运动并借助相互作用力而使物料粉碎。不规则运动所产生的力主要有：研磨介质间互相冲击而产生的冲击力、研磨介质转动而产生的剪切力、研磨介质因填入搅拌器所留下的空间而产生的撞击力，以及研磨介质间的磨削、挤压作用等。采用搅拌磨对含能材料进行微纳米化处理时，既可以对含能材料颗粒施加冲击作用，也可以产生剪切作用，还可以产生磨削、挤压等作用，进而可实现含能材料的微米级、亚微米级及纳米级粉碎。

1）搅拌磨中被粉碎物料颗粒的吸收能

德国学者 Kwade（柯维德）等认为，搅拌磨中物料的粉碎是由两个关键因素决定的：单个颗粒在搅拌磨中一定时间内受到介质有效碰撞的总次数（stress number，SN），以及在单次碰撞事件中研磨介质传递给该颗粒的能量强度大小（stress intensily，SI）。其中 SN 是由搅拌磨机一定时间内介质球碰撞的总次数（N_c）中成功捕获到颗粒，并被颗粒充分吸收进而实现粉碎的概率（P_s），以及搅拌磨中物料颗粒的总数（N_p）所决定的，它们的关系如下式所示：

$$\mathrm{SN}=\frac{N_c P_s}{N_p} \tag{2-31}$$

而将式（2-31）中等式右侧的抽象概念再继续用搅拌磨具体的结构或运行参数来表达，经系列推导可得出如式（2-32）所示的关系：

$$\mathrm{SN}\propto\frac{\varphi_M(1-\varepsilon)}{1-\varphi_M(1-\varepsilon)C_V}\cdot\frac{nt}{d_M^2} \tag{2-32}$$

式中，φ_M 为介质球充填率；ε 为介质球床层空隙率；C_V 为浆料中固体颗粒的浓度；n 为搅拌器转速；t 为指定的研磨时间；d_M 为介质球直径。

SI 的定义基于搅拌磨内部两种主要的粉碎形式：一种是碰撞中介质球损失的动能被用于物料粉碎；另一种则是介质球之间的相互挤压（重力或离心力作用）引起的物料粉碎。在搅拌磨中，假设后者提供的能量与前者相比可忽略不计，进而可以认为 SI 与介质球的动能成正比。

介质球在搅拌磨内的运动主要分为垂直于搅拌轴方向层状流动部分的移动和平行于搅拌轴（径向）方向循环流动部分的移动。影响粉碎性能的主要因素是介质球垂直于搅拌轴方向的速度。介质球的速度变动量越大、动能越大、粉碎效果越好。搅拌磨内介质球的动能 E_{VB} 可用式（2-33）表示：

$$E_{VB} = \xi(2D / D_R)u^2 \cdot \rho_M \tag{2-33}$$

式中，D 为搅拌磨筒体内径，m；D_R 为搅拌器叶片直径，m；ξ为系数；u 为介质球在垂直于搅拌轴方向的速度，m/s；ρ_M 为介质球的密度，kg/m³。

从单位体积介质球动能 E_{VB} 可导出有效区颗粒吸收能 E_M：

$$E_M = \frac{E_{VB}V_B}{V_A\left[\rho_M(1-\varepsilon_M)\right]} \tag{2-34}$$

式中，V_B 为介质球体积，m³；V_A 为有效粉碎区体积，m³；ρ_M 为颗粒密度，kg/m³；ε_M 为颗粒床中空隙率。

由上述分析可知，在采用搅拌磨对含能材料进行微纳米化处理时，一方面可以通过提高搅拌轴的转速，进而通过提高介质球的动能来提高颗粒的吸收能。另一方面也可以通过降低介质球的直径、提高介质球数量，进而增加有效粉碎区面积以提高颗粒的吸收能。最终提高对含能材料的微纳米化粉碎效果。

2）搅拌磨粉碎过程的能耗分析

对于一般的搅拌磨粉碎过程，磨腔内都存在如下作用过程及能量消耗：①研磨介质间的相互运动产生的固体摩擦引起的能耗；②浆料的黏性运动而产生的剪切摩擦引起的能耗；③颗粒之间因非弹性状态下的冲撞作用引起变形及能量消耗；④粉碎过程所消耗的能量。分析发现，这几个方面的能耗与粉碎机的结构、几何尺寸、被粉碎物料的性质，以及操作过程的工艺参数等因素有关。搅拌磨的粉碎过程中伴随着大量的输入能转变为其他形式的能，这些能量损耗主要以热能的形式在粉碎过程中表现出来。因此，在实际应用于含能材料粉碎时，需通过在研磨腔外设置夹套通入冷却循环水以解决发热问题。

采用搅拌磨对含能材料进行微纳米化粉碎时，所用的研磨介质通常为球形，其平均直径一般小于 2mm。研磨介质的大小直接影响粉碎效率和产品细度：直径越大，产品粒径也越大；反之，直径越小，产品粒径越小。研磨介质的尺寸一般视待粉碎物料和产品的粒度而定；通常为提高粉碎效率，研磨介质的直径必须大于 10 倍的待粉碎物料粒径；另外，研磨介质的粒度分布越均匀越好。研磨介质的密度对研磨效率也起重要作用，密度越大，研磨时间越短；但介质球密度太大也会导致搅拌轴负荷增大，磨损加快，甚至引起搅拌轴断裂。研磨介质硬度必须高于被磨物料的硬度，以增加研磨强度，通常要求介质的莫氏硬度最好比被磨物料大 3 倍以上，还要求不产生污染且容易分离。常用的含能材料粉碎用研磨介质有氧化铝、氧化锆、氮化硼等。研磨介质的装填量对研磨效率有直接影响，装填量视研磨介质直径大小而定，必须保证研磨介质在分散器内运动时，介质的空隙率不小于 40%；通常，直径大，装填量也大；直径小，装填量也小。研磨介质装填系数，对于敞开式立式搅拌磨，装填系数一般为研磨筒体有效容积的 40%～60%；对于密闭型立式和卧式搅拌磨，装填系数一般为研磨筒体有效容积的 55%～85%。

总之，由于搅拌磨综合了动量和冲量的作用，能有效地进行微纳米化粉磨，使含能材料产品的粒度可达到亚微米级或纳米级；所制备的微纳米含能材料粒径大小可控、粒度分布范围窄。而且它的能耗绝大部分直接用于搅动磨介，而非虚耗于转动或振动笨重的筒体，因此能耗比内部无动件球磨机低。此外，搅拌磨在工作时可靠性高、稳定性好、噪声小、操作简便，易于实现工程化放大。

2. 机械研磨粉碎技术制备微纳米含能材料

1）普通机械研磨粉碎技术制备微纳米含能材料

南京理工大学国家特种超细粉体工程技术研究中心针对机械研磨粉碎技术，从 20 世纪 80 年代就开始开展系统研究工作，并取得很大的进展，突破了一系列具有自主知识产权的核心技术，分别研制出可用于对含能材料进行微纳米化处理的 LG 型立式搅拌球磨机和 LGW 型卧式搅拌球磨机[103]。这两类搅拌球磨机的结构原理如图 2-43 所示。

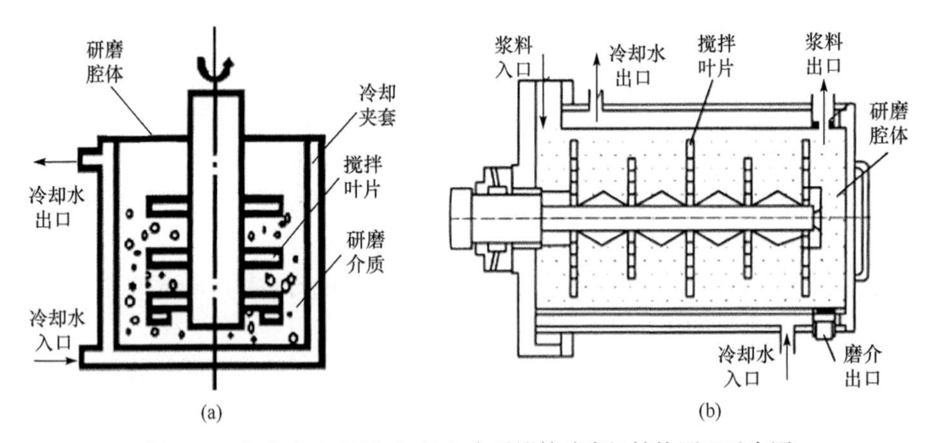

图 2-43 立式（a）和卧式（b）介质搅拌球磨机结构原理示意图

在上述搅拌球磨机基础上，还系统地研究了搅拌叶片形状对粉碎效果的影响，如图 2-44 所示。

在上述研究结果基础上，通过设计与优化粉碎机及搅拌叶片结构，控制球磨机搅拌轴转速、研磨介质填充量、粉碎时间、物料浓度、物料温度等工艺参数[104-108]，制备得到了微米级、亚微米级和纳米级 RDX 与 HMX，且颗粒呈类球形、粒度分布窄，分别如图 2-45、图 2-46 所示。还进一步制备得到了微米级、亚微米级或纳米级 CL-20、TATB、HNS 等微纳米含能材料。

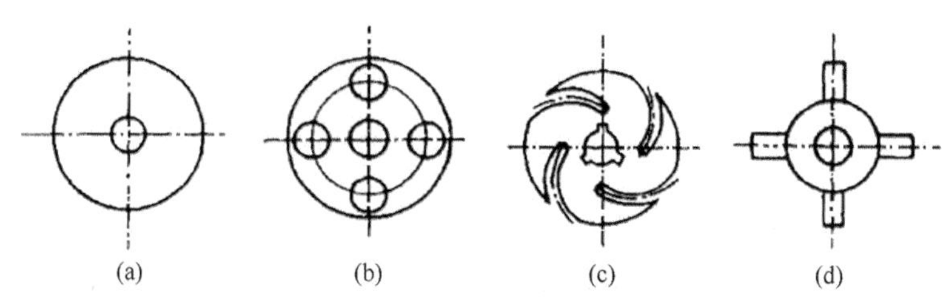

图 2-44　不同结构的搅拌叶片示意图
（a）圆盘形；（b）圆环形；（c）异形；（d）销棒形

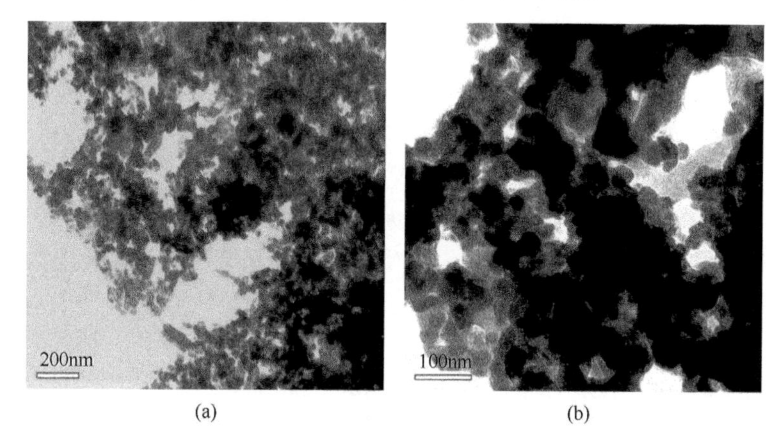

图 2-45　纳米级 RDX 的 TEM 照片

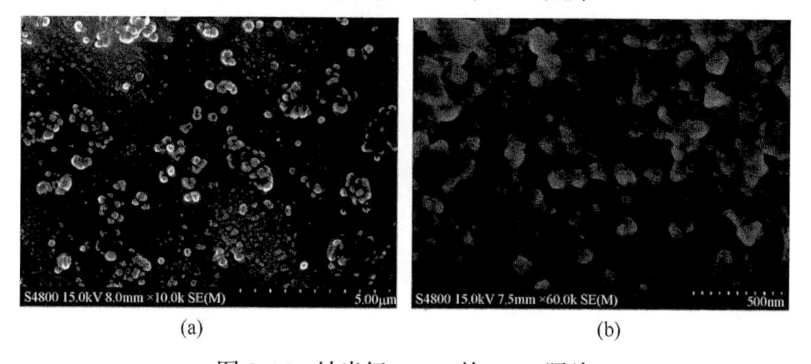

图 2-46　纳米级 HMX 的 SEM 照片

国内外其他学者也基于介质搅拌磨，采用普通机械研磨粉碎技术，对含能材料进行了微纳米化处理。例如，北京理工大学焦清介、张朴等[109, 110]采用搅拌球磨粉碎法，通过控制物料浓度、球磨机搅拌轴转速、粉碎时间等工艺参数，制备得到了平均粒径小于 5μm 的超细 CL-20。美国 Redner（雷德纳）等[111]采用搅拌球磨粉碎法，通过控制物料浓度、搅拌轴转速、粉碎时间、表面活性剂种类及用量等工艺参数，制备得到了平均粒径在 200nm 左右的亚微米级 RDX，如图 2-47 所示。

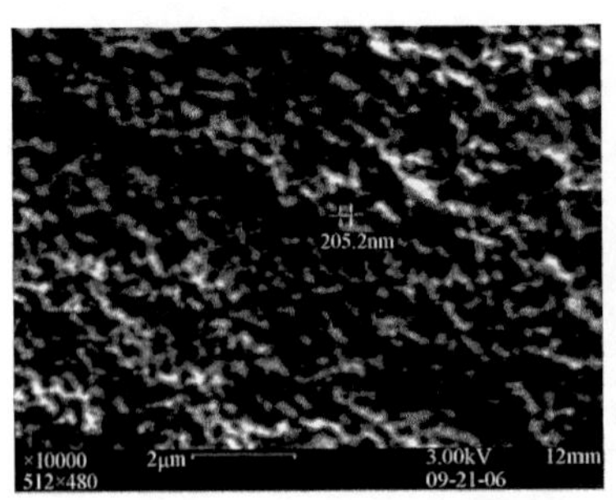

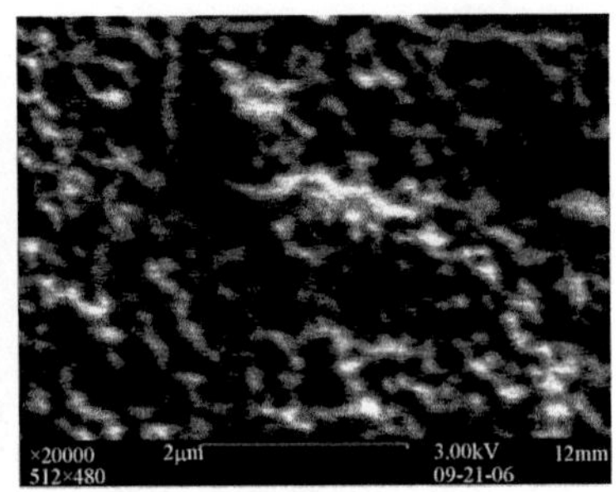

图 2-47　亚微米级 RDX 的 FESEM 照片

德国 Rossmann（罗斯曼）等[112]采用搅拌球磨粉碎法，通过控制球磨机搅拌轴转速、物料浓度、研磨介质填充量等工艺参数，制备得到了平均粒径为 1.37μm 的超细 HMX。法国 Aumelas（奥梅拉斯）等[113]采用搅拌球磨粉碎法，以 2-（三氟甲基）-3-乙氧基十二氟己烷（HFE）为表面活性剂对 CL-20 进行分散，通过控制物料浓度、搅拌转速、料液温度、介质填充量、系统压强等工艺参数，制备得到了亚微米级 CL-20。此外，陕西应用物理化学研究所卢丞一等[114]也采用搅拌球磨粉碎法，通过控制球磨机搅拌轴转速、粉碎时间等工艺参数，制备得到了中位粒径 d_{50} 为 1.51μm、粒度分布在 0.2～6.63μm 的超细 CL-18。

2）微力高效精确施加研磨粉碎技术制备微纳米含能材料

采用上述普通机械研磨粉碎法，虽然能够实现对含能材料进行微纳米化处理，但为了将工业微米级粗颗粒含能材料粉碎至亚微米级或纳米级，必须通过提高搅拌轴转速、增加研磨介质填充量、减小研磨介质尺寸等方式，对含能材料施加很强的粉碎力场。含能材料的摩擦、撞击和冲击波感度较高，在受到热、冲击、剪切、挤压、摩擦等作用时容易发生分解燃爆。这就给粉碎过程带来了很大的安全风险，如粉碎腔体内“干磨”、搅拌轴密封不好导致漏料等。并且还带来产品质量不达标的风险，如物料粒度分布范围宽、产品杂质含量高等。此外，含能材料在微纳米化粉碎过程中由于其比表面积急剧增大，表面能很高，极易发生再团聚使颗粒长大现象（粉碎领域称之为反粉碎现象）。另外，所制备的微纳米含能材料颗粒在液相中还存在“溶解-重结晶”现象和“逆分散”现象。这极大地制约着含能材料微纳米化粉碎技术的工程化与产业化放大。

为了解决安全、高效、高品质、大批量制备微纳米含能材料的难题，南京理工大学国家特种超细粉体工程技术研究中心近 10 年来，针对介质搅拌球磨机，进一步开展了全面、深入、系统的研究工作。原创性地提出了“微力高效精确施加”粉碎理论，设计了合适的粉碎力场，通过实现能量精确输入与即时输出的平衡与有效控制，成功攻克了这一关键技术瓶颈。首先，对粉碎过程进行了模拟仿真研究，分别对粉碎腔体内的流线、流速、速度等值线、搅拌叶片表面压力、搅拌叶片表面剪切力等进行了数值模拟，如图 2-48～图 2-50 所示。

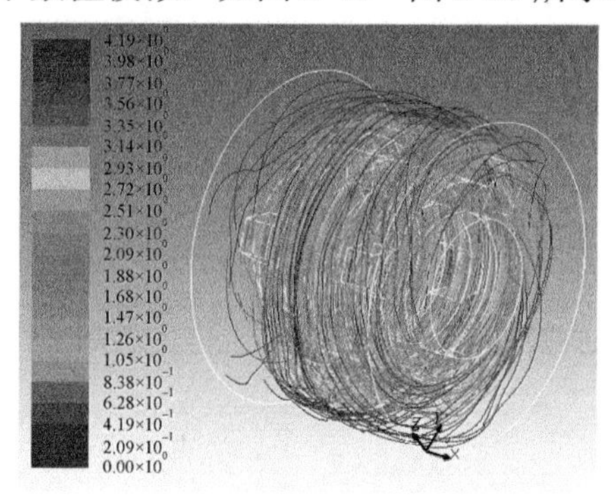

图 2-48　粉碎腔体内的流线图

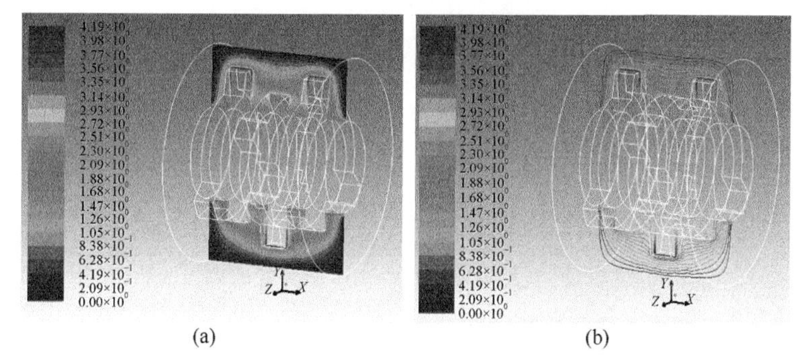

图 2-49　粉碎腔体内的流速云图（a）和流速等值线（b）

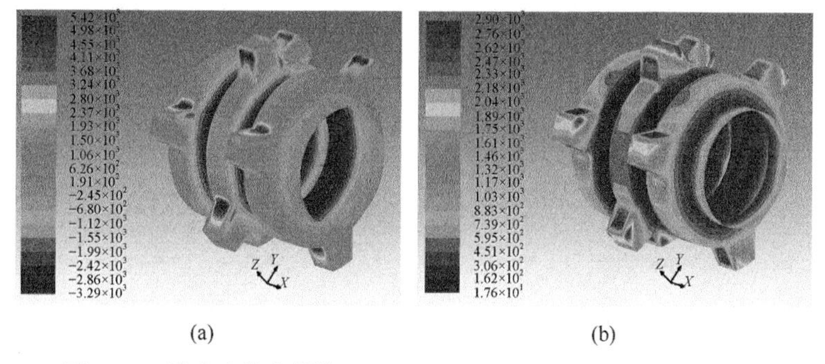

图 2-50　粉碎腔体内搅拌叶片表面压力（a）和表面剪切力（b）

进一步地，对装填了研磨介质的粉碎腔体内的介质分布、介质运动速度分布、粉碎力场等进行了数值模拟，如图 2-51～图 2-53 所示。

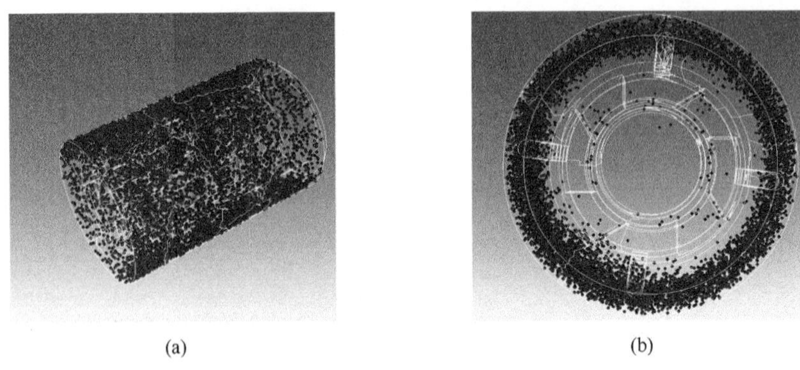

(a)　　(b)

图 2-51　粉碎腔体内研磨介质的整体（a）和截面（b）分布示意图

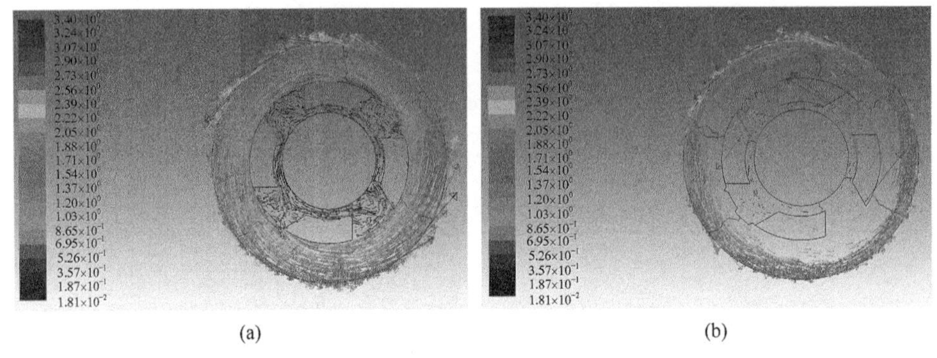

(a)　　(b)

图 2-52　粉碎腔体内的浆料速度（a）和研磨介质速度（b）分布图

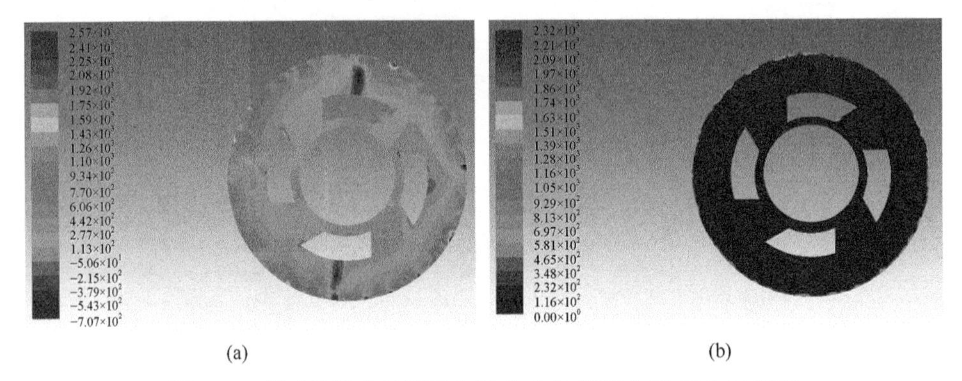

(a)　　(b)

图 2-53　粉碎腔体内的挤压力场（a）和剪切力场（b）示意图

在上述模拟仿真研究的基础上，结合大量的粉碎实验研究结果，对 LGW 型卧式介质搅拌球磨机的腔体结构与材质、搅拌轴结构与材质、搅拌轴密封方式、物料进/出料方式、安全控制措施等进行全面改进和优化。设计并研制出了 HLG 型特种粉碎装备（图 2-54），以水相作分散体系，实现了含能材料安全、高效、高品质微纳米化粉碎。

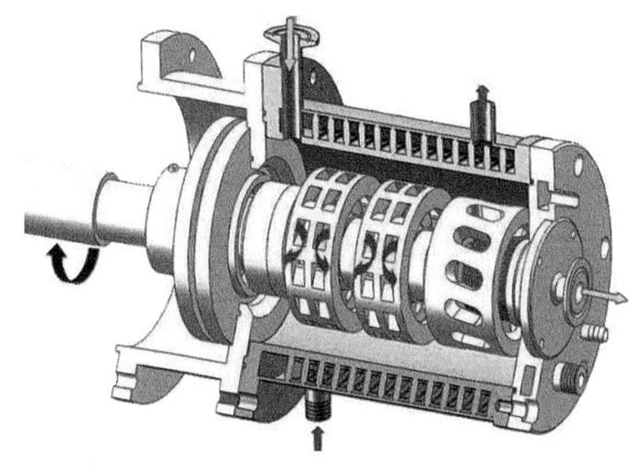

图 2-54 HLG 型特种粉碎装备三维建模示意简图

众所周知，颗粒越细，其受力面越小，接收外部能的能力就越小、越困难。而使晶体颗粒破碎的理论基础是施加于晶体颗粒上的外能必须大于颗粒破碎所需的能。要使所施加的外能被细微颗粒有效接受，并积累至超过使其发生应力应变破碎所需的破碎能，则必须设计合适的施力方式与装置，避免出现大炮打蚊子的局面。为此，设计出了高效微力施加方式，以小质点、高精度对细微颗粒准确反复施力，使颗粒被粉碎至微米级、亚微米级或纳米级。

在制备微纳米含能材料的过程中，首先将强大的粉碎力场均匀分布在粉碎系统中，形成若干微小力场（“微力”），控制该“微力”点内的能量在含能材料发生分解燃爆的临界能量之下。然后在各个“微力”点内，将粉碎力场有效地作用在微细含能材料颗粒上，对含能材料进行粉碎。随着含能材料颗粒尺寸减小，其比表面积和表面能迅速增大，使炸药颗粒进一步细化所需克服的“反粉碎能”也迅速增大。这时，需对含能材料施加更强的粉碎力场，并将该粉碎力场均匀分布在系统内形成更多的“微力”点，将微小力场精确地作用在待粉碎含能材料颗粒上，使其进一步细化。如此分步精确施加微小粉碎力场，使强大的粉碎力场高效地作用在含能材料颗粒上，逐步实现将含能材料颗粒微米化、亚微米化和纳米化。

在合成工业微米级粗颗粒含能材料的过程中，由于包裹气泡、溶剂或者其他杂质而形成结构不完善的炸药晶体，导致含能材料颗粒存在内部孔穴、位错、杂质、表面凹陷以及其他晶体缺陷等。同时，由于晶粒不能完全定向生长，导致含能材料颗粒的形状不规则。在粉碎过程中，工业微米级粗颗粒含能材料在粉碎系统内受到挤压、剪切、撞击等作用力，在内部有缺陷处形成应力集中并首先出现裂纹，然后崩裂破碎，形成不规则的、内部缺陷较少的小颗粒。在均匀的粉碎力场作用下，小颗粒被进一步剪切、挤压、碾磨，其尺寸进一步变小，形貌逐渐规整，结构逐渐密实化。最后，形貌较规整的小颗粒在均匀的粉碎力场反复作用下，成为外表光滑、结构密实的微纳米颗粒。工业微米级粗颗粒含能材料被微纳米化粉碎过程如图 2-55 所示。

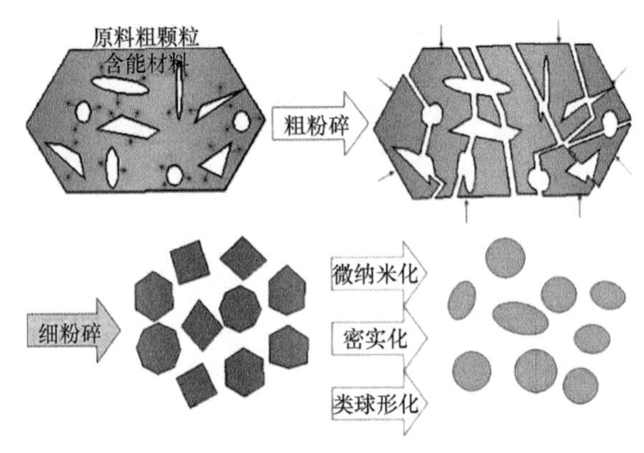

图 2-55　含能材料微纳米化粉碎过程示意图

工业微米级粗颗粒含能材料微纳米化粉碎的过程不仅是尺寸微纳米化、粒度均匀化的过程，也是形状规则化与类球形化、外表逐渐光滑、内部缺陷消失及密实化的过程。基于上述理论与技术及装备，有效解决了含能材料微纳米化过程中的安全、环保、产品质量等问题，成功大批量制备出了微米、亚微米及纳米级含能材料 RDX、HMX、CL-20（图 2-56），以及微纳米 TATB、HNS 等，产品粒径 30nm～10μm 可调、可控[115-123]。基于该粉碎技术与设备还可制备 HMX/TATB、CL-20/TATB 复合粒子[124]。此外，该技术与设备还可通过多工位串联协同联用，实现微纳米含能材料制备过程连续化。

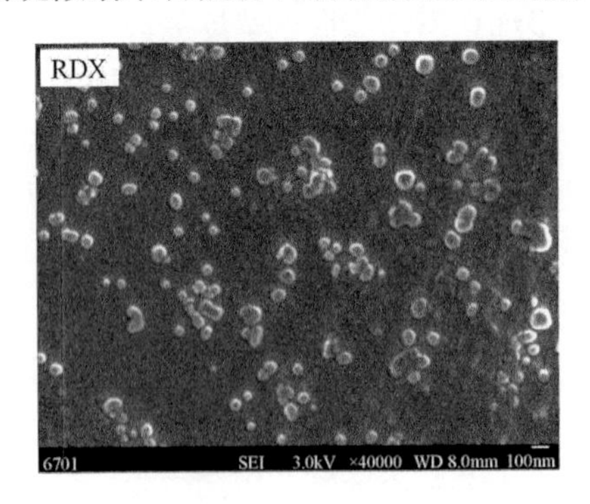

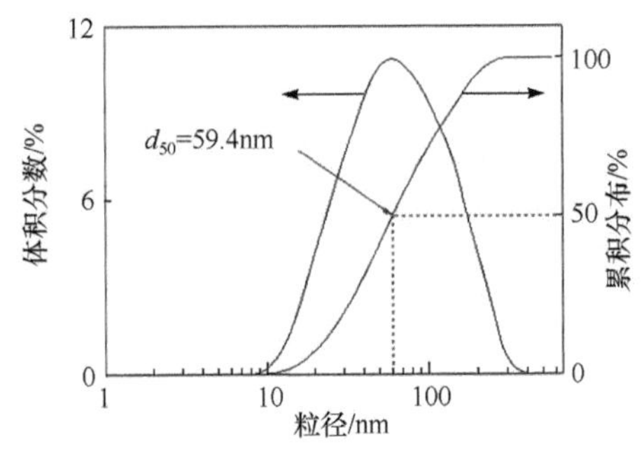

(a)

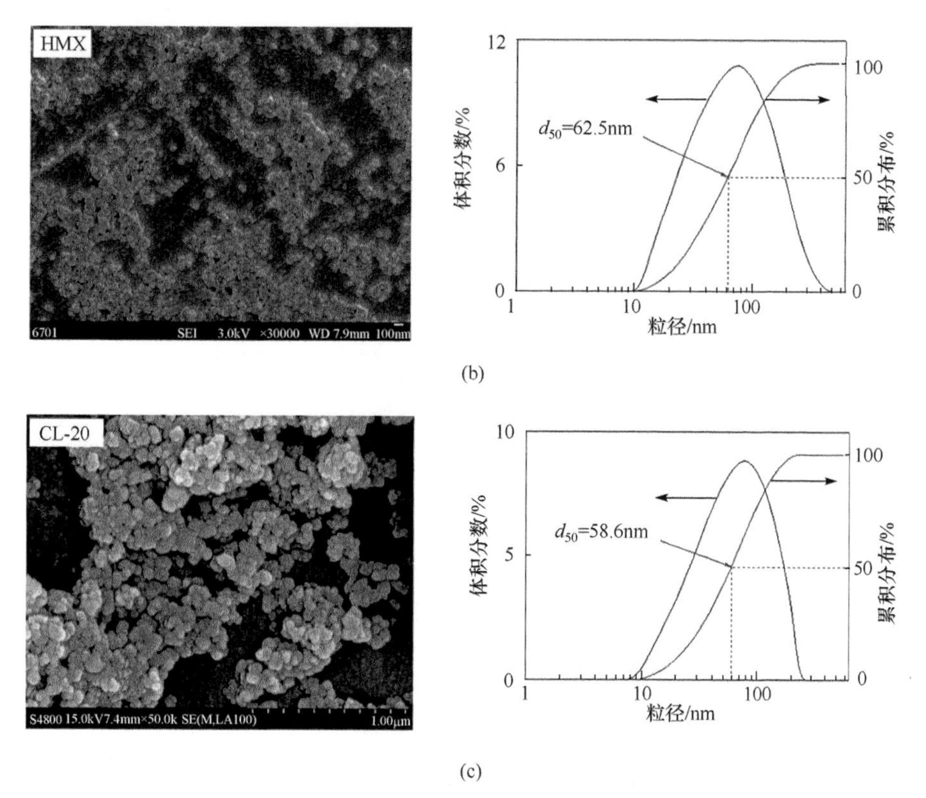

图 2-56　纳米 RDX（a）、HMX（b）和 CL-20（c）的 SEM 照片及粒度分布曲线

综上所述，采用合成构筑法制备微纳米含能材料，其本质上是在含能材料的化学合成过程，通过采用高速剪切、搅拌等作用，控制含能材料的结晶过程，进而生成微纳米级含能材料。这种方法制备微纳米含能材料时成本较高、产量较小，随着产量放大往往会导致产物粒度分布较宽。并且，化学合成过程含有大量的有机试剂，甚至是有毒有害试剂或强腐蚀性试剂，对操作人员的身心健康及环境会造成很大的威胁。此外，需特别注意的是，该过程中有机试剂对高速旋转剪切的机械部件的密封件腐蚀非常严重，可能导致含能材料进入轴封，进而引发安全事故，因而目前仅限于小批量制备实验。

采用重结晶技术制备微纳米含能材料时，如超临界流体重结晶技术、喷射重结晶技术、溶胶-凝胶重结晶技术等，往往工艺比较复杂，重复稳定性较难控制，并且存在溶剂所引起的环保和成本问题。因而目前也尚未见实现大规模稳定制备方面的研究报道。

采用粉碎技术制备微纳米含能材料时，工艺重复稳定性较好、无大量有机溶剂引起的环保问题、成本较低，一旦在粉碎装备方面取得突破，便易于实现工程化放大。当前，基于“微力高效精确施加”原理的粉碎技术及装备均已突破，已经能够实现微纳米含能材料安全、高品质、大批量粉碎制备。

2.4　含能材料微纳米化制备过程防团聚分散理论与技术概述

在含能材料微纳米化制备过程中，含能材料颗粒的防团聚分散至关重要，其制约着微纳米化效果与产品质量，这是因为：微纳米含能材料颗粒比表面积大、表面能高，极容易发生团聚，甚至逐渐发生颗粒长大，进而导致优异特性丧失。在对微纳米含能材料浆料进行防团聚分散处理时，所涉及的理论主要有：双电层分散理论、空间位阻分散理论、静电位阻分散理论、机械剪切分散理论及超声分散理论等。

双电层分散理论：通过向浆料中引入离子型表面活性剂（如十二烷基苯磺酸钠、十二烷基磺酸钠）或其他电解质，调节浆料的 pH，使浆料中微纳米含能材料颗粒表面带有一定量的电荷而形成双电层，进而降低颗粒之间的团聚倾向，使微纳米含能材料颗粒分散稳定。

空间位阻分散理论：在微纳米含能材料浆料中引入一定量的非离子型高分子表面活性剂（如聚乙烯吡咯烷酮），使表面活性剂吸附在微纳米颗粒表面，产生空间位阻作用，降低微纳米颗粒之间的靠拢团聚倾向，从而使微纳米含能材料颗粒分散稳定。

静电位阻分散理论：在微纳米含能材料浆料中引入聚电解质分散剂（如聚丙烯酸、聚丙烯酸钠），并调节浆料的 pH，使微纳米含能材料颗粒表面吸附聚电解质分散剂，进而在微纳米颗粒之间既形成静电排斥作用，又形成空间位阻作用，显著降低微纳米含能材料颗粒之间的团聚倾向，从而使颗粒之间分散稳定。

机械剪切分散理论：在微纳米含能材料浆料中引入高速搅拌等机械剪切作用，或使浆料高速流动形成高速湍流而产生强剪切作用，使微纳米含能材料颗粒之间形成高速相对运动并产生强碰撞、挤压，破碎颗粒团聚体并避免颗粒之间由于重力沉降等因素而引起团聚，进而使浆料中微纳米含能材料颗粒分散稳定。

超声分散理论：在微纳米含能材料浆料中引入超声波，在超声波的高频振动作用下产生空化作用，使浆料中微纳米含能材料颗粒做往复运动并发生碰撞，破碎颗粒团聚体并避免颗粒之间由于重力沉降等因素所引起的团聚，从而使微纳米含能材料颗粒分散稳定。

在上述防团聚分散理论基础上，引入特定的防团聚分散技术措施，才能有效防止微纳米含能材料颗粒在浆料中发生团聚，提高浆料中颗粒的分散性，进而才能成功实现含能材料微纳米化制备。

当采用合成构筑技术或重结晶技术制备微纳米含能材料时，往往需首先确保料液体系对含能材料颗粒表面具有良好的润湿效果，使新生的微纳米颗粒表面迅速被液体润湿、分散。然后，需结合料液体系的性质与含能材料特性，设计并引入特定的表面活性剂或其他分散剂，在微纳米含能材料颗粒之间形成静电排斥作用、空间位阻作用或静电位阻作用，使颗粒之间分散稳定。另外，往往还需引入高速搅拌、超声等强制分散的技术措施，及时破碎颗粒团聚体，避免颗粒之间形成硬团聚或发生颗粒长大现象，以进一步提高微纳米含能材料颗粒之间的分散效果。此外，也需结合具体的微纳米化制备过程，对料液温度、溶液浓度、溶剂与非溶剂配比等工艺参数进行优化，使微纳米含能材料颗粒之间的分散性获得进一步提高。

当采用粉碎技术制备微纳米含能材料时，分散体系的设计尤为重要，需结合含能材料的特性，首先研究出合适的分散体系。使含能材料颗粒在分散体系中被完全润湿、分散，形成均匀的分散悬浮液。当含能材料粗颗粒受到粉碎力场作用而逐步细化时，分散液需能够及时润湿新生的颗粒表面，使微细的含能材料颗粒之间形成静电排斥作用、空间位阻作用或静电位阻作用，降低团聚倾向，提高颗粒之间的分散性。然后，需结合分散体系和粉碎力场，引入适当的机械搅拌、超声等强制分散措施，及时破碎颗粒团聚体并避免微细含能材料颗粒由于重力沉降而团聚，进一步提高微细含能材料颗粒之间的分散性。此外，还需对粉碎过程的悬浮液温度、浆料浓度、粉碎力场强度等工艺技术参数进行优化，使含能材料颗粒的分散性获得进一步提高。在此基础上，才能粉碎获得颗粒大小均匀、分散性良好的微纳米含能材料。

由上述分析可知，在对含能材料进行微纳米化制备时，分散剂与分散力场的设计及应用，对微纳米化产品的粒度均匀性、分散稳定性具有非常重要的影响。对于分散力场的设计与调控，通常可通过对搅拌装置的结构进行优化或对超声波的频率与功率进行优化而实现。然而，对于分散剂的有效设计，往往难度很大。一方面，需结合料液性质与含能材料特性，对分散剂进行定制化设计，使微纳米含能材料颗粒具有良好的分散性；另一方面，分散剂还需易于脱除，避免分散剂残留于微纳米含能材料产品中而导致质量指标不满足实际使用需求，影响固体推进剂、发射药、混合炸药及火工烟火药剂等后续产品的性能。在很多制备微纳米含能材料的技术途径中，往往都需引入各类分散剂，由于所引入的分散剂沸点较高而导致干燥时难以脱除，需对微纳米含能材料颗粒进行反复洗涤。这不仅导致工序增多、劳动强度增大，还会导致微纳米含能材料颗粒流失而使得率降低、制备成本增加，并且也存在分散剂难以洗净或洗不净的情况，严重制约了含能材料微纳米化制备技术的工程化与产业化放大。南京理工大学国家特种超细粉体工程技术研究中心基于粉碎技术，针对含能材料的分散体系开展了多年的创新研究，研制出了对微纳米含能材料具有优异分散效果且在后续干燥过程中易于完全脱除的分散体系。在该分散体系的润湿、分散作用下，采用“微力高效精确施加”粉碎技术，成功实现了含能材料微纳米制备过程的工程化与产业化放大。

参考文献

[1] 李凤生, 刘杰. 微纳米含能材料研究进展[J]. 含能材料, 2018, 26(12): 1061-1073.

[2] 王军. 合成制备亚微米 TATB 的技术研究[D]. 绵阳: 中国工程物理研究院, 2001.

[3] 张永旭, 吕春绪, 刘大斌. 重结晶法制备纳米 RDX[J]. 火炸药学报, 2005, 28(1): 49-51.

[4] 芮久后, 王泽山, 刘玉海, 等. 超细黑索今制备新方法[J]. 南京理工大学学报, 1996, 20(5): 385-388.

[5] 李生慧, 杨超, 王天佑. 液相法制备超细黑索今[J]. 火炸药学报, 1994, 17(4): 23-25.

[6] Kumar R, Siril P F, Soni P. Preparation of nano-RDX by evaporation assisted solvent antisolvent interaction[J]. Propellants Explosives Pyrotechnics, 2014, 39(3): 383-389.

[7] Zhang Y X, Liu D B, Lv C X. Preparation and characterization of reticular nano-HMX[J]. Propellants Explosives Pyrotechnics, 2005, 30(6): 438-441.

[8] 马东旭, 梁逸群, 张景林. 重结晶制备奥克托今(HMX)粒径及晶形的研究[J]. 陕西科技大学学报, 2009, 27(1): 54-57.

[9] 王保国, 张景林, 陈亚芳. 亚微米级 TATB 的制备工艺条件对其粒径的影响[J]. 火炸药学报, 2008, 31(1): 30-33.

[10] 曾贵玉, 聂福德, 赵林, 等. 一种微纳米 TATB 炸药颗粒的制备方法[P]. CN201210361350.1, 2013-02-13.

[11] 杨利, 任晓婷, 张同来, 等. 超细 HNS 的形貌控制及性能[J]. 火炸药学报, 2010, 33(1): 19-23.

[12] 晏蜜, 刘玉存, 宋思维, 等. 超细 HNS/ANPZO 混晶炸药的制备和性能研究[J]. 科学技术与工程, 2017, 17(4): 208-212.

[13] 尚雁, 叶志虎, 王友兵, 等. HNS-Ⅳ的制备及粒径、形貌控制[J]. 含能材料, 2011, 19(3): 299-304.

[14] 王平, 刘永刚, 张娟, 等. 超细 HNS/HMX 混晶的制备与性能[J]. 含能材料, 2009, 17(2): 187-189.

[15] Quinlin W T, Thorpe R, Sproul M L, et al. Continuous aspiration process for manufacture of ultra-fine particle HNS[P]. US006844473B1, 2005-01-18.

[16] 徐文峥, 庞兆迎, 王晶禹, 等. 超声辅助喷雾法制备超细高品质 HMX 及其晶型控制[J]. 含能材料, 2018, 26(3): 260-266.

[17] 徐文峥, 平超, 王晶禹, 等. 两种喷雾结晶法制备超细 CL-20[J]. 固体火箭技术, 2018, 41(2): 214-218.

[18] Wang J Y, Li J, An C W, et al. Study on ultrasound- and spray-assisted precipitation of CL-20[J]. Propellants Explosives Pyrotechnics, 2012, 37(6): 670-675.

[19] Bayat Y, Zeynail V. Preparation and characterization of nano-CL-20 explosive[J]. The Journal of

Supercritical Fluids, 2011, 29(4): 281-291.

[20] 陈亚芳, 王保国, 张景林, 等. 高纯度亚微米级 RDX 的制备、表征与性能[J]. 火工品, 2010, (2): 48-50.

[21] 柴涛, 张景林. 主体炸药超细粒度级配对混合传爆药压药密度的影响研究[J]. 火炸药学报, 2002, 25(4): 71-72.

[22] 王晶禹, 张景林, 徐文峥. 微团化动态结晶法制备超细 HMX 炸药[J]. 爆炸与冲击, 2003, 23(3): 262-266.

[23] 王瑞浩, 晋日亚, 张伟, 等. 超细 ε-HNIW 的制备及表征[J]. 火工品, 2015, (1): 34-37.

[24] 王晶禹, 黄浩, 王培勇, 等. 高纯纳米 HNS 的制备与表征[J]. 含能材料, 2008, 16(3): 258-261.

[25] 周得才, 吕春玲, 李梅, 等. 粒度对硝胺类炸药烤燃热感度的影响[J]. 含能材料, 2011, 19(4): 442-444.

[26] 邵琴. TATB 基 PBX 传爆药配方优化设计及性能研究[D]. 太原: 中北大学, 2016.

[27] 李玉斌, 黄辉, 李金山, 等. 一种含 LLM-105 的 HMX 基低感高能 PBX 炸药[J]. 火炸药学报, 2008, 31(5): 1-4.

[28] 张亮, 赖一顺. 喷射法细化 CL-20 的实验与形貌表征[J]. 广东化工, 2018, 45(3): 58-59+69.

[29] Zhao S F, Wu J W, Zhu P, et al. Microfluidic platform for preparation and screening of narrow size-distributed nanoscale explosives and supermixed composite explosives[J]. Industrial & Engineering Chemistry Research, 2018, 57(39): 13191-13204.

[30] Zhao S F, Chen C, Zhu P, et al. Passive micromixer platform for size- and shape-controllable preparation of ultrafine HNS[J]. Industrial & Engineering Chemistry Research, 2019, 58(36): 16709-16718.

[31] Reverchon E, Adami R. Nanomaterials and supercritical fluids[J]. The Journal of Supercritical Fluids, 2006, 37(1): 1-22.

[32] Stepanov V, Krasnoperov L N, Elkina I B, et al. Production of nanocrystalline RDX by rapid expansion of supercritical solutions[J]. Propellants Explosives Pyrotechnics, 2005, 30(3): 178-183.

[33] Stepanov V, Anglade V, Wendy A B, et al. Production and sensitivity evaluation of nanocrystalline RDX-based explosive compositions[J]. Propellants, Explosives, Pyrotechnics, 2011, 36(3): 240-246.

[34] Matsunaga T, Chernyshev A V, Chesnokov E N, et al. *In situ* optical monitoring of RDX nanoparticles formation during rapid expansion of supercritical CO_2 solutions[J]. Physical Chemistry Chemical Physics, 2007, 9(38): 5249-5259.

[35] He B, Stepanov V, Qiu H W, et al. Production and characterization of composite nano-RDX by RESS co-precipitation[J]. Propellants, Explosives, Pyrotechnics, 2015, 40(5): 659-664.

[36] Lee B M, Sung D K, Lee Y H, et al. Preparation of submicron-sized RDX particles by rapid expansion of solution using compressed liquid dimethyl ether[J]. The Journal of Supercritical Fluids, 2011, 57(3): 251-258.

[37] Dou H Y, Kim K H, Lee B C, et al. Preparation and characterization of cyclo-1, 3, 5-trimethylene-2, 4, 6-trinitramine (RDX) powder: comparison of microscopy, dynamic light

scattering and field-flow fractionation for size characterization[J]. Powder Technology, 2013, 235: 814-822.

[38] 陈亚芳, 王保国, 张景林, 等. 超临界流体反溶剂法制备超细HMX传爆药[J]. 火炸药学报, 2011, 34(5): 46-49.

[39] 高振明, 蔡建国, 龙宝玉, 等. 超临界 CO_2 法制备超细 HMX 颗粒[J]. 火炸药学报, 2008, 31(4): 22-26.

[40] Bayat Y, Pourmortazavi S M, Iravani H, et al. Statistical optimization of supercritical carbon dioxide antisolvent process for preparation of HMX nanoparticles[J]. Journal of Supercritical Fluids, 2012, 72: 248-254.

[41] 尚菲菲, 张景林, 张小连, 等. 超临界流体增强溶液扩散技术制备纳米CL-20及表征[J]. 火炸药学报, 2012, 35(6): 37-40.

[42] 陈亚芳, 王保国, 张景林, 等. 超临界 GAS 的工艺条件对 CL-20 粒度和晶型的影响[J]. 火炸药学报, 2010, 33(3): 9-13.

[43] 谯志强. 不同晶体形貌的超细 RDX 制备技术和性能研究[D]. 绵阳: 中国工程物理研究院, 2005.

[44] 邵美苓. 超声雾化法制备超细纳米粉体[D]. 镇江: 江苏大学, 2008.

[45] 李梦尧. 微纳米 CL-20/NC 的静电射流法制备[D]. 北京: 北京理工大学, 2016.

[46] 陈厚和, 孟庆刚, 曹虎, 等. 纳米RDX粉体的制备与撞击感度[J]. 爆炸与冲击, 2004, 24(4): 382-384.

[47] 马慧华. 纳米 RDX 的制备与性能研究[D]. 南京: 南京理工大学, 2004.

[48] 陈厚和, 马慧华, 裴艳敏, 等. 纳米黑索金的制备及其机械感度[J]. 弹道学报, 2003, 15(3): 11-13+18.

[49] 李博. 硝基胍基复合含能材料的制备及表征[D]. 绵阳: 西南科技大学, 2016.

[50] Qiu H W, Stepanov V, Anthony R D S, et al. RDX-based nanocomposite microparticles for significantly reduced shock sensitivity[J]. Journal of Hazardous Materials, 2011, 185(1): 489-493.

[51] Klaumünzer M, Pessina F, Spitzer D. Indicating inconsistency of desensitizing high explosives against impact through recrystallization at the nanoscale[J]. Journal of Energetic Materials, 2017, 35(4): 375-384.

[52] Pessina F, Schnell F, Spitzer D. Tunable continuous production of RDX from microns to nanoscale using polymeric additives[J]. Chemical Engineering Journal, 2016, 291: 12-19.

[53] Kim J W, Shin M S, Kim J K, et al. Evaporation crystallization of RDX by ultrasonic spray[J]. Industrial and Engineering Chemistry, 2011, 50(21): 12186-12193.

[54] Radacsi N, Stankiewicz A I, Horst J H T. Cold plasma synthesis of high quality organic nanoparticles at atmospheric pressure[J]. Journal of Nanoparticle Research, 2013, 15(2): 1445.

[55] Radacsi N, Stankiewicz A I, Creyghton Y L M, et al. Electrospray crystallization for high-quality submicron-sized crystals[J]. Chemical Engineering & Technology, 2011, 34(4): 624-630.

[56] Risse B, Schnell F, Spitzer D. Synthesis and desensitization of nano-β-HMX[J]. Propellants, Explosives, Pyrotechnics, 2014, 39(3): 397-401.

[57] Hotchkiss P J, Wixom R R, Tappan A S, et al. Nanoparticle triaminotrinitrobenzene fabricated by

carbon dioxide assisted nebulization with a bubble dryer[J]. Propellants, Explosives, Pyrotechnics, 2014, 39(3): 402-406.
[58] 吕春玲, 张景林, 黄浩. 微米级球形 HNS 的制备及形貌控制[J]. 火炸药学报, 2008, 31(6): 35-38.
[59] Boutonnet M, Kizling J, Stenius P, et al. The preparation of monodisperse colloidal metal particles from microemulsions[J]. Colloids & Surfaces, 1982, 5(3): 209-225.
[60] 杨眉. 反相微乳液法制备纳米黑索今[D]. 南京: 南京理工大学, 2013.
[61] 刘志建, 范时俊. 制备亚微米炸药的新方法——微乳状液法[J]. 火炸药学报, 1996, 19(4): 13-14.
[62] 彭加斌, 刘大斌, 吕春绪, 等. 反相微乳液-重结晶法制备纳米黑索今的工艺研究[J]. 火工品, 2004, (4): 7-10+Ⅰ.
[63] 闻利群, 刘文怡, 张景林. 火工药剂乳化细化技术研究[J]. 华北工学院学报, 1997, 18(4): 353-355.
[64] 王敦举, 张景林, 王金英. W/O 微乳液法制备纳米 HMX 微球[J]. 火工品, 2009, (3): 23-26.
[65] Bayat Y, Zarandi M, Zarei M A, et al. A novel approach for preparation of CL-20 nanoparticles by microemulsion method[J]. Journal of Molecular Liquids, 2014, 193(5): 83-86.
[66] 宋小兰, 李凤生, 张景林, 等. 纳米 RDX 的制备及其机械感度和热分解特性[J]. 火炸药学报, 2008, 31(6): 1-4.
[67] 晋苗苗, 罗运军. 硝化棉/黑索今纳米复合含能材料的制备与热性能研究[J]. 兵工学报, 2014, 35(6): 822-827.
[68] Nie F D, Zhang J, Guo Q X, et al. Sol-gel synthesis of nanocomposite crystalline HMX/AP coated by resorcinol-formaldehyde[J]. Journal of Physics and Chemistry of Solids, 2010, 71(2): 109-113.
[69] 陆明. 工业炸药生产中的粉碎理论及其技术[J]. 爆破器材, 2005, 34(5): 8-11.
[70] 袁惠新. 粉碎的理论与实践[J]. 粮食与饲料工业, 2001, (3): 19-22.
[71] 袁惠新, 俞建峰. 超微粉碎的理论、实践及其对食品工业发展的作用[J]. 包装与食品机械, 2001, (1): 5-10.
[72] 裘子剑, 张裕中. 基于超高压对撞式均质技术的物料粉碎机理的研究[J]. 食品研究与开发, 2006, 27(5): 186-187+185.
[73] 张小宁, 徐更光, 王廷增. 高速撞击流粉碎制备超细 HMX 和 RDX 的研究[J]. 北京理工大学学报, 1999, 19(5): 646-650.
[74] 张小宁, 徐更光, 王廷增. 高速撞击流制备超细硝胺炸药的实验研究[J]. 含能材料, 1999, 7(3): 97-99+102.
[75] 陶鹏, 何得昌, 徐更光. 高速撞击流技术制备超细 RDX 的研究[J]. 火工品, 2004, (4): 23-25+30.
[76] 何得昌, 周霖, 徐军培. 纳米级 RDX 颗粒的制备[J]. 含能材料, 2006, 14(2): 142-143+150.
[77] 陈潜, 何得昌, 徐更光, 等. 高速撞击流法制备超细 HMX 炸药[J]. 火炸药学报, 2004, 27(2): 23-25.
[78] 何得昌, 周霖, 陈潜. 分散剂在超细 HMX 制备中的应用[J]. 火工品, 2005, (1): 33-34+Ⅲ.
[79] 郑波, 何得昌. 窄分布纳米级 HMX 的制备及粒度分析[J]. 固体火箭技术, 2003, 26(4):

58-59.
[80] 何得昌, 陈潜, 谭嵴. 撞击流法制备超细HMX中撞击压力和次数对颗粒度的影响[J]. 含能材料, 2004, 12(5): 300-301+Ⅲ.
[81] 何得昌, 郑波, 谭嵴. 窄分布纳米级HMX的制备[J]. 含能材料, 2004, 12(1): 43-45.
[82] 魏田玉, 李志华, 刘巧娥, 等. 脉冲柱塞粉碎法制备超细 RDX 炸药[J]. 含能材料, 2005, 13(5): 321-322+Ⅲ.
[83] 张柱, 杨云川, 晋艳娟. 单颗粒破碎机理分析[J]. 太原科技大学学报, 2005, 26(4): 306-308.
[84] Gerber P, Zilly B, Teipel U. Fine grinding of explosives[C]// International Annual Conference of ICT, 1998: 71.1-71.12.
[85] 雷波, 史春红, 马友林, 等. 超细 HNS 的制备和性能研究[J]. 含能材料, 2008, 16(2): 138-141.
[86] 曾贵玉. 气流粉碎法制备亚微米 TATB 粒子的研究[C]//纳米材料和技术应用进展——全国第二届纳米材料和技术应用会议论文集(上卷). 北京: 全国第二届纳米材料和技术应用会议, 2001: 240-243.
[87] 曾贵玉, 聂福德, 张启戎, 等. 超细 TATB 制备方法对粒子结构的影响[J]. 火炸药学报, 2003, 26(1): 8-11.
[88] 曾贵玉, 聂福德, 王建华, 等. 高速气流碰撞法制备超细 TATB 粒子的研究[J]. 火工品, 2003, (1): 1-3.
[89] 刘俊志, 邹洁, 左金, 等. 气流粉碎制备超细炸药的实验研究[J]. 航天工艺, 2000, (6): 24-27.
[90] 刘俊志, 左金, 邹洁, 等. 气流粉碎分级制备超细火炸药的实验研究[J]. 航天工艺, 2001, (4): 15-17+22.
[91] Teipel U, Mikonsaari I. Size reduction of particulate materials [J]. Chemie Ingenieur Technik, 2002, 27(3): 168-174.
[92] Somoza C. Ultrasonic grinding of explosives[P]. US5035363, 1991-07-30.
[93] 曾贵玉, 刘春, 赵林, 等. 高压超声破碎法制备微纳米 TATB[J]. 含能材料, 2015, 23(8): 746-750.
[94] 王平, 秦德新, 辛芳, 等. 超声波在超细炸药制备中的应用[J]. 含能材料, 2003, 11(2): 107-109.
[95] 龚莉. 基于球磨法的超细石英粉体分形研究[D]. 哈尔滨: 哈尔滨工业大学, 2007.
[96] 宋长坤, 安崇伟, 叶宝云, 等. 粒度对 CL-20 基炸药油墨临界传爆特性的影响[J]. 含能材料, 2018, 26(12): 1014-1018.
[97] 宋小兰, 王毅, 刘丽霞, 等. 机械球磨法制备纳米 TATB 及其表征[J]. 固体火箭技术, 2017, 40(4): 471-475.
[98] 宋小兰, 王毅, 刘丽霞, 等. 机械球磨法制备纳米 HNS 及其热分解性能[J]. 含能材料, 2016, 24(12): 1188-1192.
[99] 王毅, 宋小兰, 赵珊珊, 等. 机械球磨法制备纳米 HMX/HNS 共/混晶炸药[J]. 火炸药学报, 2018, 41(3): 261-266.
[100] 刘春, 赵林, 曾贵玉. 高能球磨法制备亚微米 TATB 炸药[J]. 广州化工, 2014, 42(21): 39-40+49.

[101] Patel R B, Qiu H W, Stepanov V, et al. Single-step production method for nano-sized energetic cocrystals by bead milling and products thereof[P]. US009701592B1, 2017-07-11.

[102] 钱效林. 研磨介质对搅拌磨效率的影响[J]. 陶瓷科学与艺术, 2004, 38(1): 25-27.

[103] 李凤生. 超细粉体技术[M]. 北京: 国防工业出版社, 2000.

[104] 邓国栋, 刘宏英. 黑索今超细化技术研究[J]. 爆破器材, 2009, 38(3): 31-34+37.

[105] Wang Y, Jiang W, Song D, et al. A feature on ensuring safety of superfine explosives[J]. Journal of Thermal Analysis and Calorimetry, 2013, 111(1): 85-92.

[106] 宋小兰. 微纳米含能材料分形特征对其感度的影响研究[D]. 南京: 南京理工大学, 2008.

[107] 冯蒙蒙. 超细 HMX 的制备及感度研究[D]. 南京: 南京理工大学, 2013.

[108] 付廷明, 杨毅, 李凤生. 球形超细 HMX 的制备[J]. 火炸药学报, 2002, 25(2): 12-13.

[109] 焦清介, 张朴, 郭学永, 等. 一种超细 CL-20 的制备装置及制备方法[P]. CN201210523625.7, 2014-01-15.

[110] 张朴, 郭学永, 张静元, 等. 机械研磨制备球形超细 CL-20[J]. 含能材料. 2013, 21(6): 738-742.

[111] Redner P, Kapoor D, Patel R, et al. Production and characterization of nano-RDX[R]. 2006-11-01.

[112] Rossmann C, Heintz T, Herrmann M, et al. Production of ultrafine explosive particles in non-aqueous systems by bead milling technology[C]. International Annual Conference of ICT, 2013: 74/1-74/11.

[113] Aumelas A, Lescop P. Process of obtaining crystal charges of hexanitrohexaazaisowurtzitane (CL-20) of submicronic monomodal particle size distribution[P]. FR3018807-B1, 2015-04-16.

[114] 卢丞一, 盛涤伦, 陈利魁, 等. 超细 CL-18 的制备及窄脉冲起爆性能研究[J]. 火炸药学报, 2013, 36(6): 47-50.

[115] 刘杰. 具有降感特性纳米硝胺炸药的可控制备及应用基础研究[D]. 南京: 南京理工大学, 2015.

[116] 刘杰, 曾江保, 李青, 等. 机械粉碎法制备纳米 HMX 及其机械感度研究[J]. 火炸药学报, 2012, 35(6): 12-14.

[117] 刘杰, 王龙祥, 李青, 等. 钝感纳米 RDX 的制备与表征[J]. 火炸药学报, 2012, 35(6): 46-50.

[118] 刘杰, 杨青, 郝嘎子, 等. 纳米 epsilon(ε) CL-20 的制备及其感度研究[C]//第十六届中国科协年会——分 9 含能材料及绿色民爆产业发展论坛论文集. 江苏: 第十六届中国科协年会, 2014: 222-226.

[119] 刘杰, 姜炜, 李凤生, 等. 纳米级奥克托今的制备及性能研究[J]. 兵工学报, 2013, 34(2): 174-180.

[120] Liu J, Jiang W, Li F S, et al. Effect of drying conditions on the particle size, dispersion state, and mechanical sensitivities of nano HMX [J]. Propellants, Explosives, Pyrotechnics, 2014, 39(1): 30-39.

[121] Liu J, Jiang W, Zeng J B, et al. Effect of drying on particle size and sensitivities of nano hexahydro-1, 3, 5-trinitro-1, 3, 5-triazine[J]. Defence Technology, 2014, 10(1): 9-16.

[122] Liu J, Jiang W, Yang Q, et al. Study of nano-nitramine explosives: preparation, sensitivity and

application[J]. Defence Technology, 2014, 10(2): 184-189.

[123] Guo X D, Ou Y G, Liu J, et al. Massive preparation of reduced-sensitivity nano CL-20 and its characterization[J]. Journal of Energetic Materials, 2015, 33(1): 24-33.

[124] 王志祥. 机械化学法制备 HMX/TATB 复合粒子及其性能研究[D]. 南京: 南京理工大学, 2016.

第 3 章　微纳米含能材料干燥基础理论及技术

当采用前文所述的微纳米化技术制备得到微纳米含能材料浆料后，通常需对浆料进行干燥处理，才能进一步将干燥获得的干粉产品应用于固体推进剂、发射药、混合炸药及火工烟火药剂等产品中。

干燥是通过热量传递或溶剂萃取等方式，使湿物料（或浆料）中的液体组分由液态变为气态或由固态直接变为气态，或被其他流体物质溶解，而与固体组分分离的过程。根据干燥过程物料所处的状态，可把干燥分为连续干燥和间歇干燥。对于微纳米含能材料浆料，若仅考虑液相组分的脱除，可采用加热介质传热、热风接触和过热蒸汽等干燥方式，靠热量传递使液相组分以汽化方式脱除或以升华方式脱除，包括厢式干燥、盘式连续干燥、真空冷冻干燥、雾化连续干燥等。也可以采用超临界流体萃取的方式使液相组分脱除进而实现干燥，即超临界流体干燥。然而，微纳米含能材料具有微纳米颗粒所表现出的比表面积大、表面能高、表面活性高等特点，浆料干燥后产品极容易发生团聚、结块，甚至颗粒长大。并且还具有能量较高、热与机械感度较高、危险性大、在一定条件下易发生燃烧或爆炸等特点，在干燥过程中或干燥后处理时，又容易引发燃爆等安全事故。这严重制约了微纳米含能材料的高效、高品质干燥[1-3]。

例如，当采用普通干燥方式对微纳米含能材料进行干燥时，随着液体组分（如水分）的脱除，微纳米颗粒会由于自身的高表面能及体系中的毛细管效应而发生相互靠拢，并进一步发生颗粒团聚现象。微纳米含能材料颗粒本身表面能已很高，当其在受到气流扰动时会在表面产生静电并集中于表面凸起处，使表面能进一步升高，进而引发微纳米含能材料颗粒靠拢、团聚。并且，由于微纳米含能材料颗粒的表面活性高，其在液体组分中的溶解度也会比普通粗颗粒含能材料大幅度增加，进而使得微纳米颗粒在干燥过程中发生溶解-重结晶析出现象，使得颗粒尺寸变大、粒度分布范围变宽、形状变得不规则，进而丧失微纳米颗粒的优异特性。

对于普通微纳米材料浆料，如微纳米 TiO_2、Al_2O_3、SiO_2 等，可首先在干燥过程中引入强扰动措施，并且在高温下使液体组分迅速脱除，如闪蒸干燥、沸腾干燥、高温（进风温度 350℃以上）雾化干燥等。然后再采用强分散或粉碎技术对干燥后的微纳米粉体进行二次分散处理，如气流分散/粉碎、高速旋转撞击分散/粉碎等，以解决它们干燥后的团聚问题，获得分散性良好的微纳米粉体产品。这类普通微纳米材料的防团聚干燥流程如图 3-1 所示。

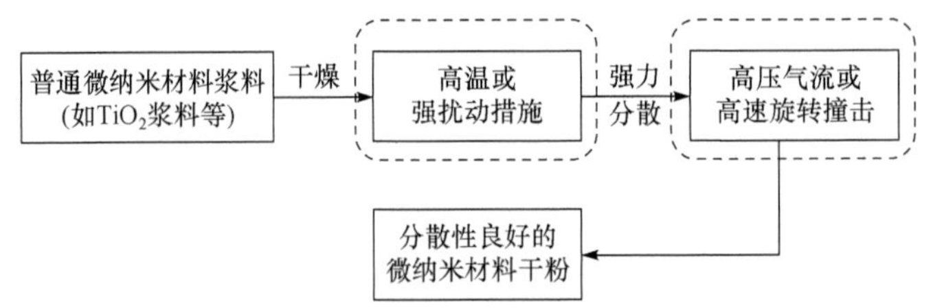

图 3-1　普通微纳米粉体防团聚干燥工艺流程

对于普通粗颗粒含能材料，如当前化学合成的工业品粗颗粒 RDX、HMX、CL-20 等，由于粒度通常在 30μm 或 50μm 以上，比表面积小，干燥后颗粒之间不容易发生团聚。即便发生了轻微的团聚，也可以通过轻微振动或搓揉即可使样品分散性良好。也就是说，普通粗颗粒含能材料在采用普通干燥方式、通过控制干燥温度（通常在 100℃以下）和干燥真空度时，就可实现防团聚干燥。

对于微纳米含能材料，若像普通粗颗粒含能材料一样采用普通干燥方式进行干燥，那么样品将发生难以分散的团聚。微纳米含能材料由于其机械感度与热感度及静电感度较高、燃爆灵敏度较高。若采用强扰动方式对其进行干燥处理，微纳米含能材料颗粒与颗粒之间、颗粒与高速气流之间、颗粒与容器壁之间或颗粒与扰动装置之间等会发生强烈的摩擦和碰撞，容易引发微纳米含能颗粒燃烧或爆炸。并且微纳米含能颗粒在强扰动过程中，极容易在颗粒表面积聚大量的静电荷，容易引发静电放电产生火花，进而引发燃烧或爆炸，安全风险非常高。待微纳米含能材料干燥结束后，若进一步采用强气流或高速旋转搅拌装置对团聚的粉体样品进行二次分散/粉碎处理，极易引发微纳米含能材料燃烧或爆炸。这将导致干燥过程失败，产品损坏，造成经济损失甚至人员伤亡。

由上述分析可知，微纳米含能材料在干燥过程中的安全、产品团聚以及颗粒长大问题，是微纳米含能材料干燥时必须攻克的关键科学与技术难题。只有攻克了这些难题，创新提出新的干燥原理，并在系统研究微纳米含能材料干燥过程相关理论的基础上，设计出合适的工艺技术与装备。同时引入消除静电、消除（或降低）表面能、抑制表面张力、避免强摩擦或碰撞、严格控制干燥温度、防止物料积存等技术措施，以及使用对微纳米含能颗粒既具有良好分散性又不产生溶解的复合分散体系。这样才能实现微纳米含能材料高效防团聚干燥，为安全、工程化与产业化放大及大规模工业化生产提供理论和技术支撑。因此，微纳米含能材料比普通微纳米材料及粗颗粒含能材料的干燥技术难度更大、更复杂。其干燥技术与干燥设备的设计应充分考虑微纳米含能材料的特殊性，进行精心设计。

3.1　微纳米含能材料干燥基础理论

对于微纳米含能材料浆料，可采用热量传递使液相组分脱除的干燥方式，也可以采用超临界流体萃取使液相组分脱除的干燥方式。由于实际科研试制中，大多采用热量传递的干燥方式，因此本节主要针对当前科研与生产试制中以热量传递方式干燥，所涉及的相关基础理论进行阐述。

3.1.1　概述

对于待干燥的湿物料而言，湿分（通常指水）常以三种形式与固体结合：液态自由水、毛细管吸附水或以化学键结合而存在。在湿物料中，若湿分的蒸气压低于纯液体的蒸气压，称之为结合水分；若湿分以游离状态存在且蒸气压与纯液体相同，则称之为非结合水分（也称自由水）。对于微纳米含能材料浆料干燥而言，通常是指颗粒悬浮液浆料的干燥，主要涉及物料中的自由水分和毛细管吸附水分。

在湿物料干燥过程中，主要涉及两个先后发生的过程。过程一，物料表面的湿分受到干燥环境中的热量等因素作用而蒸发（或升华），在此过程中，液体以蒸气形式从物料表面排除，干燥速率取决于物料温度、空气温度、湿度、被干燥样品暴露的表面积、环境压强（或真空度）等外部条件；此过程干燥速率受外部干燥环境条件控制，也被称为恒速干燥过程。过程二，湿物料内部的湿分传递到物料表面，此过程湿分迁移速率是物料性质、物料温度和湿分含量等的函数；此过程干燥速率主要受物料内部条件控制，也被称为降速干燥过程。

整个干燥周期内两个过程相继发生，干燥速率由上述两个过程中较慢的一个速率控制，从周围环境将热能传递到湿物料的方式有对流、传导或辐射等，在某些情况下也可能是这些传热方式联合作用。不同干燥方式所表现出的差别与其所采用的主要传热方法有关。大多数情况下，热量先传到湿物料表面后再传入物料内部，但是介电、射频或微波干燥时，干燥设备所供应的能量先在物料内部产生热量然后传至外表面。对于微纳米含能材料浆料而言，其所允许的安全干燥方式决定了干燥过程通常是热量先传递到物料表面，再进入物料内部。

3.1.2　湿物料的性质

不同类型的含能材料湿物料具有不同的物理、化学、力学等性质，这些性质中对干燥过程影响最大的通常是湿分的类型及其与固体组分的结合方式。

1. 物料的湿含量

物料中湿含量可按以下两种方法定义。

（1）干基湿含量 x：

$$x = \frac{m_{\mathrm{w}}}{m_{\mathrm{d}}} \tag{3-1}$$

（2）湿基湿含量 ω：

$$\omega = \frac{m_w}{m_d + m_w} \tag{3-2}$$

式中，m_w 和 m_d 分别为湿物料中湿分质量和绝干物料质量。干基湿含量和湿基湿含量之间可互相换算，其关系为

$$x = \frac{\omega}{1-\omega} \quad 或 \quad \omega = \frac{x}{1+x} \tag{3-3}$$

2. 物料的分类

干燥过程中常见的物料有成千上万种，对物料有不同的分类方法，通常，按照物料的吸水特征可分为如下四类。

1）非吸湿毛细孔物料

这类物料具有以下特征：首先，具有明显可辨的空隙，当完全被液体饱和时，空隙被液体充满，而当完全干燥时，空隙中充满空气；其次，可以忽略物理结合湿分，即物料是非吸水的；最后，物料在干燥期间不收缩。这类物料种类较多，如砂子、碎矿石、非吸湿结晶、聚合物颗粒和某些瓷料，以及粗颗粒含能材料等。

2）吸湿多孔物料

这类物料的特征为：具有明显可辨的空隙；具有大量物理结合水；在初始干燥阶段经常出现收缩。黏土、分子筛、木材和织物、微纳米级颗粒等属于这类物料。

3）胶体（无孔）物料

这类物料的特征为：无空隙，湿分只能在表面汽化；所有液体均为物理结合，如肥皂、胶、某些聚合物等。

4）与湿分形成化合物的物料

这类物料的特征为：能够与湿分（如水）化合形成含水化学物，进而使得湿分的脱除非常困难，常需在高温下（200℃以上）才能脱除。这类物料包括硫酸铜、硫代硫酸钠、明矾等。

对于微纳米含能材料浆料而言，通常可按吸湿多孔物料处理，因而其干燥过程的防团聚就显得非常重要。

3. 干燥的平衡

当物料中湿分的蒸气压大于相同温度下环境中湿分的蒸气分压时，物料中的湿分进入环境中，表现为湿分的脱除（即物料干燥）过程。当物料中湿分的蒸气压小于相同温度下环境中湿分的蒸气分压时，环境中的气态湿分进入物料中，表现为物料的吸湿过程。干燥过程可看作是物料中湿分的解吸过程。实际上，物料

的湿含量和环境（或空气）湿度之间的平衡关系，可在恒定温度下使物料与空气经过足够长的时间相接触的实验来测定。在一定温度下，对应于不同空气湿度测得的物料平衡湿含量的诸点形成的曲线，称为吸附等温线。当物料中湿分的蒸气压等于相同温度下环境中湿分的蒸气分压时，从宏观上看物料中的湿分不进入环境中，环境中的气态湿分也不进入物料中，即二者达到平衡。若干燥过程达到这种状态，则说明在当前环境条件下，已达到干燥平衡。

对于微纳米含能材料浆料而言，由于其通常含有大量的湿分（水分，含量通常大于 20%），其干燥过程中湿分不断脱除，一直到湿分含量小于 0.5%左右时，干燥逐渐趋于平衡。这时，若需进一步降低湿分含量（通常要求小于 0.1%），则需降低干燥环境中的湿分含量，采用真空干燥或升高干燥温度，以达到产品含水率要求。

4. 物料中湿分的结合能

湿物料中水分可分为结合水分和非结合水分，根据水分和物料结合能的大小，即从物料中排除 1mol 水所耗能量为基准，可区分水分和物料的不同结合形式。

在恒温条件下，从物料中排除 1mol 水，除需汽化潜热外，所需的附加能量为

$$E = -RT\ln\varphi \tag{3-4}$$

式中，E 为排除 1mol 水的附加能量；R 为理想气体常数；T 为物料温度；$\varphi = \frac{P}{P_s}$，为相对湿度，其中 P 为湿物料上方的平衡蒸气压，P_s 为该温度下游离水的饱和蒸气压。

由上式可见，对于游离水，因 $P=P_s$，故 $E=0$。对于与物料结合较牢固的水，因 $P<P_s$，故需附加能量 E 才能将水从物料中排除。根据水分与物料结合能的大小把水分和物料的结合形式分为如下四类。

1）化学结合水分

这种水分与物料的结合能有准确的数量关系，结合得非常牢固，只有在化学作用或非常强烈的热处理（如煅烧）时才能将其除去。这种水分的结合能大于 5000J/mol。

2）物理-化学结合水

这种水分与物料的结合无严格的数量关系，又称为吸附结合水。这种水分只有变成蒸气后，才能从物料中排除。其蒸气压可根据物料湿含量 x 在吸附等温线上查取，其结合能大约为 3000J/mol。

3）物理-机械结合水分

毛细管吸附水属于此类，对于某一半径的毛细管，其弯月面上方的蒸气压 P_r 可用 Kelvin 定律计算：

$$P_r = P_s \exp\left(-\frac{2\sigma}{r}\frac{\upsilon_L}{RT}\right) \tag{3-5}$$

式中，σ 为液体的表面张力；r 为毛细管的半径；R 为理想气体常数；T 为液体温度；υ_L 为液体比容。则排除毛细管水分所需的能量为

$$E = \frac{2\sigma}{R}\upsilon_L \tag{3-6}$$

对于极细的毛细管，当 $2r=10^{-10}$m 时，$E=5.3\times10^2$J/mol；对于大毛细管（$r>10^{-7}$m），P_r 与 P_s 几乎相等，这种毛细管只有直接与水接触才能充满，水分脱除所需能量也较小；对于微毛细管（$r<10^{-7}$m），可通过吸附湿空气中的水蒸气使微毛细管充满液体，但这种水分仍属游离水，水在毛细管中既能以液体形式移动，也能以蒸气形式移动，水分脱除能比自由水大。

4）自由水分

这种水分存在于物料细小容积骨架中，是生产过程中保留下来的，脱除这种水分只需克服流体流经物料骨架的流体阻力即可。

物料和水分的不同结合形式，使排除水分耗费的能量不同，进而使干燥速率、干燥效果也不相同。对于微纳米含能材料浆料而言，其湿分的结合能通常较小，主要为自由水分和物理-机械结合水分，因而干燥时可在较低的温度下（120℃以下）进行，以保证干燥过程安全。

3.1.3　干燥过程的特性

1. 外部条件控制的干燥过程

在干燥过程中，基本的外部变量为温度、湿度、气流流速和方向及压强（或真空度）、湿物料的物理形态与搅动状况，以及在干燥操作时干燥器的喂料方法等。外部干燥条件在干燥的初始阶段，即在排除非结合表面湿分时特别重要，因为物料表面的水分以蒸气形式通过物料表面的气膜向周围扩散，这种传质过程伴随着热量传递，故强化传热便可提高干燥速率。但在某些情况下，应对干燥速率加以控制。例如，对于微纳米含能材料浆料，若采用普通强化传热方式干燥，随着浆料中自由湿分的不断快速脱除，从浆料内部到表面将产生很大的湿度梯度，过快的表面蒸发将导致显著的收缩，这会在浆料内部形成很高的应力，致使干燥后产品团聚、结块，且得到的干燥团聚块体还会发生龟裂现象。在这种情况下，可采用一些特殊的干燥方法或措施，以保证产品质量：如采用真空冷冻干燥、超临界干燥或雾化连续干燥等防止微纳米含能材料颗粒团聚，获得分散性良好的产品。

2. 内部条件控制的干燥过程

在湿物料表面没有充足的自由水分时，热量传至湿物料后，物料就开始升温并在其内部形成温度梯度，使热量从外部传入内部，而湿分从物料内部向表面迁移，这种过程的机理因物料的结构特征而异。主要为扩散、毛细管流和由于干燥过程的收缩而产生的内部压强。在临界湿含量出现至物料被干燥到很低的湿含量过程中，内部湿分迁移成为干燥速率控制因素，因而需充分了解湿分的内部迁移过程及影响因素。通常，一些外部变量（如环境温度、气流流速、真空度等）的变化对改变物料表面湿分的脱除速率十分有利；但对于由内部条件所控制的干燥过程而言，这些措施作用有限。除非使被干燥物料长时间停留在高温环境中，使物料内部温度也获得大幅度提高，进而才能提高物料的干燥速率。针对这种情况，可采取一些降低湿物料内部湿分向外迁移阻力的措施，如对物料进行搅动、振动、超声等，以降低湿物料的料层厚度、增大料层内部空隙率等，从而提高湿分从内向外的迁移速率，进而提高干燥效率。对于某些非易燃易爆类材料，如食品、化工产品等的干燥，还可以采用如微波加热这类使物料内部湿分首先加热的干燥方式。但对于微纳米含能材料浆料，为了安全起见，这种干燥措施不可采取，而可以通过提高真空度来提高干燥速率。

3. 物料的干燥特性

湿物料中的湿分可以是非结合水，也可以是结合水。湿分的脱除方式主要有两大类：一类是湿分由液相转变为气相而脱除，即汽化，包括蒸发和沸腾两种汽化方式；另一类是湿分由固相直接升华为气相而脱除。通常升华干燥主要发生在真空冷冻干燥过程，而汽化干燥却发生在绝大多数干燥设备内和日常生活中，下面主要结合汽化干燥的特性进行阐述。

在汽化干燥过程中，通常采用提高干燥环境温度，使湿物料中的湿分蒸气压接近或等于大气压，进而提高汽化速度。也可以采用降低干燥环境气流压强，使湿分的汽化速率提高，这种减压或负压措施对热敏性物料的干燥十分有利。但对于靠热气流提供干燥能量的干燥方法，随着环境压强降低，气流流量降低，能量供给会降低，反过来又会引起总的干燥速率降低。因此，对干燥环境条件的控制须结合物料特性和干燥速率及干燥产品要求，进行综合设计。在对干燥器（干燥设备）进行设计和选择时，必须充分了解物料对所采用干燥方法的干燥特性（干燥动力学）、物料的平衡湿分及物料对温度的敏感性，以及由特定热源可获得的温度极限等。

在干燥过程中，干燥器通过热气流或隔板将热量传给湿物料，使物料中的湿分汽化脱除，被热气流带走或由于压差而从排气口排出。在这个过程中，湿物料

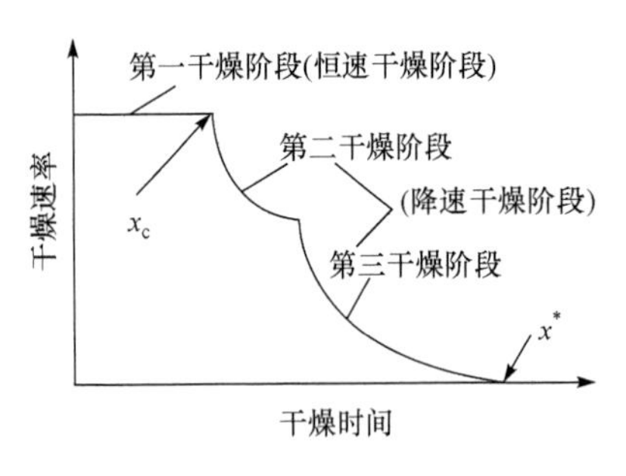

图 3-2　恒定干燥条件下的典型干燥速率曲线

中的湿分蒸气压通常小于（或等于）环境压强以及湿分在对应温度下的饱和蒸气压，但湿分蒸气压要大于环境气体中的湿分蒸气分压。因此，对于那些提高干燥速率的措施，往往都是提高湿分蒸气压与其在环境中蒸气分压的差值，进而提高其汽化速率。物料的干燥时特性与采用的干燥方法也有关，在恒定干燥条件下的典型干燥速率曲线如图 3-2 所示。

在第一干燥阶段，干燥速率是常数，此时表面含有自由水分。当自由水分完全汽化脱除后，湿表面则从物料表面退缩，此时可能发生一些收缩，控制速率的是水蒸气穿过湿分与气流形成的界面膜的扩散过程。在此阶段的后期，湿分界面可能内移，湿分将从物料内部因毛细管力迁移到表面，且干燥速率仍可能为常数。

当平均湿含量达到临界湿含量 x_c 时，进一步干燥会使物料表面出现干点，进而表现为干燥速率下降（以总干燥面积的干燥速率计）。这样就进入第二干燥阶段（降速干燥的第一段），即不饱和表面干燥阶段；此阶段一直进行到液体的表面液膜全部蒸发干。

随着干燥过程的进行，物料干燥进入第三干燥阶段（降速干燥的第二段），在此阶段，由于内部和表面的湿度梯度，湿分通过物料料层扩散至表面然后汽化脱除，干燥速率受到传质过程的限制。此时热量先传至表面，再向物料内部传递。由于干湿界面的深度逐渐增大，而外部干区的导热系数较小，故干燥速率受热传导的影响加大。但是，如果干物料具有相当高的密度和小的微孔空隙体积，则干燥受导热的影响就不那么强，而是受物料内部高扩散阻力影响。在此阶段，某些由吸附而结合的湿分被排除，物料内部的湿分浓度进一步降低，湿分迁移速率也进一步降低，干燥速率迅速下降。当物料中的湿含量降低至气相湿度相应的平衡值 x^* 时，干燥过程停止。

对于微纳米含能材料浆料的干燥，通常也是经过上述三个干燥阶段，最后在特殊的干燥环境中获得特定湿分含量的产品。在实际干燥过程中，微纳米含能材料的初始湿含量很高（通常达 20%以上），所要求的干燥产品的含水率很低（通常要求小于 0.1%），干燥过程是相当漫长的。并且干燥速率和干燥效果的控制过程是在降速干燥阶段。因此，要在充分了解干燥环境和干燥湿物料性质的基础上，对温度、物料厚度、气流压强（或真空度）等进行严格控制。此外，为了提高干燥效果，往往还需对浆料进行搅拌，以提高湿分汽化速率，进而提高干燥速率。还可以通过搅拌等措施适当减轻微纳米含能材料在普通汽化干燥过程中的团聚。

3.1.4　加热介质传热干燥

1. 概述

1）加热介质传热干燥原理

通过把加热介质（液体如水、硅油等，气体如空气、蒸汽等），采用电加热或蒸汽加热等方式，使加热介质的温度升高至所需温度区间。然后用泵（或风机）将加热后的流体介质输送至干燥箱体内的夹套结构隔板内，通过流体介质将热量传递给隔板，然后隔板再把热量传递给待干燥的微纳米含能材料浆料。流体介质在加热桶、管道、干燥隔板等内部流动，这种流体介质加热方式所对应的流体是动态的，也可称为动态流体介质加热传热干燥。另外还有一种流体介质的加热方式，即在干燥箱体周围设置夹套，通过电阻丝加热等方式对夹套内的液体介质进行加热至设定温度区间，然后被加热的夹套通过热传导将热量传递给待干燥的物料。在这种干燥过程中，流体介质不流动、处于静态，因此也可称为静态流体介质加热传热干燥。

2）加热介质传热干燥的分类

加热介质传热干燥可分为常压传热干燥、真空传热干燥和惰性气体保护传热干燥等几种干燥方式。

i）常压传热干燥

常压流体介质加热传热干燥是在干燥箱内设置一个或多个直接与大气连通的排气孔，浆料在受热后液体组分蒸发，以气态形式进入干燥箱体内。然后气态的液相组分在压差作用下从排气孔排出干燥箱体，实现与固体粉料分离，达到使湿物料干燥的目的。

这种干燥方式结构简单、操作方便、便于维护，但干燥效率往往较低，尤其对于微纳米含能材料，干燥后产品结块严重。

ii）真空传热干燥

真空流体介质加热传热干燥（简称真空干燥）是专为干燥热敏性、易分解和易氧化物质而设计的，工作时可使干燥室内保持一定的真空度。特别是一些成分复杂的物品也能进行快速干燥，采用智能型控制系统进行温度的设定、显示与控制。真空干燥的过程就是将被干燥物料放置在密封的干燥室内，用真空系统抽真空的同时对被干燥物料不断加热，使物料内部的水分（或其他液体组分）通过压强差或浓度差扩散到表面。水分子在物料表面获得足够的动能，在克服分子间的相互吸引力后，逃逸到真空室的低压空间，从而被真空泵抽走的过程，进而实现物料的干燥。

在真空干燥过程中，干燥室内的压强始终低于大气压强，气体分子数少、密度低、含氧量低，因而能干燥容易氧化变质的物料、易燃易爆的危险品等。也可对药品、食品和生物制品起到一定的消毒灭菌作用，可以减少物料染菌的机会或者抑制某些细菌的生长。水在汽化过程中其温度与蒸气压是成正比的，在真空条件时，物料中的水分在低温下就能汽化，可以实现低温干燥。这对于某些药品、食品和农副产品中热敏性物料的干燥是有利的。另外，在低温下干燥，对热能的利用率是合理的，可以实现节能和环保的特点。对于微纳米含能材料而言，在真空干燥时温度较低，安全性也较高。

真空干燥可减轻常压干燥情况下所产生的表面硬化现象。常压干燥，在被干燥物料表面形成流体边界层，受热汽化的水蒸气通过流体边界层向空气中扩散，干燥物料内部水分要向表面移动。如果其移动速度赶不上边界层表面的蒸发速度，边界层水膜就会爆裂，被干燥物料表面就会出现局部干裂现象，然后扩大到整个外表面，形成表面硬化。真空干燥物料内部和表面之间压强差较大，在压强梯度作用下，水分很快移向表面，会减弱表面硬化现象。同时能提高干燥速率，缩短干燥时间，降低干燥所需的能耗。

真空干燥具有如下特点：当加热温度恒定时提高真空度能提高干燥速率；当真空度恒定时提高加热温度能提高干燥速率；物料中蒸发的溶剂通过冷凝器回收；热源采用低压蒸汽、废热蒸汽、热水或其他介质（由物料耐热性确定）；干燥器热损耗少，热效率高；干燥操作前箱体可进行预消毒。干燥过程中，无杂物混入，产品不受污染；被干燥的物料处于静止状态，形状不易损坏。

虽然真空干燥设备有诸多优点，但其需要配置真空系统和密封部件，而往往这些又都是易损件，容易被有机溶剂腐蚀而造成泄漏，使用过程中需要定期检查，及时更换。此外，真空干燥设备制造成本也高、操作程序较多，干燥产品的价格也较高。

iii）惰性气体保护传热干燥

惰性气体保护流体介质传热干燥（简称惰性气体干燥）其特点是在干燥系统中不仅配置了真空系统，还配置了惰性气体供应系统。在干燥时，首先采用真空系统对干燥箱体抽真空，使箱体内达到较高的真空度；然后关闭真空系统，向干燥箱体内通入惰性气体（如 N_2、Ar、He 等）。通过压强调节装置调节干燥箱体内的压强，使干燥箱在惰性气体保护下保持一定的真空度。对于对惰性气体纯度要求很高的干燥工艺过程，需反复抽真空和充入惰性气体，直至干燥箱体内的空气完全被排出。

这种干燥方式适合于易氧化物质的干燥，如活性金属粉、活性生物成分等。但与真空干燥一样，存在真空系统和密封件已损坏、干燥成本高等不足。并且由于干燥过程需采用惰性气体，使得干燥成本进一步提高。对于微纳米含能材料这类不易发生氧化的物质，采用这种干燥方式会使得成本大幅度提升。并且，由于含能材料即便处于真空或惰性环境中，也可能发生燃烧或爆炸。因此，这种干燥方式对于微纳米含能材料而言，通常不予采用。

2. 扩散理论与传热干燥

1）热传导干燥过程简析

隔板传热干燥过程以热传导干燥为主，加热隔板内热载体的热量以热传导方式通过加热隔板壁传递给湿物料，传热与传质过程同时进行。热传导干燥过程中温度分布及相应的热流如图 3-3 所示。

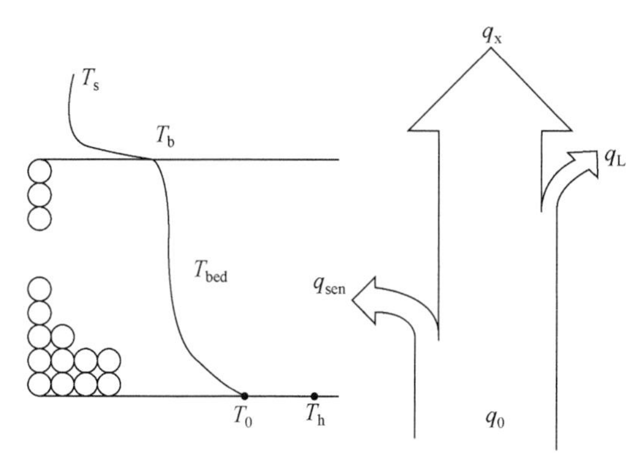

图 3-3　热传导干燥中的温度分布及热流图

图 3-3 中，T_h 为加热隔板温度，K；T_0 为底层物料温度，K；T_{bed} 为料层温度，K；T_b 为料层表面温度，K；T_s 为操作压强下的湿球温度，K；q_0 为由加热隔板进入料层的热流，W/m^2；q_{sen} 为用于料层升温的热流，W/m^2；q_x 为用于湿分蒸发的热流，W/m^2；q_L 为由于对流、辐射散失的热流，W/m^2。热流 q_0 进入物料层，其中一部分 q_{sen} 用于提高料层的温度，另外部分被传递到料层自由表面，以湿分潜热的形式 q_x 蒸发掉和通过对流、辐射形式 q_L 散失到周围环境中。这样，底层物料的温度最高，随着料层高度的增加，物料温度逐渐降低。

2）热传导干燥中固定床层的传递阻力

在一般的固定床层传导干燥器中，热量由加热面传给毗邻的料层，料层产生的湿分蒸气由抽风机或真空泵引走（或靠压差排出），其干燥速率受传热和传质两方面因素影响。由于存在温度梯度，热量流入料层；由于存在压强梯度，蒸气流出料层。

在固定床层传导干燥器中，传递阻力呈纵向一维分布。而在搅拌床层干燥过程中，对传递阻力的研究却变得十分困难。例如，盘式连续干燥器中物料不断受到耙叶的搅拌和翻动，料层中的干物料、半干物料和湿物料粒随机分布，使传递阻力不再像固定床那样呈纵向一维分布，而是呈复杂的三维分布。德国学者 Schlunder（施伦德）和 Mollekopf（莫利科夫）研究了间歇式搅拌传导干燥器中，加热隔板和物料间的传热过程，建立了相应的理论模型——扩散理论，成功地计算了搅拌传导干燥过程中物料的干燥速率。

3）扩散理论模型

i）理论假设

Schlunder 等对静止散粒状堆积料层的实验研究表明：由于床层中颗粒间存在着间隙，湿分蒸气可以通过这些间隙扩散出来，因而物料层的传质阻力很小。另外，搅拌物料床层中，由于物料不断地受到搅拌翻动，料层表面不断更新，新的湿表面不断地暴露于物料表层，湿分的蒸发变得更加容易，因而料层的传质阻力几乎为零，可忽略不计。对于细颗粒物料，任何单个料粒形成的传热阻力相对于整个料层的传热阻力也十分小，同样可以忽略不计。这样，在搅拌物料床层的整个干燥过程中应该考虑的阻力只剩下 3 个，即物料底层与加热隔板的接触热阻 $1/h_{ws}$、料层热阻 $1/h_{sb}$ 和颗粒内部传质阻力 $1/K_p$。他们在间歇式搅拌物料床层传热和传质研究的基础上，建立的"扩散理论"模型，有下述几点假设。

（1）未加热干燥前的物料处于饱和状态，其温度等于该干燥压强 P 下的湿球温度。

（2）湿分均在颗粒的表面蒸发，颗粒内部的传质阻力为零。

（3）物料依次间歇受到搅拌。在一假想时间阶段 τ_R 内物料是静止的；在 τ_R 时刻，物料瞬间得到搅拌并在宏观上达到均匀混合，料层既无温差又无湿度差。

（4）在静止阶段 τ_R 内，物料层中存在一个从加热面不断地向料层表面推进的干燥前沿。在干燥前沿与加热面之间的所有物料都是干的，而干燥前沿以上所有物料都是湿的。在静止阶段结束时，物料被均匀混合，然后干燥前沿又重新从加热面向料层中移去。这时，不仅在干燥前沿与加热面之间存在前一静止阶段内已被干燥的料粒；在干燥前沿以上的料层中，同时也存在前一静止阶段已被干燥的料粒。

ii）传热系数

从以上假设中可以看出，模型中忽略了颗粒内部的传质阻力 $1/K_p$，只考虑了接触热阻 $1/h_{ws}$ 和料层热阻 $1/h_{sb}$，即认为干燥过程为传热所控制。在上述假设的基础上，得出的理论模型如下：

在每个假想静止阶段（$0 \leqslant \tau \leqslant \tau_R$），加热面与移动着的干燥前沿之间，物料的瞬时温度分布服从一般的无内热源存在的传热方程：

$$\frac{\partial^2 T}{\partial Z^2}=\frac{1}{K_{bed}}\frac{\partial T}{\partial Z} \tag{3-7}$$

式中，K_{bed} 为料层的热扩散系数，m^2/s，$K_{bed}=\frac{\lambda_{bed}}{\left(\rho \cdot c_p\right)_{bed}}$，其中，$\lambda_{bed}$ 为料层导

热系数，W/（m · K）；$c_{p,bed}$ 为料层的比热容，J/（kg · K）；ρ_{bed} 为料层的堆积密度，kg/m^3；Z 为料层厚度，m。

由于干燥前沿及其以上的物料温度，在整个静止阶段 τ_R 内基本保持不变，约等于前一搅拌过程所达到的均匀温度 T_b。假设在 τ_R 内底层物料的温度恒为 T_0。利用边界条件：$T(Z_T, 0) = T_b$，$T(0, \tau) = T_0$，解上述方程可得

$$\frac{T - T_b}{T_0 - T_b} = 1 - \frac{\text{erf}(\eta)}{\text{erf}(\zeta)} \tag{3-8}$$

$$\text{erf}(\eta) = \frac{2}{\sqrt{\pi}} \int_0^{\eta} e^{-\eta^2} d\eta \tag{3-9}$$

$$\eta = \frac{Z}{\sqrt{K_{bed} \cdot \tau}}; \quad \zeta = \frac{Z_T}{2\sqrt{K_{bed} \cdot \tau}} \tag{3-10}$$

式中，T_b 为干燥前沿 $Z= Z_T$ 处物料的温度，K；T_0 为静止阶段内底层物料的温度，K；$\text{erf}(\eta)$ 为高斯误差函数；ζ 为干燥前沿的瞬时相对位置，其值可由下面的热量平衡式确定：

$$\int_0^{\tau_R} q\big|_{Z=Z_T} d\tau = \rho_{bed} \cdot Z_t \cdot x \cdot r_{ev} + q_a \tag{3-11}$$

式中，q_{Z_T} 为用于湿分蒸发的热流，W/m^2；Z_t 为干燥前沿与加热隔板壁间的距离，m；x 为物料干基湿含量，%；r_{ev} 为湿分的汽化潜热，J/kg；q_a 为物料表层的热量损失，W/m^2。

若把散粒状堆积料层看作是密实且连续可微的均质物体，则可用傅里叶定律计算料层总给热系数 h_{sb}。

$$q = -\lambda_{bed} \frac{\partial T}{\partial Z} \tag{3-12}$$

由式（3-8）可得

$$\frac{\partial T}{\partial Z} = \frac{T_0 - T_b}{\text{erf}(\zeta)\sqrt{\pi}\sqrt{K_{bed} \cdot \tau}} \exp\left(-\frac{Z^2}{4K_{bed} \cdot \tau}\right) \tag{3-13}$$

将式（3-13）代入式（3-12）中求出 $q\big|_{Z=Z_T}$，再代入式（3-11），并忽略物料表层热损失 q_a，可得式（3-14）：

$$\sqrt{\pi} \cdot \zeta \cdot \exp(\zeta^2) \text{erf}(\zeta) = \frac{c_{p,bed}(T_0 - T_b)}{x r_{ev}} \tag{3-14}$$

由式（3-14）可求得干燥前沿的瞬时相对位置ζ。由于干燥前沿以上料层的温度处处相等，即温度梯度为零，因而在静止阶段τ_R内，整个半干料层的平均给热系数，也就是干燥前沿以下物料层的平均给热系数$h_{sb,wet}$为

$$h_{sb,wet}=\frac{1}{\tau_R}\int_0^{\tau_R}\frac{-\lambda_{bed}\left(\frac{\partial T}{\partial Z}\right)_{Z=0}}{T_0-T_b}\mathrm{d}\tau \tag{3-15}$$

将式（3-13）代入式（3-15）得

$$h_{sb,wet}=\frac{2}{\sqrt{\pi}}\frac{\sqrt{(\lambda\cdot\rho\cdot c_p)_{bed}}}{\sqrt{\tau_R}}\frac{1}{\mathrm{erf}(\zeta)} \tag{3-16}$$

当x趋于零时，即$\tau>0$，物料未经干燥，干燥前沿就处于物料表层的情况。此时，ζ趋于无穷大，而erf（ζ）趋近于1。这时由式（3-16）得到的是干物料的料层平均给热系数$h_{sb,dry}$：

$$h_{sb,dry}=\frac{2}{\sqrt{\pi}}\frac{\sqrt{(\lambda\cdot\rho\cdot c_p)_{bed}}}{\sqrt{\tau_R}} \tag{3-17}$$

串联热阻$1/h_{ws}$和$1/h_{sb}$便可得总热阻：

$$\frac{1}{h_{dry}}=\frac{1}{h_{ws}}+\frac{1}{h_{sb,dry}} \tag{3-18}$$

$$\frac{1}{h_{wet}}=\frac{1}{h_{ws}}+\frac{1}{h_{sb,wet}} \tag{3-19}$$

由此得

$$\frac{h_{dry}}{h_{ws}}=\left[1+\left(\frac{\pi}{2}\right)\sqrt{\tau_\varphi}\right]^{-1} \tag{3-20}$$

$$\frac{h_{wet}}{h_{ws}}=\left[1+\left(\frac{h_{ws}}{h_{dry}}-1\right)\mathrm{erf}(\zeta)\right]^{-1} \tag{3-21}$$

式中，h_{dry}为加热隔板与物料之间干物料的总给热系数，W/（$m^2\cdot K$）；h_{wet}为加热隔板与物料表层之间湿物料的总给热系数，W/（$m^2\cdot K$）；h_{ws}为接触给热系数，W/（$m^2\cdot K$）；τ_φ为相对扩散时间，s，$\tau_\varphi=\frac{h_{ws}}{(\lambda\cdot\rho\cdot c_p)_{bed}}\tau_R$。

工程实际中，在稳定干燥情况下，一般只保证加热隔板表面温度T_h恒定，而物料底层的温度T_0并不恒定。考虑到测定T_0的困难，其值可由下式计算：

$$T_0 - T_b = \frac{h_{wet}}{h_{sb,\,wet}}\left(T_h - T_b\right) \tag{3-22}$$

知道 h_{wet}，便可计算加热隔板表面（Z=0）处的热通量 q_0 和干燥前沿（$Z = Z_T$）处的热通量 q_{Z_T}。

$$q_0 = h_{wet}\left(T_s - T_b\right) \tag{3-23}$$

$$q_{Z_T} = -\lambda_{bed}\left.\frac{\partial T}{\partial Z}\right|_{Z=Z_T} = q_o \exp\left(-\zeta^2\right) \tag{3-24}$$

热流量 q_0 与 q_{Z_T} 之差，即加热隔板与干燥器前沿之间干燥物料升温所吸收的热量。

iii）干燥速率

干燥速率是单位时间内、单位面积除去的湿分质量。它不仅与干燥温度、压强有关，还与干燥方式有很大关系。对微纳米含能材料浆料的传导干燥而言，干燥开始时湿物料表面全部被非结合水浸润，物料表面水分汽化的速率与纯水的汽化速率相等，因此物料表面温度等于该干燥条件下的湿球温度。在恒定干燥条件下虽然加热表面温度保持恒定，传热温差为定值；但由于热量是通过加热面传入湿物料料层而使湿分蒸发的，所以随着干燥过程的进行，料层阻力不断增大，导致传热速率逐渐下降。

扩散理论模型在假设中已经指出，在干燥的静止时段 τ_R 内被加热升温的绝干料粒，有一部分在下一个时段内由于受到搅拌而将处于干燥前沿之上，与冷湿料粒混合在一起，二者之间不可避免地要进行质热交换。这样，在整个干燥过程中用于湿分蒸发的热量将介于 q_{Z_T} 和 q_0 之间，但干热料粒与冷湿料粒之间的质热交换程度不易确定。因此，对于干燥速率 R，可就以下两种极限情况进行分析讨论。

（1）认为在 $\tau = \tau_R$ 时物料被均匀混合后，干热料粒是被与其接触的冷湿料粒完全冷却的，则由加热面传给物料床层的热量全部用于湿分的蒸发。此时料层的平均温度为干燥条件下的湿球温度，物料的干燥速率达到最大值。

$$R_{max} = \frac{q_0}{r_{ev}} \tag{3-25}$$

引入相对干燥速率概念：$R_\varphi = \dfrac{R}{\dot{R}_{max}}$，则

$$R_{\varphi_{max}} = \frac{R_{max}}{\dot{R}_{max}} \tag{3-26}$$

式中，$\dot{R}_{max}$ 为干燥过程开始时，干燥速率理论上能达到的最大值，计算式为

$$\dot{R}_{\max}=\frac{h_{\mathrm{ws}}(T_{\mathrm{s}}-T_{\mathrm{h}})}{r_{\mathrm{ev}}T_{\mathrm{h}}} \tag{3-27}$$

（2）认为在$\tau=\tau_{\mathrm{R}}$时物料被均匀混合后，干热料粒与冷湿料粒之间不存在热量交换，则干燥速率达到最小值。

$$R_{\min}=\frac{q_0\exp\left(-\zeta^2\right)}{r_{\mathrm{ev}}} \tag{3-28}$$

在干燥过程开始时，料层平均温度均高于干燥条件下的湿球温度T_{s}，并且每经过一个假想的静止阶段τ_{R}后，料层温度都有所上升。其温度要由面的能量平衡式确定：

$$S_{\mathrm{dry}}\left(c_{\mathrm{p,bed}}+x\cdot c_{\mathrm{p,L}}\right)\Delta T_{\mathrm{b}}=\left(q_0-q_{Z_{\mathrm{T}}}\right)A\cdot\tau_{\mathrm{R}} \tag{3-29}$$

式中，S_{dry}为干燥器产率，kg 干料/s；$c_{\mathrm{p,L}}$为湿分的比热容，J/（kg · K）。可整理为

$$\Delta T_{\mathrm{b}}=\frac{r_{\mathrm{ev}}}{c_{\mathrm{p,bed}}+x\cdot c_{\mathrm{p,L}}}\frac{1-\exp\left(-\zeta^2\right)}{\exp\left(-\zeta^2\right)}\Delta x \tag{3-30}$$

由上式，可根据湿含量的变化逐步计算料层的平均温度T_{b}。结合式（3-28）可求最小相对干燥速率：

$$R_{\varphi_{\min}}=\frac{R_{\min}}{\dot{R}_{\max}}=\frac{h_{\mathrm{wet}}}{h_{\mathrm{ws}}}\frac{T_{\mathrm{s}}-T_{\mathrm{b}}}{T_{\mathrm{s}}-T_{\mathrm{h}}}\exp\left(-\zeta^2\right) \tag{3-31}$$

实验研究表明：当物料的平均湿含量较大时，大部分热量用于湿分的蒸发，料层升温吸收的热量很少，故$R_{\varphi_{\max}}$和$R_{\varphi_{\min}}$相差很小。而当物料的平均湿含量较小时，干热料粒和冷湿料粒接触的可能性也就很小，故$R_{\varphi_{\min}}$比$R_{\varphi_{\max}}$更接近实际值。因此，计算干燥速率时推荐使用$R_{\varphi_{\min}}$。

此外，在计算干燥速率时，还需确定静止阶段的时间τ_{R}。由于一般搅拌器搅拌一次并不能使物料达到均匀混合，所以τ_{R}不等于搅拌器的搅拌周期τ_{mix}。τ_{R}应该由系统搅拌装置的机械性能和物料的性质确定。因此可将相对扩散时间$\tau_{\mathrm{R}_\varphi}$分解为两个无因次数群：

$$\tau_{\mathrm{R}_\varphi}=N_{\mathrm{th}}\cdot N_{\mathrm{mix}} \tag{3-32}$$

式中，N_{th}为无因次数群，$N_{\mathrm{th}}=\dfrac{h_{\mathrm{ws}}^2\tau_{\mathrm{mix}}}{\left(\lambda\cdot\rho\cdot c_{\mathrm{p}}\right)_{\mathrm{bed}}}$，$N_{\mathrm{mix}}=\dfrac{\tau_{\mathrm{R}}}{\tau_{\mathrm{mix}}}$。

N_{mix}称为搅拌数，是物料被均匀混合所需的搅拌次数。N_{mix}是与物料性质和

搅拌装置机械性能有关的参数，而与操作时的压强、温度、湿含量等无关。由于尚无法对物料颗粒的随机运动进行精确的理论描述，因而 N_{mix} 目前还不能用理论方法求解，其值一般由实验或根据经验来确定。对于一般的传导干燥，搅拌数 N_{mix} 在 2～25 之间，对于微纳米含能材料而言，搅拌数 N_{mix} 的值更大。

3.1.5　热风接触干燥

1. 概述

热风接触干燥也称为气流干燥，是通过采用电、导热油或蒸汽等方式，把气体干燥介质（通常是空气，也可采用惰性气体）加热到一定温度后，将热空气引入干燥器内，与湿物料进行接触发生热交换而使液体组分汽化并被热空气带走，实现对微纳米含能材料浆料干燥。通过使待干燥物料悬浮于流体中，与热气流发生强烈、快速热交换，强化了传热传质过程，使干燥时间缩短，也称“瞬间干燥”。

1）气流干燥的特点

i）气固两相间传热传质的表面积大

固体颗粒在气流中高度分散呈悬浮状态，这使气固两相之间的传热传质表面积大，气固两相间的相对速度也较高，体积传热系数 h_a 较高。由于固体颗粒在气流中高度分散，物料的临界湿含量大大下降。例如，对于某些难干燥的超细含能材料，干燥后产品的临界湿含量可达 0.25%以下；对于普通颗粒状微纳米含能材料，通过控制干燥工艺参数，可实现干燥产品含水率在 0.1%以下。

ii）热效率高、干燥时间短、处理量大

气流干燥采用气固两相并流或逆流或混合流操作，这样可以使用较高温度的热介质进行干燥，且物料的湿含量越大，干燥介质的温度可以越高。例如，对微纳米含能材料进行干燥时，入口热空气温度可达 180～250℃、出口气流温度一般可控制在 70～120℃。在气流干燥过程中，干燥气体进出口温差是很大的，并且干物料的出口温度约比干燥气体出口温度低 20～50℃。通常，为了确保干燥过程安全、节约能耗，可将微纳米含能材料干燥时的入口气体温度控制在 200℃以内、出口气体温度控制在 70～90℃。此外，气流干燥时物料的停留时间通常在 20s 以内。

iii）气流干燥器结构简单、操作方便

气流干燥器的体积可以下式计算：

$$V = \frac{q}{h_v \Delta T_m} \tag{3-33}$$

式中，V 为干燥器的体积，m^3；q 为热流量，kJ/h；h_v 为单位干燥器体积传热系数，kW/（$m^3 \cdot K$）；ΔT_m 为进出口气固相的温差，K。

在气流干燥过程中,可根据进口处气固两相的温差对干燥器的体积进行设计。如对于某些干燥过程，进出口气固温差可达400～500℃，因而体积很小的气流干燥器可以处理很大量的湿物料。然而，对于微纳米含能材料而言，干燥气流的进出口温差通常在 120℃以内，需要的干燥器体积大，因而所需的干燥设备占地面积也较大。

气流干燥器结构简单,在整个气流干燥系统中,除热风系统和加料系统以外,别无其他转动部件。在气流干燥系统中，可实现干燥、收集、输送等单元过程联合操作，流程简化并易于自动控制。

iv）气流干燥的缺点

气流干燥系统的流动阻力降较大，一般为3000～4000Pa，必须选用高压或中压通风机，动力消耗较大。气流干燥物料收集时管道内的气速高、流量大，经常需要选用尺寸大的旋风分离器和除尘器。并且，气流干燥对于干燥载荷（如物料浓度、分散均匀性等）很敏感，固体物料输送量过大时，气流输送与气固分离就不能正常操作。

2）气流干燥的适用范围

气流干燥要求以粉末或颗粒状物料为主，其颗粒粒径一般在 0.5～0.7mm 以下，或者是分散性良好的浆料。对于块状、膏糊状及泥状物料，应选用粉碎机和分散器与气流干燥串联的流程，使湿物料同时进行粉碎与分散及干燥，表面不断更新，以利于干燥过程的连续进行。

气流干燥中的高速气流易使物料破碎，故高速气流干燥不适用于需要保持完整的结晶形状和结晶光泽的物料。极易黏附在干燥管的物料如钛白粉、粗制葡萄糖等物料不宜采用气流干燥。如果物料粒径过小，或物料本身有毒，很难进行气固分离，也不宜采用气流干燥。

气流干燥采用较高温度、较高流速的气体作为干燥介质，且气固两相间的接触时间很短。因此气流干燥主要用于物料湿分进行表面蒸发的恒速干燥过程；待干物料中所含湿分应以润湿水、空隙水或较粗管径的毛细管水为主。对于微纳米含能材料浆料而言，浆料雾化时能够有效地避免或减弱毛细管效应，其干燥过程的湿分主要是自由水、润湿水等，因而干燥后含水率较低。

气流干燥可用于微纳米含能材料，能获得分散性良好的产品。然而，气流干燥过程中入口热风温度较高（180～200℃），且干燥是动态过程，微纳米含能材料颗粒与气流、颗粒干燥设备内壁、颗粒与颗粒之间等存在较强烈的摩擦、撞击等作用，存在机械刺激、热、静电等因素所引发的燃爆风险。并且，对于某些微纳米含能材料（如 CL-20 等），还存在晶型转变的风险。因此，在将气流干燥应用于微纳米含能材料，尤其是感度较高或易发生晶型转变的微纳米含能材料之前，必须系统地研究并解决干燥过程的安全问题及产品质量问题。

3）干燥环境湿气体的性质

i）气-液平衡

当液体暴露于气体中时，液体汽化（或升华），形成蒸气并进入气相中。设蒸气为理想气体，则有

$$P_{\mathrm{w}}V=\frac{m_{\mathrm{w}}}{M_{\mathrm{w}}}RT \tag{3-34}$$

式中，P_{w}为蒸气压；V为气体体积；T为环境温度；R为理想气体常数；m_{w}、M_{w}分别为蒸气的质量和分子量。

在任一温度下，P_{w}可能达到的最大值是其饱和蒸气压。普通液体在某些温度下的蒸气压数据可在参考文献中查到，并且对于大多数液体，还可以从几个不连续温度的蒸气压数据，经内插或外推得到其他温度下的蒸气压值。例如，可采用法国学者 Antoine（安托万）蒸气压方程对数据进行处理：

$$\ln P_{\mathrm{s}}=A-\frac{B}{T_{\mathrm{s}}-C} \tag{3-35}$$

式中，P_{s}为饱和蒸气压，mmHg（1mmHg=133.32Pa）；T_{s}为饱和温度，℃；A、B、C 均为与物质有关的常数。

ii）气体的焓与临界点及比热容

所有物质都具有与组分原子或分子的运动状态有关的内能，内能的绝对值是未知的，但是其相对值可计算得到。另外，在稳定流动系统中，有一种为克服阻力以强制流入和流出系统的附加能量，单位质量的附加能量，称为流动功，记为$P\upsilon_0$（P 为压强，υ_0为比容）。单位质量内能 U 和流动功 $P\upsilon_0$ 之和称为焓 I，如下式所示：

$$I=U+P\upsilon_0 \tag{3-36}$$

焓的单位为 J/kg 或 N · m/kg，某物质焓的绝对值和内能同样是未知的，但可以计算在某一条件下焓的相对值。通常，取液态水三相点的焓值为零。

使单位质量的物质升高单位温度需要的热量被称为比热容（c），对于气流干燥过程通常涉及的等压过程，比热容为 c_{g}。在无相变时，纯物质的焓可用其在一定温度范围内的平均比热容（$\bar{c}$）进行估算，即

$$I=\bar{c}\Delta T \tag{3-37}$$

式中，ΔT 表示超过零焓温度的温度差，K。

iii）湿空气的基本性质

对于采用预热后的热气流（如热空气）作为干燥介质的干燥方式，预热后的空气在与湿物料接触时把热量传递给湿物料，同时又带走从湿物料中逸出的水蒸

气，从而使湿物料干燥。由于预热空气自身也是带有一定量水蒸气的气体，在干燥计算过程中，必须了解湿空气的基本热力学性质，所涉及的基本参数如下。

（1）绝对湿度和相对湿度。

每千克干空气中含有水蒸气的质量，称为空气的绝对湿度（y），又称湿度或湿含量，可表示为

$$y = \frac{m_A}{m_B} \tag{3-38}$$

式中，m_A为水蒸气质量，kg；m_B为干空气质量，kg。在一定体积V和温度T_g时，对水蒸气和干空气分别有

$$P_A \cdot V = \frac{m_A}{M_A} RT ;\quad P_g \cdot V = \frac{m_g}{M_g} RT \tag{3-39}$$

式中，P_A、P_g分别为水蒸气和干空气的分压；m_A、m_g及M_A、M_g分别为水蒸气（下标A）或干空气（下标g）的质量和分子量。

若用P表示总压，$P = P_A + P_g$，则绝对湿度y可表示为

$$y = \frac{M_A}{M_g} \cdot \frac{P_A}{P_g} = \frac{M_A}{M_g} \cdot \frac{P_A}{P - P_A} \tag{3-40}$$

将水和空气的分子量代入上式，并且当水蒸气分压 P_A 达到给定温度下的饱和蒸气压P_s时，则有

$$y_s = 0.622 \frac{P_s}{P - P_s} \tag{3-41}$$

此时湿空气中含有的水气量最多，如果$y>y_s$就会有水珠凝结析出。因此，当空气作为干燥介质时，其绝对湿度不能大于y_s。

湿空气的实际蒸气压与相同温度下的饱和蒸气压之比，称为相对湿度（φ）：

$$\varphi = \frac{P_A}{P_s} \tag{3-42}$$

由于P_s随温度升高而增大，故当P_A一定时，相对湿度φ随温度升高而减小。而当湿空气中的蒸气压 $P_A=P_s$ 时，$\varphi=1$。进一步可计算得到相对湿度和绝对湿度的关系：

$$y = 0.622 \frac{\varphi P_s}{P - \varphi P_s} \tag{3-43}$$

（2）湿空气的比容和密度。

湿空气的比容（υ_H）是在一定温度和压强下，1kg 干空气及其所携带的水蒸

气（kg）所占有的体积。根据气体状态方程，可得到干空气的比容（υ_g）和水蒸气的比容（υ_A）分别为

$$\upsilon_g = \frac{V_g}{m_g} = \frac{RT}{P_g M_g};\quad \upsilon_A = \frac{V_A}{m_A} = \frac{RT}{P_A M_A} \tag{3-44}$$

湿空气的比容（υ_H）为υ_g和υ_A之和：

$$\upsilon_H = \frac{RT}{P_g M_g} + \frac{RT}{P_A M_A} \tag{3-45}$$

湿空气的密度（ρ_H）是单位体积的湿空气所对应的质量：

$$\rho_H = \frac{1+y}{\upsilon_H} \tag{3-46}$$

（3）湿空气的比热容和焓。

湿空气的比热容（c_H）或焓（I_H）是指 1kg 干空气和其中含有的水蒸气组成的混合湿空气的比热容或焓，即

$$c_H = c_g + c_A y;\quad I_H = I_g + I_A y \tag{3-47}$$

在实际计算时，常取 0℃所对应的水的焓值为零。

（4）干球温度、湿球温度、绝热饱和温度、露点。

用普通温度计在空气中测得的温度称为干球温度（T_g），通常用摄氏温度表示，但在国际单位制中采用热力学温度$(T_g = t_g + 273.15)$。

湿球温度（T_w）：在不饱和的湿空气环境中，湿物料（含水量足够多）蒸发少量液体而达到平衡时的温度，称为湿球温度。湿球温度计是在平常的温度计的感温部位包上一层疏松（毛细吸水性强）的湿布。对于一定的气体，当干球温度T_g一定时，气体中可凝组分的含量越高（y越大），湿球温度也越高。饱和气体（y=y_s）的湿球温度T_w与干球温度T_g相等。

绝热饱和温度（T_{as}）：在一个绝热系统中，湿空气与液体接触足够长的时间达到平衡时，湿空气便达到饱和，此时气相和液相为同一温度。在达到平衡的过程中，气相显热的减少等于部分液体汽化所需的潜热，因而湿空气在饱和过程中的焓保持不变。此平衡温度称为绝热饱和温度。通常对空气-水蒸气混合气而言，湿球温度近似等于绝热饱和温度，但对于其他蒸气与空气形成的混合气体而言，湿球温度通常高于相应的绝热饱和温度。

露点（T_s）：使不饱和的湿空气在总压和绝对湿度不变的情况下冷却达到饱和状态时的温度，称为该湿空气的露点，达到露点温度的湿空气如果继续冷却，则会有水珠凝结析出。处于露点温度的湿空气的相对湿度φ为 100%，即湿空气中的水蒸气分压是饱和蒸气压P_s。

2. 物料衡算和热量衡算

1）物料衡算

i）干燥产量

湿物料在干燥过程中，干燥产量的表示方法有三种：以绝干物料来表示的每小时产量G_0；以产品来表示的每小时产量G_1；以湿原料表示的每小时产量G_2。假定物料没有损耗，在干燥过程中绝干物料的质量是不变的，于是G_0、G_1和G_2之间的关系如下：

$$G_0 = G_1(1-\omega_1) = G_2(1-\omega_2) \tag{3-48}$$

式中，G_0、G_1、G_2的单位为 kg/h；ω_1为产品中的湿基湿含量；ω_2为湿原料中的湿基湿含量。

每小时产量应按每天的实际工作小时数和每年的实际工作日数来计算。每小时物料中去除的湿分量W按下式计算：

$$W = G_0(x_1 - x_2) \tag{3-49}$$

式中，x_1为干燥器进口固体物料的干基湿含量，质量分数（%）；x_2为干燥器出口固体物料的干基湿含量，质量分数（%）。

ii）绝干气体的消耗量

气体通过干燥器前后时的绝干质量是不变的。以y_1和y_2分别表示进出干燥器气体的干基湿含量，则（$y_2 - y_1$）为 1kg 绝干气体可以带走的湿分量，所以绝干气体每小时消耗量L可表示为

$$W = L(y_2 - y_1) \tag{3-50}$$

$$L = \frac{W}{y_2 - y_1} = \frac{G_0(x_1 - x_2)}{y_2 - y_1} \tag{3-51}$$

在y_2和y_1为常数时，L与W成正比，进一步可得

$$l = \frac{L}{W} = \frac{1}{y_2 - y_1} \tag{3-52}$$

式中，l为干燥介质的比耗量；L值可作为选风机的基础。

2）热量衡算

干燥设备有两个基本组成部分：预热器和干燥器。

i）预热器的热量衡算

当以蒸气作为加热源对空气进行加热时，对预热器作热量衡算，可以得到加热蒸气的消耗量D（kg/h）为

$$D=\frac{L\left(I_{g_1}-I_{g_0}\right)}{i-\theta}=\frac{Lc_g\left(T_1-T_0\right)}{i-\theta} \tag{3-53}$$

式中，c_g 为热空气的比热容，kJ/（kg · K）；L 为绝干气体消耗量，kg/h；I_{g_1} 为预热器出口绝干气体的热焓，kJ/kg；I_{g_0} 为预热器进口绝干气体的热焓，kJ/kg；i 为蒸气进入预热器时的热焓，kJ/kg；θ 为蒸气排出预热器时的热焓，kJ/kg；T_0 为预热器进口空气温度，℃；T_1 为预热器出口空气温度，℃。

如果采用电阻丝加热，则电阻丝的功率 N（kW）按下式计算：

$$N=\frac{L\left(I_{g_1}-I_{g_0}\right)}{3600\eta}=\frac{Lc_g\left(T_1-T_0\right)}{3600\eta} \tag{3-54}$$

式中，η 为电阻丝加热效率，可取为 0.95。

ii）干燥器的热量衡算

当干燥器的热量收支相等时：

$$Lc_g\left(T_1-T_2\right)=W\left(i_2-Q_1\right)+G_1\left(Q_2-Q_3\right)+Q_L \tag{3-55}$$

式中，T_2 为干燥器出口热空气温度，℃；i_2 为单位质量湿分变为蒸气过程中从热空气吸收的热量，kJ/kg；Q_1 为单位质量热蒸气加热空气所放出的热量，kJ/kg；Q_2 为单位质量产品在干燥过程中吸收的热量，kJ/kg；Q_3 为单位质量产品加热空气所放出的热量，kJ/kg；Q_L 为干燥过程中的热损失，kW。

通过热量衡算，严格控制气流干燥过程中输入能量与干燥消耗能量之差与输出能量之间的平衡，既要避免输入能量不足所引起的产品含水率高、不满足产品质量指标要求的问题，更要避免输入能量过高而导致的干燥体系内温度失控，进而引发安全事故的风险，从而确保安全、高效、高品质干燥。

iii）热效率和干燥效率

（1）热效率。

加入干燥介质的总热量只有一部分在干燥器中放出，其余部分被废气（或称为尾气）带走。介质在干燥器中放出的热量与加入干燥介质的热量之比称为干燥器的热效率 η_h：

$$\eta_h=\frac{Lc_g\left(T_1-T_2\right)}{Lc_g\left(T_1-T_0\right)}=\frac{T_1-T_2}{T_1-T_0}\times 100\% \tag{3-56}$$

（2）干燥效率。

介质在干燥器中放出的热量，只有这部分热量是有效的。所以汽化水分所耗的热量与介质在干燥过程中放出的热量之比，称为干燥器的干燥效率 η_a：

$$\eta_a = \frac{W(i_2 - Q_1)}{Lc_g(T_1 - T_2)} = \frac{i_2 - Q_1}{lc_g(T_1 - T_2)} \times 100\% \qquad (3\text{-}57)$$

在上述理论基础上，便可对微纳米含能材料浆料的气流干燥过程进行热量衡算和物料衡算，进而优化干燥工艺、提高干燥效率。

3.1.6 过热蒸汽干燥

1. 概述

过热蒸汽干燥（superheated steam drying）是指利用过热蒸汽直接与被干物料接触而去除水分的一种干燥方式。与传统的热风干燥相比，过热蒸汽干燥以水蒸气作为干燥介质，干燥机排出的废气全部是蒸汽，利用冷凝的方法可以回收蒸汽的潜热再加以利用，因而热效率较高。并且由于相同质量水蒸气的热容量要比空气大 1 倍，干燥介质的消耗量明显减少，故单位热耗低。

早在 1908 年德国科学家 Hausbrand（豪斯布兰德）就在著作 *Drying by Means of Air and Steam* 中提出了过热干燥的设想，并讨论了这种干燥的优缺点。1920 年瑞典工程师 Karren（凯伦）报道了一些根据 Hausbrand 的设想做的过热蒸汽干燥实验，并研制了以过热蒸汽为干燥介质的煤炭干燥机。由于当时缺乏必要的配套设备，以及设备费用较高和对环境控制不严等客观条件，限制了这项技术的发展。20 世纪 50 年代开始，人们逐渐注意到过热蒸汽干燥的优点；特别是 20 世纪 70 年代以后，这一技术获得了进一步开发利用的动力，并在 1978 年第一次出现了工业用的过热蒸汽干燥机。20 世纪 80 年代以来，许多发达国家致力于开发这项新技术的商业应用。国际干燥协会主席 Mujumdar（穆朱姆达）在 *Handbook of Industrial Drying*（1995）中把过热蒸汽干燥称为是一种在未来具有巨大潜力、实用可行的干燥技术，这是因为过热蒸汽干燥的单位热耗仅为 1000～1500kJ/kg（水），仅为普通热风干燥热耗的 1/3。

2. 过热蒸汽的特性

1）过热蒸汽的逆转点

利用过热蒸汽进行干燥时，存在着一个温度，在此温度以上时，用过热蒸汽蒸发的水分量大于用干空气蒸发的水分量；在此温度以下则正好相反。此温度称为“逆转点”（inversion point），如图 3-4 所示。

2）蒸气压和平衡水分

与普通热风干燥不同，过热蒸汽干燥用蒸汽作为干燥介质，传质阻力小，无表面结壳现象；并且物料温度可达到对应压强下水的沸点温度，干燥介质和物料的平衡水分较低。英国人 Beeby（毕比）和 Potter（波特）认为，在过热蒸汽干燥

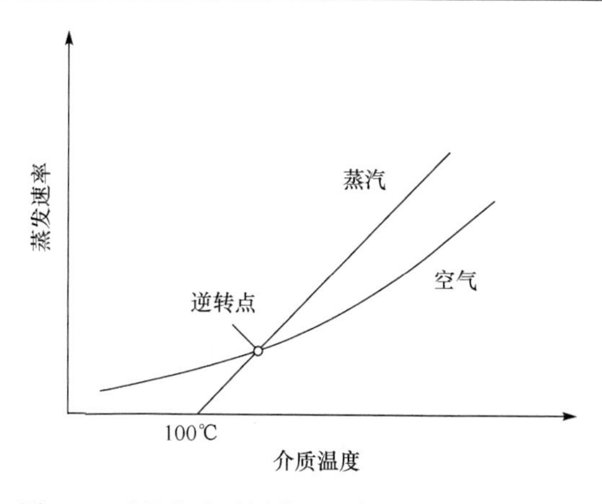

图 3-4　过热蒸汽干燥蒸发速率与介质温度的关系

时，由于只有一种气态成分，干燥机内的蒸气压等于总的压强，如果要去除物料中的水分，必须使周围的蒸气压小于自由水分的蒸气压，蒸汽温度应高于水分在对应压强下的沸点，即在 0.1MPa 条件下，温度最低要达到 100℃。关于过热蒸汽干燥时的平衡水分，Potter 认为，用过热蒸汽烘干矿物质（如氢氧化铝的结晶），最终产品的平衡水分可小于 0.1%。对于不同的待干燥物料而言，尽管物料的结构不同，但随着过热蒸汽过热度的增加，干燥后产品的湿含量均会迅速减少。

3. 过热蒸汽干燥的传热传质

美国学者 Wenzel（温泽尔）和 White（怀特）以及日本的桐荣良三研究证明，与一般的热风干燥过程类似，过热蒸汽干燥过程也可分为三个阶段：加热升温阶段、恒速干燥阶段、降速干燥阶段。

1）加热升温阶段

加热升温阶段使干燥介质的湿热发生变化，湿物料温度上升到湿球温度为止。在过热蒸汽干燥中干燥发生在介质对应压强下的沸点温度，因此在加热阶段涉及大量的热传递。Beeby 和 Potter 的研究表明，如果蒸汽的过热度不够，会产生蒸汽凝结在湿物料的表面，凝结的数量取决于被干物料的热特性、湿含量及干燥蒸汽的过热度。

2）恒速干燥阶段

在过热蒸汽干燥过程中，Beeby 和 Potter 的研究表明，热传递也是通过蒸汽膜到干燥物料湿表面，其驱动力仍然是过热蒸汽流与湿表面的温度差。与热风干燥不同的是，湿表面的温度不是湿球温度，而是在对应压强下的沸点温度。对于质量传递，由于只有一种气体成分存在，水分从湿表面移动不是通过扩散作用而是通过压强差产生的体积流，这种传质阻力很小，可以忽略。

3）降速干燥阶段

干燥过程中一旦物料表面不再保持湿润，干燥速率即开始下降，进入降速干燥阶段。在此阶段，被干物料内部水分和热量的传递变成干燥速率的主要控制因素。干燥速率变成由干燥物料的性质而不是由蒸汽的性质决定。通常，在降速干燥段用过热蒸汽干燥形成多孔的表皮使气体的渗透性好；同时，由于温度高，水分子更加活跃，使干燥速率比在热风中快。

从以上分析可见，利用过热蒸汽的干燥过程和利用热风的干燥过程，二者性质是相似的,主要差别是过热蒸汽干燥加热段的冷凝和恒速阶段起始温度的不同。过热蒸汽干燥速率可以比热风干燥快，也可以比热风干燥慢，其决定因素是传热系数、凝结水的数量以及蒸汽的温度。热传递的速率可用一般的热风干燥时所用方法进行预测；传质阻力可以忽略不计，蒸汽和物料内部水分移动阻力的减小使降速干燥阶段的速度也比热风干燥快。

4. 过热蒸汽干燥的优缺点

1）优点

普通热风干燥时物料表面会形成硬壳，阻碍水分蒸发，而过热蒸汽干燥所用的干燥介质是蒸汽，不会形成硬壳，不会氧化褐变，收缩较小，故干燥后产品品质较好。并且过热蒸汽的传热系数大，干燥效率高，蒸发的水分本身就可作为干燥介质，节能效果显著。英国学者 Stubbing（斯图宾）曾介绍，英国每年干燥脱除水量为 2700 万吨，如果把热风干燥全部改成过热蒸汽干燥，一年可节约 3 亿英镑。

过热蒸汽干燥还有利于环境保护，这是因为过热蒸汽干燥是在密封条件下进行，对于一些物料的干燥不会对环境造成污染。例如，用过热蒸汽干燥煤和纸浆可以减少 CO_2 和硫化物的排放量，使空气中粉尘含量大大降低；并且对在热风中干燥会发出臭味的城市垃圾、污泥等,用过热蒸汽干燥还可使臭味得以消除或减轻。

过热蒸汽干燥工作时物料的温度超过 100℃，在这样的干燥温度下，不仅能够实现物料的干燥，还能够消灭食品和药品中的细菌和其他有毒微生物。并且，由于过热蒸汽有抽提作用，对某些特殊产品，还可以从凝结器中回收某些有用的物质。例如，采用过热蒸汽干燥木材时，可以很方便地从凝结器中分离松节油。

过热蒸汽干燥过程中，由于蒸汽气流的连续冲击作用，能很好地防止粉体颗粒的团聚。并且过热蒸汽有很好的消除静电、降低表面能的作用，进而能够干燥得到分散性良好的微纳米粉体。此外，采用过热蒸汽干燥还可以避免静电和氧引发的起火爆炸危险。当干燥过程可以快速完成时（秒级），这种方法将对熔点较高的微纳米含能材料的干燥十分有利。我们预计，当干燥设备设计合理、干燥工艺条件设计与控制合适时，过热蒸汽连续快速干燥技术将可用于硝化纤维素（NC）

的连续快速干燥。这也是单基及多基发射药实现工艺连续化急需突破的关键瓶颈技术。

2）缺点或不足

过热蒸汽干燥设备投资大：从原理上讲，任何用于热风干燥的干燥机，均可改为用过热蒸汽作用干燥介质的干燥机。然而，由于采用过热蒸汽干燥，不能有气体泄漏，喂料和卸料不能有空气渗入，需复杂的喂入系统和产品收集系统，有时还有废气回收系统，因此设备费用高。另外，还有些物料对机械设备的材料要求高，如对有腐蚀和锈蚀的地方需用不锈钢材料。此外，设备的复杂也导致了过热蒸汽干燥较高的维修费用，并且过热蒸汽的压强往往也较高，这对锅炉、管道等提出了较高的要求，也进一步使得成本增加。

过热蒸汽干燥喂料易产生结露现象：过热蒸汽干燥，温度超过 100℃，当喂入大气温度条件下的物料时，在将其加热到蒸发温度的过程中有时会有凝结现象产生。美国人 Trommelen（特姆伦）和 Crosby（克罗斯比）研究表明，一个初始温度为 10℃的水滴暴露在 150℃、10^5Pa 压强下的过热蒸汽中，重量增加 12.5%。这就意味着干燥时间要加长以使凝结的水分得以除去。对于初始水分较低的物料，这部分凝结水分占要蒸发水分的很大部分，这将显著增加干燥时间。此外，在干燥机的启动和停止时，这种凝结现象也常出现。因此，过热蒸汽干燥对物料的喂入温度有较高的要求。

过热蒸汽干燥不适用于某些热敏性物料：如对于一些超过 100℃就会发生快速熔化，或分解或晶型转变或产品变质等热敏性物质，采用过热蒸汽干燥技术就不适合，这将会引起安全事故或导致产品质量下降。

美国、加拿大、德国、日本和英国等发达国家已将过热蒸汽干燥技术用于食品、化工材料、木材、工业废料等多种物料的干燥。我国近年来也逐渐将过热蒸汽干燥技术应用于各种物料的干燥。南京理工大学国家特种超细粉体工程技术研究中心正在探索过热蒸汽用于微纳米含能材料干燥（或粉碎及分散）方面的研究工作。研究表明：要产生温度超过 100℃的过热蒸汽，对锅炉的质量要求高，设备投资成本高，因而限制了过热蒸汽的实际应用。为解决这一难题，可将普通蒸汽经过燃气加热器或电加热器进行二次加热，使蒸汽温度达 150～200℃或更高。这可大大降低对锅炉的要求，进而大幅度降低投资及生产成本，使过热蒸汽干燥能够大面积在微纳米粉体干燥（或粉碎及分散）中获得应用。

由上述分析可知，对于微纳米含能材料浆料，理论上可采用加热介质传热干燥、热风接触干燥（气流干燥）、过热蒸汽干燥以及超临界干燥等多种干燥方式。然而，由于过热蒸汽干燥技术目前尚未真正用于含能材料干燥领域。以下内容将结合微纳米含能材料在科研、生产中常用或可能用到的一些干燥方式（加热介质传热干燥、热风干燥、超临界干燥），对其所对应的干燥技术，如厢式干燥技术、盘式连续干燥技术、超临界流体干燥技术、真空冷冻干燥技术、雾化连续干燥技术等，进行系统介绍。

3.2 厢式干燥技术

厢式干燥技术是基于厢式干燥设备（也称厢式干燥器），对湿物料进行干燥的一种技术，基于该技术的干燥过程可简称厢式干燥。厢式干燥器是外形像箱子的干燥器，是有悠久历史的干燥设备，可用于对微纳米含能材料浆料进行干燥，也广泛用于胶性、可塑性物料、粒状物料、膏浆状物料、陶瓷制品、纤维与纺织物以及其他微纳米粉体等湿物料的干燥。厢式干燥器中，一般用盘架盛放物料，其优点是：容易装卸、物料损失小、盘易清洗。因此对于需要经常更换产品、价高的成品或小批量物料，厢式干燥器的优势十分显著。即便新型干燥设备不断出现，厢式干燥器在干燥工业生产中仍占有一席之地。此外厢式干燥也可以用于无需干燥盘架的物料干燥。

当然，对于厢式干燥器也存在不足，如物料得不到分散，干燥时间长；若物料量大，所需的设备容积大、工人劳动强度也大。如果干燥过程中需要定时将物料装卸或翻动，则会导致粉尘飞扬，环境污染较严重。此外，干燥热效率低，一般在 40%左右；如每干燥 1kg 水分约需消耗加热蒸汽 2.5kg 以上。厢式干燥曾是最广泛用于微纳米含能材料科研及生产试制过程中的干燥技术。然而，对于微纳米含能材料浆料而言，采用厢式干燥所获得的产品易结块，需在干燥过程中反复翻铲，才能稍微减轻结块问题。即便如此，还需在干燥结束后对物料进行搓碾、过筛处理，进一步减轻物料团聚。

根据干燥过程热量传递的机理不同，可将厢式干燥设备分为加热介质传热厢式干燥设备和气流厢式干燥设备。加热介质传热厢式干燥设备结构简单、常用，主要包括如 3.1.4 小节“加热介质传热干燥”所述的常压、真空和惰性气体保护三种具体类型的干燥设备，这里将不再赘述。本节将主要介绍气流厢式干燥设备（厢式干燥器）。

3.2.1 气流厢式干燥器简介

气流厢式干燥器可分为：水平气流厢式干燥器、穿流气流厢式干燥器、带式气流干燥器等。厢式干燥器内部主要结构有：逐层存放物料的盘子、框架等。由风机和加热系统产生的流动热风，吹到潮湿物料的表面达到干燥目的。热空气可设计为反复循环通过物料，采用热空气再加热而循环利用的方法有两个主要的优点。一是需要的空气量少，因为 1kg 空气带出的水分比在单程方式中多；二是热空气所需的加热温度低。由于空气量的减少和加热温度的下降，使得加热系统设备大为简化，也使箱体内风速降低，减少了细粉尘的逸出。

虽然气流反复循环可提高干燥效率、降低能耗，但对于微纳米含能材料的干燥过程，气流通常不循环使用。这是因为：第一次进入干燥器的新鲜气流在干燥器内与物料接触后，可能携带走微量的微纳米含能材料颗粒，进而把这些微量颗粒带入加热器中。长期运行会导致较大量的微纳米含能颗粒在加热器内积聚，进而在加热器工作时（如电阻丝温度往往达 400℃以上）引发安全事故。

3.2.2　水平气流厢式干燥器

水平气流厢式干燥器是最常见、最简单的气流厢式干燥器。其干燥过程一方面是靠热空气将热量传递给盛放物料浆料的托盘，然后再由加热后的托盘将热量传递给物料浆料；另一方面是热空气在料层上表面直接与浆料进行热交换。在这两种热交换作用下，使浆料中的液相组分汽化脱除。影响水平气流厢式干燥器干燥效率的因素主要有热空气（热风）的温度、热风速度、热风风量、料层厚度、料层间距、被干燥物料的浓度与颗粒尺寸等。

1. 热风温度

通常，热风温度越高，与湿物料之间形成的温差越大，湿物料中液相组分的蒸气压越大，液相组分脱除速率越快，干燥速率越快。对于微纳米含能材料浆料的水平气流厢式干燥过程，热风温度通常需控制在 150℃以内，以保证干燥过程安全。

2. 热风速度

为了提高干燥速率，需有较大的传热系数 h，除了提高热风温度，也可通过加大热风的速度以实现传热系数的提高。但是为了防止物料被带出，风速应小于物料的带出速度。因此，被干燥物料的密度、粒度以及干燥结束时的状态等成为决定热风速度的因素。装料盘单位面积蒸发水量可用下式计算：

$$Q=h\cdot A\cdot\left(T_g-T_m\right) \tag{3-58}$$

$$R=\frac{Q}{r_w A} \tag{3-59}$$

考虑由物料表面和料盘底部上下两侧同时传递热量，则有

$$R=\left(h+\frac{1}{\frac{1}{h}+\frac{H_1}{\lambda_1}+\frac{H_2}{\lambda_2}}\right)\left(T_g-T_m\right)\frac{1}{r_w} \tag{3-60}$$

式中，Q 为空气传给物料的热量，kJ/h；h 为空气对物料的传热系数，kJ/(h · m^2 · ℃)；R 为装料盘单位面积的水分蒸发量，kg/(h · m^2)；A 为面积，m^2；T_g 为空气温度，℃；T_m 为物料温度，℃；r_w 为物料在温度 T_m 时的蒸发潜热，kJ/kg；H_1 为装料盘的厚度，mm；λ_1 为装料盘的导热系数，kJ/（m · h · ℃）；H_2 为物料厚度，m；λ_2 为物料的导热系数，kJ/（m · h · ℃）。

在上述公式基础上，结合实际物料层厚度、料盘厚度、料盘导热系数、空气温度等参数，就可计算出干燥过程所需的热风速度，即单位时间内通过单位面积的热风体积（或质量）。

3. 风机风量

风机风量需根据计算所得的理论值（空气量）和干燥器内泄漏量等因素决定，此外还需考虑一些其他影响热风流量的因素，如气体输送阻力等。一般可用下式求取热风量：

$$L = 3600 \cdot u \cdot A / \upsilon_H \tag{3-61}$$

式中，L 为热风量，kg/h；u 为风速，m/s；A 为热空气通过的截面面积，m^2；υ_H 为空气的湿比容，m^3/kg 干空气。

为了使气流不出现死角，水平气流厢式干燥器的风机应安置在合适的位置。同时，需在干燥器内安装整流板，以调整热风的流向，使热风分布均匀。此外，在针对微纳米含能材料浆料的干燥过程，引风机还需进行特殊的防爆设计。

4. 料层厚度

为了保证物料的干燥质量，常常采取降低烘箱内循环热风温度和减薄物料层厚度等措施来达到目的。物料层的厚度由实验确定，通常为 10～60mm，并且，物料粒径越小，通常厚度也应越薄，以减轻干燥过程中结块问题。

5. 料层间距

在干燥器内，空气流动的通道大小，对空气流速影响很大。空气流向和在物料层中的分布又与流速有关。因此，适当考虑物料层的间距和控制风向是保证流速的重要因素。一般需保证料层之间间距在 100mm 以上。

6. 物料浓度与颗粒尺寸

通常，被干燥物料浓度越大，干燥效率越高；颗粒尺寸越小，颗粒之间的相互作用越强，体系内毛细管作用越明显，液相组分脱除越困难，因而干燥效率也越低。

在水平气流厢式干燥器中，气流只在物料表面流过，所存在的不足是：传热系数较低、热利用率较差、物料干燥时间较长等。为了克服以上缺点，研究者进一步开发了穿流式气流厢式干燥器：使热风在料层内形成穿流。然而，对于微纳米含能材料浆料，穿流式气流厢式干燥过程中，微纳米含能材料颗粒会随气流而漂浮，进而黏附在干燥设备内壁及气流管道中，甚至被气流带入加热器中，不仅使得干燥产品的得率降低，还会引起严重的安全隐患。这不适用于微纳米含能材料的干燥，本书也将不作详细介绍。

3.2.3　带式气流干燥器

带式气流干燥器（简称带干机）主要包括循环风机、加热装置、空气抽入系统和尾气排出系统等。被干燥物料由进料端经加料装置被均匀分布到输送带上，输送带通常由不锈钢薄板制成，在电机带动下运动，并且可通过变速箱调速。干燥时，空气经过滤器净化并经加热器加热后，由循环风机引入干燥器内，经分布板后与物流浆料接触而使物料干燥。为了提高干燥效率，可对空气流向进行调节优化。干燥产品经外界空气或其他低温介质直接接触冷却后，由出口端卸出。

带式气流干燥器中的被干燥物料随同输送带移动时，物料颗粒间的相对位置比较固定，具有基本相同的干燥时间，并且物料在带干机上受到的振动或冲击作用轻微，微纳米物料颗粒不易被气流带走运动，进而避免了粉尘漂浮和外泄。此外，带式干燥器结构不复杂，安装方便，能长期运行，发生故障时可进入箱体内部检修，维修方便。不足之处是占地面积大，运行时噪声较大。基于这些特点，带干机被广泛应用于食品、化纤、皮革、林业、制药和轻工行业中，在无机盐及精细化工行业中也常有采用，还可用于微纳米含能材料干燥。采用带式气流干燥器对微纳米含能材料浆料进行干燥时，需对物料浓度加以提高，或对已经干燥一定程度的物料进行干燥处理，并且还需重点关注微纳米含能材料颗粒在输送带上的黏附问题。

对于带式气流干燥器，比较关键的部件是输送带、加料装置、循环风机和尾气排风机、空气加热装置等，这些部件的加工设计，直接影响干燥效率与效果，以及干燥过程的本质安全性。

1. 输送带

通常，输送带由不锈钢薄板（如 1mm 厚）制成，可根据物料特性选择性地在不锈钢板上冲孔，或者采用不锈钢丝网制造，材质可根据工作温度和抗酸碱等要求进行定制。此外，输送带的设计还需结合物料尺寸、黏附性等要求进行改进和完善。料层厚度通常是数十到数百毫米，或者几毫米。

2. 加料装置

输送带上料层若厚薄不均，将引起干燥介质短路，使薄料层“过干燥”，而厚料层干燥不足，影响产品质量。因此加料装置的设计是至关重要的。最简单的加料装置是加料漏斗，漏斗下料口的宽度等于输送带的有效宽度，下料口装有闸板调节加料量。与此相似的一类加料装置是漏斗下装有一端可来回摆动的溜槽或小输送带，物料由漏斗经此均匀分布到干燥机输送带上。

另一类最常用的是滚筒挤压式加料装置，是一对在一个弧形穿孔板上能来回摆动和升降的包覆橡胶的金属滚筒，储料斗则固定在滚筒之间并随之摆动。储料斗内常装有搅拌器，在储料斗的长度范围内搅匀物料。这种加料装置适用于膏状物料。

3. 循环风机和尾气排风机

根据循环风量和系统阻力选择循环风机。通常，选用后弯叶片轮型中压或较高压离心式通风机。这种类型风机的优点是效率较高和运行时噪声较小。当要求风量大、风压较小时，可选用轴流式风机。尾气排风机也采用后弯叶片轮型离心式风机。通常每 2.5～4m^2 输送带面积设置一台循环风机。尾气排风机通常只设置一台，负责排送干燥机的全部尾气。若用于微纳米含能材料干燥，风机还需进行精心的防爆设计，如叶片采用软质金属材质等。

4. 空气加热装置

空气可采用翅片蒸汽加热器先加热到一定温度，如 120～150℃，通常所需蒸汽的压强在 0.4MPa 以上。然后再进一步采用电加热或导热油加热装置，使热空气温度达到设定值。电加热通常成本较高，热油与蒸汽比较，温度高，但压强低，对流传热系数小，需要较大传热面积的热交换器。此外，有用燃气及燃油直接加热干燥介质，操作温度更高，但这种加热方式温度可控精度较低，通常不能用于含能材料干燥，并且还可能引起产品污染。

5. 操作过程的参数调节控制

带式干燥器干燥效果的优劣，在很大程度上取决于干燥介质的分布和干燥工艺参数的优化。实际干燥过程中，可对如下干燥参数进行调节优化：如热空气流量可根据需要控制、料层厚度（加料速度）可根据要求进行调控、热空气温度也可在一定安全范围内进行调控、传送带运动速度可根据干燥效果进行控制，以及通过尾气湿度调节尾气排出量、设置安全联锁以确保启动和停车过程安全等。

3.2.4　厢式干燥技术在微纳米含能材料干燥领域的应用

厢式干燥技术已在微纳米含能材料的科研及生产试制领域获得了比较广泛的应用，尤其是科研领域，由于其结构简单、操作方便而获得大量应用。其中，最常用的是加热介质传热厢式干燥技术和水平气流厢式干燥技术。例如，研究者通常采用普通水浴（油浴）烘箱[4]或真空烘箱[5-7]对微纳米含能材料进行干燥，首先对浆料样品进行抽滤，然后再烘干；或者先加入表面活性剂（如 PVP）与样品充分混匀后，再抽滤、烘干，以此减少微纳米含能材料颗粒团聚。然而，即便这样，干燥后产品依然会团聚、结块。采用厢式干燥技术对微纳米含能材料干燥后，产品团聚、结块现象如图 3-5、图 3-6 所示。

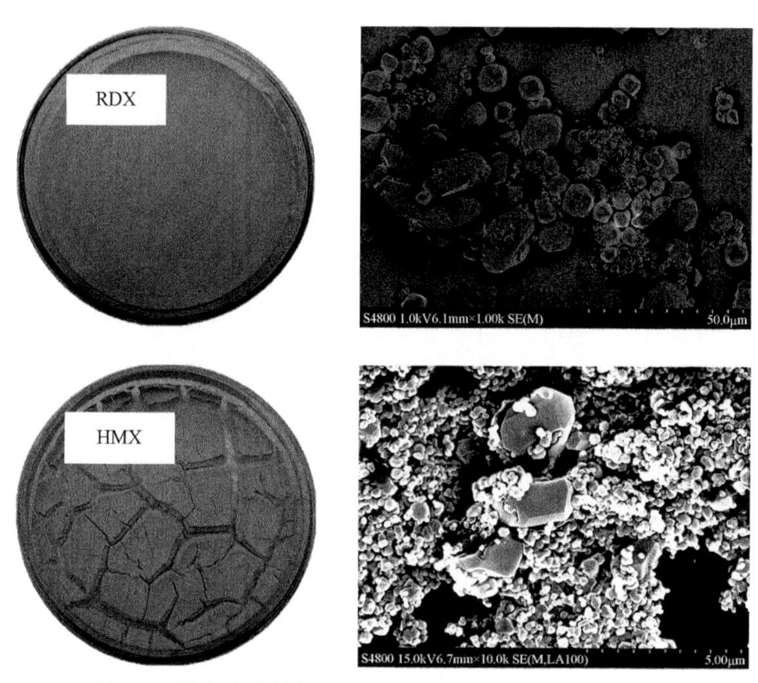

图 3-5　纳米含能材料经 70℃水浴烘箱常压干燥后的照片

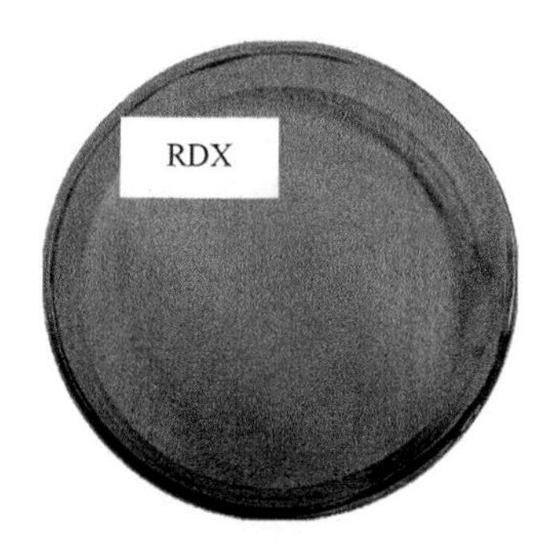

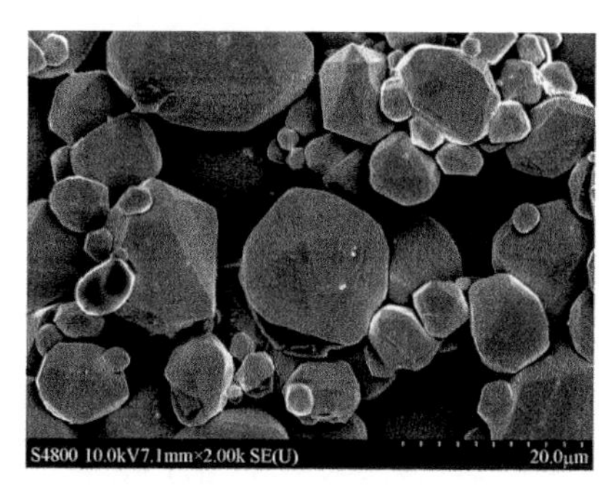

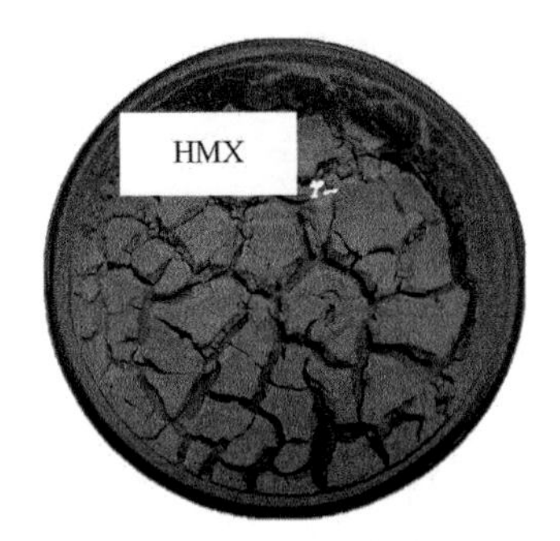

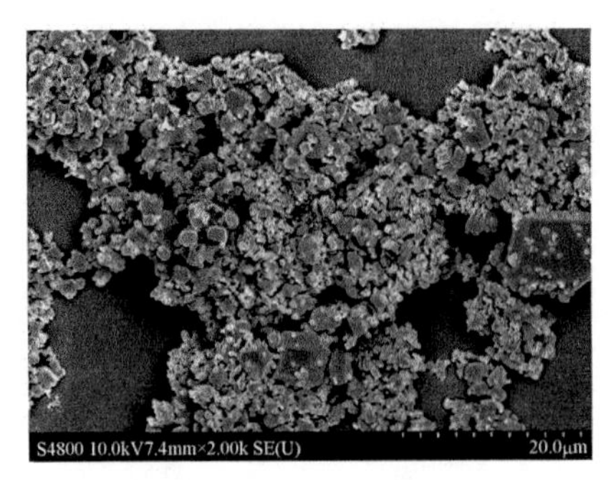

图 3-6 纳米含能材料经 70℃真空烘箱干燥后的照片

纳米 RDX、纳米 HMX 浆料经水浴烘箱干燥常压干燥或真空干燥后，样品结块严重。对于纳米 RDX 浆料，当采用水浴烘箱常压干燥后，样品表面比较密实；而采用真空干燥后，样品表面呈现许多小的孔洞；颗粒长大明显，从纳米级长大至十多微米，且粒度分布范围较宽，颗粒形状不规则。对于纳米 HMX 浆料，当采用水浴烘箱常压干燥后，样品结块严重、表面龟裂，颗粒从纳米级长大至亚微米级或微米级（约 2μm）；采用真空干燥后，样品结块更严重、表面龟裂更显著，颗粒长大至亚微米级或微米级，且较多颗粒尺度在 2μm 以上，甚至达 10μm。

总之，采用厢式干燥技术对微纳米含能材料进行干燥后，物料会团聚、结块，还需进一步对产品进行研磨过筛处理，不仅产品分散性较差，还存在研磨过筛过程中所引起的安全风险问题。此外，往往干燥后产品颗粒长大、粒度分布范围宽，微纳米含能材料的优异特性丧失。若用于大批量微纳米含能材料的干燥，将会使后续分散工序劳动强度特别大、安全风险特别高，且产品质量难以保证，很难实现对微纳米含能材料大规模防团聚干燥生产。

3.3 盘式连续干燥技术

3.3.1 概述

1. 盘式连续干燥器的总体结构

盘式连续干燥技术是基于盘式连续干燥设备（也称为盘式连续干燥器），将物料分布在干燥器的干燥盘内，使干燥盘内的物料自上而下连续运动而实现连续干燥的一种技术。大量理论和应用实践表明：盘式连续干燥器是一种高效节能的干燥设备。该设备主要包括：壳体、框架、大小空心加热盘、主轴、耙臂及耙叶、加料器、卸料装置、减速机和电动机等部件。

空心加热盘是该干燥器的主要部件，其内部通以饱和蒸汽、热水或导热油等加热介质，其可以看作是一个压力容器。因此在其内部以一定排列方式焊有折流隔板或短管，一方面增加了加热介质在空心盘内的扰动，提高了传热效果；另一方面增加了空心盘的刚度并提高了其承载能力。每个加热盘上均有热载体的进出口接管，各层加热盘间保持一定间距，水平固定在框架上。从干燥过程传热原理出发，盘式连续干燥技术也属于加热介质传热干燥技术。

盘式连续干燥器的每层加热盘上均装有十字耙臂，上下两层加热盘上的耙臂呈一定角度（通常为 45°角）交错固定在主轴上。每根耙臂上均装有等距离排列的若干个耙叶，但上下两层加热盘的耙叶安装方向相反，以保证物料的正常流动。电机通过减速机带动干燥器主轴转动。物料由干燥器上方的进料口进入，在耙臂带动下经各层加热盘干燥后由下部出料口排出。干燥器最外面是一壳体，使整个干燥过程在一密闭空间内进行。采用盘式连续干燥器对微纳米含能材料浆料进行干燥时，耙臂及耙叶的材质与结构需精心设计。

2. 盘式连续干燥器的特点

1）热效率高、能耗低、干燥时间短

盘式连续干燥器是一种热传导式干燥设备，不存在气流干燥中由热风带走微细颗粒的弊端。同时由于物料在耙叶的机械作用下，不断被翻炒、搅拌，从而使料层热阻降低，提高了干燥强度，其热效率可达 60%以上。根据物料湿含量的不同，干燥湿分所需的蒸汽耗量为 1.3～1.6kg（蒸汽）/kg（水），干燥时间一般在 5～80min。

2）可调控性好

加热盘的数量、主轴的回转速度、加热介质的温度和物料停留时间，可根据需要进行调整。因此产品干燥均匀、质量好。

3）被干燥物料不易破损

虽然这是一种搅拌干燥设备，但属低速搅拌，由于耙叶的回转速度较低，物料在翻炒过程中不容易破碎。

4）环境友好

由于是密闭式操作，无粉尘飞扬，改善了劳动环境，有利于操作人员的健康。

此外，盘式连续干燥器还具有运行时无振动、低噪声、运转平稳、操作容易、设备直立安装、占地面积小等特点。并且耙叶的搅动还能在一定程度上减轻微纳米含能材料颗粒的团聚。

3. 盘式连续干燥器的适用范围

任何一种干燥设备由于其自身特点，都有一定适用范围，盘式连续干燥器也不例外。

（1）就物料的状态而言：该干燥器适用于干燥散粒状物料，而不适用于黏稠或膏状料。这是因为被干燥物料在耙叶作用下不断翻炒，同时被耙叶推动前进。对于黏稠或膏状物料，则难以被叶翻炒，容易在干燥盘上黏附结疤，使耙叶不能正常运转，甚至损坏。

（2）就物料的热性能而言：各种物料均可用该设备进行干燥。这是因为该干燥器可以用蒸汽、导热油或热水作热源，同时该干燥器还可设计成常压型、密闭型和真空型等不同型式。因此无论热敏性物料或需干燥温度较高物料，均可用该设备进行干燥。

（3）就行业而言：该设备可用于军工、化工、染料、农药、医药、食品、粮食等军民领域众多的行业中。例如，该干燥技术已用于普通粗颗粒含能材料的大批量干燥。

4. 国内外发展概况

盘式连续干燥器已有几十年的发展历史，最初只用于硫铁矿的焙烧和煤粉的干燥，由于设备投资大，以及当时的一些技术问题，未引起人们的重视。20 世纪 80 年代后，由于节能、改善工作环境和处理一些难干燥物料的需要，许多国家又开始研究和开发盘式连续干燥器，改进加工制造工艺，降低设备成本，提高干燥性能，将其广泛应用于化工、医药、食品等行业中并取得了很好的应用效果。

目前，德国、日本、美国、俄罗斯等国家，都有专门的公司或厂家进行盘式连续干燥器的研究和制造，如德国的 Krauss-Maffei 技术有限公司，已成功开发和制造了 TT/TK（常压型）、GTT（密闭型）、VTT（真空型）盘式连续干燥器的系列产品。国内，近年来也在盘式连续干燥器的加工研制方面取得了长足进展。例如，常州一步干燥设备有限公司、常州市范群干燥设备有限公司、江苏先锋干燥工程有限公司等，都已研发出了盘式干燥设备，且技术成熟度较高。

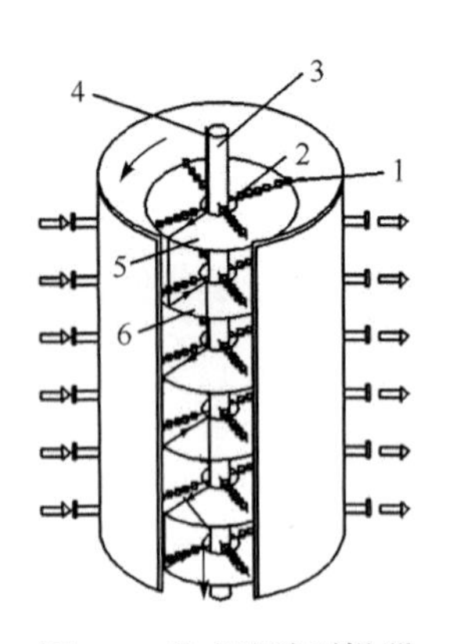

图 3-7　盘式连续干燥器工作原理示意图

1. 耙叶；2. 耙臂；3. 主轴；4. 物料；5. 小加热盘；6. 大加热盘

3.3.2　工作原理及扩散理论的应用

1. 工作原理

盘式连续干燥器的工作原理如图 3-7 所示。

干燥器最上面一层是小加热盘，第二层是大加热盘，而后小盘与大盘依次交替排列，盘数视加热面多少而定。小加热盘的直径比大加热盘直径小约 200mm。小加热盘内缘有一围堰使物料不能从盘的内缘向下跌落，大加热盘则在盘的外缘有一围堰，使物料不能从盘外缘向下跌落。

操作时位于干燥器中心的主轴在电机带动下，连同固定在主轴上的耙臂、耙叶一起转动。被干燥物料自干燥器顶部加料口进入干燥器最上层小加热盘内缘处的盘面上，在回转的耙叶作用下，一边翻动搅拌，一边从加热盘内缘向外缘呈螺旋线形移动。物料在盘面上形成若干个截面呈锯齿形的料环。被干燥物料由加热介质经盘面传导的热量加热升温后由小加热盘外缘跌落到下一层大加热盘外缘盘面上。然后在反向安装的耙叶推动下，物料由大加热盘外缘向内缘呈螺旋线状移动，并从内缘跌落到下一层小加热盘内缘盘面上。如此内外交替，物料逐层自上而下移动，被加热干燥。最后在最下一层加热盘上被耙叶刮到底部卸料口处连续排出，成为干燥产品。汽化的湿分由干燥器顶部出口自然排出或由抽风机引出。

2. 扩散理论在盘式连续干燥器中的应用

扩散理论是针对间歇搅拌传导干燥提出的一种理论。在间歇式干燥器中，物料在同一时刻加入干燥器中，因此任一时刻物料的干燥时间均相同，即等于干燥器的运转时间。在稳定操作条件下，同一干燥器中干燥条件基本保持恒定，所以物料的性质（湿含量、料层温度、干燥速率等）主要随干燥器的运转时间变化，物料在干燥器内所处的位置对物料湿含量影响较小。

但是，盘式干燥器是一种连续式传导干燥器。在整个干燥过程中，物料由加料器定量连续地加入，经干燥后，由出料口连续排出。也就是说干燥器中可近似认为每个料粒都要经过这样一个连续的干燥过程。在稳定操作条件下，在干燥器中某一固定位置，不同料团移动到该位置所经历的时间相同，被加热干燥的时间也相同，因而物料性能也可认为是相同的。因此，在盘式连续干燥器中物料性能可认为只随其所处位置而变化。

若将盘式连续干燥器中运动着的物料离散化，研究某一料团在某一时刻、某一位置的干燥规律，则不难看出，该料团的干燥规律与同一料团在间歇式干燥器中的干燥规律相同，就是说连续干燥与间歇干燥只是形式上的不同，它们对物料的干燥实质是相同的。因此，连续干燥器的干燥规律可由间歇干燥器的干燥规律无限逼近，或者说可将连续干燥器看作是由无数间歇干燥器组成。这样可将针对间歇干燥提出的“扩散理论”用于盘式连续干燥器干燥过程的分析。该假设已被大量的研究所证实，说明“扩散理论”适用于盘式连续干燥器。

3.3.3　盘式连续干燥器的设计

1. 干燥速率和加热面积的计算

结合“扩散理论”，针对加热盘内通入的热载体性质不同，可分别对干燥速率进行计算，进而计算加热面积。

1）加热盘内通入有相变的热载体

该过程通常以饱和蒸汽作加热介质。如果干燥器每层加热盘均通入压强相同的蒸汽，则各加热盘盘面温度处处相等，等于对应压强下的饱和蒸汽温度T_h。由于盘面温度T_s的测量较困难，一般用T_h代替T_s。同时，在接触热阻中串联上加热盘本身热阻及热载体对流热阻，则可得如下公式：

$$\frac{1}{h'_{ws}}=\frac{1}{h_{ws}}+\frac{1}{h_{ext}}+\frac{1}{h_{hs}} \tag{3-62}$$

式中，h'_{ws}为当量接触给热系数，W/(m^2 · K)；h_{ws}为接触给热系数，W/(m^2 · K)；h_{ext}为加热盘盘面的折算给热系数，W/（m^2 · K）；h_{hs}为热载体冷凝时对流给热系数，W/（m^2 · K）。

由于h_{hs}远大于h_{ws}和h_{ext}，故式中$\frac{1}{h_{hs}}$项可忽略不计。

2）加热盘内通入压强不同的有相变的热载体

在干燥器各加热段（一般每段包括几层加热盘）通入压强不同的蒸汽，即各段加热盘盘面温度不等。此时，首先确定各加热段转折点处物料的湿含量，然后各加热段分别用“扩散理论”进行计算。

3）加热盘中通入无相变的热载体

这类无相变的热载体包括热水、导热油等。由于物料在盘面上运动过程中要吸收热量，因此加热盘内各处热载体温度不同，盘面上各处温度也不相同。这时，可近似以热载体在加热盘进、出口处的温度T_1和T_2的算术平均值作为T_h，即

$$T_h=\frac{1}{2}(T_1+T_2) \tag{3-63}$$

当量接触给热系数为

$$\frac{1}{h'_{ws}}=\frac{1}{h_{ws}}+\frac{1}{h_{ext}}+\frac{1}{h_{hL}} \tag{3-64}$$

式中，h_{hL}为热载体自然对流给热系数，W/（m^2 · K）。

4）加热面积的计算

有了上面的计算以及被干燥物料的性能参数，再根据经验或实验确定搅拌数N_{mix}，便可根据“扩散理论”计算干燥速率、总给热系数及料层温度，进而利用下式确定干燥器的加热面积：

$$A=S_{dry}\int_{M_2}^{M_1}\frac{dM}{R(M)} \tag{3-65}$$

有了加热面积，便可根据所要求的加热盘直径确定加热盘的个数。

2. 加热盘的结构及其设计

1）加热盘的结构

加热盘是盘式连续干燥器的重要部件，其作用是盘内通以加热介质，为被干燥物料提供热源。其结构较复杂，加工费用较高，加热盘的成本可高达盘式连续干燥器总成本的 70%～80%。因此，对加热盘的结构设计应予足够的重视。加热盘的结构主要有支撑柱式结构、折流板式结构、冲压式结构，可根据加工成本和使用要求进行设计。

此外，对于加热盘材料的选择，还需要综合被干燥物料的腐蚀性、湿分的腐蚀性、热载体的腐蚀性，以及干燥产品洁净度要求、干燥器的成本、寿命等多方面因素，合理确定。对于微纳米含能材料，还需特别考虑消除静电和避免表面黏附的问题。

2）加热盘的设计

对于支撑柱式加热盘，其结构设计时加热盘内的支撑圆柱一般呈正三角形排布。干燥过程中以饱和蒸汽为热源时，盘内通入一定压强的蒸汽。在该压强作用下，加热盘上、下板将发生变形，同时支撑圆柱对上下板产生约束作用。因为支撑圆柱很短（一般 50mm），可忽略其自身的变形；又因为支撑圆柱与加热盘上、下板为焊接连接结构，故还可忽略板上所开小孔引起的强度削弱。

3. 耙叶的设计

盘式连续干燥器中，耙叶也是重要部件。耙叶的结构型式、尺寸和安装排列方式等，直接影响着干燥器的传热传质性能与干燥过程的安全。应根据物料的不同，选择合适的耙叶结构，并进行正确的安装。在进行耙叶设计时，刮板与耙耳之间可设计为刚性连接结构。也可设计刮板和耙耳分别为两个独立的零件，两者用螺钉螺母连接，以扩大耙叶的运动范围、提高耙叶对物料的分散能力。

需要提出的是，设计和制造耙叶时，要保证耙叶刮板的刃部有较高的直线度；加热盘盘面有较高的平面度；同时安装耙臂时，要求耙臂与加热盘盘面有较高的平行度。这是为了保证耙叶刮板与加热盘面能很好地贴合，否则耙叶刮板与加热盘面会有较大缝隙，干燥过程中盘面上将有一层相对静止的物料，使干燥效率下降，甚至使被干燥物料过热而影响产品质量。此外，耙叶应尽量无死角、表面光滑或圆弧过渡，以避免微纳米物料的黏附。

1）耙叶刮板的长度

安装耙叶时，应使相邻耙臂上的耙叶沿径向交错排列。这样在运转中，后面耙臂上的耙叶可将前面耙臂上对应的耙叶刮过后形成的料环刮起，使物料在单位时间内得到最充分的翻炒。为此目的，设计耙叶时，应使同一耙臂上相邻耙叶刮过的轨迹有所重叠。

2）耙叶刮板的高度

为防止被干燥物料从耙叶刮板顶端流过，应使耙叶刮板的高度大于刮板前料块的高度。

3）耙叶的数量

对提高干燥效率的要求而言，在设计盘式连续干燥器时，应使干燥器加热盘面上形成的料环越多越好，即耙叶的个数越多越好。这是因为耙叶数越多，意味着每个耙叶的刮板长度越小，所形成的料环越小。这样料层的传热传质阻力小，有利于提高干燥热效率和干燥速率。但设计时应注意防止耙叶之间被物料堵塞，造成物料与耙叶一起做圆周运动，而没有径向运动。

4）耙叶的安装角

耙叶的安装角是耙叶刮板与耙臂之间的夹角。该安装角有极限值，超过此极限角时，耙叶将不能正常工作。由于大小加热盘上耙叶的安装方向不同，故极限角也不相同。

对于大加热盘，耙叶推动物料由干燥加热盘外缘向内缘运动，以某一耙叶的刮板中点与主轴中心连线为圆半径，而刮板成为圆之切线时，该耙叶便失去了沿径向输送物料的能力。此时耙叶刮板与耙臂的夹角即是该耙叶的极限角，且同一耙臂上各耙叶的极限角大小不同，但最靠近主轴的耙叶的极限角为同一耙臂上各耙叶极限角的最小值。因此，当各耙叶安装角取相同值时，最大安装角α_{max}受最靠近主轴耙叶极限角的制约。

限制耙叶的最大安装角，并不意味着耙叶安装角越小越好。因为随着耙叶安装角的减小，耙叶径向输送物料的能力下降，这将影响干燥器的生产能力。极限情况是耙叶安装角度为零，此时物料在耙叶推动下在加热盘上只做圆周运动，径向移动速度为零，干燥器的生产能力也将为零。所以，确定耙叶安装角度时，要综合考虑干燥速率和生产能力等因素。

对于小加热盘，由于耙叶的安装方向与大加热盘耙叶安装方向相反，在耙叶推动下物料由小盘内缘向外缘运动。显然小加热盘耙叶不存在大加热盘上出现的极限角。在设计时，为保证大小加热盘上物料运动速度相同，一般均使大、小加热盘耙叶安装角相同。

有关研究表明：耙叶安装角对干燥速率有一定影响，与被干燥物料种类、主轴转速、加热盘面温度、物料最初湿含量等无关。随着耙叶安装角的增大，干燥速率呈上升趋势，但当安装角增大到某值时，干燥速率不再增大且呈下降趋势。通常，耙叶安装角在45°～55°。

3.3.4 盘式连续干燥技术在微纳米含能材料干燥领域的应用

采用盘式连续干燥技术对微纳米含能材料进行干燥时，首先需面临并解决耙叶连续运转时对物料连续摩擦、挤压所引起的安全风险问题。然后还要解决微纳米含能材料物料团聚与黏附在耙叶及干燥盘表面的问题。已有研究结果表明：这种干燥技术能够用于粗颗粒含能材料的连续干燥生产，但对于微纳米含能材料，干燥后产品团聚、结块问题突出，且存在物料在干燥器内的黏附问题。

例如，曾有研究者采用盘式连续干燥技术对超细含能材料（如超细 RDX 等）进行干燥，以期利用干燥设备内的耙叶在干燥过程中对超细含能材料进行持续搅拌、扰动，进而防止超细含能材料干燥后团聚、结块。研究结果表明：干燥后超细含能材料也存在团聚、结块现象，并且超细含能材料颗粒黏附在干燥盘及耙叶刮板上，很难清洗，存在较大的安全隐患。

3.4　超临界流体干燥技术

3.4.1　概述

1. 超临界流体干燥技术的特点

超临界流体干燥（supercritical fluid drying，SFD）是基于超临界流体萃取技术除去物料中的有机溶剂（如苯、丙酮、乙醇等）或水分的干燥过程。其本质是超临界流体从物料中萃取液体组分的过程，因此也被称为超临界流体萃取（supercritical fluid extraction，SFE）。超临界流体具有特殊的溶解度、易调变的密度、较低的黏度和较高的传质速率，作为溶剂和干燥介质显示出独特的优点和实用价值。目前，常用的超临界流体萃取剂是 CO_2，由于 CO_2 不会污染产品，在医药、食品及香料工业中得到了广泛应用[8-19]。

超临界流体干燥技术是利用流体的超临界特性，即在临界点以上气液界面消失的流体状态下，扩散能力很强、对液体组分溶解能力较大，并且还可使液体的表面张力下降，进而从被干燥物料中将液体组分萃取带走，并进一步通过调节压强使液体组分与超临界流体分离，达到干燥的目的。采用超临界流体技术对物料进行干燥后，能避免物料体系溶剂表面张力和毛细管效应所引起的颗粒团聚或骨架结构（如凝胶骨架）塌陷，使物料分散性良好且不破坏三维骨架结构。大量实践证明，CO_2 超临界流体干燥技术具有如下优点：能稳定地处理对温度敏感的物料；产品中不含残留溶剂；可选择性地分离非挥发性物质；通过调节压强和温度，溶剂的溶解性可得到改变；溶剂容易回收；安全无害，无环境污染等问题。但是，超临界流体技术所用的设备结构较复杂、维护维修费用较高、产量也相对较小。如对于微纳米含能材料，要实现百克量级的干燥，已很困难且干燥周期较长。

2. 超临界流体干燥技术的研究进展

早在 1879 年，英国人 Hannay（哈内）和 Hogarth（霍格思）就发现超临界流体对液体和固体具有显著的溶解能力。1931 年，美国人 Kistler（基斯特勒）首次开创性地采用超临界流体干燥技术制得具有很高比表面积和孔体积，以及较低堆密度、折射率和热导率的粉体或块状气凝胶，并预言了其在催化剂、催化剂载体、绝缘材料、玻璃和陶瓷等诸多方面的潜在应用。该技术在不破坏凝胶网络框架结构的情况下，将凝胶中的分散相抽提掉。但由于制备周期长及设备和一些技术上的困难，在随后的几十年内一直未引起人们足够的重视。

直到 1962 年，在德国人 Zosel（佐塞尔）基于超临界流体技术进行物质分离的研究工作基础上，人们才开始重视超临界流体技术。此后，作为一种新的分离技术，超临界流体萃取的工业应用研究便得到蓬勃发展。1968 年，法国人 Nicolaon（尼科隆）和 Teichner（泰希纳）直接采用有机醇盐制备醇凝胶，大大缩短了超临界流体干燥过程的周期。1985 年，美国人 Tewari（特瓦里）使用 CO_2 作为超临界流体介质，使超临界温度大幅度降低，提高了设备的安全可靠性，使超临界流体干燥技术迅速地向实用化阶段迈进。

近年来，气凝胶材料的快速发展也进一步促进了超临界流体干燥技术的进步。例如，SiO_2 块状气凝胶已成功地用作高能物理实验中的粒子检测器，并生产出具有热绝缘性和太阳能收集作用的夹层窗，尤其引人注目的是气凝胶粉体作为催化剂或催化剂载体已广泛用于许多催化反应体系。块状气凝胶或粉体作为玻璃和陶瓷的前驱体也显示出诱人的应用前景。超临界流体干燥技术可有效克服使凝胶粒子聚集的表面张力效应，所制得的气凝胶粉体常常是由超细粒子组成的。因此，许多研究者把注意力集中在应用超临界流体干燥超细粉体的可行性及具体工艺技术的研究上，取得了一些很有实用价值的研究成果，开发了一些颇具应用前景的新的工艺与技术。为超细粉体，特别是热敏性（如含能材料）、生物活性（如生物医药样品）和催化活性粉体的研制提供了新途径，显著促进了超临界流体技术的实际应用。

3.4.2 超临界流体干燥的基本原理与方法

超临界流体能显著地溶解有机溶剂及难挥发性物质，而且其溶解能力与其密度密切相关，可以随温度、压强发生很大变化。在实际应用中可以通过改变操作条件，比较容易地把固体物料中的有机溶剂脱去。在临界温度附近，压强的微小变化，就会引起 CO_2 流体密度大幅度的变化，而有机溶剂在超临界 CO_2 流体中的溶解度与超临界流体密度呈正相关关系。超临界流体干燥技术就是利用超临界流体的这一特性而开发的一种新型的干燥技术。

近年来，超临界流体干燥作为一种新型的干燥技术，发展较快，迄今已有多项成功的工业化生产的实例，如凝胶状物料的干燥、抗生物质等医药品的干燥，以及食品和医药品原料中菌体的干燥处理等。但由于超临界流体干燥法一般在较高压强下进行，所涉及的体系也较复杂。因此，在逐级放大过程中，需要做大量的工艺和相平衡方面的研究，才能为工业规模生产的优化设计提供可靠的依据。而做这些实验的成本一般较高，这就限制了该技术的推广应用。为了解决这一问题，建立合适的理论模型，以便预测物质在超临界流体相中的平衡浓度，减少实验工作量，可缩短放大周期，节约资金。为此国内外均在开展超临界流体干燥机理及过程模拟方面的研究。

超临界流体的一个显著特点是具有很强的溶解能力，研究结果表明，超临界流体有很强的分子聚集行为，这种分子聚集行为正是具有高溶解能力的根本原因。任何物质在气态、液态和超临界态均存在分子聚集现象，分子的这种聚集行为是由分子间作用力，即范德瓦耳斯力（包括定向力、诱导力和色散力）及氢键力作用所致。任何物质体系都是由大小不同的分子聚集体所组成的，而物质分子的聚集程度不仅与分子大小、形状及结构特性有关，而且随物质体系所处的状态（温度、压强、组成及外力场等）而变化。

分子聚集的明显结果便是实际分子数（包括单体分子、双聚体分子和多聚体分子）减少而表观分子量增加，可定义聚集参数 j 来描述分子聚集行为，并基于聚集参数可对理想气体常数进行修正：

$$j=\frac{N}{N_{\mathrm{A}}} \tag{3-66}$$

$$R'=Nk=\frac{N}{N_{\mathrm{A}}}\left(N_{\mathrm{A}}\cdot k\right)=jR \tag{3-67}$$

式中，N、N_{A} 分别为 1mol 物质体系中的实际分子数和阿伏伽德罗常数；k 为 Boltzmann 常数；R 为理想气体常数。

应用统计热力学方法对物质分子聚集反应过程进行分析，可导出如下方程：

$$j=1-\frac{cP}{RT} \tag{3-68}$$

其中：

$$c=\left(1-j_{\mathrm{c}}\right)\left(\frac{RT_{\mathrm{c}}}{P_{\mathrm{c}}}\right)\exp\left[\frac{T_{\mathrm{c}}}{T-1}+\frac{3C^{*}}{2}\ln\frac{T_{\mathrm{c}}}{T}\right] \tag{3-69}$$

式中，j_{c} 为临界状态下的分子聚集参数；T_{c} 和 P_{c} 分别为临界温度和临界压强；$3C^{*}$ 为单分子形成聚集体分子所失去的外自由度数。

有了分子聚集参数 j，即可用它来修正现有的一些状态方程，例如范德瓦耳斯方程可表示为

$$P=\frac{jRT}{V-b}-\frac{a}{V^2} \tag{3-70}$$

将式（3-68）代入式（3-70），即可得如下形式的方程：

$$P=\frac{RT}{V+c-b}-\frac{a}{V(V+c-b)}+\frac{ab}{V^2(V+c-b)} \tag{3-71}$$

上述方程称为分子聚集型状态方程，可用它来描述超临界流体的 P-V-T 行为，并可计算有机物质在超临界流体中的溶解度等。

3.4.3　超临界流体干燥技术的分类

超临界流体干燥过程本质上是超临界流体对湿物料中的组分进行分离的过程。根据物料分离过程状态和装置的不同，可分为超临界流体萃取技术、超临界流体色谱技术、超临界流体膜分离技术等。

1. 超临界流体萃取技术

超临界流体萃取技术作为目前广泛使用的一种分离技术，已广泛应用于各个方面。超临界流体萃取的溶质（或悬浮物）与溶剂（或分散剂）分离过程是利用超临界流体的溶解能力与其密度的关系，即利用压强和温度对超临界流体溶解能力的影响而进行的。超临界状态下的流体具有很高的渗透能力和溶解能力，在较高压强条件下，将溶质溶解在流体中。当流体的压强降低或者温度升高时，流体的密度变小、溶解能力减弱，导致流体中的溶质析出，从而实现萃取的目的。通常选用 CO_2 作为萃取剂，通过调节萃取条件（如萃取温度、萃取压强）来控制流体的溶解能力，从而使目标成分从流体中分离出来。

作为一种绿色环保技术，超临界流体萃取技术已经在军民多个领域得到广泛应用和深入研究，如食品、制药、天然香料和环境保护等领域，以及微纳米含能材料干燥领域。

2. 超临界流体色谱技术

超临界流体色谱（supercritical fluid chromatography，SFC）是以固体吸附剂（如硅胶）或键合到载体上的高聚物为固定相，以超临界 CO_2 和少量助溶剂（也称改性剂或携带剂）为流动相，以分离、富集和纯化为目的的分离方法，其流动相具有黏度低、传质性能好、溶剂化能力强等特点。该方法分离效率高、分析时间短、溶剂无毒、不易燃且便宜，是一种绿色环保、高效经济的色谱分离技术。

超临界流体色谱技术的研究始于 20 世纪 60 年代末，由美国科学家 Klesper（克莱斯珀）等首次提出，但直到 20 世纪 90 年代后期，其还未获得大规模应用，这主要有以下两方面的原因：高效液相色谱（high performance liquid chromatography，HPLC）的兴起；超临界 CO_2 流体的特殊性，使得该技术对仪器的硬件要求高。21 世纪以来，绿色化学以及绿色分析化学理念的提出及实践，以及各种新型现代化超临界流体色谱仪器的出现，极大地提升了操控性、重现性和精密度，从而从软硬件两方面极大地推动了超临界流体色谱技术的创新和应用。

3. 超临界流体膜分离技术

超临界流体萃取过程多采用减压分离工艺，虽然能实现被萃取物与萃取剂完全的分离，但却给回收溶剂造成困难。膜分离技术由于兼有分离、浓缩、纯化和精制的功能，又有高效、节能、环保、分子级过滤，以及过滤过程简单、连续、易于控制等特征，已被广泛应用于食品、医药、石油、水处理、电子、仿生以及军工等领域，是分离科学中最重要的手段之一。将萃取和膜分离相耦合，既可以改善萃取过程的选择性，还能方便地回收高压 CO_2，充分体现了二者的优势。此外，对于单纯膜分离过程而言，有时因为物料黏度大，扩散性差，或者组成复杂，膜的选择性、渗透通量会受到一定的影响。若引入超临界 CO_2，则可以很大程度地降低物料黏度，从而改善扩散性质。另外，还可以发挥超临界 CO_2 萃取的选择性，以改善膜分离性能。

在超临界流体萃取与膜分离耦合技术应用中，膜污染是影响膜分离性能的主要因素之一，需通过优化操作条件尽量减少污染。此外，还需进一步加强超临界流体膜分离技术的模型化以及超临界流体在膜中的渗透扩散特性研究，为工程应用提供理论依据。

3.4.4　超临界流体干燥技术在微纳米含能材料干燥领域的应用

当前超临界流体干燥技术，尤其是用于微纳米含能材料的超临界流体干燥技术，主要是指超临界流体萃取技术。该技术能够干燥获得分散性良好的微纳米含能材料干粉。然而，该技术对微纳米含能材料浆料进行干燥时，需提前用乙醇等有机试剂对微纳米含能材料浆料中的水进行置换，然后才能采用最常用的 CO_2 超临界流体对浆料进行干燥。并且，干燥过程操作程序较复杂，设备维护成本较高。此外，该技术干燥的产量小，难以实现大批量干燥生产。

南京理工大学国家特种超细粉体工程技术研究中心曾针对超临界流体干燥技术，开展了系统、深入的研究工作。研制出了适用于微纳米含能材料干燥的超临界流体干燥设备，实现了微纳米 RDX、HMX 等小批量防团聚干燥，如图 3-8 所示。

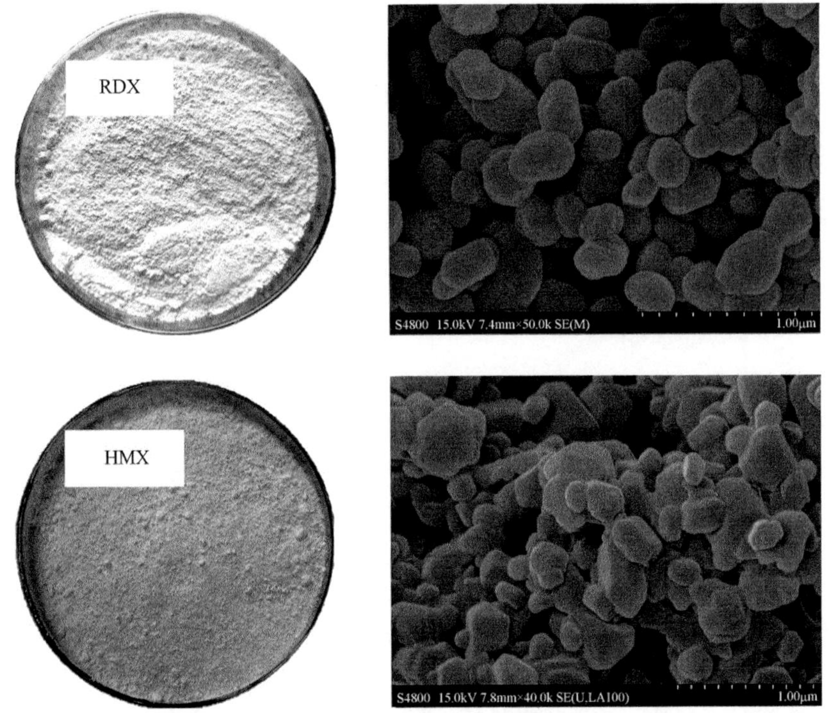

图 3-8　基于超临界流体干燥技术获得的干粉产品照片

虽然采用超临界流体干燥技术对纳米含能材料进行干燥后，样品较为蓬松，但也存在一些小颗粒团聚体（这些团聚体为软团聚，很容易分散）。并且，纳米级含能材料经超临界流体技术干燥后，颗粒会略有长大，大部分处于 200～300nm 之间。此外，经过大量研究表明：这种干燥技术成本高、干燥能力较小，难以实现工程化与产业化放大。

3.5　真空冷冻干燥技术

真空冷冻干燥技术是首先将含水物料冷冻成固态，再利用升华的原理使物料脱除湿分（主要是水）的一种干燥技术，在真空（低于水的三相点压强）环境下加热，进而使湿分直接升华脱除而达到干燥的目的。由于真空冷冻干燥技术在低温、低氧环境下进行，且处理过程无液态水存在，水分以固态直接升华，有效克服了液态水表面张力效应所引起的物料团聚或结构塌陷，使物料原有结构和形状得到最大程度保护，最终获得外观和内在品质兼备的优质干燥制品。尤其是对于微纳米物料颗粒浆料的干燥，具有很好的干燥效果，能获得分散性良好的干粉产品[20, 21]。南京理工大学国家特种超细粉体工程技术研究中心已在真空冷冻干燥技术及设备方面开展了大量的研究工作，并成功将该技术应用于微纳米 RDX、

HMX、CL-20 的安全、高效、大批量防团聚干燥生产。

3.5.1　真空冷冻干燥原理

真空冷冻干燥的基本物理过程是在低温低压条件下的传热传质。水有固态、液态、气态三种态相。根据热力学中的相平衡理论，随压强的降低，水的冰点变化不大，而沸点却越来越低，向冰点靠近。当压强降到一定的真空度时，水的沸点和冰点重合，冰就可以不经液态而直接汽化为气体，这一过程称为升华。物料的真空冷冻干燥，就是在水的三相点以下，即在低温低压条件下，使物料中冻结的水分升华而脱去。真空冷冻干燥与其他干燥方法一样，要维持升华干燥的不断进行，必须满足两个基本条件，即热量的不断供给和生成蒸气的不断排除。在开始阶段，如果物料温度相对较高，升华所需要的潜热可取自物料本身的显热。但随着升华的进行，物料温度很快就降到与干燥室蒸气分压相平衡的温度。此时，若没有外界供热，升华干燥便停止进行。在外界供热的情况下，升华所生成的蒸气如果不及时排除，蒸气分压就会升高，物料温度也随之升高，当达到物料的冻结点时，物料中的冰晶就会融化，冷冻干燥也就无法进行了。

供给热量的过程是一个传热过程，排除蒸气的过程是一个传质的过程。因此，升华干燥过程实质上也是一个传热、传质同时进行的过程。自然界中所发生的任何过程都有驱动力，升华干燥中的传热驱动力为热源与升华界面之间的温差，而传质驱动力为升华界面与蒸气捕集器（或冷阱）之间的蒸气分压差。温差越大，传热速率越快；蒸气分压差越大，传质（即蒸气排除）速率越快。

冻干时，既要保持产品的优良品质，又要取得较快的干燥速率。升华所需要的潜热必须由热源通过外界传热过程传送到被干燥物料的表面，然后再通过内部传热过程传送到物料内部冰晶升华的实际发生处。所产生的水蒸气必须通过内部传质过程到达物料的表面，再通过外部传质过程转移到蒸气捕集器中。任何一个过程或几个过程都可能成为干燥过程的“瓶颈”，它取决于真空冷冻干燥设备的设计、操作条件以及被干燥物料的特征。只有同时提高传热、传质效率，增加单位体积冻干物料的表面积，才能取得更快的干燥速率。

在干燥过程中物料内水分的固-气相变及物料内的传热传质基础理论方面，国内外研究较多，主要包括传统的冻干理论、多孔介质的冻干理论、微纳尺度冻干过程的传热传质理论等。

1. 传统的冻干理论

1967 年，美国人 Sandall（桑多）和 King（金）等提出了冷冻干燥冰界面均匀后移稳态模型（the uniformly retreating ice front model，URIF 模型），该模型将被冻干物料分成已干层和冻结层，并假设已干层和冻结层内都是均质的。传统的冻干理论就是基于该模型所建立的一维稳态模型，其特点是：简单、所需参数少、求解容易，能较好地模拟形状单一、组织结构均匀的物料的升华干燥过程，应用也比较广泛，但不够精确。主要应用在对于质量要求不高的冻干过程。

1）直角坐标系下的模型

i）平板状物料

产品形状若可简化为一块无限宽、厚度为 d 的平板，则主干燥阶段热质传递的物理模型可简化为如下方程：

传热能量平衡方程为

$$\frac{\partial T_{\mathrm{II}}}{\partial t}=\alpha_{\mathrm{II\,e}}\frac{\partial^2 T_{\mathrm{II}}}{\partial x^2},[t\geqslant 0, H(t)\leqslant x\leqslant L] \tag{3-72}$$

传质连续方程为

$$\frac{\partial c_{\mathrm{I}}}{\partial t}=D_{\mathrm{I\,e}}\frac{\partial^2 c_{\mathrm{I}}}{\partial x^2},[t\geqslant 0, 0\leqslant x\leqslant H(t)] \tag{3-73}$$

式中，T_{II}为冻结层的温度，K；$\alpha_{\mathrm{II\,e}}$为冻结层的有效热扩散系数，m^2/s；L 为已干层加冻结层的厚度；$D_{\mathrm{I\,e}}$为已干层的传质扩散系数，m^2/s；c_{I} 为已干层内水蒸气的质量浓度，kg/m^3；$H(t)$ 为 t 时刻移动冰界面的尺寸，m。该模型适用于冻结成平板状的液状物料和片状固体物料。

ii）分散颗粒状物料

产品形状若是分散颗粒状物料，则主干燥阶段传热传质的物理模型可简化为如下方程：

传热能量平衡方程为

$$\frac{\partial T_{\mathrm{I}}}{\partial t}=\alpha_{\mathrm{I\,e}}\frac{\partial^2 T_{\mathrm{I}}}{\partial x^2},[t\geqslant 0,\ 0\leqslant x\leqslant H(t)] \tag{3-74}$$

传质连续方程为

$$\frac{\partial c_{\mathrm{I}}}{\partial t}=D_{\mathrm{I\,e}}\frac{\partial^2 c_{\mathrm{I}}}{\partial x^2},[t\geqslant 0,\ 0\leqslant x\leqslant H(t)] \tag{3-75}$$

式中，T_{I}为已干层的温度，K；$\alpha_{\mathrm{I\,e}}$为已干层有效热扩散系数，m^2/s；其余符号同前。该模型适用于分散颗粒状物料，比如对冻结粒状咖啡萃取物的求解比较准确。

2）圆柱坐标系下的模型

若产品形状可以简化为圆柱状的物料，则主干燥阶段热质传递的物理模型可简化为如下方程：

传热能量平衡方程为

$$\frac{\partial T_{\mathrm{I}}}{\partial t}=\alpha_{\mathrm{I\,e}}\left(\frac{\partial^2 T_{\mathrm{I}}}{\partial r^2}+\frac{1}{r}\frac{\partial T_{\mathrm{I}}}{\partial r}\right),[t\geqslant 0,\ H(t)\leqslant r\leqslant R] \tag{3-76}$$

传质连续方程为

$$\frac{\partial c_{\mathrm{I}}}{\partial t}=D_{\mathrm{I\,e}}\frac{\partial^2 c_{\mathrm{I}}}{\partial r^2},[t\geqslant 0,\ H(t)\leqslant r\leqslant R]\tag{3-77}$$

式中，R 为圆柱冻结层加已干层的厚度。该模型适用于人参、骨骼等。

3）球坐标系下的模型

若产品形状可简化成球状物料，则主干燥阶段热质传递的物理模型可简化为如下方程：

传热能量平衡方程为

$$\frac{\partial T_{\mathrm{I}}}{\partial t}=\alpha_{\mathrm{I\,e}}\left(\frac{\partial^2 T_{\mathrm{I}}}{\partial r^2}+\frac{2}{r}\frac{\partial T_{\mathrm{I}}}{\partial r}\right),[t\geqslant 0,\ H(t)\leqslant r\leqslant R]\tag{3-78}$$

传质连续方程为

$$\frac{\partial c_{\mathrm{I}}}{\partial t}=D_{\mathrm{I\,e}}\frac{\partial^2 c_{\mathrm{I}}}{\partial r^2}+\frac{2}{r}\frac{\partial c_{\mathrm{I}}}{\partial r},[t\geqslant 0,\ H(t)\leqslant r\leqslant R]\tag{3-79}$$

该模型适合于草莓、动物标本等。

2. 多孔介质的冻干理论

1979 年美国人 Liapis（利亚皮斯）和 Litchfield（利奇菲尔德）等提出了冷冻干燥过程的升华-解析模型，该模型把已干层当作多孔介质，利用多孔介质内热质传递理论建立已干层内的热质传递模型。该模型的特点是：需简化的条件相对来说比较少，能较好地模拟冻干过程，与实际情况比较接近，但求解较困难，所需物性参数较多。学者们为了提高产品的质量和干燥速率，在该模型基础上完善和发展了多孔介质的传质传热模型，进而形成了多孔介质的冻干理论体系。

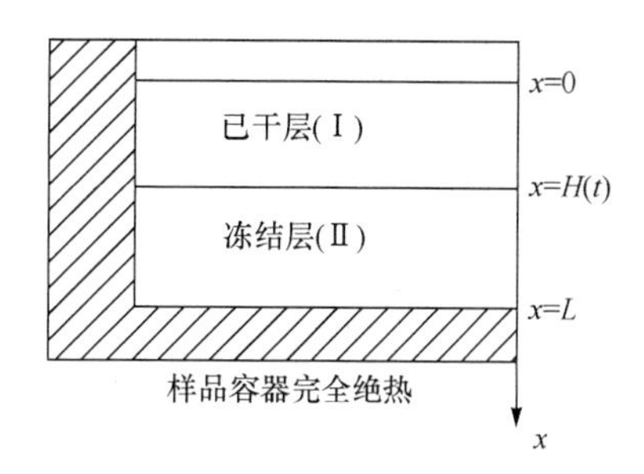

图 3-9　冻干过程传热传质示意图

1）一维升华-解析模型

Liapis 和 Litchfield 所提出的一维升华-解析模型，在主干燥过程热质传递的物理模型如图 3-9 所示。

已干区（Ⅰ）和冻结区（Ⅱ）非稳态能量传热平衡方程为

$$\begin{aligned}\rho_{\mathrm{I\,e}}\frac{\partial T_{\mathrm{I}}}{\partial t}=&\alpha_{\mathrm{I\,e}}\frac{\partial^2 T_{\mathrm{I}}}{\partial x^2}-\frac{N_{\mathrm{t}}c_{\mathrm{pg}}}{\rho_{\mathrm{I\,e}}c_{\mathrm{p\,I\,e}}}\frac{\partial T_{\mathrm{I}}}{\partial x}-\frac{Tc_{\mathrm{pg}}}{\rho_{\mathrm{I\,e}}c_{\mathrm{p\,I\,e}}}\frac{\partial N_{\mathrm{t}}}{\partial x}\\&+\frac{\Delta H_{\mathrm{v}}\rho_{\mathrm{I}}}{\rho_{\mathrm{I\,e}}c_{\mathrm{p\,I\,e}}}\frac{\partial c_{\mathrm{sw}}}{\partial t},[t\geqslant 0,\ 0\leqslant x\leqslant H(t)]\end{aligned}\tag{3-80}$$

$$\frac{\partial T_{\mathrm{II}}}{\partial t}=\alpha_{\mathrm{II}}\frac{\partial^2 T_{\mathrm{II}}}{\partial x^2},[t\geqslant 0,\ H(t)\leqslant x\leqslant L]\tag{3-81}$$

当$t \geqslant 0$，且$0 \leqslant x \leqslant H(t)$时，传质连续方程为

$$\frac{\varepsilon M_{\mathrm{W}}}{R_{\mathrm{g}}} \frac{\partial}{\partial t}\left(\frac{P_{\mathrm{W}}}{T_{\mathrm{I}}}\right)=-\frac{\partial N_{\mathrm{W}}}{\partial x}-\rho_{\mathrm{I}} \frac{\partial c_{\mathrm{sw}}}{\partial t} \tag{3-82}$$

$$\frac{\varepsilon M_{\mathrm{in}}}{R_{\mathrm{g}}}\left(\frac{P_{\mathrm{in}}}{T_{\mathrm{I}}}\right)=-\frac{\partial N_{\mathrm{in}}}{\partial x} \tag{3-83}$$

$$\frac{\partial c_{\mathrm{sw}}}{\partial t}=-k_{\mathrm{g}} c_{\mathrm{sw}} \tag{3-84}$$

式中，N_{t}为总的质量流，kg/（$\mathrm{m}^2 \cdot \mathrm{s}$）；$N_{\mathrm{W}}$为水蒸气质量流，kg/（$\mathrm{m}^2 \cdot \mathrm{s}$）；$c_{\mathrm{pg}}$为气体的比热容，J/（kg · K）；$c_{\mathrm{p\,I\,e}}$为已干层有效比热容，J/（kg · K）；$\rho_{\mathrm{I}}$为已干层密度，kg/m³；$\rho_{\mathrm{I\,e}}$为已干层的有效密度，kg/m³；$\Delta H$为潜热，J/kg；$\Delta H_{\mathrm{v}}$为结合水解吸潜热，J/kg；$\alpha_{\mathrm{II}}$为冻结层的热扩散系数，m²/s；$M_{\mathrm{W}}$为水蒸气分子量，kg/mol；$M_{\mathrm{in}}$为惰性气体分子量，kg/mol；$c_{\mathrm{sw}}$为结合水浓度，kg（水）/kg（固体）；$P_{\mathrm{W}}$为水蒸气分压，Pa；$P_{\mathrm{in}}$为惰性气体分压，Pa；$N_{\mathrm{in}}$为惰性气体质量流，kg/（$\mathrm{m}^2 \cdot \mathrm{s}$）；$k_{\mathrm{g}}$为解析过程的内部传质系数，$\mathrm{s}^{-1}$；$R_{\mathrm{g}}$为理想气体常数，J/（mol · K）；$\varepsilon$为已干层的孔隙率（无量纲）。

该模型适合于可简化成平板状的物料，如牛奶的冻干。

2）二维轴对称升华解析模型

1997 年，美国人马什卡雷尼亚什（Mascarenhas）等提出了二维轴对称升华-解析模型，基于该模型，已干区（Ⅰ）和冻结区（Ⅱ）非稳态传热能量平衡方程为

$$\begin{aligned}\frac{\partial T_{\mathrm{I}}}{\partial t}=&\frac{\lambda_{\mathrm{I\,e}}}{\rho_{\mathrm{I\,e}} c_{\mathrm{p\,I\,e}}}\left[\frac{\partial}{\partial x} \frac{\partial T_{\mathrm{I}}}{\partial x}+\frac{1}{r} \frac{\partial}{\partial y}\left(r \frac{\partial T_{\mathrm{I}}}{\partial y}\right)\right] \\ &-\frac{c_{\mathrm{pg}}}{\rho_{\mathrm{I\,e}} c_{\mathrm{p\,I\,e}}}\left[\frac{\partial\left(N_{\mathrm{t}, x} T_{\mathrm{I}}\right)}{\partial x}+\frac{1}{r} \frac{\partial\left(r N_{\mathrm{t}, y} T_{\mathrm{I}}\right)}{\partial y}\right] \\ &+\frac{\Delta H \rho_{\mathrm{I}}}{\rho_{\mathrm{I\,e}} c_{\mathrm{p\,I\,e}}} \frac{\partial c_{\mathrm{sw}}}{\partial t},[t \geqslant 0,0 \leqslant x \leqslant H(t)]\end{aligned} \tag{3-85}$$

$$\frac{\partial T_{\mathrm{II}}}{\partial t}=\frac{\lambda_{\mathrm{II}}}{\rho_{\mathrm{II}} c_{\mathrm{p\,II}}}\left[\frac{\partial}{\partial x} \frac{\partial T_{\mathrm{II}}}{\partial x}-\frac{1}{r} \frac{\partial}{\partial y}\left(r \frac{\partial T_{\mathrm{II}}}{\partial y}\right)\right],[t \geqslant 0,\ H(t) \leqslant x \leqslant L] \tag{3-86}$$

当$t \geqslant 0$，且$0 \leqslant x \leqslant H(t)$时，传质连续方程为

$$\varepsilon \frac{\partial c_{\mathrm{pw}}}{\partial t}+\rho_{\mathrm{I}} \frac{\partial c_{\mathrm{sw}}}{\partial t}+\nabla N_{\mathrm{W}}=0 \tag{3-87}$$

$$\varepsilon \frac{\partial c_{\mathrm{pin}}}{\partial t}+\nabla N_{\mathrm{in}}=0 \tag{3-88}$$

$$\frac{\partial c_{\mathrm{sw}}}{\partial t}=k_{\mathrm{g}}\left(c_{\mathrm{sw}}^{*}-c_{\mathrm{sw}}\right) \tag{3-89}$$

式中，$\lambda_{\mathrm{I\,e}}$为已干层有效热导率，W/（K · m）；λ_{II}为冻结层热导率，W/（K · m）；ρ_{II}为冻结层密度，kg/m^3；$c_{\mathrm{p\,II}}$为冻结层比热容，J/（kg · K）；c_{pw}为水蒸气的质量浓度，kg/m^3；c_{pin}为惰性气体的质量浓度，kg/m^3；c_{sw}^{*}为结合水平衡浓度，kg（水）/kg（固体）；$N_{\mathrm{t},x}$为x方向总的质量流，kg/（m^2 · s）；$N_{\mathrm{t},y}$为y方向总的质量流，kg/（m^2 · s）；其余符号同前。

3）多维动态模型

1998 年，美国人 Sheehan（希恩）和 Liapis（利亚皮斯）在二维轴对称模型的基础上进一步提出了多维动态模型，并对干燥过程传热传质物理模型进行了简化。主干燥阶段在已干层和冻结层中传热能量平衡方程为

$$\begin{aligned}\frac{\partial T_{\mathrm{I}}}{\partial t}=&\alpha_{\mathrm{I\,e}}\left(\frac{\partial^2 T_{\mathrm{I}}}{\partial r^2}+\frac{1}{r}\frac{\partial T_{\mathrm{I}}}{\partial r}+\frac{\partial^2 T_{\mathrm{I}}}{\partial z^2}\right)-\frac{c_{\mathrm{pg}}}{\rho_{\mathrm{I\,e}}c_{\mathrm{p\,I\,e}}}\left[\frac{\partial\left(N_{\mathrm{t},z}T_{\mathrm{I}}\right)}{\partial z}\right]\\&-\frac{c_{\mathrm{pg}}}{\rho_{\mathrm{I\,e}}c_{\mathrm{p\,I\,e}}}\left[\frac{1}{r}\frac{\partial\left(rN_{\mathrm{t},z}T_{\mathrm{I}}\right)}{\partial r}\right]+\frac{\Delta H\rho_{\mathrm{I}}}{\rho_{\mathrm{I\,e}}c_{\mathrm{p\,I\,e}}}\frac{\partial c_{\mathrm{sw}}}{\partial t},\end{aligned} \tag{3-90}$$

$$\left[t\geqslant 0, 0\leqslant z\leqslant Z=H\left(t,r\right), 0\leqslant r\leqslant R\right]$$

$$\frac{\partial T_{\mathrm{II}}}{\partial t}=\alpha_{\mathrm{II}}\left(\frac{\partial^2 T_{\mathrm{II}}}{\partial x^2}+\frac{1}{r}\frac{\partial T_{\mathrm{II}}}{\partial r}+\frac{\partial^2 T_{\mathrm{II}}}{\partial z^2}\right),\ \left[t\geqslant 0,\ Z=H\left(t,r\right)\leqslant z\leqslant L,\ 0\leqslant r\leqslant R\right] \tag{3-91}$$

当$t\geqslant 0$, $0\leqslant z\leqslant Z=H\left(t,r\right)$且$0\leqslant r\leqslant R$时，传质连续方程为

$$\frac{\varepsilon M_{\mathrm{W}}}{R_{\mathrm{g}}T_{\mathrm{I}}}\frac{\partial P_{\mathrm{W}}}{\partial t}=-\frac{1}{r}\frac{\partial\left(rN_{\mathrm{W},r}\right)}{\partial r}-\frac{\partial N_{\mathrm{W},z}}{\partial z}-\rho_{\mathrm{I}}\frac{\partial c_{\mathrm{sw}}}{\partial t} \tag{3-92}$$

$$\frac{\varepsilon M_{\mathrm{in}}}{R_{\mathrm{g}}T_{\mathrm{I}}}\left(\frac{\partial P_{\mathrm{in}}}{\partial t}\right)=-\frac{1}{r}\frac{\partial\left(rN_{\mathrm{in},r}\right)}{\partial r}-\frac{\partial N_{\mathrm{in},z}}{\partial z} \tag{3-93}$$

$$\frac{\partial c_{\mathrm{sw}}}{\partial t}=-k_{\mathrm{g}}c_{\mathrm{sw}} \tag{3-94}$$

当$t\geqslant t_{Z=H(t,r)=L}$，$0\leqslant z\leqslant L$且$0\leqslant r\leqslant R$时，二次干燥阶段传热传质平衡方程为

$$\begin{aligned}\frac{\partial T_{\mathrm{I}}}{\partial t}=&\alpha_{\mathrm{I\,e}}\left(\frac{\partial^2 T_{\mathrm{I}}}{\partial r^2}+\frac{1}{r}\frac{\partial T_{\mathrm{I}}}{\partial r}+\frac{\partial^2 T_{\mathrm{I}}}{\partial z^2}\right)-\frac{c_{\mathrm{pg}}}{\rho_{\mathrm{I\,e}}c_{\mathrm{p\,I\,e}}}\left[\frac{\partial\left(N_{\mathrm{t},z}T_{\mathrm{I}}\right)}{\partial z}\right]\\&-\frac{c_{\mathrm{pg}}}{\rho_{\mathrm{I\,e}}c_{\mathrm{p\,I\,e}}}\left[\frac{1}{r}\frac{\partial\left(rN_{\mathrm{t},z}T_{\mathrm{I}}\right)}{\partial r}\right]+\frac{\Delta H_{\mathrm{v}}\rho_{\mathrm{I}}}{\rho_{\mathrm{I\,e}}c_{\mathrm{p\,I\,e}}}\frac{\partial c_{\mathrm{sw}}}{\partial t},\end{aligned} \tag{3-95}$$

$$\frac{\varepsilon M_{\mathrm{W}}}{R_{\mathrm{g}}T_{\mathrm{I}}}\frac{\partial P_{\mathrm{W}}}{\partial t}=-\frac{1}{r}\frac{\partial\left(rN_{\mathrm{W},r}\right)}{\partial r}-\frac{\partial N_{\mathrm{W},z}}{\partial z}-\rho_{\mathrm{I}}\frac{\partial c_{\mathrm{sw}}}{\partial t} \tag{3-96}$$

$$\frac{\varepsilon M_{\mathrm{in}}}{R_{\mathrm{g}}T_{\mathrm{I}}}\left(\frac{\partial P_{\mathrm{in}}}{\partial t}\right)=-\frac{1}{r}\frac{\partial\left(rN_{\mathrm{in},r}\right)}{\partial r}-\frac{\partial N_{\mathrm{in},z}}{\partial z} \tag{3-97}$$

式中，$H(t,r)$为半径为 r 时的 $H(t)$；Z 为移动冰界面到达 z 处的值；$N_{\mathrm{t},z}$ 为 z 方向总的质量流，kg/（$\mathrm{m}^2\cdot\mathrm{s}$）；$N_{\mathrm{W},r}$ 和 $N_{\mathrm{W},z}$ 分别为 r 和 z 方向水蒸气的质量流，kg/（$\mathrm{m}^2\cdot\mathrm{s}$）；$N_{\mathrm{in},r}$ 和 $N_{\mathrm{in},z}$ 分别为 r 和 z 方向惰性气体的质量流，kg/（$\mathrm{m}^2\cdot\mathrm{s}$）；其余符号同前。

上述模型只是针对单个小瓶，对于由排列在搁板上的多个小瓶组成的体系，若可以认为对小瓶的供热是排列位置的函数，那么该模型依然适用。该模型的优点是能提供小瓶中已干层内结合水的浓度和温度的动力学行为的定量分布。

3. 微纳尺度冻干过程的传热传质理论

对于均质的液态物料和结构单一固体物料，通常可通过研究宏观参数（如压强、温度和物料的宏观尺寸等）进而研究真空冷冻干燥过程的热质传递，而可以忽略物料微观结构的影响。对于具有微纳尺度结构的样品（如生物细胞材料），冻干过程已干层多孔介质实际上不是均匀的，而是具有分形的特点。在 1998 年 Sheehan 和 Liapis 提出的非稳态轴对称模型的基础上，结合东南大学张东晖等提出的扩散方程，沈阳理工大学彭润玲等[22]针对螺旋藻冻干过程，对水蒸气和惰性气体的质量流量根据分形多孔介质中的扩散方程进行修改，将扩散系数改为分形多孔介质中的扩散系数，建立了分形多孔介质的冻干模型。模型的求解借助 Matlab 和 Fluent 软件。

通常流体的扩散满足 Fick 定律，固相中的扩散也常常沿袭流体扩散过程的处理方法。如果气体的分子直径自由程远大于微孔直径，则分子对孔壁的碰撞要比分子之间的相互碰撞频繁得多。其微孔内的扩散阻力主要来自分子对孔壁的碰撞，这就是德国学者 Knudsen（克努森）所提出的扩散机制。传统的冻干模型已干层中水蒸气和惰性气体的扩散都是按传统的欧氏空间的克努森扩散处理的。但对于生物材料，已干层中的孔隙一般都具有分形的特征，使气体在孔隙中的扩散也具有分形的特点。该模型建立时，考虑到若将欧式空间的维数改为分形维数，方程的求解太困难；并且螺旋藻已干层分形维数为 $d_{\mathrm{f}}=1.722$，比较接近 2；所以维数仍沿用欧式空间的维数 2。

1）主干燥阶段数学模型

当$t\geqslant 0$，$0\leqslant z\leqslant Z=H(t,r)$且$0\leqslant r\leqslant R$时，已干层分形多孔介质中的传质连续方程如下：

$$\frac{\varepsilon M_{\mathrm{W}}}{R_{\mathrm{g}}T_{\mathrm{I}}}\frac{\partial P_{\mathrm{W}}}{\partial t}=-\frac{1}{r}\frac{\partial\left[r(R-r)^{-\theta}N_{\mathrm{W},r}\right]}{\partial r}-\frac{\partial\left(z^{-\theta}N_{\mathrm{W},z}\right)}{\partial z}-\rho_{\mathrm{I}}\frac{\partial c_{\mathrm{sw}}}{\partial t} \tag{3-98}$$

$$\frac{\varepsilon M_{\mathrm{in}}}{R_{\mathrm{g}}T_{\mathrm{I}}}\frac{\partial P_{\mathrm{in}}}{\partial t}=-\frac{1}{r}\frac{\partial\left[r(R-r)^{-\theta}N_{\mathrm{in},r}\right]}{\partial r}-\frac{\partial\left(z^{-\theta}N_{\mathrm{W},z}\right)}{\partial z} \tag{3-99}$$

$$\frac{\partial c_{\mathrm{sw}}}{\partial t}=k_{\mathrm{g}}\left(c_{\mathrm{sw}}^{*}-c_{\mathrm{sw}}\right) \tag{3-100}$$

$$N_{\mathrm{W}}=-\frac{M_{\mathrm{W}}}{R_{\mathrm{g}}T_{\mathrm{I}}}\left(k_1\nabla P_{\mathrm{W}}-k_2P_{\mathrm{W}}\nabla P_{\mathrm{t}}\right) \tag{3-101}$$

$$N_{\mathrm{in}}=-\frac{M_{\mathrm{in}}}{R_{\mathrm{g}}T_{\mathrm{I}}}\left(k_3\nabla P_{\mathrm{in}}-k_4P_{\mathrm{in}}\nabla P_{\mathrm{t}}\right) \tag{3-102}$$

式中，r 为扩散的距离；θ 为分形指数，与多孔介质分形维数和谱维数有关；k_1 和 k_3 为体扩散系数，$\mathrm{m^2/s}$；k_2 和 k_4 为自扩散系数，$\mathrm{m^4/(N\cdot s)}$；P_{t} 为总的气体压强，Pa；R 为物料半径，m；其余符号同前。且主干燥阶段已干层中热质耦合的能量平衡方程为

$$\begin{aligned}\frac{\partial T_{\mathrm{I}}}{\partial t}=&\frac{\lambda_{\mathrm{Ie}}}{\rho_{\mathrm{Ie}}c_{\mathrm{pIe}}}\left(\frac{\partial^2T_{\mathrm{I}}}{\partial^2r}+\frac{1}{r}\frac{\partial T_{\mathrm{I}}}{\partial r}+\frac{\partial^2T_{\mathrm{I}}}{\partial^2z}\right)\\&-\frac{c_{\mathrm{pg}}}{\rho_{\mathrm{Ie}}c_{\mathrm{pIe}}}\left\{\frac{\partial\left(z^{-\theta}N_{\mathrm{t},z}T_{\mathrm{I}}\right)}{\partial z}+\frac{1}{r}\frac{\partial\left[r(R-r)^{-\theta}N_{\mathrm{t},r}T_{\mathrm{I}}\right]}{\partial r}\right\}+\frac{\Delta H_{\mathrm{v}}\rho_{\mathrm{I}}}{\rho_{\mathrm{Ie}}c_{\mathrm{pIe}}}\frac{\partial c_{\mathrm{sw}}}{\partial t}\end{aligned} \tag{3-103}$$

当 $t\geqslant0,\ Z=H(t,r)\leqslant z\leqslant L$ 且 $0\leqslant r\leqslant R$ 时，冻结层中能量平衡方程为

$$\frac{\partial T_{\mathrm{II}}}{\partial t}=\frac{\lambda_{\mathrm{II}}}{\rho_{\mathrm{II}}c_{\mathrm{pII}}}\left[\frac{\partial}{\partial x}\frac{\partial T_{\mathrm{II}}}{\partial x}-\frac{1}{r}\frac{\partial}{\partial y}\left(r\frac{\partial T_{\mathrm{II}}}{\partial y}\right)\right] \tag{3-104}$$

2）升华界面的轨迹

升华界面的移动根据升华界面处的热质耦合能量平衡条件确定，能量平衡条件为

$$\begin{aligned}&\left(\lambda_{\mathrm{II}}\frac{\partial T_{\mathrm{II}}}{\partial z}-k_{\mathrm{Ie}}\frac{\partial T_{\mathrm{I}}}{\partial z}\right)-\left(\lambda_{\mathrm{II}}\frac{\partial T_{\mathrm{II}}}{\partial r}-k_{\mathrm{Ie}}\frac{\partial T_{\mathrm{I}}}{\partial r}\right)\left(\frac{\partial H}{\partial r}\right)\\&\quad+v_{\mathrm{n}}\left(\rho_{\mathrm{II}}c_{\mathrm{pII}}T_{\mathrm{II}}-\rho_{\mathrm{I}}c_{\mathrm{pI}}T_{\mathrm{I}}\right)\\&\quad=-\left(c_{\mathrm{pg}}T_{\mathrm{I}}+\Delta H_{\mathrm{s}}\right)\left[z^{-\theta}N_{\mathrm{W},z}-\frac{\partial H}{\partial r}(R-r)^{-\theta}N_{\mathrm{W},r}\right],\\&\quad\left[z=Z=H(t,r),\ (0\leqslant r\leqslant R)\right]\end{aligned} \tag{3-105}$$

式中，k_{Ie} 为已干层有效热导率，W/（K · m）；ρ_{I} 为已干层密度，$\mathrm{kg/m^3}$；c_{pI} 为

已干层比热容，J/（kg · K）； $v_n = -\dfrac{n^{-\theta} N_{Wn}}{\rho_{II} - \rho_I}$ ， N_{Wn} 为在冰界面法向方向距离为 n 处的水蒸气的质量流，kg/（m² · s）； n 为冰界面到物料表面的法向距离，m。

3）二次干燥阶段数学模型

当 $t \geqslant t_{z=Z(t,r)=L}$， $0 \leqslant z \leqslant L$ 且 $0 \leqslant r \leqslant R$ 时，传热能量平衡和传质连续方程为

$$\frac{\partial T_I}{\partial t} = \frac{\lambda_{Ie}}{\rho_{Ie} c_{pIe}} \left(\frac{\partial^2 T_I}{\partial^2 r} + \frac{1}{r}\frac{\partial T_I}{\partial r} + \frac{\partial^2 T_I}{\partial^2 z} \right) - \frac{c_{pg}}{\rho_{Ie} c_{pIe}} \left\{ \frac{\partial\left(z^{-\theta} N_{t,z} T_I\right)}{\partial z} + \frac{1}{r}\frac{\partial\left[r(R-r)^{-\theta} N_{t,r} T_I\right]}{\partial r} \right\} + \frac{\Delta H_v \rho_I}{\rho_{Ie} c_{pIe}} \frac{\partial c_{sw}}{\partial t} \tag{3-106}$$

$$\frac{\varepsilon M_W}{R_g T_I}\frac{\partial P_w}{\partial t} = -\frac{1}{r}\frac{\partial\left[r(R-r)^{-\theta} N_{W,r}\right]}{\partial r} - \frac{\partial\left(z^{-\theta} N_{W,z}\right)}{\partial z} - \rho_I \frac{\partial c_{sw}}{\partial t} \tag{3-107}$$

$$\frac{\varepsilon M_{in}}{R_g T_I}\frac{\partial P_{in}}{\partial t} = -\frac{1}{r}\frac{\partial\left[r(R-r)^{-\theta} N_{in,r}\right]}{\partial r} - \frac{\partial\left(z^{-\theta} N_{W,z}\right)}{\partial z} \tag{3-108}$$

结合水的移除用以下方程表示：

$$\frac{\partial c_{sw}}{\partial t} = k_g\left(c_{sw}^{*} - c_{sw}\right) \tag{3-109}$$

3.5.2　真空冷冻干燥设备组成

真空冷冻干燥设备主要包括干燥箱、捕水系统、制冷系统、加热系统、真空系统、控制系统等。由于制冷系统和加热系统相互关联耦合，故通常将它们设计为一体式结构，即制冷/加热系统。在实际进行设备的设计和加工时，需要考虑节能、环保、降低成本、维修容易、使用方便等因素。例如，对于生物制品和医药用冻干机，由于所生产的产品价值很高，一旦冻干过程出现故障，将造成很大的经济损失；对于易燃易爆类材料，一旦发生意外，将引起严重的安全问题。因此，必须确保真空冷冻干燥设备的硬件、软件均可靠、可控。南京理工大学国家特种超细粉体工程技术研究中心自主研制出了特种真空冷冻干燥设备，其基本组成及结构，如图 3-10 所示。

1. 干燥箱

真空冷冻干燥箱主要由干燥箱体（框架）和干燥隔板组成。

1）干燥箱体

干燥箱体也可以称为整个干燥箱的外壳，通常可设计为矩形、圆筒形或其他

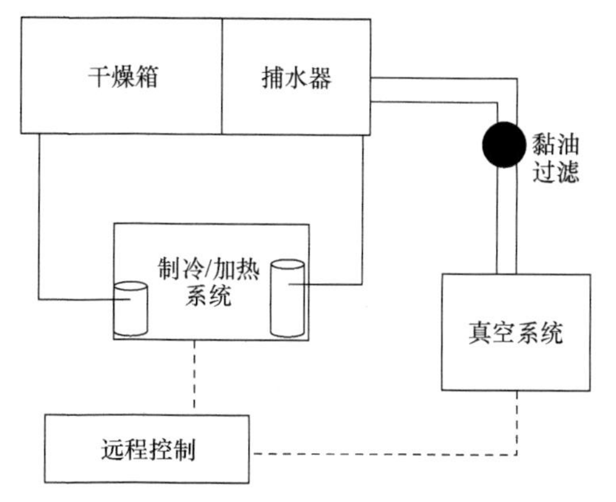

图 3-10　特种真空冷冻干燥设备结构示意图

特定形状等。箱体外壁布有加强筋，以保证箱体的刚度、强度；内部设有保温层，通常采用聚氨酯发泡材料，具有良好的隔热性能，也满足 GMP 生产要求。干燥箱体外部通常采用不锈钢包壳（材质如 SUS304 拉丝板），箱体外侧装有观察窗，并可配置照明灯，有利于在冷冻干燥过程中观察制品状况。干燥箱体的顶部还会设置测量箱内真空度的真空规管、测量制品温度的热电偶接线盘、真空度调节组件、验证孔以及导热介质接口等。

通常，需对干燥箱体的内表面，尤其是用于生物医药物品干燥的箱体内表面，进行表面精加工（如使表面粗糙度 R_a<0.5μm）。内壁材质通常选用 SUS304L 或 SUS316L 不锈钢，所有的拐角均为圆弧形，以便于清洗。干燥箱门可采用不锈钢材质或有机玻璃材质：对于较大尺寸的箱门，通常采用 SUS304L 或 SUS316L 不锈钢制造；对于尺寸较小的箱门，既可采用不锈钢制造，又可采用有机玻璃制造。箱门可根据需求设计为铰链式结构或吊臂式结构。在某些特殊要求下，干燥箱体还可与某些外置空间密封连接，如无菌室的墙壁等。

2）干燥隔板

干燥隔板，也称板层，通过导柱安装在干燥箱体内，可焊接固定，也可由液压活塞带动上下运行，便于进出料和清洗。干燥板层一般有多层，其中最上层的一块板层为温度补偿板，确保箱内制品都处在相同温度环境下。板层为特殊结构空心夹板，具有强度高、密封性好的特点，并且还需确保不同板层内部的导热流体的管道长度相等，以保证板层温度的均匀性。此外，还需保证在长期热胀冷缩的工况条件下，不变形、不渗漏。

为了获得产品最佳热传递面积，还需保证板层高度平整光洁，以提高传热效率。在板层的后面及两侧还需设置防护条，以防止干燥料盘滑出板面。板层的形状一般为长方形，材质选用 SUS304L 或 SUS316L，板层表面粗糙度 Ra 一般需小于 0.5μm。

2. 捕水系统

捕水系统往往又可称为水蒸气凝结器或冷阱，真空冷冻干燥过程，其本质是冻干箱内物料的升华温度与凝结器冷凝管表面温度各自对应的饱和蒸气压之差所产生的动力，作为推动力来完成水蒸气的迁移过程。因此，只有凝结器表面温度对应饱和蒸气压低于物料升华温度对应的饱和蒸气压，物料升华才能有效地进行下去，真空冷冻干燥过程才能持续。

水蒸气凝结器是通过冷媒（如氟利昂）在冷凝管内循环流动，降低冷凝管表面的温度，进而实现对水蒸气的捕集。对于冷凝管，既可设计为内置式，又可设计为外置式。内置式是将冷凝管的表面作为捕水表面，水蒸气直接在冷凝管外表面凝结，通常该类型的冷凝管为不锈钢材质，置于冷阱内部。外置式是将冷凝管设计为特殊结构（如圆环状）缠绕在冷阱内筒体外侧，材质一般为铜管，对冷阱内筒体降温，通过冷阱内表面捕集水蒸气，这种类型的冷阱一般为圆筒式结构。内置式冷凝管热损耗较少、捕水效果好，但黏附在冷凝管表面的微纳米粉尘不容易彻底洗净。外置式冷凝管比内置式冷凝管的捕水效果差，但其内筒体表面光滑，清洗方便。

冷阱也需设计为夹套保温结构，通常采用环保型阻燃保温材料。冷阱材质一般为 SUS304L 或 SUS316L，内表面的表面粗糙度 Ra 一般也要求小于 0.5μm。冷阱侧面或端面可设置有机玻璃观察孔，以便对冷阱内水蒸气捕集情况进行观测。冷阱和干燥箱之间可通过大口径导流管（可设置不锈钢中隔阀，也称蝶阀）连接，也可设计为一体式结构。通过对冷阱的结构优化，使冷阱内冷凝管表面获取最高凝冰率，还使在水汽凝结器中的冰能均匀地形成，进而有效地降低能耗并缩短冻干周期。真空冷冻干燥结束后，需对冷阱内的冻结水蒸气（冰）进行脱除处理，该过程称为化霜；既可在程序控制下通过加热方式自动化霜，也可手动方式用水进行化霜。

3. 制冷/加热系统

1）制冷系统

制冷系统由制冷压缩机及其辅助设施构成，为干燥箱和捕水系统提供冷源。通常，制冷压缩机有活塞式和螺杆式两种，可根据需要选用一级或二级压缩机，以保证制冷系统具有足够大的制冷量储备，进而确保系统工作的稳定性。制冷压缩机内循环流动的冷媒通常是氟利昂，通过压缩机压缩并经冷风或冷水冷却的液态氟利昂，被输送泵输送至冷阱上的膨胀阀（或毛细管），液态氟利昂经过膨胀阀后流入冷凝管，然后迅速膨胀吸热，使冷凝管的温度降低（通常在−50℃以下），以提供捕集水蒸气所需的低温环境。汽化后的氟利昂回流至制冷压缩机，再经压缩机压缩、冷却为液态后，再次进入冷凝器的膨胀阀及冷凝管内。如此循环运行，使冷凝管持续维持在较低温度。

在制冷系统中，冷媒的循环流动管路必须合理设计，以确保流动稳定，使系统保持平衡。当管路中有杂质时，轻者堵塞管路中的阀，重者堵塞油分离器的过滤网，影响压缩机的回油，造成压缩机的损坏。故所有管路在安装前都经过酸洗、烘干，确保系统清洁、干燥；并且还需定期对滤油器进行清洗或更换。

制冷系统除了对冷阱进行直接制冷外，还对导热介质（如硅油）进行制冷，然后导热介质在循环泵的作用下流至干燥隔板的夹套内，对干燥隔板进行制冷，以实现物料浆料的预冻。导热介质在其储存容器内经管道与干燥隔板的进出口连接，实现循环流动。

2）加热系统

加热系统是通过对上述导热介质进行加热后，经过输送泵把导热介质输送至干燥隔板内。加热系统和制冷系统工作时针对的是相同的导热介质，区别在于制冷系统是通过换热器与导热介质进行换热，实现对导热介质制冷；而加热系统通常是采用电阻丝直接对导热介质进行加热。在系统程序的控制下，通过精确调节制冷量和加热量，实现对温度的有效控制，一般要求温度控制精度在±0.5℃。

在加热系统工作时，必须防止“干烧”，以免加热桶内局部温度过高，引发意外事故，如样品损坏或设备损坏。因此，在真空冷冻干燥设备安装调试时，必须确保导热介质内的空气完全排净，通常需使硅油循环流动 24h 以上。另外，为了保证干燥过程的设备、物料或人身安全，加热系统的控温方式在程序控温基础上，通常还设置机械控温作为辅助高温控制措施，防止导热介质温度过高引起意外事故。

4. 真空系统

真空系统与制冷/加热系统一样，是真空冷冻干燥设备的核心组成部分。物料中的固态水（冰）升华的必要前提是真空和供热，只有在真空状态下向提供物料约 700kcal[①]/kg 的热量，固态水（冰）才能升华成水蒸气，达到干燥目的。系统的真空是确保制品质量的一个必要条件，制品必须在稳定可靠的真空条件下完成整个升华过程。通常，真空泵选用油旋片式真空泵，如英国 Edwards（爱德华）、日本 Ulvac（爱发科）等。

有时，为了提高真空度和抽真空速率，在油旋片式真空泵的前端还要额外配置一个罗茨真空泵，这对于多孔介质、微纳米材料及对含水率要求较低的干燥过程尤其适用。此外，也可在真空系统中设置水循环真空泵，事先抽除易挥发性有

---

① 1kcal=4184J。

机物，提高真空系统的使用寿命。真空系统往往还设有干燥箱真空自动调节装置，能将干燥箱的真空度控制在设定的范围内，进而有效地缩短制品的干燥周期。

5. 控制系统

控制系统是实现整个真空冷冻干燥设备连续、稳定、安全运行的关键，常用的是 PLC 控制系统，也可以是 DCS 控制系统。控制系统内可实现对制冷/加热系统、真空系统、阀门等进行近程或远程控制，实现真空冷冻干燥设备连续按程序自动化运行，或者人工手动操作运行。大部分情况下，控制系统都是按程序（也称配方）自动运行或者人工控制温度程序的半自动运行，手动运行通常仅用于真空冷冻干燥设备的调试。

控制系统可采用触摸屏或计算机进行操作，能对干燥过程的温度、真空度等参数进行监测、显示、记录和控制。通常，控制系统内需对所有电机设置过流、过载、缺相等保护程序，并配置声、光等报警辅助设施。尤其重要的是，需针对制冷/加热系统和真空系统设置联锁保护，防止误操作或设备故障引起压缩机、真空泵等关键部件损坏，并确保干燥运行过程安全、稳定。

6. 其他组成部分

在真空冷冻干燥设备内，根据需要还可设置在线清洗（CIP）设施、在线灭菌（SIP）设施、溶剂回收设施等，以方便对设备进行无人化清洗和灭菌操作，这对于生物医药制品尤为重要。还可设置粉尘过滤器，防止微纳米粉尘进入真空泵系统中，避免引起真空泵损坏，甚至引发安全事故，这对微纳米含能材料的干燥过程极为重要。

3.5.3　真空冷冻干燥设备的分类

真空冷冻干燥设备型号较多，可分别基于干燥面积、物料种类、工作方式、干燥室形状、加热方式等进行分类。

1. 按干燥面积分类

目前，真空冷冻干燥设备的干燥面积可从最小不足 $0.1m^2$，到大至数百平方米，可归纳成三大类。

1）小型实验用冻干机

这种类型的干燥设备通常用于实验室开展基础研究实验，设备干燥面积一般在 $0.1\sim1m^2$。

i）台式微型冻干机

这种类型冻干机尺寸小、质量轻，被干燥物料需装在烧瓶里，在旋动机上旋转冷冻，然后将烧瓶装入该机的橡胶阀接插口上抽真空干燥。这种冻干机适合于贵重物料和实验室小批量物料研制用，如细菌与病毒的人工培养物、血清分馏物、植物提取物、血浆、抗体、疫苗，以及少量含能材料干燥等。

ii）柜式小型冻干机

通常柜式小型冻干机多设计成整体式，或采用积木块式结构，将所有部件安装在一个整体机架上，使整机结构紧凑，机动灵活，造型美观，维修、保养方便。由于冻干箱与捕水器相互隔离，有效地防止了批与批之间的交叉污染。整机带有轮轴，可直接推送到安装地点。有机玻璃门为观察冻干过程带来很大方便。这种冻干机适合于科研或生产单位针对一定产品进行冻干工艺试验，以确定放大后的干燥工艺参数，以及用来进行小批量产品的生产。

2）中型生产冻干机

这种冻干机的冻干面积较大，可用于中试生产。例如，对于医药产品，设备干燥面积一般在 1～5m^2；对于食品行业，设备干燥面积一般在 5～20m^2。

3）大型工业生产用冻干机

这种类型的冻干机直接用于工业化生产，对于医药产品，设备干燥面积达 10～60m^2；对于食品行业，设备干燥面积达 50～200m^2。

2. 按物料种类分类

根据所干燥的物料种类不同，真空冷冻干燥设备可分为医药产品用冻干机、食品用冻干机和特种冻干机等。

1）医药产品用冻干机

医药产品用冻干机的主要特点一是可靠性高，通常一次被冻干物料的价格比一台冻干机的价格还高，因此不允许冻干失败。二是消毒灭菌功能要好，防止药品交叉污染。此外，医药产品用冻干机对温度控制精度的要求比较严格，同一搁板内和板层间温差要小，制造冻干机的材料必须符合 GMP 标准要求。

2）食品用冻干机

食品用冻干机的突出特点是产量高，脱水量大。因此，要求真空系统排气量大，真空度不高。目前除采用大型捕水器和罗茨旋转泵机组之外，多采用几级串联的水蒸气喷射泵，这种泵能直接以气态排除水蒸气，系统中不必设置捕水器。由于装料量大，多采用装料车。这种设备一次投资成本低，但占地面积大，噪声也比较大。

3）特种冻干机

对于某些特殊物料，如微纳米含能材料，还需对真空冷冻干燥设备的结构、真空度、升温速率、降温速率、温度范围、抽气速率等进行特殊设计，以满足产品干燥需求。这类特殊设计的冷冻干燥设备被称之为特种冻干机，已在含能材料领域获得应用，如用于微纳米 RDX、HMX、CL-20 的防团聚干燥。

3. 按工作方式分类

根据真空冷冻干燥设备的工作方式，可分为手动式、半自动式、全自动式，主要区别在于干燥过程设备的自动化运行程度。手动式冻干机的每一步操作都需人为控制；半自动式冻干机的部分操作需人为控制，如制冷、抽真空、化霜等步骤；全自动式冻干机干燥过程自动化运行，实现一键式操作，设备完全自动运行。目前，半自动式冻干机和全自动式冻干机使用较多，手动式操作一般仅用于设备调试。

4. 按干燥室形状分类

根据干燥室形状不同，可将真空冷冻干燥设备分为方形、圆形和隧道式等几种类型。

5. 按加热方式分类

根据加热方式不同，可将真空冷冻干燥设备分为传导加热和辐射加热两种类型。根据加热源不同，传导加热可分为电加热、燃油加热等；辐射加热可分为红外线加热、微波加热等。

总之，真空冷冻干燥技术由于在低温下以静态方式对物料进行干燥，过程安全性高。通过设计并研制出特殊结构的真空冷冻干燥设备，并引入高效消除静电的措施，就可用于微纳米含能材料浆料的安全、高效、大批量、防团聚干燥生产。

3.5.4　真空冷冻干燥技术在微纳米含能材料干燥领域的应用

微纳米含能材料颗粒比表面积大、表面能高，在干燥过程中，随着浆料体系中液相组分的减少，微纳米含能材料颗粒会相互靠拢团聚长大，形成较大尺度的颗粒，导致干燥后的含能材料颗粒处于微米级（通常大于 5μm），无法得到真正的亚微米级尤其是纳米级含能材料颗粒，使得微纳米含能材料的优异特性丧失。

为了解决干燥产品团聚结块甚至颗粒长大的难题，国内外研究者大量采用机电一体式冷冻干燥设备对微纳米含能材料样品进行干燥。例如，在干燥前加入表面活性剂 PVP，并将样品抽滤为滤饼，再通过冷冻干燥得到纳米级 TATB[4]，或者先将样品抽滤、分离，再进行冷冻干燥制得超细 HNS[23, 24]、亚微米级 TATB[25]。抑或者先对样品进行液氮快速冷冻，再采用冷冻干燥得到超细 FOX-7[26]。也有采用机电一体式冷冻干燥设备对复合含能材料进行干燥。例如，先将 RDX 基纳米复合含能材料体系中的溶剂丁内酯置换为乙醇，再将乙醇用水置换，然后才进行冷冻干燥，干燥结束后再对样品进行干法粉碎[27]；或者先对 CL-20 基纳米复合含能材料进行冷冻干燥，再对干燥后的样品进行干法粉碎，得到微纳米复合含能材料粉末[28, 29]；抑或者首先对样品采用液氮快速冷冻，然后再进行冷冻干燥，最终获得 CL-20 基纳米复合含能材料[30]。采用上述这些冷冻干燥措施及方法往往要向样品中引入大量表面活性剂，影响干燥产品质量。并且，对于微纳米含能材料浆料的干燥，机电一体式的冷冻干燥设备其本质安全性较差、不满足安全生产要求，难以实现工程化放大与大批量防团聚干燥生产。

针对微纳米 RDX、HMX、CL-20、HNS 等含能材料浆料安全、高效、大批量、高品质干燥难题，南京理工大学国家特种超细粉体工程技术研究中心结合真空冷冻干燥技术，开展了系统、深入的研究工作。原创性地提出了“膨胀撑离”防团聚理论[31]，如图 3-11 所示。

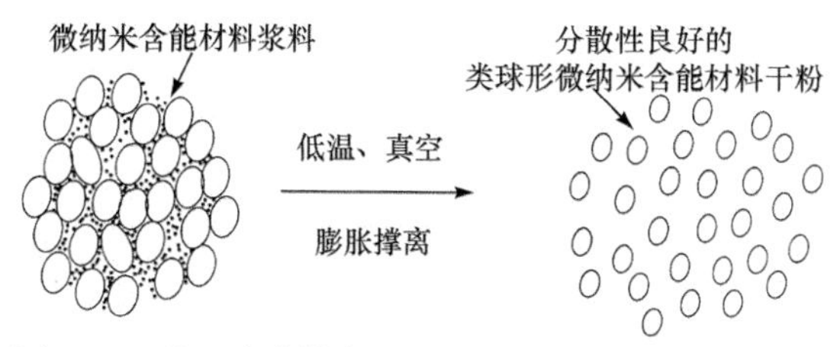

图 3-11　基于膨胀撑离理论的防团聚干燥过程示意图

建立了特殊真空冷冻干燥过程的物理模型，模拟研究了干燥过程温度分布、水蒸气压强分布、水蒸气脱除速率分布、物料体系冰晶体积分数分布等，如图 3-12～图 3-17 所示。

在上述研究工作基础上，设计并研制出了具有特种防爆结构的 LDD 型真空冷冻干燥设备，攻克了真空冷冻防团聚干燥关键技术。通过优化、控制工艺技术参数，使微纳米含能材料浆料在特殊条件下产生冻结固定效应、空间阻隔和撑离效应，进而使浆料体系产生膨胀，形成很强的撑离作用，有效地防止微纳米含能

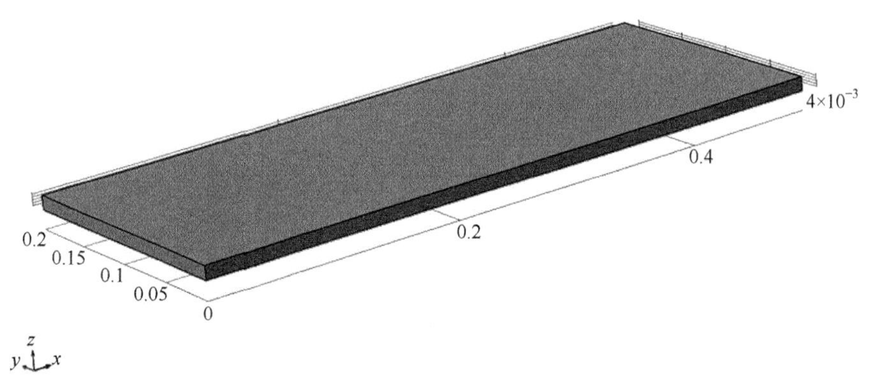

图 3-12　微纳米含能材料真空冷冻干燥过程物理模型（单位：m）

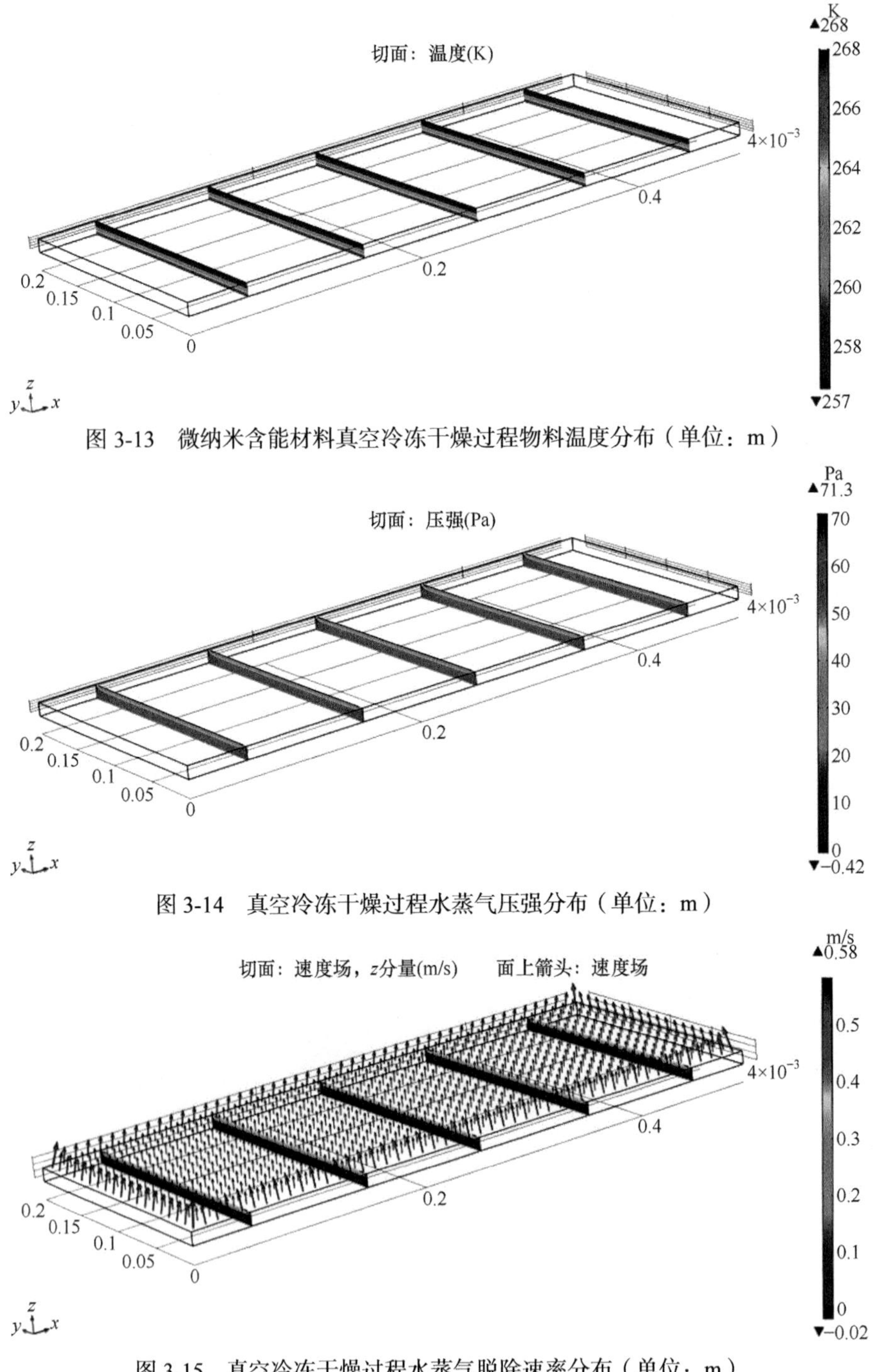

图 3-13　微纳米含能材料真空冷冻干燥过程物料温度分布（单位：m）

图 3-14　真空冷冻干燥过程水蒸气压强分布（单位：m）

图 3-15　真空冷冻干燥过程水蒸气脱除速率分布（单位：m）

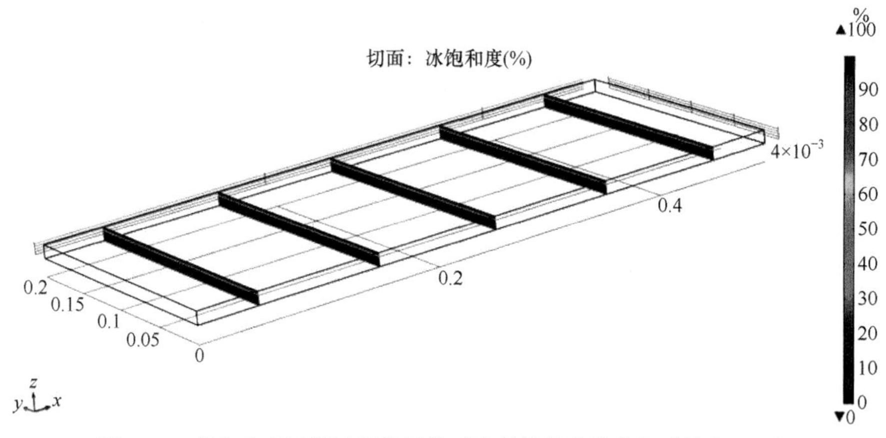

图 3-16　真空冷冻干燥过程物料体系冰晶体积分数分布（单位：m）

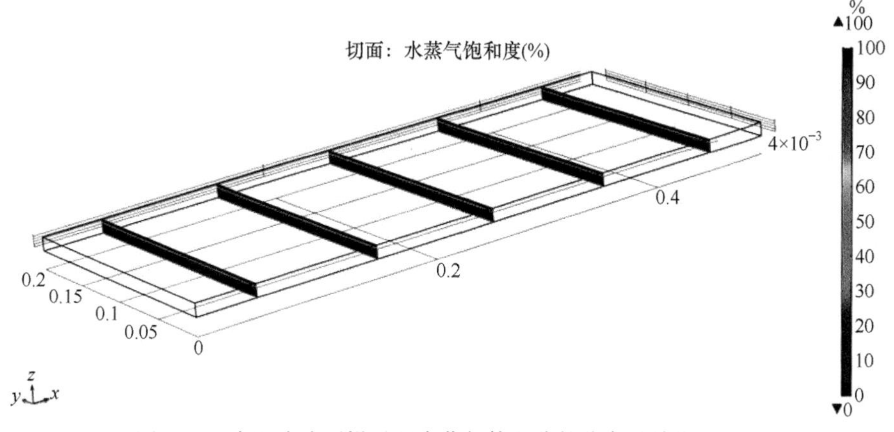

图 3-17　真空冷冻干燥过程水蒸气体积分数分布（单位：m）

材料颗粒在干燥过程团聚。干燥全过程不需添加任何物质，所获得的微米、亚微米及纳米含能材料（如 RDX、HMX、CL-20、TATB、HNS 等）干粉产品纯度高、不团聚、分散性良好（图 3-18），并且干燥后产品颗粒不长大，含水率完全满足技术指标要求（小于 0.1%）。

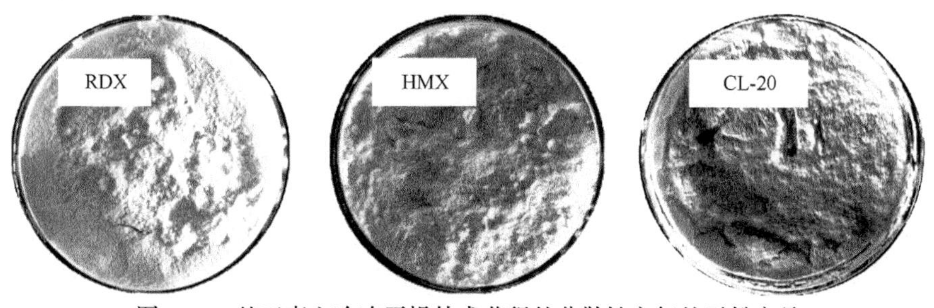

图 3-18　基于真空冷冻干燥技术获得的分散性良好的干粉产品

3.6 雾化连续干燥技术

真空冷冻干燥技术能够实现微纳米含能材料的安全、高效、大批量防团聚干燥，可应用于科研与生产领域。然而，该技术也存在干燥过程间断、物料干燥时间较长（通常 2 天以上）的不足。要实现快速、连续将微纳米含能材料浆料中的水分驱除，通常方法是提高干燥温度与热交换面积及热交换速率，如当温度超过水的沸点时，水可快速汽化驱除。但传统观念认为，含能材料干燥温度（包括推进剂与发射药制造工艺温度）一般应控制在 100℃以下，即含能材料加工制造的 100℃禁区。然而，水在其沸点以下温度的环境中，只能缓慢汽化蒸发，要实现微纳米含能材料浆料的快速脱水干燥，必须突破 100℃的加热温度禁区，即采用高温干燥法，需突破传统的干燥理念及工艺技术。并且，即便干燥温度突破 100℃后，还不能采用普通的间断干燥技术（如厢式干燥技术），也不能采用普通的连续干燥技术（如盘式连续干燥技术）。因为采用这两种技术对微纳米含能材料进行干燥时，物料长时间在 100℃以上干燥，会导致微纳米含能材料分解而引发燃爆事故。并且，获得的干燥产品会发生团聚、结块。还会因干燥时物料体系温度不均匀而导致局部过热，进而进一步增大安全风险。

为了使微纳米含能材料能够实现连续、快速防团聚干燥，还需增大物料浆料的热交换面积。例如，事先将微纳米含能材料浆料分散雾化成微小液滴，再对分散性良好的含有微纳米含能材料的雾滴进行快速高温（如 180℃及以上）、动态干燥，这样才有可能安全、连续、快速干燥获得分散性良好的微纳米含能材料产品，即可采用雾化连续干燥原理及技术，通过设计并研制出相应的特殊干燥设备及其配套的工艺参数，实现微纳米含能材料快速、动态、连续干燥。

3.6.1 概述

雾化连续干燥（简称雾化干燥）是基于雾化连续干燥设备（简称雾化干燥器），将一定浓度的物料浆料通过雾化器雾化后，进入干燥室，在与热空气的接触中，使水分迅速汽化，然后进行气-固分离，进而得到干燥产品的干燥过程。雾化干燥技术在工业上的应用已有一百多年的历史。起初，由于这一工艺的热效率低，只限于奶粉、蛋粉等少数产品的生产。但到现在，随着此项技术的不断研究和发展，已在化学工业、食品工业、医药品和生化工业、林产工业、农药、陶瓷、水泥、冶金、环境保护、材料加工等领域中广泛使用，从而不断扩展了雾化干燥技术的应用范围[32]。南京理工大学国家特种超细粉体工程技术研究中心已将该技术应用于微纳米含能材料的连续、自动化防团聚干燥处理。

雾化干燥所处理的料液可以是溶液、悬浮液或乳浊液，也可以是熔融液或膏糊液。根据干燥产品的要求，可以制成粉状、颗粒状、空心球或团粒状。所用的干燥介质大多数是热空气。对于在空气中容易发生燃烧或爆炸的有机溶剂，应采用惰性气体（如氮气、过热蒸汽等）作为干燥介质。众所周知，很多工业产品都是从溶液（或悬浮液）制成粉末的，传统的加工生产方法需要经过蒸发、结晶、过滤、干燥、粉碎、筛析等一系列过程。采用雾化干燥技术后，利用雾化器将溶液（或悬浮液）分散成很细的雾滴，在热气流的作用下直接生产出粉体产品，因而大大简化了生产流程，节省了投资费用，改善了劳动条件，而且还提高了产品的产量和质量。因此，雾化干燥技术在日常生活及工业生产中，具有广阔的应用和发展前景。雾化干燥过程可分为三个基本过程阶段：料液雾化为雾滴；雾滴与热风的接触、混合及流动，即雾滴干燥；干燥产品与热空气分离。

1. 料液的雾化

料液雾化的目的是将料液分散为细微的雾滴，雾滴的平均直径一般为 20～60μm（新型技术也可使雾滴尺寸减小至 5～10μm），具有很大的表面积，当其与热风接触时，雾滴中的水分迅速蒸发而干燥成粉末或颗粒状产品。雾滴的大小和均匀程度对于产品质量和技术经济指标影响很大，特别是对热敏性物料的干燥尤为重要。如果喷出的雾滴大小很不均匀，就会出现大颗粒还未达到干燥要求，小颗粒却已经干燥过度而变质。因此，料液雾化器是雾化干燥设备的关键部件。

2. 雾滴干燥

雾滴与热风的接触、混合及流动是在雾化干燥器内同时进行的传热、传质过程（即干燥过程）。雾滴和热风的接触方式、混合与流动状态取决于热风分配器的结构形式、雾化器的安装位置及废气排出方式等。在雾化干燥室内，雾滴与热风接触的方式有并流式、逆流式和混合流式三种。雾滴和热风的接触方式不同，对雾化干燥室内的温度分布、雾滴（或颗粒）的运动轨迹、物料在干燥室中的停留时间以及产品质量都有很大影响。

对于并流式，最热的热风与湿含量最大的雾滴接触，因而湿分迅速蒸发，雾滴表面温度接近入口热空气的湿球温度；同时，热风温度也显著降低。从雾滴到干燥成品的整个历程中，物料的温度不高，这对于热敏性物料的干燥特别有利。由于湿分的迅速蒸发，雾滴膨胀甚至破裂。因此，并流式所得的干燥产品常为非球形的多孔颗粒，具有较低的松密度。

对于逆流式，雾化干燥器顶部喷出的雾滴与雾化干燥器底部上来的较湿热风相接触，因而湿分蒸发速率较并流式为慢。干燥器底部温度最高的、湿度最低的热风与最干的颗粒相接触；所以，对于能经受高温、要求湿含量较低和松密度较高的非热敏性物料，采用逆流式最合适。此外，在逆流操作过程中，全过程的平均温度差和分压差较大，物料停留时间较长，有利于传热传质，热能的利用率也较高。

对于混合流式的操作，实际上是并流式和逆流式二者的结合，其特性也介于二者之间。对于能耐高温的物料，采用这种操作方式最为合适。

在雾化干燥室内，物料的干燥与在常规干燥设备中所经历的历程完全相同，也经历着恒速干燥和降速干燥两个阶段。雾滴与热风接触时，热量由热风经过雾滴表面的饱和蒸汽膜传递给雾滴，使雾滴中湿分蒸发，只要雾滴内部的湿分扩散到表面的量足以补充表面的湿分损失，蒸发就以恒速进行；这时，雾滴表面温度相当于热风的湿球温度，这就是恒速干燥阶段。当雾滴内部湿分向表面的扩散不足以保持表面的润湿状态时，雾滴表面逐渐形成干壳，干壳随着时间的增加而增厚，湿分从液滴内部通过干壳向外扩散的速度也随之降低，即蒸发速率逐渐降低；这时，物料表面温度高于热风的湿球温度，这就是降速干燥阶段。对于微纳米含能材料浆料而言，通常可采用并流式雾化干燥技术，通过控制干燥过程工艺参数，获得分散性良好的干燥产品。

3. 干燥产品与热空气分离

雾化干燥产品与热空气的分离（通常称为气-固分离）有两种方式。一种是干燥的粉末或颗粒产品落到干燥室的锥体壁上并滑行到锥底，通过星形卸料阀之类的排料设备排出，少量细粉随废气进入气固分离设备收集下来。另一种是全部干燥成品随气流一起进入气固分离设备分离收集下来。排放的废气必须符合环境保护的排放标准，以防环境污染。雾化干燥系统常用的气固分离有以下几种方式：只用旋风分离器；只用袋滤器；只用静电除尘器；旋风分离器与袋滤器的组合；旋风分离器与湿式除尘器的组合等。在具体实践中，究竟采用何种方式，主要取决于工艺要求及环保要求等。对于微纳米含能材料浆料，可采用旋风分离器与湿式除尘系统组合的形式。

3.6.2　雾化干燥原理

1. 纯液体液滴的蒸发时间的计算

研究纯液体液滴的蒸发，是理解雾化干燥机理的基础。研究含有可溶性或不溶性固体物质的液滴的蒸发，可以从单个液滴蒸发的理论出发，然后修正其偏差。

在雾化干燥塔中，从液滴中除去水分的程度，取决于控制蒸发速率的机理和蒸发过程经历的时间（即雾滴的停留时间）。而雾滴的停留时间又取决于在干燥室（塔）中所建立的空气雾滴运动。在干燥塔中，大部分液滴行程受到空气流动的影响，但液滴和空气之间的相对速度都是很低的。根据边界层理论：当液滴与热空气的相对运动速度为零时，其蒸发速率与在静止状态下的蒸发速率完全相同。因此，可将以边界层理论为基础的在静止空气中的液滴蒸发，用于雾化干燥中。

1）单个液滴的蒸发时间计算

i）忽略相对速度条件下的液滴蒸发

根据传质方程式，液滴的蒸发速率可以表示为

$$\frac{\mathrm{d}W}{\mathrm{d}\tau}=K_{\mathrm{x}}A(x_{\mathrm{W}}-x) \tag{3-110}$$

式中，W 为水分蒸发量，kg；τ 为蒸发时间，h；$\frac{\mathrm{d}W}{\mathrm{d}\tau}$ 为蒸发速率，kg/h；K_{x} 为传质系数，kg（水）/（$\mathrm{m}^2\cdot\mathrm{h}$）；$A$ 为传质面积，m^2；x_{W} 为液滴表面上空气的饱和湿含量，kg（水）/kg（干空气）；x 为空气湿含量，kg（水）/kg（干空气）；（$x_{\mathrm{W}}-x$）为以湿含量差表示的传质推动力。

根据传热方程式：

$$\frac{\mathrm{d}Q}{\mathrm{d}\tau}=\alpha\cdot A\cdot\Delta T_{\mathrm{m}} \tag{3-111}$$

式中，Q 为传热量，kJ；τ 为传热时间，h；$\frac{\mathrm{d}Q}{\mathrm{d}\tau}$ 为传热速率，kJ/h；α 为给热系数，kJ/（$\mathrm{m}^2\cdot\mathrm{h}\cdot$℃）；$A$ 为传热面积，m^2；ΔT_{m} 为对数平均温度差（传热推动力），℃。

根据热量衡算，干燥空气传给液滴的显热，等于液滴汽化所需的潜热，因此有

$$\frac{\mathrm{d}Q}{\mathrm{d}\tau}=\alpha\cdot A\cdot\Delta T_{\mathrm{m}}=-\frac{\mathrm{d}W}{\mathrm{d}\tau}\cdot r \tag{3-112}$$

式中，r 为液体的汽化潜热。蒸发时间，可以由单个液滴的热平衡推导出来。由上式可得

$$-\mathrm{d}W=\left(\alpha\cdot A\cdot\Delta T_{\mathrm{m}}/r\right)\mathrm{d}\tau \tag{3-113}$$

根据实验数据，球形液滴在静止空气中的传热，可以表示为

$$Nu=\frac{\alpha D}{\lambda}=2.0 \tag{3-114}$$

式中，Nu 为 Nusselt（努塞特）数，为无量纲特征数；D 为液滴直径，m；λ 为干燥介质平均热导率，kJ/（$\mathrm{m}\cdot\mathrm{h}\cdot$℃）。

同样，球形液滴在静止空气中的传质可以表示为

$$Sh=\frac{K_{\mathrm{x}}D}{D_{\mathrm{V}}}=2.0 \tag{3-115}$$

式中，Sh 为 Sherwood（舍伍德）数，为无量纲特征数；D_V 为传质扩散系数，m^2/s。

假定液滴为球形、密度为 ρ_L，则 $W=\frac{\pi D^3}{6}\rho_L$；液滴面积 $A=\pi D^2$。将 W 及 A 代入式（3-113）可得

$$-d\left(\frac{\pi D^3}{6}\rho_L\right)=\left(\alpha\pi D^2\Delta T_m/r\right)d\tau \tag{3-116}$$

进一步整理得

$$d\tau=-\frac{r\rho_L}{2\alpha\Delta T_m}dD \tag{3-117}$$

式中，$\frac{r\rho_L}{2\Delta T_m}$ 这一项可以认为是常数，在蒸发过程中，液滴直径由 D_0 变到 D_1。积分得

$$\tau=\frac{r\rho_L}{2\Delta T_m}\int_{D_1}^{D_0}\frac{dD}{\alpha} \tag{3-118}$$

当液滴和空气的相对速度等于零的时候，$\frac{\alpha D}{\lambda}=2$，即 $\alpha=2\lambda/D$，将 $\alpha=2\lambda/D$ 代入上式积分，得

$$\tau=\frac{r\rho_L}{4\lambda\Delta T_m}\int_{D_1}^{D_0}DdD=\frac{r\rho_L}{8\lambda\Delta T_m}\left(D_0^2-D_1^2\right) \tag{3-119}$$

当纯液滴蒸发时，$D_1=0$，故

$$\tau=\frac{r\rho_L D_0^2}{8\lambda\Delta T_m} \tag{3-120}$$

由上式可以看到，蒸发时间 τ 与 D_0^2 成正比，与 ΔT_m 即气膜热导率 λ 成反比。对含有固体颗粒液滴的蒸发，在恒速干燥阶段，可用上式。

ii）在相对速度条件下，液滴蒸发时间的计算

当液滴和空气之间的相对速度增加时，由于液滴四周边界层中的对流作用，比在静止空气中产生更多的额外水分蒸发，因此蒸发速率也随着增大。对球形液滴，总传递系数可用无量纲特征数来表示。

对于质量传递：

$$Sh=2.0+k_1(Re)^x(Sc)^y \tag{3-121}$$

式中，Re 为雷诺数，$Re = \dfrac{Du_R \rho_g}{\mu_g}$，其中 u_R 为液滴和干燥介质的相对速度，μ_g、ρ_g 分别为干燥介质的黏度和密度；Sc 为 Schmidt（施密特）数，$Sc = \dfrac{\mu_g}{D_V \rho_g}$。

对于热量传递：

$$Nu = 2.0 + k_2 (Re)^{x'} (Pr)^{y'} \tag{3-122}$$

式中，Pr 为普朗特数，$Pr = \dfrac{c_g \mu_g}{\lambda}$，其中 λ 为围绕蒸发液滴的气膜平均热导率，c_g 为干燥介质的比热容。

上式中的 k_1、k_2 为常数，由实验确定。对于球形液滴，已通过研究测得上式中的指数值为：$x = x' = 0.5;\ y = y' = 0.33$。

因此，常用如下两式来计算热量和质量传递：

$$\left(\frac{\alpha D}{\lambda}\right) = 2.0 + 0.6\left(\frac{c_g \mu_g}{\lambda}\right)^{0.33}\left(\frac{Du_R \rho_g}{\mu_g}\right)^{0.5} \tag{3-123}$$

$$\left(\frac{K_x D}{D_x}\right) = 2.0 + 0.6\left(\frac{\mu_g}{D_V \rho_g}\right)^{0.33}\left(\frac{Du_R \rho_g}{\mu_g}\right)^{0.5} \tag{3-124}$$

在雾化干燥塔中，雾滴常常受到旋转空气流的影响，这是造成液滴旋转的原因。而这样的旋转，能够减少边界层厚度，增加蒸发速率。离开雾化器的液滴，由于受到周围空气流的影响，将迅速地减速。在液滴减速期间，液滴中的水分大量蒸发。

2）纯液体雾滴群的蒸发时间计算

雾滴群的蒸发特性，不同于单个液滴的蒸发特性。因为雾滴群在气流中的蒸发速率，随着雾滴直径及其分布、液滴和周围空气的相对速度、液滴轨迹、空气温度与湿含量以及某一给定时间内的干燥空气单位体积内的液滴数等而改变，比单个液滴的蒸发更为复杂。在雾化器附近，要确定这些因素，存在许多困难，再加上雾滴群蒸发的研究数据有限，所以目前还没有一套完整的方法。但雾层的体积密度很小，雾滴间的相互干扰可以忽略不计（喷射干燥除外）。因此，雾滴群的蒸发速率也可按单个液滴的公式计算。通常，在实际干燥塔内，对于 100μm 以下的雾滴，一般可按 $Nu = 2.0$ 计算其干燥速率。

2. 含有可溶性固体物质的液滴蒸发时间计算

含有可溶性固体物质的液滴和具有相同尺寸的纯液滴相比较，蒸发速率较低。

由于可溶性固体物质的存在，降低了液体的蒸气压，从而降低了传质的蒸气压推动力。含有可溶性固体物质液滴的干燥特性，是以在液滴表面上形成固体物质为特征的，不同于纯液滴的蒸发。

1）单个液滴的蒸发时间计算

i）蒸气压降低的影响

含有可溶性固体物质的液体蒸气压的降低，液滴温度将超过纯液滴湿球温度。蒸气压降低的影响，可以利用湿度-温度图上所作蒸气压曲线来说明。假设可溶解固体物质的存在对蒸气压关系的影响可以忽略不计（这是很多盐类的雾化干燥情况），则纯液体和溶液的蒸气压曲线几乎没有差别。当水为溶剂时，液滴的表面温度可取为绝热饱和温度。如果其他液体溶剂蒸发时，可取用该液体的湿球温度。

ii）在液体中的干燥固体形成的影响

在液滴蒸发的某个阶段中，干燥固体的形成，将大大地改变后面的蒸发历程。实验表明，在雾化干燥塔中，液体的液滴，最初与干燥空气接触时，几乎在不变的干燥速率下（干燥第一阶段）蒸发。这时液滴的表面温度可令其等于饱和溶液的表面温度，尽管液滴的表面浓度还没有达到饱和状态。

对于球形液滴，根据物料衡算和热量衡算，以及 $Nu=2.0$，可求得在干燥第一阶段的平均干燥速率 $\left(\frac{\mathrm{d}W}{\mathrm{d}\tau}\right)_{\mathrm{I}}$ 为

$$\left(\frac{\mathrm{d}W}{\mathrm{d}\tau}\right)_{\mathrm{I}}=\frac{2\pi D_{\mathrm{av}}\lambda\Delta T_{\mathrm{m}}}{r} \tag{3-125}$$

式中，D_{av} 为平均液滴直径，m；其他符号同前。

当液滴的湿含量降到临界湿含量时，在液滴的表面上，开始形成固相，于是就进入干燥第二阶段，该阶段的平均蒸发速率 $\left(\frac{\mathrm{d}W}{\mathrm{d}\tau}\right)_{\mathrm{II}}$ 为

$$\left(\frac{\mathrm{d}W}{\mathrm{d}\tau}\right)_{\mathrm{II}}=\frac{\mathrm{d}W'}{\mathrm{d}\tau}\times m_{\mathrm{D}}=-\frac{12\lambda\Delta T_{\mathrm{m}}}{rD_{\mathrm{c}}^{2}\rho_{\mathrm{D}}}\times m_{\mathrm{D}} \tag{3-126}$$

式中，m_{D} 为干燥固体的质量，kg；D_{c} 为在临界状态下的液滴直径，m；ρ_{D} 为干燥物料的密度，kg/m^3；负号表示在降速阶段的蒸发量，随时间增加而降低。

由于在液滴表面上的固相增多，而引起传质阻力的增加，因此，由液滴内部到其表面的水分移动越来越少。此时传热速率超过传质速率，液滴开始被加热而升温。如果传热量高到足以使液滴内部的水分汽化，则在表面之内将发生蒸发。在雾化干燥操作中，若空气温度高于溶液的沸点，则在液滴内部的液体，将达到它的沸点，并形成蒸气，在液滴表面形成外壳的情况下，液滴内部将产生压强。压强的影响，取决于外壳的性质；若外壳是多孔性的，蒸气将从孔隙中释放出来；

对于非多孔性的外壳液滴可能要分裂甚至破碎。液滴在最热的干燥区域里的停留时间是短促的，若液滴温度没有达到它的沸点，则液滴内部水分的移动属于扩散和毛细管机理。

iii）液滴的干燥时间

液滴干燥时间等于恒速和降速干燥时间之和，计算液滴干燥时间，需要已知初始液滴直径（D_0）和临界湿含量时的液滴直径（D_c）。有四种方法可用以确定液滴直径：①观察蒸发液滴的尺寸变化，一直达到临界湿含量点，用试验方法测定液滴尺寸的变化；②确定湿雾滴尺寸特征（通常采用平均尺寸参数），且与筛析所得的干粉样品的平均尺寸参数相比较；③用雾化器产生的最初液滴直径的60%～80%来估算干粉粒径值；④利用湿含量的测定，来计算液滴直径对干颗粒粒径的比值。临界湿含量是从初始湿含量减去干燥第一阶段中除去的水分。只需一个数值就可确定所有雾滴的临界湿含量。通常，单个液滴的平均临界湿含量近似地等于全部液滴的平均临界湿含量。

2）含有可溶性固体物质的雾滴群蒸发

单个液滴的传热和传质理论的研究，也适用于雾滴群。由于溶盐的存在，蒸气压降低的程度，随每个液滴的大小而不同。由于雾滴大小不同，出现固相的时间也有先后的差异，水分传递的阻力也不同。因此，要深入剖析雾滴群之间的相互影响，及其蒸发过程是很复杂的，相关研究工作还很少。

对于某些溶解于溶剂或部分溶解于分散液的微纳米含能材料料液，其干燥过程液滴蒸发时间可按上述方法计算。

3. 含有不溶性固体物质的液滴蒸发时间的计算

含有不溶性固体物质的悬浮液，其液滴在恒速干燥阶段，可以忽略蒸气压降低的影响，温度等于纯液体液滴干燥阶段的湿球温度。含有不溶性固体物质（如微纳米含能材料悬浮液浆料）的液滴，所需的总干燥时间，等于恒速干燥和降速干燥所需时间之和，即

$$\tau = \frac{r\rho_L\left(D_0^2 - D_1^2\right)}{8\lambda\Delta T_m} + \frac{rD_c^2\rho_D\left(x_c - x_2\right)}{12\lambda\Delta T_m} \tag{3-127}$$

式中，x_c为物料临界干基湿含量，%；x_2为物料最终干基湿含量，%；其他符号同前。上式中右边第一项为恒速干燥时间；第二项为降速干燥时间。采用上式计算的结果，在许多情况下与实际蒸发时间比较接近，对于雾化干燥塔的设计是有用的。

在第一干燥阶段终了时的周围空气温度，通常是未知值。在整个阶段的推动力ΔT的计算，最方便的是，取进口空气温度和料液温度以及临界点处空气温度

和液滴表面温度之间的对数平均温度差。降速干燥阶段的推动力 ΔT 可取为出口空气温度和临界点处液滴表面温度之差（忽略降速干燥阶段液滴表面的温升）。两个干燥阶段的温度差 ΔT，都采用对数平均值。

在临界点处的液滴直径 D_c 值是根据悬浮液滴的蒸发特性来确定固体表面形成以前的液滴尺寸变化的数据，通常是未知值。如果缺乏这个数据，可选取一因子，以表示干燥第一阶段内，液滴直径减小的百分数；在干燥第二阶段，液滴大小的变化可以忽略不计。

在蒸发计算中，采用干燥第一阶段结束时的干燥颗粒粒径的估算值，表示干燥产品粒径；这一假定，对于能使水分完全流动的颗粒产品是有用的。然而，有许多雾化干燥产品，其形状特征，在进入干燥第二阶段时还没有定型；计算这些物质的最终颗粒尺寸和密度，通常是很困难的。要确定湿雾滴和最终干粉颗粒之间的精确关系，就需要在一系列干燥温度和料液固体物质浓度范围内，用实验方法取得。雾化液滴的尺寸取决于雾化的方式、料液的物理性质、料液的固体物质浓度和使用的干燥温度等。

蒸发完成时的颗粒尺寸，取决于干燥产品的性质。在蒸发期间，发生的尺寸变化，可以用干燥固体为基准，对一个液滴作物料衡算来表示。每一个球形液滴的初始固含量 S_w 和每一个干燥后的液滴的最终固含量 S_d 分别为

$$S_w = \frac{1}{6}\pi D_w^3 \rho_w \left(\frac{1}{1+x_1}\right) \tag{3-128}$$

$$S_d = \frac{1}{6}\pi D_d^3 \rho_d \left(\frac{1}{1+x_2}\right) \tag{3-129}$$

式中，x_1 为物料的初始干基湿含量，%；x_2 为物料的最终干基湿含量，%。由于在干燥前后液滴中的固含量是不变的（即 $S_w = S_d$），得到干燥前后直径的比值为

$$\frac{D_d}{D_w} = \left(\frac{\rho_w}{\rho_d} \times \frac{1+x_2}{1+x_1}\right)^{1/3} \tag{3-130}$$

对于大多数的雾化干燥产品，x_2 是很低的，所以，$\frac{1}{1+x_2}$ 趋近于 1。在实际计算时，全部液滴都可以认为含有相同比例的固相。

4. 影响雾化干燥产品性质的因素

影响雾化干燥产品性质的因素主要包括进料速度、物料温度、热空气温度、料液与热空气接触速度等，具有如下影响规律。

1）进料速度的影响

在恒定的雾化和干燥操作条件下，颗粒尺寸和干燥产品的松密度随着进料速度的增加而增加。

2）料液中固含量的影响

料液中固含量增加时，干燥产品的颗粒尺寸也随之增加。在恒定的干燥温度和进料速度下，由于料液中固含量的增加，蒸发负荷将减少，因而得到湿含量较低的产品。并且由于水分蒸发很快，容易生成干燥的空心颗粒和松密度较低的产品。

3）进料温度的影响

如果为了便于料液的输送和雾化而需要降低黏度时，则增加进料温度对干燥产品性质有一定影响。对于在室温下的低黏度的液体，提高料液温度对粒度和松密度的影响可以忽略不计。

4）表面张力的影响

表面张力是以影响干燥和雾化机理来影响干燥产品性质的：雾滴中含有微细液滴的比例提高了，雾滴分布就更宽；表面张力低的料液，产生的雾滴较小；而表面张力高的料液，产生较大的液滴，尺寸分布也较窄。表面张力对各种产品的影响，很不相同，但这种影响非常不显著。对大多数雾化干燥的料液，其表面张力值的范围很窄，因而不能对干燥产品性质有很大影响。

5）干燥空气进口温度的影响

干燥空气的进口温度，取决于产品的干燥特性。对于在干燥时膨胀的雾滴，升高干燥温度，将产生松密度较低的大颗粒。然而，如果温度升高到使蒸发速率迅速提高，从而使液滴膨胀、破碎或分裂，那么，就会生成密集的碎片，而形成松密度较大的粉尘。

6）雾滴与空气接触速度的影响

增加雾滴和空气之间的接触速度，就会提高混合程度，从而提高传热和传质速率。在非常高的速度下，液滴要发生变形，可能破碎或分裂，或在湍流运动中，和其他液滴碰撞而合并。随着接触速度的增加，蒸发时间变短，干燥产品颗粒呈现出不规则的形状。由于产品的不同，松密度也有变化。

对多数微纳米含能材料的雾化干燥而言，其干燥产品质量的影响因素主要是料液浓度、进料速度、热空气温度、雾滴与热空气接触速度等。料液浓度提高、进料速度加快，可形成粒径较大的干燥产品颗粒；但料液浓度太高，会导致输送管道或雾化器堵塞，形成安全隐患。进料速度过快，可能会导致干燥产品含水率达不到要求。升高温度会使液体蒸发速率加快，使产品颗粒粒径增大，但温度太高，会引发安全隐患。提高雾滴与热空气接触速度，会提高产品颗粒的分散性，但可能会由于热空气对含能材料颗粒强烈地摩擦作用而引发安全隐患。总之，微纳米含能材料颗粒的干燥过程是需要控制在一定温度和一定接触速度内的，才能保证干燥过程安全；然后才能通过调节物料浓度、进料速度等因素，提高产品质量。

3.6.3　雾化干燥设备的组成及设计

雾化干燥设备种类繁多，其结构也不尽相同，但一般都包含供料系统、雾化系统、热风系统、干燥系统（如干燥塔）、气固分离与收集系统（如旋风分离器、除尘器）等，如图 3-19 所示。

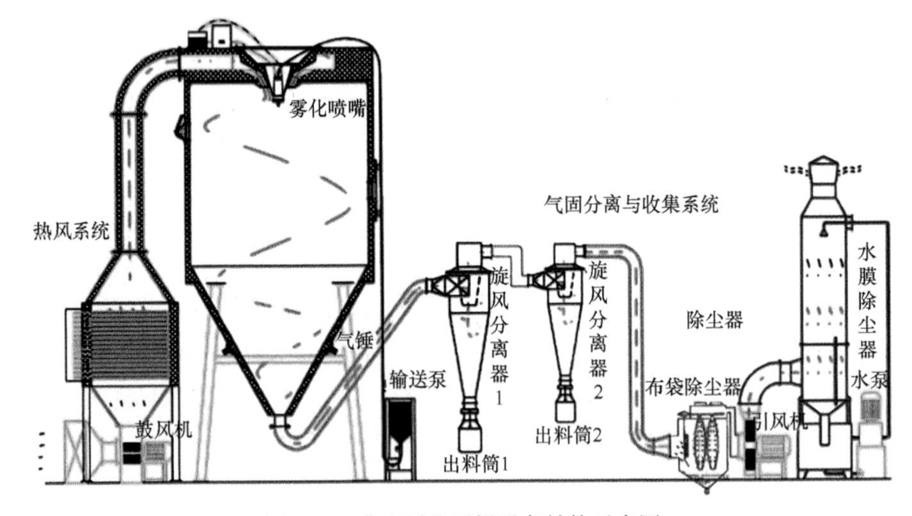

图 3-19　典型雾化干燥设备结构示意图

在进行雾化干燥设备设计时，首先需要确保干燥过程的安全，即确定热风进口、出口温度并控制在安全允许的范围内，同时设计安全联锁控制措施。其次尽量避免含能材料物料在运动过程中的强摩擦、撞击等机械刺激，并且还要采取有效的措施以消除静电。再次，雾化干燥设备尺寸尽可能减小，以满足含能材料科研和生产设计要求。最后，对于一般的雾化干燥设备，其干燥过程中的热损失可按 10%～15%近似计算，并且在计算风机功率时，还需考虑系统摩擦阻力、弯头弯管、物料等所引起的压强损失。

1. 供料系统

供料系统一般由料液储罐、供料槽、粗滤器或细滤器以及送料泵等组成。料液可以直接用送料泵输送到雾化器中，也可以经过一个一定高度的供料槽流入雾化器内。料液储罐应有足够大的体积容量，以保证装置连续运行。一般常用两个料液储罐轮换供料，以保证把料液稳定地供给干燥系统。料液粗过滤器或细过滤器可以部分或完全消除雾化器的堵塞问题。供料系统的设计，必须考虑清洗容易和维修方便。供料系统的管道、管件及设备等的材料选择，主要取决于料液的性质。例如，对于食品，全部要用不锈钢；对于化学制品，常要求采用特殊衬里的料液储罐以及耐腐蚀的泵、管道及管件等。对于微纳米含能材料浆料，供料系统的设计尤其要考虑安全问题，如防止堵塞、易于清洗、避免局部积料，以及避免对物料强挤压和摩擦等。

在许多情况下，料液在进入雾化器之前，需要进行预热或预处理。预热通常是为了降低料液的黏度，以保证雾化器能按要求进行操作；预热器可以是板式、夹套式、套管式、弯板式或蛇管式等。预处理可以是混入添加剂或进行配料，以保证进料的性质（如 pH）。预处理或预热设备应尽量在料液雾化器之前的空间位置与供料系统相连。

2. 雾化系统

一般认为，雾化系统（主要部件是雾化器）是整个雾化干燥系统的心脏。雾化器能否产生符合雾滴粒度分布要求的料雾,是决定系统运行好坏的最重要因素。常用的雾化器有气流式雾化器、旋转离心式雾化器、压力式雾化器三种。无论采用哪一种雾化技术，雾化器总是安装在干燥室内。操作时，必须使料雾与热风充分接触。接触时，热风可以是向上、向下或向外流动。在所有情况下，都应使料雾中的水分在雾化器的近旁迅速蒸发；当物料到达干燥室壁面附近时，已经足够干燥。如果干燥时间不够，就会出现半湿物料沉积在干燥室壁面上。对于微纳米含能材料浆料，其雾化过程要防止物料堵塞雾化喷嘴。

3. 热风系统

热风系统是为雾化干燥器提供干燥用的热风，一般包括空气过滤器、空气加热器、鼓风机、管道、阀门等。

1）过滤器

除了空气中的尘埃对雾化干燥产品不会造成污染的情况之外，通常环境空气都要经过过滤。闭路循环式干燥器排出的干燥介质要进行再循环，即先除去细粉后，再回到加热器中进行加热。通常在洗涤器-冷凝器后，要安装一台过滤器。过滤器的过滤介质应保证除去气体中大于 5μm 的颗粒。过滤介质的效率一般以对标准灰尘截留的百分数表示，常用过滤层的过滤效率为 80%～85%。过滤器可以由若干个小过滤室组成，在其中固定过滤介质方形块。这些过滤方块要定期取出，进行人工清洗。也可以通过连续测定过滤器的压强降，对过滤介质进行更换。对于微纳米含能材料浆料的干燥过程，过滤器必须具有足够高的过滤效率，一方面防止杂质污染产品，更重要的是，要防止杂质进入干燥系统，引起安全问题。

2）空气加热器

空气加热器可以是间接加热式或直接加热式。热源可以为蒸汽、燃料油、煤气、热流体或电能，应根据雾化干燥产品及可供使用的燃料进行选择。常用的空气加热器有以下几种类型。

第一类：能耐高温并允许与燃烧产物直接接触的产品，可采用烧油或烧煤气的直接加热器。这种产品包括黏土、矿物等许多无机物料。采用燃油式等直接加热器时，一般要求燃烧产物比较清洁。如果要求产品不应与大量的二氧化硫接触时，就应选用高质量的燃油。

第二类：产品能耐高温但不允许与燃烧产物直接接触。应采用烧油或烧煤气的间接加热器。这类产品主要是各种无机盐类。

第三类：产品能抵抗燃烧产物的作用，但承受高温有一定的限制；否则，会引起化学变化或燃烧。可采用烧油或烧煤气的直接空气加热器，但需要配置高温自动报警系统。燃烧产物必须进行稀释，以保证适宜的空气温度。如各种有机及无机盐类等。

第四类：产品既不耐高温，也不可与燃烧产物直接接触。必须采用间接空气加热器。小型雾化干燥设备通常也有用液体燃料或电加热器。这类产品包括食品与许多精细化学制品及含能材料等。并且，对于微纳米含能材料的雾化干燥过程，加热器必须有精心设计的安全控制措施，严格避免热风温度超过上限阈值。

3）鼓风机

鼓风机通常采用离心式，后弯叶片的风机可输送容量较大的空气，且压强降小，阀门一般为蝶阀等。

4. 干燥系统及其设计

干燥系统（简称干燥塔）主要包括热风分配器和雾化干燥室。一般情况下，热风经过热风分配器均匀分布后，才能进入雾化干燥室。热风分配器的作用是均匀提供干燥过程所需要的热量，控制雾滴及颗粒运行的路线以及快速将蒸发的水分从雾化区移走。雾化干燥室的功能是提供足够的热风及合适的物料停留时间，使产品既能达到所需的水分要求，又不至于过度受热变质以及在干燥室壁面沉积。

产品必须连续从干燥室排出，排出的方式由干燥物料的形状决定；雾化干燥室可设计成将大部分产品从其底部排出（主排料），或随热空气一起将全部干料送至分离及回收系统中进行回收（全排料）。雾化干燥室可根据需要设计为并流、逆流及混合流三类。并流式雾化干燥室内物料和热风沿同一个方向运动；逆流式雾化干燥室内物料和热风沿相反方向运动；混合流式雾化干燥室内既有物料和热风同向运动，又有物料和热风反向运动。

1）雾化干燥室的材质选择

雾化干燥室的壁面材质可以是不锈钢、碳钢、铝、特种合金等。目前，干燥室壁面材料大多采用不锈钢，主要用于乳制品、食品、精细化学制品、农药及含能材料等的干燥过程；而碳钢主要用于大宗化工产品、矿物及燃料气体的脱硫等。干燥室材质的选择应该满足对干燥产品无污染、清洗方便、耐腐蚀等要求。奥氏体不锈钢（如 SUS304、316、316L 等）通常会满足这些要求的，它们具有强度高、制造容易、外观美观、良好的耐腐蚀性等优点。通常从成本考虑，可使用 SUS304 材质。如果选择的干燥室材料对某些产品不完全耐腐蚀，又没有采取必要的预防措施，就有可能发生腐蚀损坏，大部分不锈钢干燥室的腐蚀破坏直接或间接与氯离子的环境有关。因此，进料中的水或装置中洗涤水中的氯离子含量必须定期检测，必要时还要降低其含量。

2）干燥塔尺寸设计

雾化连续干燥塔尺寸设计时，首先计算雾化器的雾化半径 R，然后根据雾化半径计算干燥塔体圆柱段的直径 D（需满足 $D>2R$）。再设计干燥塔圆柱段的高度 H（根据经验，一般 H/D=0.5～1）。之后结合干燥塔圆柱段的尺寸，根据热空气流量，计算干燥塔圆柱段内气体流速，一般控制在 0.15～0.4m/s。最后根据干燥塔的锥角（一般可设计为 45°～60°）设计干燥塔的圆锥段，并使圆锥段与管道连接。

5. 气固分离与收集系统及其设计

在大多数雾化干燥室中，干燥产品都进入干燥室底部，再通过排料装置（主排放或全排放）排出。而对于微纳米物料，通常干燥后的粉体产品都是随气流运动到旋风分离器和除尘器，进而实现对绝大多数物料的气固分离与收集。

1）旋风分离器设计

旋风分离器是实现干燥产品气固分离的关键部件，是雾化干燥实现连续化的重要支撑，其性能优劣直接影响整个干燥设备的综合性能。旋风分离器设计主要是根据已知操作条件及所需性能，进而确定旋风分离器的结构型式及尺寸。由于旋风分离器的结构型式及尺寸繁多，它们对性能的影响又相当大，所以一般都是依据已有的经验，先选定结构型式及尺寸，再计算其性能（主要是分离效率及压降）。基于性能计算结果，再进一步优化选型，最终结合经济性能设计出满足既定干燥过程需求的旋风分离器（其结构如图 3-20 所示）。

i）旋风分离器直径计算

通常，旋风分离器的直径 D 可按下式计算：

$$D=\left[L_{\mathrm{i}}/\left(N\alpha\beta u_{\mathrm{i}}\right)\right]^{1/2} \tag{3-131}$$

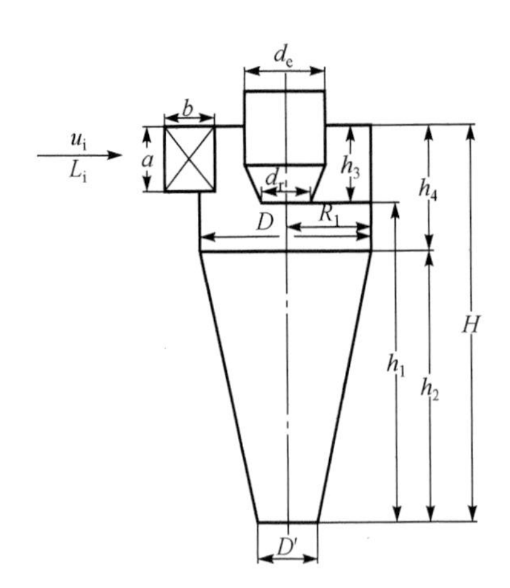

图 3-20　旋风分离器结构示意图

式中，L_i 为气流的流量，m³/s；N 为分离器个数；α 为气流入口高度 a 与 D 的比值（a/D）；β 为气流入口宽度 b 与 D 的比值（b/D）；u_i 为气流入口速度，一般可设计为 18～25m/s。实际操作时，可通过调整工艺参数如入口风速，以匹配既定直径的旋风分离器。

ii）旋风分离器内物料颗粒临界切割粒径（d_{c50}）计算

$$d_{c50}=3(0.3465)^{(n+1)}\left[\frac{\mu D}{5(n+1)\rho_A u_i K_V K_A}\right]^{1/2} \tag{3-132}$$

$$n=1-\left(1-0.67D^{0.14}\right)\left(\frac{T}{283}\right)^{0.3} \tag{3-133}$$

$$K_A=\frac{\pi D^2}{4ab}=0.785\bigg/\left(\frac{a}{D}\cdot\frac{b}{D}\right);\ K_V=\frac{V_1+0.5V_2}{D^3} \tag{3-134}$$

式中，T 为气体热力学温度，K；μ 为气体黏度，Pa · s；ρ_A 为物料颗粒的密度，kg/m³；n 为外旋流速度指数；V_1 为分离器入口高度一半以下的环形空间的体积，m³；V_2 为排气管下口以下的分离空间体积减去内旋流的体积，m³；K_A、K_V 为结构参数。

iii）物料颗粒分离效率计算

对于标准旋风分离器，对单粒径颗粒的分离效率 η 可按下式计算：

$$\eta=1-\exp\left[-0.693\left(\frac{d_A}{d_{c50}}\right)^{\frac{1}{1+n}}\right] \tag{3-135}$$

$$\frac{100-\eta_{L_1}}{100-\eta_{L_2}}=\left(\frac{C_{L_2}}{C_{L_1}}\right)^{0.182} \tag{3-136}$$

式中，d_A 为物料中颗粒的粒径；η_{L_1} 为在 L_1 流量下的分离效率；η_{L_2} 为在 L_2 流量下的分离效率；C_{L_1} 为在 L_1 流量下的物料颗粒浓度；C_{L_2} 为在 L_2 流量下的固体颗粒浓度。

对高浓度分离器，其分离效率则按下式计算：

$$\eta=(1-m_c/m)+m_c/m\sum\eta d_A\Delta P \tag{3-137}$$

式中，m_c为气流中饱和夹带率，$m_c = \dfrac{m_p}{m_g}$；m_p为物料质量流量，kg/s；m_g为气体质量流量，kg/s；m为分级后某种成分的质量，kg。

iv）阻力损失计算

旋风分离器在工作时，所引起的阻力损失可按下式计算：

$$\Delta P_g = \xi \frac{\rho_g u_i^2}{2} \tag{3-138}$$

式中，ξ为旋风分离器的阻力系数，无量纲，可根据旋风分离器的具体形式查阅。颗粒浓度C_A对阻力影响可按下式进行修正：

$$\Delta P = \Delta P_g / \left(0.0086\sqrt{C_A} + 1\right) \tag{3-139}$$

基于上述理论基础，在进行旋风分离器实际设计时，通常可按照如下步骤：首先需选定型式，即根据粉尘的性质、分离要求、允许的阻力和制造条件等，合理选择旋风分离器的型式；其次，根据使用时允许的压降确定进口气速u_i；再次，根据所需处理的气流量，确定旋风分离器的进口截面A、入口宽度b和高度a；最后，根据进口尺寸，确定其他各部分的几何尺寸。在对微纳米含能材料进行气流干燥时，旋风分离器的设计至关重要。应尽量减少旋风分离器内强烈的摩擦、撞击等机械作用，减小气流对微纳米含能颗粒的冲击和摩擦，并尽可能消除静电。还需尽可能提高旋风分离器的分离效率，进而提高干燥产品得率。此外，旋风分离器自动卸料阀门更需精心设计，避免阀门开启/闭合时的摩擦、挤压等作用所引发的安全事故。

旋风分离器的应用比较广泛，这是因为它的成本低，而且维护简单。但无论其效率有多高，即使在最佳的操作条件下，旋风分离器的效率也达不到 100%。尤其是对于含尘量低、颗粒又细的气固体系，分离效率一般只有 90%～96%。因此，还需进一步采用除尘系统对离开旋风分离器的废气进行净化处理。一方面保证干燥产品的回收率，另一方面防止细粉逃逸到大气中造成环境污染。

2）除尘系统设计

除尘系统（除尘器）是旋风分离器后的一道“屏障”，使通过旋风分离器的气流得到净化，除去气流中携带的微量粉尘，使尾气排放达到国家及地方相关法律法规要求。除尘系统通常可采用布袋式除尘系统（干法收集）或水膜除尘系统（湿法收集），其中布袋式除尘系统是靠布袋的微小孔隙，阻止物料颗粒通过而使气体通过，进而实现收集物料颗粒、净化气流的目的。水膜除尘系统是依靠水膜对颗粒的吸附与阻碍作用，以及过滤器对物料颗粒的阻挡作用，使物料颗粒留在水中或黏附在过滤器表面而达到净化气流的目的。袋式干法除尘系统和水膜式湿法除尘系统的优缺点如表 3-1 所示。

表 3-1 粉料干法及湿法收集的优缺点

袋式干法除尘	水膜式湿法除尘
优点	
①粉料在可用的状态下直接回收；	①能处理高温、高湿度废气；
②基本不存在设备腐蚀问题；	②能回收及中和腐蚀性废气；
③基本上可回收各种粒度的颗粒；	③不存在爆炸危险；
④结构简单、比较卫生；	④可将溶解的物质送回干燥器中；
⑤在干燥条件下操作	⑤设备体积相对较小
缺点	
①不适用于吸潮的物料；	①需沉降过滤以避免不溶物排出；
②某些设备受限于废气温度及湿度；	②洗涤液可能产生废水污染问题；
③含粉料的废气存在爆炸危险；	③难收集超细且不被水润湿的物料；
④清扫及维护工作复杂；	④设备的腐蚀风险较大；
⑤设备有可能堵塞；	⑤洗涤液在寒冷气候可能冻结；
⑥易被腐蚀性物料磨损	⑥需进一步处理，才能得到干料

对于微纳米含能材料，为了保证雾化干燥过程安全，通常可设计水膜式湿法除尘系统，避免布袋干法除尘系统长期使用时所引起的静电进而可能引发的安全事故。此外，除尘系统内壁、管道连接部位应尽可能光滑、无死角，且便于清洗，防止积料。

干粉物料被收集后，需进一步进行包装处理。然而，对于刚刚才从收集系统得到的产品，其温度往往高于环境温度，需使其降温至室温后，再进行包装，以避免物料中湿分不合格。由于雾化干燥设备连续运行，干燥产品也是连续从收集系统（如旋风分离器）中排出，因此需设置多个收集装置（如收集桶），在程序控制下对干燥后的粉料进行连续收集。并且还需配套自动输送装置，使物料在收集桶内随输送装置输出至干燥工房外，以保证干燥过程连续进行。

总之，当雾化干燥技术用于微纳米含能材料浆料的干燥时，虽然干燥过程连续、产品分散性良好。但是，由于干燥过程是高温、动态过程，引起安全风险的问题较多、较复杂。必须系统全面地考虑并解决干燥过程中由静电、高温、摩擦、撞击等因素引起的安全问题后，才能进一步对干燥技术及设备进行工程化放大。

3.6.4 雾化干燥技术在微纳米含能材料干燥领域的应用

目前,南京理工大学国家特种超细粉体工程技术研究中心结合雾化干燥技术，提出了“对流热交换、强扰动分散”连续自动化防团聚干燥原理，率先突破 100℃干燥温度禁区。并采用较高温度（180～200℃）热空气作为干燥介质，已成功将雾化干燥技术应用于超细 NQ、超细 TATB 等含能材料的快速、连续干燥。

雾化干燥技术能够用于超细 NQ、超细 TATB 等快速、连续干燥，这是因为：微纳米含能材料浆料中的水被加热时，需吸收大量的热才能蒸发、汽化，其温度在标准大气压下将始终不超过 100℃，并且与水接触的物体温度也不会太高。正如可用煤气焰（温度 1300～1500℃）或电加热（温度高于 500℃）对盛有水的低熔点铝制器皿进行加热，而铝制器皿却不熔化。当微纳米含能材料浆料雾滴被高温热空气加热干燥时，其所含水分会立即汽化蒸发，同时吸收大量的热量。在雾滴中的水分被完全汽化脱除以前，理论上雾滴体系的温度都在水的沸点以下，完全可以既实现使微纳米含能材料浆料快速驱水干燥，又不至于引起分解燃爆。由于雾化干燥过程极快、干燥时间极短，且设备内是微负压环境，当采用大于 100℃的高温热空气对微纳米含能材料浆料进行干燥时，若能始终如一地使雾滴体系中不同雾滴内微纳米含能材料与水保持均匀一致，那么在雾滴体系中的水分被完全汽化脱除以前，雾滴及已干燥粉体的温度将始终不会超过 100℃。因此，干燥过程安全可靠。

为了实现上述要求，需首先将微纳米含能材料浆料乳化分散均匀，然后雾化成具有较大比表面积且分散良好的微小液滴（10～200μm）。再采用 180～200℃高温热空气对具有较大比表面积的小雾滴进行快速干燥，使雾滴中的水分迅速汽化脱除。在几秒至几十秒内获得干燥的微纳米含能材料粉体，实现快速、连续、高效、安全干燥。

在上述原理基础上，针对雾化连续干燥过程开展了系统的模拟仿真研究工作，如图 3-21～图 3-24 所示。

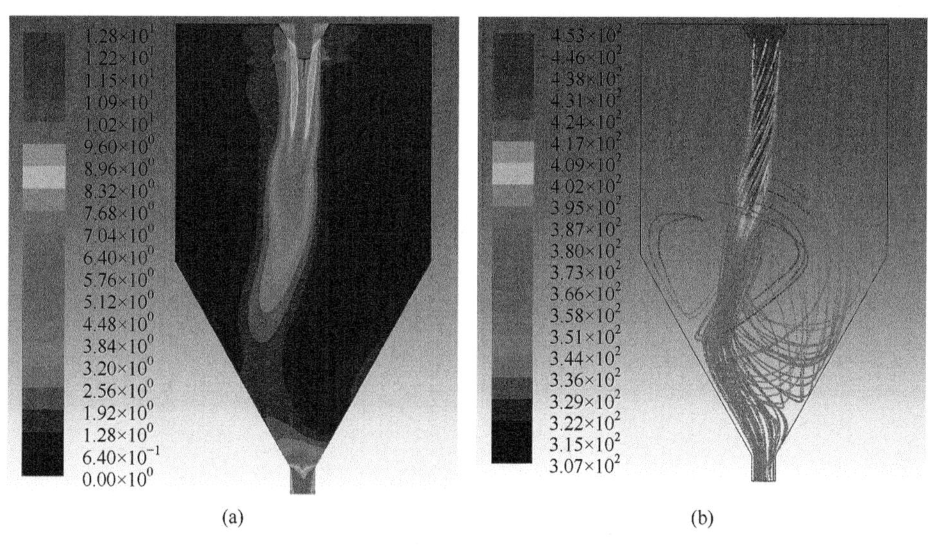

图 3-21　干燥塔内热空气速度分布（a）和运动轨迹分布（b）

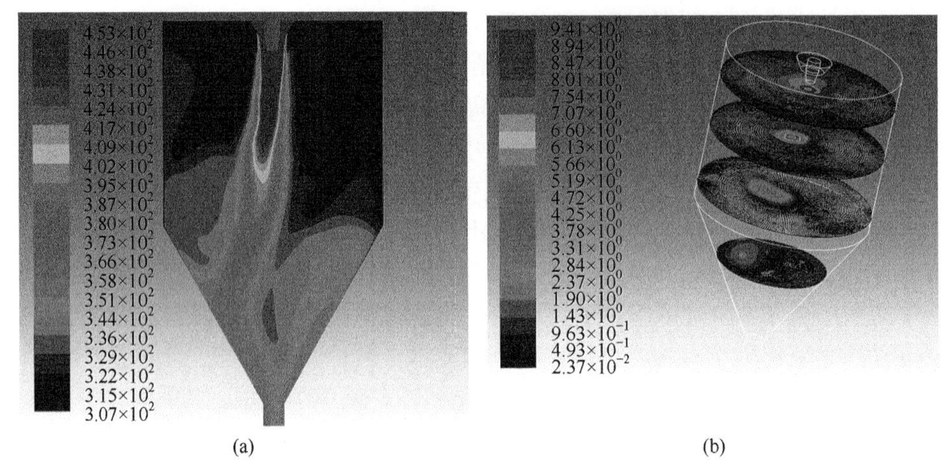

图 3-22　干燥塔内热空气温度分布（a）和不同界面速度分布（b）

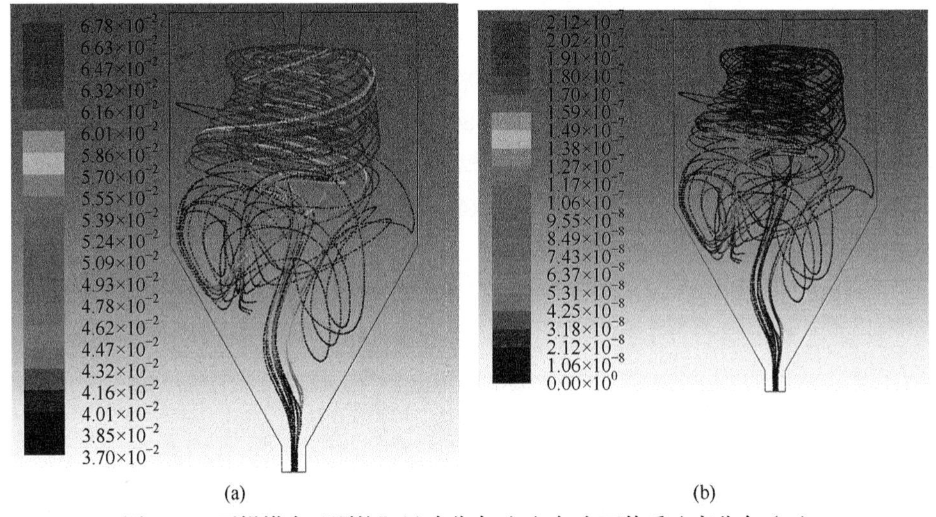

图 3-23　干燥塔内“颗粒”尺寸分布（a）与表面传质速率分布（b）

在模拟仿真研究工作基础上，结合大量的雾化连续干燥试验结果，确定了在雾化连续干燥时，特定结构雾化干燥设备内的实际温度分布规律，如图 3-25 所示。

从上述模拟仿真研究和试验验证结果可知，虽然进风温度计达 180℃，但由于干燥过程中水分汽化带走大量热量，干燥塔内温度从顶部至底部也都远小于进风温度，在 100℃以内，即实际干燥温度已接近传统厢式烘干工艺温度。因此，采用雾化干燥技术对微纳米含能材料浆料进行快速、连续、高效干燥时，物料实际温度是可控的，干燥过程是安全的和可行的。

在精确设计了干燥设备内的温度场分布后，还进一步研究设计了高效消除静电的技术措施，进而研制出了 LPG 型快速雾化连续干燥技术及设备，实现了超细

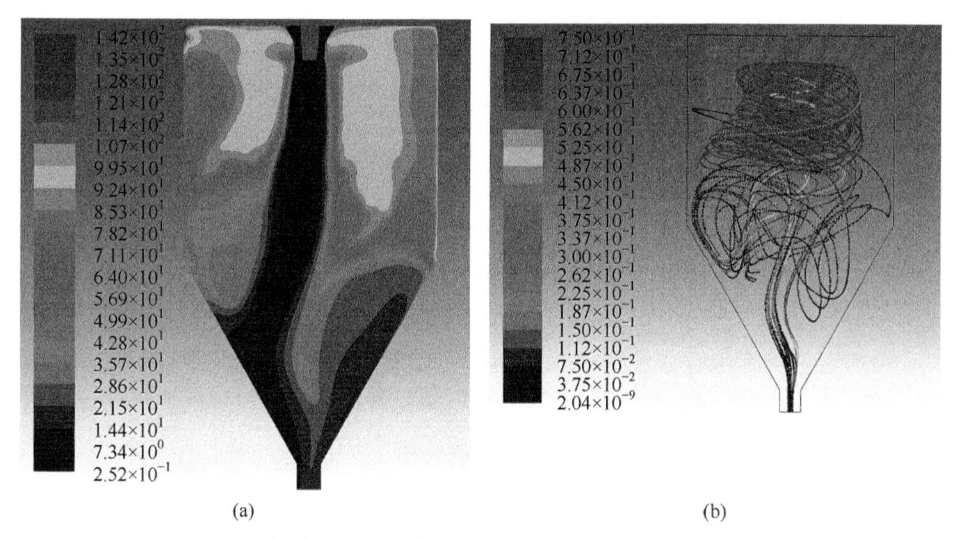

图 3-24　干燥塔内湿度分布（a）与“颗粒”水分含量分布（b）

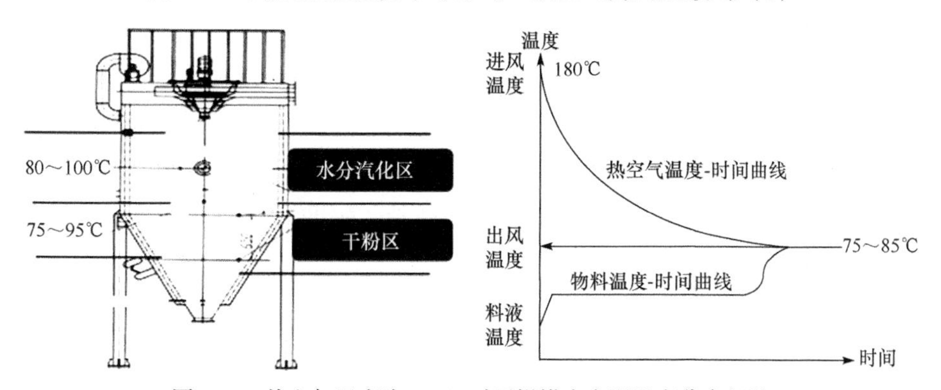

图 3-25　热空气温度为 180℃时干燥塔内实际温度分布规律

NQ、超细 TATB 等较钝感含能材料的安全、连续化、自动化、高效分散、高品质干燥，已实现工程化放大，正在开展大规模化生产线建设及推广应用研究。基于该技术及设备，也针对超细 RDX、HMX、CL-20 等进行了百克级小样连续、自动化干燥试验，产品分散性良好。然而，为了安全起见，该技术及设备暂未针对 CL-20、HMX 等感度较高的微纳米含能材料，开展雾化连续干燥过程工程化放大研究。这是因为：对于感度较高的含能材料，还需投入大量的经费及研究人员，系统全面地开展安全、产品品质等研究工作，解决安全瓶颈并通过安全认证后才可能实施。

综上所述，当采用厢式干燥技术对微纳米含能材料浆料进行干燥时，存在干燥产品团聚结块严重、颗粒长大明显，且干燥过程往往是间断过程。当采用盘式连续干燥技术对微纳米含能材料浆料进行干燥时，虽然能够实现连续干燥，但是微纳米含能材料比表面积大、表面能高、表面黏附作用强，使得干燥后产品也发生团聚结块，且黏附在耙叶刮板及干燥盘上，难以清洗，安全隐患较大。当采用超临界流体干燥技术对微纳米含能材料浆料进行干燥时，干燥处理量小，干燥周期长且干燥过程也往往都是间断过程；虽然干燥后产品分散性较好，但是也存在轻微软团聚和颗粒长大现象。以上这三大类技术，很难实现微纳米含能材料安全、高效、大批量防团聚干燥生产。

采用真空冷冻干燥技术，能够实现微纳米 RDX、HMX、CL-20、TATB、HNS 等含能材料安全、高效、高品质、防团聚干燥，并且已经实现工程化和产业化放大。然而，该技术也存在干燥过程间断、干燥周期较长的不足。从科学与技术的发展和提高干燥生产效率出发，还需进一步研究微纳米含能材料的连续干燥技术。

雾化连续干燥技术能够满足连续、快速干燥的需求，并且已经用于微纳米 TATB、NQ 等较钝感含能材料的干燥，产品分散性良好、无团聚结块及颗粒长大现象。但是，这项技术由于干燥过程是高温、动态过程，存在温度、静电、摩擦、撞击等因素所引起的安全风险，对于感度较高的微纳米含能材料尤其如此。并且某些含能材料（如 CL-20）还存在干燥过程晶型发生转变的风险。因此，对于这些感度高、能量高，且在高温下（大于 100℃）可能发生晶型转变的微纳米含能材料，如 RDX、HMX、CL-20 等，雾化连续干燥过程中的安全问题及产品质量问题，还需开展进一步深入研究。只有当安全与产品质量问题彻底解决后，才能将雾化连续干燥技术在这些高能、高感度微纳米含能材料的干燥中大规模推广应用。

3.7　微纳米含能材料干燥过程防团聚分散理论与技术概述

在微纳米含能材料的干燥过程中，随着浆料体系中液相组分的逐步脱除，会产生表面张力效应和毛细管效应，使微纳米含能材料颗粒之间发生靠拢团聚，导致干燥后产品结块，甚至发生颗粒长大现象。这将导致微纳米含能材料的优异特性丧失，难以在固体推进剂、发射药、混合炸药及火工烟火药剂等后续产品中获得高效分散应用，无法充分发挥性能增强效应，进而失去实际应用价值。因此，必须对微纳米含能材料的干燥过程进行防团聚分散处理，所涉及的理论主要有：连续相变分散理论、膨胀撑离分散理论、雾化强扰动分散理论等。

连续相变分散理论：利用超临界流体的特性，在临界温度附近，通过对超临界流体的压力进行微小调控而使其密度发生显著变化，可使其对微纳米含能材料浆料中液体组分的溶解能力发生大幅度改变，进而使液体组分被超临界流体溶解后进入分离室而被分离脱除。微纳米含能材料浆料在普通热传递干燥过程中，由于液体组分发生突出的相变（如液相变为气相）而产生强毛细管效应和表面张力效应，会引起微纳米含能材料颗粒团聚；在超临界流体干燥过程中，由于溶有液体组分的超临界流体发生了连续相变（超临界流体的密度发生了改变）的过程，或者说是无相变的过程，这就避免了微纳米含能材料颗粒的团聚，使干燥后的微纳米含能材料分散性良好。

膨胀撑离分散理论：采用特定措施对微纳米含能材料进行快速冷冻处理，利用微纳米含能材料浆料中水在冷冻成固态时的体积膨胀效应，对微纳米含能材料颗粒产生撑离作用；并利用固态分散相组分的冻结固定效应和空间阻隔效应，在微纳米颗粒之间形成物理阻隔；然后使固态的分散相组分直接升华脱除。在该干燥过程中，由于固态分散相组分直接升华所产生的膨胀撑离效应、冻结固定效应和空间阻隔效应，避免了通常情况下固态分散相组分先变成液态，再变成气态的漫长过程中，或者浆料中液态分散相组分直接变为气态的过程中，固体微纳米颗粒间随着液体的减少，而引发的颗粒游动、相互靠拢，进而在液体表面张力作用下引发的颗粒团聚或长大现象。从而有效防止了微纳米含能材料颗粒在干燥过程中靠拢团聚，使干燥后的微纳米含能材料分散性良好。

雾化强扰动分散理论：将微纳米含能材料浆料在高速气流、离心力等作用下雾化成小液滴，使雾化后的小液滴与干燥室内另外引入的热气流充分接触并发生快速热交换，液滴中的液相组分迅速汽化而与微纳米含能材料颗粒分离，析出微纳米颗粒；在热气流的强扰动作用下，微纳米含能材料颗粒被高效分散。在该干燥过程中，雾化作用使连续的微纳米含能材料浆料分散为离散的液滴，避免了浆料直接加热干燥时由表面张力效应和毛细管效应引起的颗粒团聚；热气流的强扰动作用一方面防止了雾化液滴之间干燥后颗粒发生团聚，另一方面也能对雾化液滴内部颗粒之间产生较强的扰动作用，进一步防止颗粒之间发生团聚。在雾化分散和强扰动分散的耦合效应下，克服了微纳米含能材料颗粒之间的靠拢团聚作用，使干燥后的微纳米含能材料分散性良好。

由上述分析可知，由于微纳米含能材料颗粒比表面积大、表面能高、表面活性高，在对微纳米含能材料进行干燥时，要实现防团聚分散这一目的，必须要克服液相组分在脱除时所产生的表面张力效应和毛细管效应。可采取适当的技术措施，使微纳米含能材料浆料中的液体组分被超临界流体溶解后，以连续相变的形式脱除；也可使微纳米含能材料浆料被冻结固定后，将固态的液体组分直接升华脱除；还可将微纳米含能材料浆料雾化分散后，形成微细液滴，在热气流的强扰动作用使液体组分汽化脱除。这三种技术途径，都可防止浆料中的微纳米含能材料颗粒在干燥时发生团聚，获得分散性良好的干燥产品。

然而，要实现微纳米含能材料大批量干燥过程防团聚分散，难度却非常大。

如基于连续相变分散理论的超临界流体干燥技术，其对微纳米含能材料浆料进行干燥处理时，由于存在物料处理量小、干燥产品收集较困难、设备维护成本较高、操作过程较复杂、干燥成本较高等不足，而难以实现工程化与产业化放大。基于膨胀撑离分散理论的真空冷冻干燥技术，其对微纳米含能材料浆料进行大批量干燥处理时，需解决干燥设备的本质安全性与运行稳定性、可靠性后，才能进一步放大实施。基于雾化强扰动分散理论的雾化连续干燥技术，其对微纳米含能材料浆料进行连续干燥处理时，急需解决微纳米含能材料在较高温度下，由热气流强扰动所引起的摩擦、撞击等作用而导致的安全风险，干燥后的微纳米含能材料粉末在连续出料时与器壁、阀门产生摩擦、挤压等作用而导致的安全风险，以及干燥粉末连续出料时产生静电而引起的安全风险,才能够进一步实现干燥过程放大；此外，该技术还需解决亚微米级及纳米级含能材料颗粒气固分离困难而导致产品得率较低的难题。南京理工大学国家特种超细粉体工程技术研究中心经过多年精心研究，已自主创新研制出了安全型特种真空冷冻干燥装备，成功实现了微纳米含能材料防团聚干燥过程工程化与产业化放大，产品分散性良好。并且，还突破了亚微米级及纳米级含能材料颗粒的高效气固分离关键技术，实现了较钝感的微纳米含能材料安全、连续干燥，产品分散性良好；对于感度较高的微纳米含能材料，也正在系统研究解决干燥过程中的安全问题，待彻底突破安全技术瓶颈后，便可进一步工程化与产业化放大实施。

参考文献

[1] 李凤生, 刘杰. 微纳米含能材料研究进展[J]. 含能材料, 2018, 26(12): 1061-1073.

[2] 潘永康. 现代干燥技术[M]. 北京: 化学工业出版社, 1998.

[3] 崔春芳, 童忠良. 干燥新技术及应用[M]. 北京: 化学工业出版社, 2008.

[4] 宋小兰, 王毅, 刘丽霞, 等. 机械球磨法制备纳米 TATB 及其表征[J]. 固体火箭技术, 2017, 40(4): 471-475.

[5] Kim J W, Shin M S, Kim J K, et al. Evaporation crystallization of RDX by ultrasonic spray[J]. Industrial and Engineering Chemistry, 2011, 50(21): 12186-12193.

[6] Redner P, Kapoor D, Patel R, et al. Production and characterization of nano-RDX[R]. 2006-11-01.

[7] 王卫民, 赵晓利, 张小宁. 高速撞击流技术制备炸药超细微粉的工艺研究[J]. 火炸药学报, 2001, 24(1): 52-54.

[8] 尚菲菲, 宋小兰, 王浩旭. 超临界流体技术在制备含能材料微胶囊中的应用[J]. 兵器装备工程学报, 2019, 40(9): 198-203.

[9] 吴卫泽, 侯玉翠, 武练增. 超临界流体与日用化学工业[J]. 日用化学工业, 1998, (2): 29-34.

[10] 丁一刚, 霍旭明. 超临界流体的技术与应用[J]. 化工与医药工程, 2002, (4): 3-6.

[11] 程源源, 李涛, 张晓明, 等. 超临界流体技术在工业领域的应用研究进展[J]. 河南化工, 2018, 35(5): 6-11.

[12] 吴芳, 李雄山, 陈乐斌. 超临界流体萃取技术及其应用[J]. 广州化工, 2018, 46(2): 19-20+23.

[13] 滕桂平, 陈可可, 余德顺, 等. 超临界流体色谱及分析应用研究进展[J]. 现代化工, 2019, 39(6): 224-227+229.
[14] Saito M. History of supercritical fluid chromatography: instrumental development[J]. Journal of Bioscience and Bioengineering, 2013, 115(6): 590-599.
[15] 陈青, 刘志敏. 超临界流体色谱的研究进展[J]. 分析化学, 2004, (8): 1104-1109.
[16] Tobiszewski M, Mechlińska A. Green analytical chemistry-theory and practice[J]. Chemical Society Reviews, 2010, 39(8): 2869-2878.
[17] 银建中, 周丹, 商紫阳, 等. 超临界流体技术中的膜过程研究[J]. 化工装备技术, 2009, 30(5): 1-8.
[18] 张艳, 魏金枝, 薛滨泰, 等. 新型超临界流体技术[J]. 化学工程师, 2005, (4): 33-35.
[19] 曾雨薇, 陈学君. 超临界 CO_2 中的酶催化反应[J]. 四川化工, 2016, 19(6): 1-4.
[20] 刘军, 彭润玲. 冷冻真空干燥[M]. 北京: 化学工业出版社, 2015.
[21] 赵鹤皋, 郑效东, 黄良瑾, 等. 冷冻干燥技术及设备[M]. 武汉: 华中科技大学出版社, 2005.
[22] 彭润玲, 刘长勇, 徐成海, 等. 生物材料冻干过程分形多孔介质传热传质模拟[J]. 农业工程学报, 2009, 25(9): 318-322.
[23] Quinlin W T, Thorpe R, Sproul M L, et al. Continuous aspiration process for manufacture of ultra-fine particle HNS[P]. US006844473B1, 2005-01-18.
[24] 雷波, 史春红, 马友林, 等. 超细 HNS 的制备和性能研究[J]. 含能材料, 2008, 16(2): 138-141.
[25] 曾贵玉, 聂福德, 张启戎, 等. 超细 TATB 制备方法对粒子结构的影响[J]. 火炸药学报, 2003, 26(1): 8-11.
[26] Huang B, Qiao Z Q, Nie F D, et al. Fabrication of FOX-7 quasi-three-dimensional grids of one-dimensional nanostructures via a spray freeze-drying technique and size-dependence of thermal properties[J]. Journal of Hazardous Materials, 2010, 184(1-3): 561-566.
[27] Wuillaume A, Beaucamp A, David-Quillot F, et al. Formulation and characterizations of nanoenergetic compositions with improved safety[J]. Propellants, Explosives, Pyrotechnics, 2014, 39(3): 390-396.
[28] Tappan B C, Li J, Brill T B. Synthesis and characterization of energetic nanocomposites[C]// Proceedings of the NATAS Annual Conference on Thermal Analysis and Applications, 2005: 095.36.986/1-095.36.986/8.
[29] Brill T B, Tappan B C, Li J. Synthesis and characterization of nanocrystalline oxidizer/ monopropellant formulations[J]. Materials Research Society Symposium Proceedings, 2003, 800(Synthesis, Characterization, and Properties of Energetic/Reactive Nanomaterials): AA2.1.
[30] Li J, Thomas B B. Nanostructured energetic composites of CL-20 and binders synthesized by sol gel methods[J]. Propellants Explosives Pyrotechnics, 2010, 31(1): 61-69.
[31] 刘杰. 具有降感特性纳米硝胺炸药的可控制备及应用基础研究[D]. 南京: 南京理工大学, 2015.
[32] 于才渊, 王宝和, 王喜忠. 喷雾干燥技术[M]. 北京: 化学工业出版社, 2013.

第 4 章　微纳米含能材料的性能及性能变化机理与表征

含能材料经微纳米化处理后，小尺寸效应、表面效应，以及结构与晶粒和晶型等诸多因素的影响，使物理与化学性能与普通粗颗粒含能材料相比发生了显著变化，如熔点降低、表面能升高、表面活性提升、表面电荷增多、热分解温度提前（降低）、感度降低（如 RDX、HMX、CL-20）等。当微纳米含能材料应用于固体推进剂、发射药、混合炸药及火工烟火药剂后，又会引起这些产品的性能发生变化，主要包括热性能、燃烧/爆炸性能、力学性能、感度性能等。

通过对微纳米含能材料自身性能及其后续应用产品性能的变化机理进行分析和探究，并对这些性能进行高精度表征，可为微纳米含能材料的高品质制备和高效应用提供理论和技术支撑。而且也只有系统深入地揭示出微纳米含能材料的性能变化机理，并掌握其性能的精确表征技术后，才能更加有效地指导科研试制、工程化与产业化及推广应用等全过程。本章将着重阐述微纳米含能材料的性能及性能变化机理与表征。由于微纳米含能材料的制备技术很多，采用不同技术制备出的微纳米含能材料的性能有可能不尽相同。本章所述及的微纳米含能材料的性能变化及其机理，是指采用“微力高效精确施加”粉碎原理和“膨胀撑离”防团聚干燥原理制得的微纳米含能材料。

4.1　性能及性能变化机理

4.1.1　物理与化学性能概述

微纳米含能材料的物理与化学性能，主要包括晶型结构与晶粒尺寸、热容与热膨胀及熔点、颗粒尺寸与形貌、比表面积与表面能、弹性模量与蠕变、热分解特性、感度等。这些物理与化学性能与普通粗颗粒含能材料相比，具有显著的不同。

研究与检测结果表明：采用“微力高效精确施加”粉碎原理和“膨胀撑离”防团聚干燥原理制得的微纳米含能材料，与粗颗粒原料相比，晶型结构没有发生改变，但颗粒内部的晶粒尺寸变小，颗粒内部结构发生了显著变化；热容与热膨胀系数改变，熔点降低；热分解温度提前（降低），如热分解起始温度、终止温度与热分解峰温均比普通粗颗粒含能材料降低；并且，与普通粗颗粒含能材料相比，纳米 RDX、HMX、CL-20 等含能材料的摩擦、撞击和冲击波感度大幅度降低。

另外，当微纳米含能材料应用于固体推进剂、发射药、混合炸药及火工烟火药剂后，还会表现出使这些火炸药产品的感度降低、抗拉强度与延伸率及抗压强度与压缩率提高、燃速压强指数和温度敏感系数降低、起爆灵敏度和稳定性提高等效能。

引起上述物理与化学性能发生变化的机理，必须进行深入研究与彻底揭示。

4.1.2　性能变化机理

1. 微纳米材料的结构与物理效应

含能材料尺度微纳米化后所引起的自身性能变化，及其后续应用产品的性能变化，主要是由于微纳米含能材料颗粒的尺度变化所引起的表面特性及界面特性或内部微结构变化，进一步引起物理效应发生改变，进而引发化学活性、催化性及其他性能发生变化。因此，对于微纳米含能材料的性能变化机理，需结合其微结构和物理效应进行研究。由于微纳米含能材料通常是具有一定晶型结构的颗粒，在对其性能变化机理进行介绍和阐述前，首先对微纳米材料，尤其是纳米材料的结构特性和物理效应进行介绍。

1）晶粒内部结构及界面特性

通常，微纳米材料尤其是纳米材料，都具有 3 个共同的结构特点：即纳米尺度结构单元，大量的界面或自由表面，以及各纳米单元之间存在着或强或弱的交互作用。纳米晶体材料（如纳米含能材料颗粒）是由晶粒尺寸为 1～100nm 的粒子凝聚而成，主要由晶粒组元（纳米晶粒）和晶界组元（界面组元）两部分组成[1]。物理上的界面不只是指一个几何分界面，而是指一个薄层，这种分界面具有和它两边基体不同的特殊性质。因为界面原子和内部原子受到的作用力不同，它们的能量状态也就不一样，因此也就形成了特殊的界面特性。

i）界面组元的体积和比表面积

对于微纳米颗粒，其内部的晶粒尺寸越小，其界面组元占整个颗粒的体积分数越大、微体积内界面组元的比表面积也越大。例如，对于粒径 d 为 5nm 的纳米晶粒，假设界面平均厚度 δ 为 1nm 且晶粒为球体，那么界面组元的体积分数 φ_t 为

$$\varphi_t=\frac{\frac{4}{3}\pi d^3-\frac{4}{3}\pi(d-\delta)^3}{\frac{4}{3}\pi d^3}=\frac{3d\delta(d-\delta)+\delta^3}{d^3} \tag{4-1}$$

对上式求解可得到界面组元所占的体积分数约为 50%。进一步的，对于该晶粒，其微体积内界面组元的比表面积达约 $500m^2/cm^3$，比表面积非常大。

ii）晶界的原子结构

对于晶界界面结构的描述，主要有如下模型：

短程有序模型：认为纳米材料内部界面组元原子排列的有序化是局域性的，而且，这种有序排列是有条件的，主要取决于界面的原子间距 r_a 和颗粒的粒径 d。当 $r_a \ll \frac{d}{2}$ 时，界面组元的原子排列是局域有序的；反之，界面组元则为无序结构。

界面可变结构模型：也称结构特征分布模型，强调界面结构的多样性，即纳米材料内部的界面不是单一、同样的结构，界面结构是多种多样的，故不能用一种简单的模型概括所有的界面组元的特征。

界面缺陷态模型：认为界面包含大量缺陷，其中三叉晶界对界面性质的影响起关键作用。所谓三叉晶界，指三个或三个以上相邻晶粒之间的交叉区域，也称旋错。例如相关计算表明：当晶粒粒径从 100nm 减小到 2nm 时，三叉晶界体积分数增加 3 个数量级，而晶界体积分数仅增加 1 个数量级。三叉晶界体积分数对晶粒尺寸的敏感度远远大于晶界体积分数；并且，三叉晶界处的原子扩散更快，运动性更好。因此，三叉晶界将对材料的性能产生很大的影响。

总之，要用一种模型统一纳米材料内晶界的原子结构是十分困难的。虽然晶界在常规粗晶材料中仅仅是一种面缺陷，但对于纳米材料，晶界不仅仅是一种缺陷，更重要的是构成纳米材料的一个组元。即晶界组元已经成为纳米晶体材料的基本构成之一，并且影响到纳米晶体材料所表现出的特殊性能。当含能材料尺度微纳米化后，颗粒内部的晶粒尺寸减小，进而引起颗粒内部结构和界面特性发生变化，从而引发性能变化。

2）纳米材料的物理效应

随着材料尺度的减小，当达到亚微米级甚至纳米级范围以后，会表现出许多块体材料不具有的特殊物理效应，如小尺寸效应、表面与界面效应、量子尺寸效应、宏观量子隧道效应等[2]。

i）小尺寸效应

由于纳米材料尺寸变小所引起的宏观物理性质的变化称为小尺寸效应，或称为体积效应。当纳米材料的尺寸与光波波长、德布罗意波长，以及超导态的相干长度或透射深度等物理特征尺寸相当或更小时，晶体周期性的边界条件将被破坏；颗粒表面层附近原子密度减小，磁性、内压、光吸收、化学活性、催化性及熔点等与普通粒子相比都有很大变化。纳米材料之所以具有这些奇特的宏观结构特征，是因为其是由有限分子组装起来的集合体，而不再是传统观念上的材料性质直接取决于原子和分子，从而产生一系列新奇的性质。例如，金属纳米颗粒对光的反射率很低，通常低于 1%，大约几微米的厚度就能完全消光，所以所有的金属在纳米颗粒状态下都呈现黑色；固态物质在其形态为大尺寸时，其熔点是固定的，纳米颗粒的熔点却会降低。

ii）表面与界面效应

表面效应是指微纳米颗粒的表面原子与总原子数之比，随粒径的变小而急剧增大后引起性质上的变化。随着微纳米颗粒尺寸的减小，比表面积急剧加大，表面原子数及比例迅速增大，由于表面原子数增多，表面原子处于“裸露”状态，表面能高。并且，纳米粒子表面原子周围缺少相邻的原子，原子配位数不足，存在未饱和键，导致了纳米颗粒表面存在许多缺陷，使其表面活性也很高。由于纳米粒子存在界面效应与表面效应，可以广泛地应用于化工、催化、吸附等领域，通过对其表面改性，还可进一步扩大应用方向。

iii）量子尺寸效应

量子尺寸效应是指当纳米材料的尺寸下降到一定程度时，其费米能级附近的电子能级由准连续转变为离散的现象，同时还引起能隙变宽，以及由此导致的纳米材料光、磁、热、电、催化等特性与块体材料显著不同的现象。对半导体材料而言，尺寸小于其本身的激子玻尔半径，就会表现出明显的量子效应。20 世纪 60 年代，日本学者 Kubo 给出了能级间距与颗粒粒径的关系为 $\delta=4E_f/3N$：对常规块体材料，可认为包含的原子数（N）有无限多个，故常规材料的能级间距几乎为零（$\delta\to0$）；对于纳米颗粒，因含原子数有限，能级间距不再为零，即能级发生了分裂。当能级间距大于热能、磁能、光子能量或超导态的凝聚能时，则引起能级改变、能隙变宽，使粒子的发射能量增加，光学吸收向短波方向移动，直观上表现为样品颜色的变化。纳米材料中处于分立的量子化能级中电子的波动性带来了一系列的特殊性质，如高度光学非线性、特异性催化和光催化性质、强氧化性和还原性等。

iv）宏观量子隧道效应

宏观量子隧道效应是从量子力学的粒子具有波粒二象性的观点出发，解释粒子能够跨越比总能量高的势垒。例如，纳米粒子的磁化强度和量子相干器件中的磁通量等也具有隧道效应，利用它可以解释纳米镍粒子在低温下继续保持超顺磁性的现象。宏观量子隧道效应的研究对基础研究及实用都有着重要意义，它限定了磁带、磁盘等微电子器件进一步微型化的极限。

对于微纳米含能材料而言，其制备和应用过程中所表现出的物理效应主要为小尺寸效应和表面效应，如纳米 RDX、HMX、CL-20 等含能材料的熔点比普通粗颗粒降低、热分解峰温提前等；并且微纳米含能材料的比表面积大、表面能高、表面活性高，极易团聚、难以充分均匀分散在火炸药基体体系中等。这些效应一方面使微纳米含能材料表现出一系列具有吸引力的特性，另一方面也反过来在一定程度上制约了这些优异特性的充分发挥。

2. 热性能变化机理

含能材料尺度微纳米化后，所引起的自身热容与熔点及热分解特性（如热分解峰温）等热性能的变化，以及后续应用产品热性能的变化，主要基于其微纳米尺度效应和表面效应。

1）热容简介

热容是指物质体系在一定条件下温度升高 1℃所需要的热，是用以衡量物质所包含热量的物理量，单位是 J/K。热容同物质的性质、所处的状态及传递热量的过程有关，并同物质系统的质量成正比。单位质量物质的热容称为比热容，用符号 c 表示，可基于单位质量物质吸收的热量 Q 所引起的自身温度变化 ΔT，按下式进行求解：

$$C = \lim_{\Delta T \to 0}\left(\frac{Q}{\Delta T}\right) = \frac{\partial Q}{\mathrm{d}T} \tag{4-2}$$

等压条件下的比热容称为定压比热容，用符号 c_p 表示；等容条件下的比热容称为定容比热容，用符号 c_v 表示。

$$c_p = \left(\frac{\partial U}{\partial T}\right)_p;\quad c_v = \left(\frac{\partial U}{\partial T}\right)_v \tag{4-3}$$

式中，U 为单位质量物质的内能。对于固体和液体，c_p 和 c_v 近似相等；对于理想气体，摩尔定压比热容（$c_{p,\mathrm{m}}$）和摩尔定容比热容（$c_{v,\mathrm{m}}$）的关系为：$c_{p,\mathrm{m}}-c_{v,\mathrm{m}}=R$，其中 R 是理想气体常数。

对于固体材料，热容与晶格振动（晶格热振动）和电子的热运动（电子热容）有关。晶格振动是在弹性范围内原子的不断交替聚拢和分离，这种运动具有波的形式，称为晶格波。晶格振动的能量是量子化的，与电磁波的光子类似，点阵波的能量量子称为声子，晶体热振动就是热激发声子。根据原子热振动的特点，固体热容理论从理论上阐明了热容的物理本质，并建立了热容随温度变化的定量关系。其发展过程是从经典热容理论“杜隆-珀蒂（Dulong-Petit）定律”经“爱因斯坦量子热容理论”到较为完善的“德拜量子热容理论”，以及其后对德拜热容理论的完善发展[3]。

固体材料的热容与其结构，或者说与振动熵及组态熵密切相关，而振动熵和组态熵又受到最近邻原子构型的强烈影响。在微纳米材料中，很大一部分原子处于晶界上，由于高比例晶界组元的贡献，微纳米材料，尤其是纳米材料的比热容会比其对应的粗颗粒晶体材料的高。对于微纳米含能材料，其热容随尺度发生变化，进而就可能引起其他热性能的变化。

2）微纳米材料的热膨胀与熔点

物体的体积或长度随温度升高而增大的现象称为热膨胀，固体材料热膨胀本征上归结于晶体结构中质点间平均距离随温度升高而增大，其原因是原子的非简谐振动。

线膨胀系数 α 和体膨胀系数 β 如式（4-4）所示：

$$\frac{\Delta L}{L_0}=\alpha\Delta T;\ \frac{\Delta V}{V_0}=\beta\Delta T \tag{4-4}$$

立方晶系，各方向膨胀系数相同：$\beta=3\alpha$；对于各向异性的晶体：$\beta=\alpha_a+\alpha_b+\alpha_c$。物体在温度 T 时的长度 L_T 为

$$L_T=L_0+\Delta L=L_0\left(1+\alpha\Delta T\right) \tag{4-5}$$

体积热膨胀是固体材料受热以后晶格振动加剧而引起的体积膨胀，而晶格振动与比热容关系密切。德国物理学家 Grüneisen（格林艾森）从晶格振动理论出发提出了体积热膨胀系数与比热容间的关系：

$$\beta=\frac{\gamma}{KV}c_v \tag{4-6}$$

式中，γ 为 Grüneisen 常数，表示原子非线性振动的物理量；$K=\frac{\mathrm{d}^2U}{\mathrm{d}V^2}\cdot\frac{1}{V}$ 为体弹性模量。热膨胀系数受相变、缺陷等因素的影响。一般来说，对于结构对称性较低的材料，其热膨胀系数有各向异性，弹性模量较大的方向有较小的膨胀系数。

Grüneisen 还进一步提出固体热膨胀极限方程，如对于纯金属，一般由 0K 加热到熔点 T_m，膨胀量为 6%。当固体加热体积增大 6%时晶体原子间的结合力已经很弱，以至于熔化为液态。因此，物体熔点越低，膨胀系数越大。通常，膨胀极限会根据晶体结构而发生变化，线膨胀系数 α 和金属熔点之间的经验公式为

$$\alpha=\frac{b}{T_m}=\frac{A}{V_a^{2/3}M\theta_D^2} \tag{4-7}$$

式中，b 为常数；A 为常数；M 为原子量；V_a 为原子体积；θ_D 为德拜温度。

3）微纳米晶体材料的熔化及熔点降低

熔化是指晶体长程有序结构到液态无序结构的相转变，除了常见的升温过程中晶体转变成液体的熔化，晶体低温退火时的非晶化过程也是熔化的一种表现。在近平衡状态下，晶体转变成液体时温度不变，并伴随潜热的吸收和体积变化。这时，热力学平衡的固相和液相具有相同的 Gibbs（吉布斯）自由能：$G_s=G_L$，如图 4-1 所示。

体积变化 ΔV_f 和熵变 $-\Delta S_f$ 如下式所示：

$$\Delta V_f=\left(\frac{\partial G_L}{\partial P}\right)_T-\left(\frac{\partial G_s}{\partial P}\right)_T;\ -\Delta S_f=\left(\frac{\partial G_L}{\partial T}\right)_P-\left(\frac{\partial G_s}{\partial T}\right)_P \tag{4-8}$$

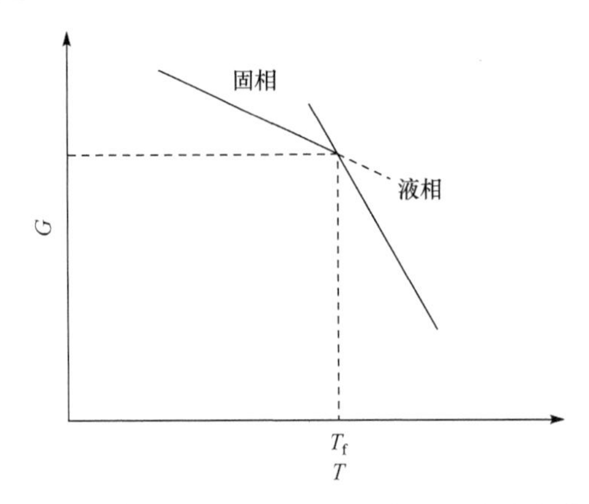

图 4-1　晶体材料固相和液相自由能随温度变化关系

在常压下，固相和液相自由能相互独立；T_f是两相平衡温度，也是平衡熔化温度；固液转变时熵（或体积）变化具有不连续性，这是一级相变的典型特征。理论上讲，如果能阻止另一相的产生，就可以研究固相在高于熔点的温度区间或液相低于熔点温度区间的自由能变化。实际上，过冷液态容易获得，对其已有很多的研究，但使固体过热非常困难，其研究还处于初始阶段。当晶体材料微纳米化后，其有序结构可能发生变化，进而引起熔点变化。

1954 年，日本学者 Takagi（高木）首次发现纳米粒子的熔点低于其相应块体材料的熔点。从那时起，不同的实验也证实了不同的纳米晶都具有这种效应。这是因为，实际晶体不能以无缺陷的理想状态存在，晶体中会有不溶于固液相的杂质，固体自身也存在如晶界、位错等缺陷。异质相界面（如固/气或固/固）和同质相界面的存在，改变了固相或液相局部的热力学状态，使熔化过程发生变化而呈现多样性。由于晶体的自由表面和内界面（如晶界、相界等）处原子的排布与晶体内部的完整晶格有很大差异，且界面原子具有较高的自由能，因此熔化通常源于具有较高能量的晶体表面或同质及异质相界面。当晶体的界面增多，如颗粒尺寸减小使表面积增大，或多晶体晶粒减小使内晶界增多时，非均匀成核位置增多，从而导致熔化在较低温度下开始。这就是发生在纳米材料中的熔点降低现象。

对于微纳米含能材料而言，也由试验观测到熔点降低现象，也可类似地采用上述观点来解释：即随粒子尺寸的减小，表面和界面的体积分数较大，而且表面及界面处的原子振幅比心部原子的更大，引起过剩 Gibbs 自由能的增大而使小粒子的熔点降低。或者说是含能材料尺度微纳米化后，比表面积增大、表面能高，非均匀成核位置增多，从而导致熔化在较低温度下开始，即熔点降低。另外，对于微纳米含能材料，由于晶界组元所占比例大，晶格振动更加剧烈，使分子振动能量更容易达到化学键断裂能量而发生热分解；并且由于微纳米尺度效应和表面效应，微纳米含能颗粒在同样测试条件下单位时间内所吸收的能量更多，进一步促进热分解。因此，含能材料尺度微纳米化后还表现为热分解过程的起始温度、峰温及终止温度等降低。

3. 燃烧/爆炸性能变化机理

目前，对于微纳米含能材料燃烧/爆炸性能变化机理的研究，主要是结合微纳米含能材料粒度变化后所引起的点火及燃烧性能的变化规律，从微纳米含能材料的表面效应出发，宏观分析比表面积、表面原子活性等对传质、传热过程的影响，进而分析微纳米含能材料粒度对燃烧/爆炸性能的影响机理[4]。或者将微纳米含能材料应用于火炸药产品中，根据固体推进剂、发射药、混合炸药及火工烟火药剂等的燃烧或爆炸性能的变化规律，结合微纳米含能材料的表面效应，对性能的变化机理进行分析。如在固体推进剂方面，研究者们将纳米 RDX 应用于改性双基推进剂中，可改善推进剂的燃烧性能[5, 6]；将超细含能材料应用于复合推进剂中制备燃气发生器药剂[7]以改善燃烧性能；并且，当超细含能材料应用于火箭发动机装药时，可降低推进剂的高压压强指数[8]。在混合炸药方面，将微纳米含能材料（如 RDX、HMX 等）作为主体炸药，替代混合炸药配方中的粗颗粒含能材料，研究微纳米含能材料对能量输出特性的影响。在火工烟火药剂方面，通过将超细 HMX 应用于传爆药中，可使能量输出增大[9]；将超细含能材料应用于起爆药中，可降低起爆能量，提高起爆可靠性[10, 11]；并且，将微纳米含能材料应用于微点火芯片中，还可以提高点火稳定性和成功率，如超细 HNS 由于短脉冲冲击波起爆能量低，可用于冲击片雷管中，以提高起爆灵敏度、稳定性和可靠性[12-14]。

然而，对于微纳米含能材料的燃烧/爆炸性能变化机理的研究工作，还需进一步结合微观分解历程或爆轰历程与传质、传热过程，以及微纳米含能材料的尺度效应、表面效应，系统深入地开展研究工作，进而才能更加深入地揭示燃烧或爆炸性能的变化机理。并且，大量试验研究也表明：当微纳米含能材料引入后，可以比较显著地改善固体推进剂与发射药的燃烧性能（如燃速），但却对混合炸药的爆炸性能（如爆速）基本不产生影响。这表明微纳米含能材料在分解燃烧反应与爆轰反应历程中的作用机理不同，因此，需结合具体情况深入开展作用机理研究。

此外，虽然尚未发现微纳米含能材料在直接改变爆炸反应速率方面具有显著优势，但大量研究却表明：微纳米含能材料的引入，可以减小混合炸药的临界爆轰直径、提高爆炸反应的完全性，并且还可以通过与粗颗粒含能材料级配实现提高装药密度。也就是说，即便当前的研究条件和研究结果表明微纳米含能材料基本不影响爆炸反应速率，但仍然对爆轰传播的稳定性、爆炸反应的完全性等产生很大影响，即对爆炸反应历程具有显著的影响。因此，后续工作还需系统深入研究微纳米含能材料自身的爆轰机理，以及应用于混合炸药后对爆炸化学反应的作用机制。

4. 力学性能变化机理

含能材料尺度微纳米化后，不仅自身的力学性能会发生变化，还会引起固体推进剂、发射药、混合炸药等产品的力学性能发生变化。

1）微纳米材料的弹性模量和蠕变

对于微纳米材料而言，其在外加载荷作用下，或在载荷、加载速率和环境因素的联合作用下所表现出的力学性能变化，主要包括弹性模量、蠕变等[15]。

i）弹性模量

弹性模量又称弹性系数、杨氏模量，是理想材料在小形变时应力与应变之比。表征材料抵抗弹性变形的能力，其数值大小反映该材料弹性变形的难易程度，用 E 表示。其值越大，使材料发生一定弹性变形的应力也越大，即材料刚度越大，即在一定应力作用下，发生弹性变形越小。弹性模量 E 是原子之间的结合力在宏观上的反映，实质上是原子、离子或分子之间键合强度的反映，因此其大小取决于原子的种类及结构。英国学者 Hall（霍尔）和 Petch（佩奇）提出了普通多晶材料的屈服强度（δ_s）随晶粒尺寸 d 的变化关系方程：

$$\delta_s = \delta_0 + kd^{-\frac{1}{2}} \tag{4-9}$$

式中，δ_0 为位错运动的摩擦阻力；k 为常数；d 为平均晶粒尺寸。该式对各种粗晶材料都是适用的。Hall-Petch 公式是基于多晶体的位错堆积理论推导出来的。对于传统的多晶材料而言，晶界的自由能很高（相对于晶粒内部），可视为阻碍位错运动的势垒。在外力作用下，为了在相邻晶粒内产生切变变形，晶界处必须产生足够大的应力集中。细化晶粒可产生更多的晶界，如果晶界的结构未发生变化，则需施加更大的外力才能产生位错塞积，从而使材料强化。

对于存在非常细小的晶粒尺寸（非常接近晶界，如小于 5nm 的晶粒）的纳米材料而言，位错堆积不能形成，材料的强度远低于 Hall-Petch 公式的计算值，即反常 Hall-Petch 效应。

对于微纳米含能材料颗粒，其晶粒尺寸通常不会小至与晶界尺寸相近，因而可认为其屈服强度满足 Hall-Petch 公式，即随着晶粒尺寸减小，含能材料颗粒的强度提高。

ii）蠕变

材料的蠕变是指材料在高于一定的温度下，即使受到小于屈服强度应力的作用也会随着时间的延长而发生塑性变形的现象。在很低的应力和细晶条件下，早期的理论认为是空位而不是位错的扩散引起蠕变。空位的扩散有两种机制，即通过晶格扩散和沿晶界扩散。英国学者 Nabarro（纳巴罗）和美国学者 Herring（赫林）提出了 Nabarro-Herring 方程，以描述空位通过晶格扩散的蠕变速率：

$$\dot{\varepsilon}_{\mathrm{NH}}=A_{\mathrm{NH}}\frac{D\Omega\sigma}{KTd^2} \tag{4-10}$$

式中，A_{NH} 为常数；D 为晶格扩散系数；Ω 为原子体积；σ 为拉伸应力；K 为玻尔兹曼常数；d 为晶粒尺寸。

美国学者 Coble（科伯）提出了 Coble 方程，以描述空位沿晶界扩散的蠕变速率：

$$\dot{\varepsilon}_{\mathrm{c0}}=\frac{D_{\mathrm{gb}}\Omega\delta\sigma}{KTd^3} \tag{4-11}$$

式中，D_{gb} 为晶界扩散系数；δ 为晶界厚度；其余符号含义同 Nabarro-Herring 方程。

由于 D_{gb} 高出 D 几个数量级，当晶粒尺寸减小时，$\dot{\varepsilon}_{\mathrm{c0}}$ 的值应比 $\dot{\varepsilon}_{\mathrm{NH}}$ 大很多。由此预测，在应力相同的条件下，纳米材料可在较低温度下甚至在室温产生晶界扩散蠕变。对于微纳米含能材料而言，当尺度足够小时，也将发生这种蠕变现象。

2）微纳米含能材料的增韧增强效应

大量研究表明，微纳米含能材料颗粒在火炸药体系中作为固体粒子能起到增韧增强的效果[16]，例如，当一定含量微纳米含能材料颗粒应用于固体推进剂、发射药及混合炸药后，可与聚合物（黏结剂）界面良好结合，形成均匀的物理交联点。研究表明[17]，当在改性双基推进剂体系中引入超细 RDX 颗粒后，在黏合剂（NC）与固体填料（RDX）界面结合良好的情况下，固体填料实际上起到了物理交联点的作用。随着粒径的减小，固体颗粒的比表面积增大，与黏合剂 NC 的接触更加良好。而且固体含量一定时，小粒径固体填料与黏合剂形成的物理交联点比大粒径固体填料与黏合剂形成的交联点多。高分子黏合剂网络结构中的高交联密度使推进剂在外力作用下不容易被破坏。

固体推进剂与发射药及混合炸药中的微纳米含能材料颗粒越小，交联点越多、越致密，进而形成高交联密度的网络结构，使力学性能显著提高。尤其是固体推进剂的延伸率，可获得大幅度提升；同时还可降低感度、改善燃烧性能。然而，微纳米含能材料含量也并非越高越好，当含量大于一定值后，其很难在体系中均匀分散，形成大量的团聚体而使物理交联强度大大降低，进而引起力学性能急剧下降，甚至导致感度升高、燃烧/爆炸性能恶化。因此，急需系统地探究微纳米含能材料颗粒的粒度对力学性能的影响规律，揭示粒度及含量与火炸药产品力学性能之间的构效关系，才能更加有效地应用和发挥微纳米含能材料的优异特性。大量实践表明：可通过含能材料粒度级配，实现火炸药产品力学性能提升，但需开展许多探索试验，才能对配比进行优化；若能彻底揭示粒度及含量对力学性能的影响机理及规律，便能在仅需少量试验的前提下，比较精确地设计火炸药配方体系，最终实现战略与战术武器性能的显著提升。

5. 感度变化机理

感度是指含能材料，如 RDX、HMX、CL-20、HNS 等，在摩擦、撞击、冲击波热、静电等外界刺激作用下发生燃烧或者爆炸的难易程度。感度（安全性）与能量是含能材料两大相互制约的特性，通常，能量增大，感度也升高（即安全性降低）。为了提高含能材料的使用稳定性和安全性，需对其进行降感处理。

1）含能材料的降感措施

国内外学者在降低含能材料感度方面做了很多研究，主要包括：包覆降感、共晶降低、改善晶体品质降感、微纳米化降感等。

i）包覆降感

使用低感度物质对含能材料颗粒进行包覆，利用低感度物质的润滑、缓冲、阻隔等作用，减少颗粒间的摩擦、挤压、撞击等作用，有效地分散外界作用力并吸收局部热量，减小产生热点的概率从而实现降低含能材料的感度。常用的低感度物质主要是高分子黏结剂（如氟橡胶、聚乙酸乙烯酯、聚甲基丙烯酸甲酯等）、低分子钝感剂（如石蜡、硬脂酸、石墨等）和低感度含能材料[如 NC、二硝基甲苯（DNT）、TNT、TATB 等]。通过采用低感度物质对含能材料进行包覆，虽然能够降低感度，但也会降低能量，影响爆炸威力。

ii）共晶降感

共晶是两种或两种以上中性分子通过主客体之间的相互作用力，如氢键、范德瓦耳斯力、π-π 堆积和卤键，组装而成的超分子复合物。共晶的很多性能都与单一组分的性能不一样，如密度、溶解度、分子稳定性等。对机械感度较高的含能材料，如 HMX 和 CL-20，可以采用低感度的含能材料与其形成共晶，通过分子间作用力增强分子稳定性，从而降低机械感度。通过共晶技术能够降低含能材料的感度，然而，由于引入低感度含能化合物分子，导致了原含能材料本征结构的改变，其能量密度、爆炸性能、安定性等均发生较大的变化，且在制备共晶的过程中存在培养周期较长、产量小、溶剂成本较高、容易引起环境污染等缺点，较难大规模实际应用。

iii）改善晶体品质降感

改善含能材料的晶体品质，提高颗粒的晶体完整性，使其成为结构密实、形状规则的颗粒，从而增加含能材料颗粒稳定性，减小其在外界刺激作用下形成热点的概率，进而降低含能材料的感度。含能材料的晶体品质主要包括晶体缺陷、晶体微观形貌、晶型等因素。目前国内外学者多采用重结晶法减少含能材料颗粒的内部孔洞、缺陷和裂纹，并提高颗粒球形度和表面光滑性，从而改善晶体品质，降低它们的感度。改善含能材料的晶体品质能够降低其摩擦、撞击和冲击波感度，但在含能材料进行晶体改性的过程中，会用到大量的表面修饰剂和其他助剂，而这些试剂通常是有机试剂或酸性溶液，可能引起人体各种疾病以及环境污染，并且成本也较高。

iv）微纳米化降感

含能材料颗粒的粒径和粒度分布对其感度影响很大：颗粒粒径越小、粒度分布越窄，其稳定性越高、感度越低。因此，将含能材料颗粒微纳米化，也是降低其感度的重要方法。例如，采用合适的方法将含能材料进行超细化，尤其是纳米化处理后，可大幅度降低它们的摩擦、撞击和冲击波感度，同时不降低能量，并且可避免大量有机试剂所引起的人体疾病和环境污染。南京理工大学国家特种超细粉体工程技术研究中心通过大量的研究表明，当 RDX、HMX、CL-20 等硝胺类含能材料纳米化后，其摩擦感度降低 20%以上、撞击感度降低 40%以上、冲击波感度降低 50%以上，安全性大大提高且能量不降低。

硝胺类含能材料纳米化后，感度大幅度降低，但这种基于尺度微纳米化实现降感的机理，还需结合微纳米含能材料的结构和物理效应，从本质上进行深入研究和揭示。

2）热点理论

针对含能材料尺度微纳米化后所引起的感度变化机理，可结合热点理论对含能材料的起爆机理进行描述，进而阐述感度随粒度变化的机理[18]。1892 年，法国化学家 Berthelot（贝特洛）首次研究了爆炸物撞击起爆的原因，提出撞击的动能转化为热量，会引起爆炸物温度的升高，当温度高于点火温度时将引发起爆。20 世纪 30 年代，英国学者 Taylor（泰勒）和 Weale（威尔）的研究为爆炸物起爆过程提供了进一步解释；他们发现，对固体爆炸物的撞击会由于做功耗散而产生热量，但该热量远远不足以将整个样品的温度提高到所需的点火温度，进而提出能量局域化的概念。

1951 年，英国学者 Bowden（鲍登）等在研究非均质含能材料时，系统性地阐述了“热点”的概念：含有杂质、空穴、晶界等缺陷会导致含能材料内部密度不均匀，当含能材料受到冲击时，冲击波到达密度不均匀处会形成局部高温区域，该区域就称为“热点”。并进一步提出了热点理论，即含能材料在受到外界刺激作用时，产生的热能来不及均匀扩散到含能材料内部，而是集中在局部的小点上，形成热点；热点附近的含能材料迅速发生热分解，其放出的热量加速自身热分解并导致热点温度迅速升高进而达到或超过燃爆点，引发燃爆。同时，他们通过实验提出热点形成的尺寸为 0.1～10μm，持续存在的时间为 10^{-5}～10^{-3}s。国内外学者普遍基于该理论研究含能材料受到外界刺激作用时的起爆过程，尤其是颗粒群在外界刺激作用下形成热点后，热点之间的相互作用以及热点成长为爆轰和爆轰传递等过程，进而分析不同状态下（如不同颗粒大小、粒度分布）含能材料颗粒群的起爆规律，并提出一些相关模型[19]。

苏联学者 Khasainov（卡赛诺夫）等在研究崩塌孔穴附近塑性功加热而形成热点的起爆机理基础上，建立了黏塑性热点模型[20]，其描述热点点火的基本思想为：用一定强度的冲击波作用于非均相炸药体系时，随着冲击波强度的增大，内部孔穴依次发生弹性、弹塑性及完全塑性三种不同程度的变形。因孔穴的弹性和弹塑性变形与完全塑性变形相比，其收缩变形非常小，可忽略不计。可假设只有当入射冲击波压强超过孔穴周围含能材料的塑性屈服极限时，孔穴才发生塑性变形，进而才引起孔穴崩塌，这时崩塌过程中的黏塑功使崩塌孔穴周围的一薄层含能材料温度升高而形成热点。该模型做了如下假设：

（1）假设孔穴是空心球体。

（2）假设孔穴的变形呈球形对称，这是因为：设冲击波通过孔穴的时间为 t_1，孔穴的崩塌时间为 t_2，则有：$t_1 = \dfrac{\delta_0}{D}$，$t_2 = \dfrac{4\mu_s}{P_s - P_y}$；其中 δ_0 为炸药体系内孔穴的初始直径，D 为入射冲击波在炸药体系中的传播速度，μ_s 为炸药体系的黏度，P_s 为入射冲击波的初始压强，P_y 为孔穴周围含能材料的塑性屈服强度。由于在黏滞崩塌的情况下，孔穴壁的径向速度远低于固体中的声速，所以有 $t_1 \ll t_2$，即冲击波通过孔穴的时间相对于孔穴崩塌的时间非常短。则在这种情况下，可认为球形孔穴附近的压强只取决于孔穴半径，则塑性流动在孔穴附近是球形对称的，即孔穴的变形呈球形对称。

（3）假设炸药体系中的固相是不可压缩的：黏滞崩塌情况下，孔穴壁的径向速度远低于固体中的声速，所以在分析孔穴变形动力学时可忽略固相的可压缩性。在该假设情况下不考虑流体力学机理。

（4）假设表面层含能材料的熔化热损失不予考虑，这是因为：高压下的熔点可能高于点火温度，熔点随入射冲击波压强的增强而升高；表面层含能材料的熔化速率可能低于化学反应速率；由于熔化产生的热损失只是总能量平衡的极小部分。

通过以上假设，热点的黏塑性模型可简化为单个孔穴周围不可压缩物质的塑性球形对称黏滞流。

3）感度变化机理的宏观阐述

在 Khasainov 黏塑性热点模型的基础上，把含能材料所受到外界摩擦、撞击、冲击波等作用近似地看作摩擦和冲击两类作用，进而可从宏观理论角度阐述感度随粒度的变化机理。

i）摩擦作用下感度随粒度变化机理

在摩擦作用下，含能材料内部热点的形成机制主要是颗粒之间以及颗粒与外界表面之间发生相对滑动，引起体系内部相互摩擦从而形成热点，所产生的局部温升ΔT可以用下式表示：

$$\Delta T = \frac{\mu W v}{4aJ}\frac{1}{\left(\lambda_1 + \lambda_2\right)} \tag{4-12}$$

式中，μ为摩擦系数；W为作用于摩擦表面的荷重；v为滑动速度；a为接触面半径；λ为摩擦物体的导热系数（1、2 表示两物体）；J为热功当量。

当作用于摩擦表面的荷重、滑动速度、热功当量以及导热系数不变时，含能材料产生的局部温升ΔT仅与接触面的摩擦系数μ和接触面半径a有关。随着含能材料粒径减小，尤其是微纳米化后，与普通粗颗粒含能材料相比：粒径小、粒度分布窄、颗粒表面光滑，摩擦系数μ小；并且微纳米含能材料的比表面积大，在相同的条件下，其与外界接触面半径大；因而在相同的外界作用下，微纳米含能材料产生的局部温升ΔT较小。此外，由于含能材料粒径减小后，比表面积大，散热速率快，可迅速将能量散开，进一步降低热点形成的概率。因此，含能材料在摩擦作用下的感度表现出随粒径减小而降低的趋势。

ii）冲击作用下感度随粒度的变化机理

在冲击作用下，含能材料内部热点的产生机制主要是体系内部孔穴的崩塌，当含能材料体系发生黏塑性变形时（即 $P_s>P_y+P_{g0}$），空穴的崩塌模型为

$$\frac{\mathrm{d}r_+}{\mathrm{d}t} = v_+ \tag{4-13}$$

其中，孔穴崩塌方程为

$$\frac{\partial v_+}{\partial t} = -\frac{1}{\rho r_+}\left(P_s - P_g - P_y + 4\mu\frac{v_+}{r_+} + \frac{3}{2}\rho {v_+}^2\right) \tag{4-14}$$

由式（4-14），在边界条件下可以解出 r_+和 v_+。再由流体力学原理知，对于球形对称情况下的黏滞流动的能量方程为

$$\frac{\partial T}{\partial t} + v\frac{\partial T}{\partial r} = \frac{a}{r^2}\left[\frac{\partial}{\partial r}\left(r^2\frac{\partial T}{\partial r}\right)\right] + \frac{2\mu}{\rho c_P}\left[\left(\frac{\partial v}{\partial r}\right)^2 + 2\left(\frac{v}{r}\right)^2\right] \tag{4-15}$$

由于空穴周围是不可压缩的，则有 $v=v_+r_+^2/r^2$，由边界条件对式（4-15）积分，可得

$$\rho c_P\frac{\mathrm{d}}{\mathrm{d}t}\int_{r_+}^{\infty} r^2\left(T - T_0\right)\mathrm{d}r = 4\mu v_+^2 r_+ + r_+ 2\alpha\left(T_g - T_0\right) \tag{4-16}$$

由于孔穴中气体所储存的能量很少，孔穴表面温升取决于含能材料黏滞性流动引起的能量扩散速率和固体中热传导引起的热量损失速率之差，即

$$\frac{\partial T}{\partial t}=a\frac{\partial^2 T}{\partial r^2}\bigg|_{+}+\frac{12\mu}{\rho c_P}\cdot\frac{v_+^2}{r_+^2} \tag{4-17}$$

对式（4-17）求解可得到热点温度 T_H 与孔穴半径 r_0 之间的关系：

$$\begin{aligned}T_H=T_0+\frac{1}{\rho c_P}\Bigg\{&\frac{P_s-P_y}{K}\ln\frac{1}{F}-\frac{P_{g0}}{K}\left(\frac{1}{F}-1\right)+\frac{3}{8}\frac{Re^2\left(P_s-P_y-P_{g0}\right)}{P_s}\\&\times\left[\frac{1-\exp\left(-8\mu t/\rho r_0^2\right)}{16}-\frac{1-\exp\left(-4\mu t/\rho r_0^2\right)}{4}\right]\Bigg\}\\&-\frac{9}{20}\frac{\left(P_s-P_y-P_{g0}\right)^2}{\rho c_P\mu}\times\left\{t-\frac{I_0^2r_0^2}{4a}\left[1-\left(1-\frac{8at}{I_0^2r_0^2}\right)^{-\frac{3}{2}}\right]\right\}\end{aligned} \tag{4-18}$$

式中，$a=\dfrac{\lambda}{\rho c_P}$，$Re=2r_0\sqrt{\rho P_s}/\mu$，并且 F 值为

$$F=\frac{1}{P_s-P_y}\left[P_{g0}+\left(P_s-P_y-P_{g0}\right)e^{\frac{-\frac{3}{4}K\left(P_s-P_y\right)t}{\mu}}\right] \tag{4-19}$$

式（4-18）中，T_0 为体系的初始温度，℃；ρ 为体系密度，g/cm³；c_P 为定压比热容，J/（kg · K）；P_s 为入射冲击压强，GPa；P_y 为含能材料的塑性屈服强度，GPa；K 为气体的绝热指数；P_{g0} 为孔穴内气体初始压强，GPa；μ 为体系黏度，J/(S · m³)；r_0 为初始孔穴半径，μm；λ 为含能材料热传导系数，J/(s · m · K)；I_0 取值为 0.2489。在这些参数中，影响含能材料在孔穴崩塌时发生黏塑性变形进而形成热点的主要因素是颗粒的塑性屈服强度 P_y。为计算方便，可结合含能材料的性质，近似地给出除 P_y 以外的上述各参数的取值(表 4-1)，并将表中所示的参数值代入式(4-18)，可求得含能材料在冲击作用下所产生的热点温度 T_H 随塑性屈服强度 P_y 的变化规律曲线，如图 4-2 所示。

表 4-1　各物理参数的取值

参数	T_0	ρ	c_P	P_s	P_{g0}	K	μ	r_0	λ
取值	15～25	1.8～2.0	1000	1.0～3.0	0.0001	1.40	300	0.05～5	0.5～0.55

在冲击作用下，当含能材料的塑性屈服强度 P_y 小于 1GPa 时，体系内部所产生热点的温度 T_H 随颗粒塑性屈服强度 P_y 的增大而迅速降低。随着 P_y 进一步增大，热点温度 T_H 的降低速度逐渐减缓。当 P_y 增大至 1.5GPa 后，这时，含能材料颗粒

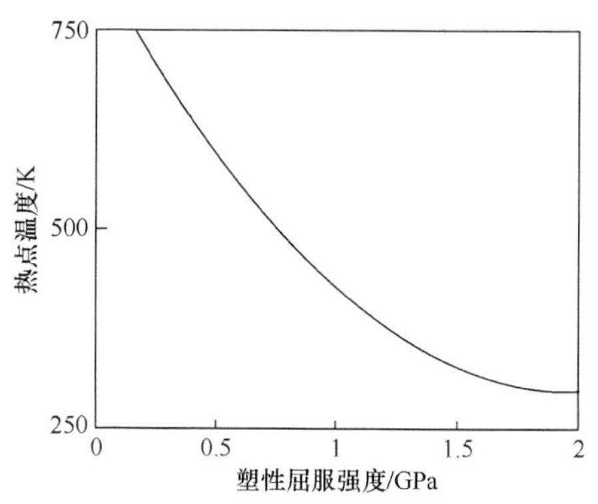

图 4-2　热点温度 T_H 随塑性屈服强度 P_y 的变化规律关系

的塑性屈服强度已逐渐接近或者达到入射冲击压强，体系内部所产生的热点其温度已经很低，难以引发燃烧或者爆炸。

一方面，普通粗颗粒含能材料内孔穴、杂质等晶体缺陷较多，其塑性屈服强度比结构密实的微纳米含能材料颗粒小。另一方面，含能材料尺度微纳米化后，其晶粒尺寸减小（如后续 XRD 表征结果所示），由 Hall-Petch 公式可知，屈服强度增大。因此，当受到冲击作用时，普通粗颗粒含能材料更容易发生黏塑性变形进而形成热点，从而引发燃烧或者爆炸。并且，随着含能材料粒径减小，比表面积增大，散热速率增大，当受到冲击作用时，对外界施加热量的散失速率比加快，内部形成热点的概率较小，发生燃烧或者爆炸的概率也降低。

理论和实验研究结果还表明，含能材料体系中有热点存在并不一定就能产生爆炸，引起体系爆炸要取决于以下几个因素：热点尺寸、热点温度和热点数目（热点密度）。只有当形成的热点具有适度大小尺寸、足够高的温度和足够多数量，才能引发含能材料爆炸。在外界摩擦和冲击作用下，含能材料体系内部的微气泡在机械作用下会发生绝热压缩，形成热点，因而固体含能材料体系中存在的微气泡是形成热点的一个主要因素。而在一定尺度范围内，热点爆炸温度与热点半径成反比，热点半径越小，所需热爆炸临界温度就越高。对热点半径而言，一般处于 100nm～10μm 的热点才容易成长为爆炸。可见，含能材料感度与热点大小密切相关，而热点大小往往与颗粒缺陷的尺寸相关。一般来说，随着含能材料粒径减小，其微缺陷也减小、微缺陷的数量减少，在外界作用下形成的热点半径减小，能够发展为爆炸的有效热点数量也越少，进而表现出感度随粒径减小而降低。并且，随着含能材料粒径减小，颗粒群的孔隙半径也显著减小，进一步表现出热点尺寸减小，起爆难度增大，感度降低。此外，含能材料粒径减小，比表面积增大，对外界能量的散失速率增大，发生爆炸的难度进一步增大，感度降低。因此，含能材料在外界摩擦、冲击等作用下的感度随粒径减小而降低，主要原因在于微纳米含能材料的小尺寸效应、表面效应和密实效应，以及它们之间的综合协同效应。

4）基于微观分解能量的感度变化机理研究

南京理工大学国家特种超细粉体工程技术研究中心基于含能材料颗粒在受到电子束激发后会发生热分解变形，且所需临界电子激发能（即特定尺寸含能材料颗粒在电子束激发下开始发生热分解变形时所需要的能量）随尺寸变化发生变化这一物理现象，立足含能材料颗粒群热分解临界激发能量，提出了通过研究含能材料尺度微纳米化后，由小尺寸效应和表面效应等所引起的热分解临界电子激发能的差异，以及颗粒临界电子激发能随尺寸的变化规律，进而掌握含能材料颗粒群的平均临界电子激发能随粒度的变化规律，并基于临界电子激发能直观揭示感度随粒度的变化机理这一新思路和新方法。

i）临界电子激发能及临界分解状态

临界电子激发能：定义为含能材料颗粒在电子束作用下，受到激发并开始发生分解变形时所接收到的能量。通过利用场发射扫描电子显微镜，研究含能材料颗粒在电子束作用下发生分解变形的趋势和规律，找到它们发生分解变形时的临界状态并计算出处于该状态时所接收到的电子能量，即临界电子激发能。

采用 S-4800 Ⅱ型场发射扫描电子显微镜，固定扫描电子显微镜工作电压 U 为 15kV，工作电流 I 为 10μA，电子束对观察区域的作用时间 t 为 3s。在一定放大倍数下，当含能材料颗粒表面产生裂缝即开始发生分解变形时，通过 SEM 照片记录下此时含能材料颗粒的状态。若含能材料颗粒在某放大倍数下，其表面未产生裂缝，即不发生分解变形，则在观察视野中选择另外一个所需尺寸的颗粒，提高放大倍数，观察颗粒的状态；逐渐提高放大倍数，直至一定尺寸大小的含能材料颗粒表面产生裂缝，并记录此时状态。硝胺类含能材料 RDX、HMX、CL-20 在电子束作用下发生分解变形的 SEM 照片如图 4-3～图 4-5 所示。

通过将含能材料颗粒在电子能作用下刚开始发生分解时所对应的状态定义为临界分解状态，并将此时所接收到的电子能定义为该粒径大小的含能材料颗粒的临界电子激发能。

图 4-3　RDX 在电子束作用下发生分解变形的 SEM 照片

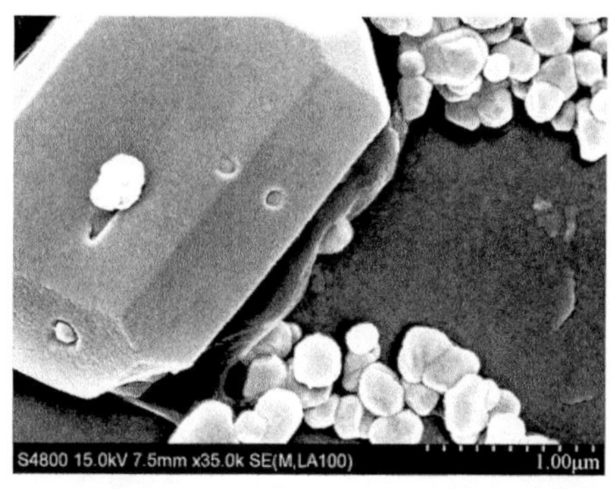

图 4-4　HMX 在电子束作用下发生分解变形的 SEM 照片

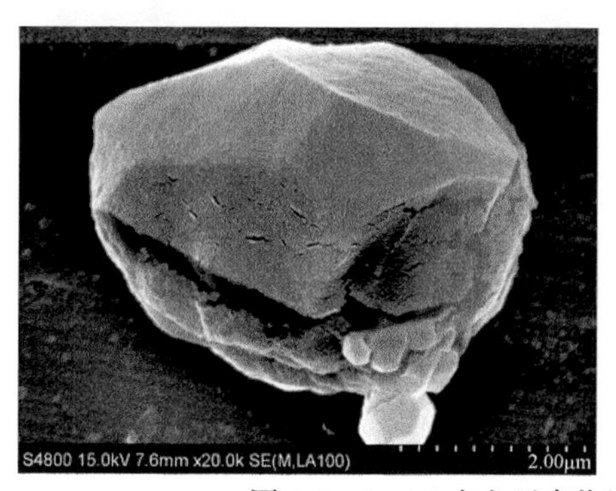

图 4-5　CL-20 在电子束作用下发生分解变形的 SEM 照片

ii）临界电子激发能的计算原理

根据记录了不同大小含能材料颗粒开始发生分解变形状态的 SEM 照片，采用如下原理计算激发含能材料颗粒开始发生分解所需的电子能，即临界电子激发能。首先，作用在整个观察视野（即 SEM 照片）上的总电子能 E_0=工作电压×工作电流×作用时间=$U\times I\times t$；其次，整张 SEM 照片的有效面积记为 S，含能材料颗粒在 SEM 照片中所对应的投影面积记为 S_1，采用图形处理软件[如 Image Pro Plus（IPP）]计算出 S 和 S_1；最后，作用在特定含能材料颗粒上的电子能（即临界电子激发能）$\Delta E=E_0\times S_1/S$。

在计算临界电子激发能时，假定作用在含能材料颗粒上的电子能完全转化为激发该颗粒发生分解变形所需的热能，即忽略电子散射、电子透射、二次电子、特征射线等因素所引起的能量损失。

iii）含能材料颗粒临界电子激发能的实测计算示例

选择粒径约为 10μm 的 RDX 颗粒作为示例计算临界电子激发能（图 4-6）。采用 S-4800 Ⅱ型场发射扫描电子显微镜，固定工作电压为 15kV，工作电流为 10μA，作用时间为 3s，观察并记录 RDX 颗粒在电子能作用下刚开始发生分解变形（即产生裂缝）时的状态，并结合上述原理计算不同粒径（以与颗粒等体积的球体的直径表示）的 RDX 颗粒的临界电子激发能。

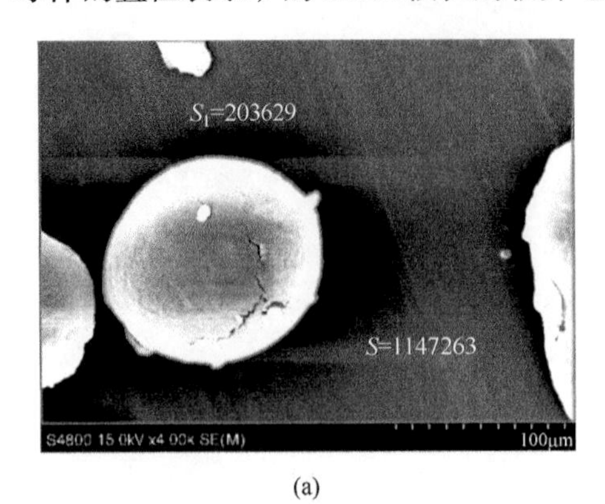

(a)

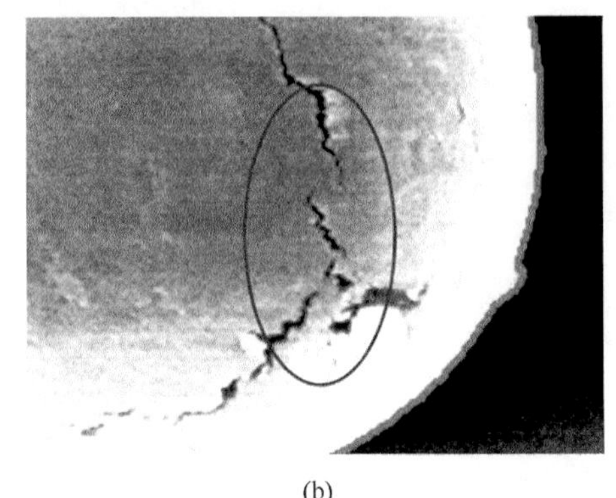

(b)

图 4-6　RDX 受激发时的 SEM 照片（a）及其局部放大照片（b）

粒径约为 10μm 的 RDX 颗粒在电子能作用下开始发生分解变形，并在颗粒表面产生裂缝。此时，作用在整个观察视野（即整张 SEM 照片）上的电子能为

$$E_0=U\times I\times t=15\times 10^3\times 10\times 10^{-6}\times 3=0.45\text{（J）}$$

同时，采用 IPP 软件分别计算整张 SEM 照片的有效面积 S 和 RDX 颗粒在 SEM 上的投影面积 S_1，IPP 软件计算的面积以像素点表示，即

$$S=1147263；S_1=203629$$

那么，作用在粒径为 10μm 的 RDX 颗粒上的电子能，即临界电子激发能为

$$\Delta E=E_0\times S_1/S=0.45\times 203629\div 1147263=0.08\text{（J）}$$

基于上述临界电子激发能的计算方法，可分别计算出不同尺寸含能材料颗粒（以 RDX、HMX、CL-20 为例）的临界电子激发能。

iv）含能材料颗粒的临界电子激发能随尺寸的变化规律

（1）RDX 的临界电子激发能随粒径的变化规律。

分别计算出粒径为 500nm、5μm、10μm、20μm、40μm、80μm、100μm 的 RDX 颗粒的临界电子激发能，如表 4-2 所示。

表 4-2　不同大小 RDX 颗粒的临界电子激发能

粒径/μm	0.5	5	10	20	40	80	100
E/J	0.22	0.14	0.08	0.19	0.198	0.2	0.205

根据不同大小 RDX 颗粒的临界电子激发能计算结果，采用 Origin 软件以 RDX 颗粒临界电子激发能对粒径作图，并对曲线进行拟合，得到临界电子激发能与粒径之间的关系曲线，如图 4-7 所示。

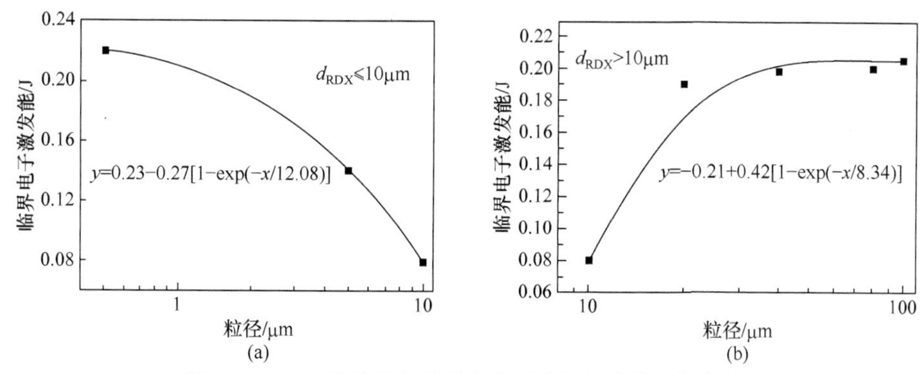

图 4-7　RDX 的临界电子激发能随粒径的变化规律曲线

随着 RDX 颗粒粒径的减小，其临界电子激发能呈现先减小后增大的趋势；颗粒粒径小于约 10μm 后，临界电子激发能随粒径减小而迅速增大，其极限值约为 0.23J。当颗粒粒径减小至约 500nm 时，随着粒径进一步减小，RDX 的临界电子激发能基本不变。说明当 RDX 颗粒从工业微米级细化至纳米级后，使其发生分解变形所需的临界电子激发能显著增大，对外界能量刺激的稳定性明显增加。

（2）HMX 的临界电子激发能随粒径的变化规律。

分别计算出粒径为 500nm、5μm、10μm、20μm、40μm、80μm、100μm 的 HMX 颗粒的临界电子激发能，如表 4-3 所示。

表 4-3　不同大小 HMX 颗粒的临界电子激发能

粒径/μm	0.5	5	10	20	40	80	100
E/J	0.24	0.08	0.06	0.17	0.176	0.18	0.182

根据不同大小 HMX 颗粒的临界电子激发能计算结果，采用 Origin 软件以 HMX 颗粒临界电子激发能对粒径作图，并对曲线进行拟合，得到临界电子激发能与粒径之间的关系曲线，如图 4-8 所示。

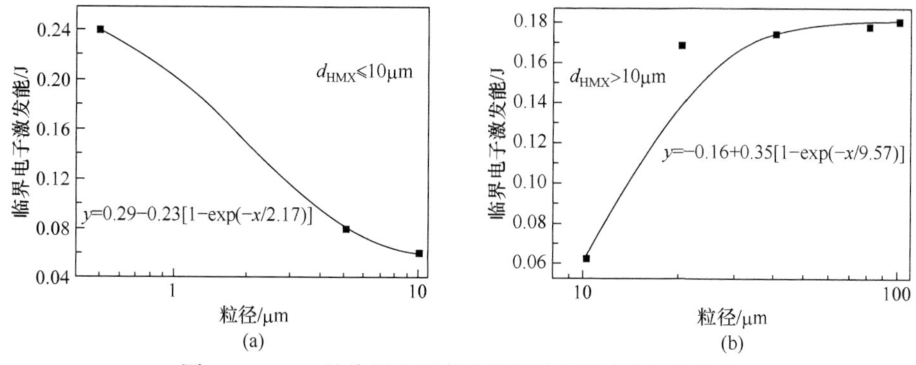

图 4-8　HMX 的临界电子激发能随粒径的变化规律曲线

随着 HMX 颗粒粒径的减小，其临界电子激发能呈现先减小后增大的趋势；颗粒粒径小于约 10μm 后，临界电子激发能随粒径减小而迅速增大，其极限值约为 0.29J。当颗粒粒径减小至约 500nm 时，随着粒径进一步减小，HMX 的临界电子激发能变化不大。说明当 HMX 颗粒从工业微米级细化至纳米级后，使其发生分解变形所需的临界电子激发能显著增大，对外界能量刺激的稳定性明显增加。

（3）CL-20 的临界电子激发能随粒径的变化规律。

分别计算出粒径为 500nm、5μm、10μm、20μm、40μm、80μm、100μm 的 CL-20 颗粒的临界电子激发能，如表 4-4 所示。

表 4-4　不同大小 CL-20 颗粒的临界电子激发能

粒径/μm	0.5	5	10	20	40	80	100
E/J	0.2	0.12	0.08	0.14	0.154	0.156	0.157

根据不同大小 CL-20 颗粒的临界电子激发能计算结果，采用 Origin 软件以 CL-20 颗粒临界电子激发能对粒径作图，并对曲线进行拟合，得到临界电子能与粒径之间的关系曲线，如图 4-9 所示。

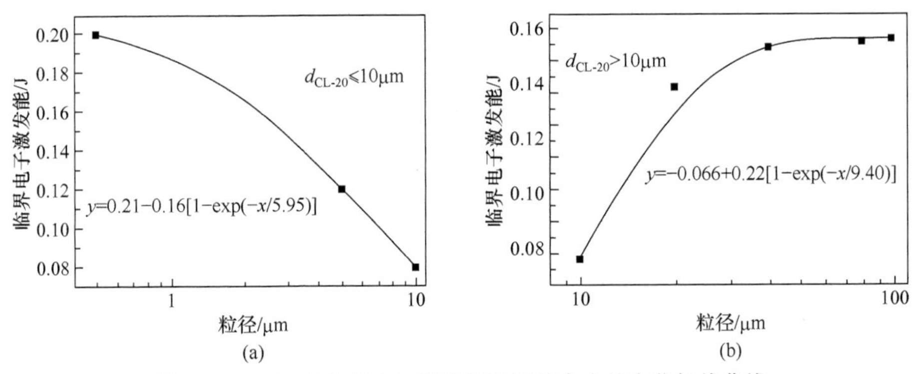

图 4-9　CL-20 的临界电子激发能随颗粒大小的变化规律曲线

随着 CL-20 颗粒粒径的减小，其临界电子激发能呈现先减小后增大的趋势；颗粒粒径小于约 10μm 后，临界电子激发能随粒径减小而迅速增大，其极限值约为 0.21J。当颗粒粒径减小至约 500nm 时，随着粒径进一步减小，CL-20 的临界电子激发能变化很小。说明当 CL-20 颗粒从工业微米级细化至纳米级后，使其发生分解变形所需的临界电子激发能显著增大，对外界能量刺激的稳定性明显增加。

由上述分析可知，硝胺类含能材料纳米化后，其颗粒临界电子激发能增大，对电子能刺激的稳定性提高。这是因为，纳米含能材料颗粒在电子能量作用下发生分解变形（裂缝、裂纹、孔洞等）的过程是其比表面积增大的过程。纳米含能材料的颗粒尺寸小、比表面能很高，使其表面积增大进而发生分解变形所需的能量比微米级含能材料大。因此，纳米 RDX、HMX 或 CL-20 颗粒的临界电子激发能比微米级颗粒显著增大。进而可进一步引起颗粒群平均临界电子激发能随粒度发生变化，从而表现为感度变化。

v）含能材料颗粒群平均临界电子激发能

（1）计算方法。

对于 RDX，其摩尔质量 M_{RDX}=222.15g/mol，密度 ρ_{RDX} 取值为 1.816g/cm^3。对于 1mol 的 RDX 样品，体积为：$V_R = \dfrac{M_{RDX}}{\rho_{RDX}} = 122.3\text{cm}^3$。

由图 4-7 可知，单颗粒 RDX 的临界电子激发能 E_C 可按式（4-20）和式（4-21）计算：

$$E_{CR} = 0.23 - 0.27\left(1 - e^{-d_{RDX}/12.08}\right);\quad d_{RDX} \leqslant 10\mu m \tag{4-20}$$

$$E_{CR} = -0.21 + 0.42\left(1 - e^{-d_{RDX}/8.34}\right);\quad d_{RDX} > 10\mu m \tag{4-21}$$

将 RDX 颗粒近似看作球形颗粒，则单颗粒 RDX 的体积为

$$V_{di} = \frac{4}{3}\pi\left(\frac{d_{RDX}}{2}\right)^3 \tag{4-22}$$

那么，对于 1mol 的 RDX 样品，某一尺寸颗粒所占的百分数为 φ，则该尺寸颗粒的体积 $V_{d_{RDX}}$ 和数量 $N_{d_{RDX}}$ 分别可按式（4-23）计算：

$$V_{d_{RDX}} = V\varphi_{RDX};\quad N_{d_{RDX}} = \frac{V_{d_{RDX}}}{V_{di}} \tag{4-23}$$

则该 RDX 样品中某一尺寸全部颗粒的临界电子激发能 $E_{d_{RDX}}$ 为

$$E_{d_{RDX}} = N_{d_{RDX}} E_{CR} \tag{4-24}$$

对于一定粒度分布的 RDX 颗粒群，颗粒的总数 $N_{R总}$ 和总的临界电子激发能 $E_{R总}$ 可按式（4-25）计算：

$$N_{R总} = \sum N_{d_{RDX}};\quad E_{R总} = \sum E_{d_{RDX}} \tag{4-25}$$

最终得到一定粒度分布的 RDX 颗粒群中颗粒的平均临界电子激发能 $\overline{E_{CR}}$ 为

$$\overline{E_{CR}} = \frac{E_{R总}}{N_{R总}} \tag{4-26}$$

对于 HMX，摩尔质量 M_{HMX}=296.2g/mol；密度 ρ_{HMX} 取值为 1.905g/cm^3。1mol 样品的体积为：$V_H = \dfrac{M_{HMX}}{\rho_{HMX}} = 155.48\text{cm}^3$。

由图 4-8 可知，单颗粒 HMX 的临界电子激发能 E_{CH} 可按式（4-27）和式（4-28）计算：

$$E_{\mathrm{CH}} = 0.29 - 0.23\left(1 - \mathrm{e}^{-d_{\mathrm{HMX}}/2.17}\right);\ d_{\mathrm{HMX}} \leqslant 10\mu\mathrm{m} \tag{4-27}$$

$$E_{\mathrm{CH}} = -0.16 + 0.35\left(1 - \mathrm{e}^{-d_{\mathrm{HMX}}/9.57}\right);\ d_{\mathrm{HMX}} > 10\mu\mathrm{m} \tag{4-28}$$

HMX 样品平均临界电子激发能的其余计算过程参照 RDX。

类似的，对于 CL-20，摩尔质量 $M_{\mathrm{CL\text{-}20}}$=438.2g/mol；密度 $\rho_{\mathrm{CL\text{-}20}}$ 取值为 2.035g/cm³。1mol 样品的体积为：$V_{\mathrm{CL}} = \dfrac{M_{\mathrm{CL-20}}}{\rho_{\mathrm{CL-20}}} = 215.33\mathrm{cm}^3$。

由图 4-9 可知，单颗粒 CL-20 的临界电子激发能 E_{CCL} 可按式（4-29）和式（4-30）计算：

$$E_{\mathrm{CCL}} = 0.21 - 0.16\left(1 - \mathrm{e}^{-d_{\mathrm{CL\text{-}20}}/5.95}\right);\ d_{\mathrm{CL\text{-}20}} \leqslant 10\mu\mathrm{m} \tag{4-29}$$

$$E_{\mathrm{CCL}} = -0.066 + 0.22\left(1 - \mathrm{e}^{-d_{\mathrm{CL\text{-}20}}/9.40}\right);\ d_{\mathrm{CL\text{-}20}} > 10\mu\mathrm{m} \tag{4-30}$$

CL-20 样品平均临界电子激发能的其余计算过程也参照 RDX。

（2）计算示例。

以 d_{10}=6.71μm、d_{50}=12.58μm、d_{90}=23.61μm 的 RDX 为例，其粒度分布曲线及临界电子激发能计算结果分别如图 4-10、表 4-5 所示。

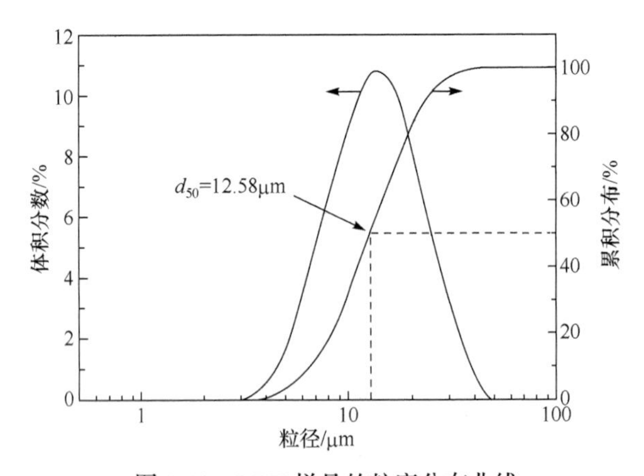

图 4-10　RDX 样品的粒度分布曲线

表 4-5　RDX（d_{50}=12.58μm）样品颗粒的临界电子激发能计算结果

d_{RDX}/μm	φ_{RDX}/%	$V_{\mathrm{d}i}$/μm³	$V_{d_{\mathrm{RDX}}}$/10¹²μm³	$N_{d_{\mathrm{RDX}}}$	E_{CR}/J	$E_{d_{\mathrm{RDX}}}$/J
3.3113	0.1245	19.0011	0.1523	8.0128×10^{9}	0.1653	1.3242×10^{9}
3.8019	0.3637	28.7593	0.4449	1.5469×10^{10}	0.1571	2.4302×10^{9}

续表

d_{RDX}/μm	φ_{RDX}/%	V_{di}/μm³	$V_{d_{RDX}}$/10^{12}μm³	$N_{d_{RDX}}$	E_{CR}/J	$E_{d_{RDX}}$/J
4.3652	0.8919	43.5290	1.0911	2.5066×10^{10}	0.1481	3.7127×10^{9}
5.0000	1.6399	65.4167	2.0061	3.0667×10^{10}	0.1385	4.2469×10^{9}
5.7544	2.8406	99.7191	3.4749	3.4847×10^{10}	0.1277	4.4493×10^{9}
6.6069	4.2396	150.9309	5.1863	3.4362×10^{10}	0.1163	3.9948×10^{9}
7.5858	5.8703	228.4433	7.1812	3.1435×10^{10}	0.1041	3.2722×10^{9}
8.7096	7.5710	345.7629	9.2616	2.6786×10^{10}	0.0913	2.4453×10^{9}
10.0000	9.0893	523.3333	11.1190	2.1246×10^{10}	0.0780	1.6570×10^{9}
11.4815	10.2431	792.0970	12.5303	1.5819×10^{10}	0.1040	1.6450×10^{9}
13.1826	10.8027	1198.8873	13.2149	1.1023×10^{10}	0.1235	1.3618×10^{9}
15.1356	10.6701	1814.5893	13.0528	7.1932×10^{9}	0.1416	1.0185×10^{9}
17.3780	9.8467	2746.4922	12.0455	4.3858×10^{9}	0.1577	6.9174×10^{8}
19.9526	8.4386	4156.9843	10.3230	2.4833×10^{9}	0.1716	4.2615×10^{8}
22.9087	6.6904	6291.8509	8.1844	1.3008×10^{9}	0.1831	2.3813×10^{8}
26.3027	4.8348	9523.1012	5.9144	6.2106×10^{8}	0.1921	1.1929×10^{8}
30.1995	3.1370	14413.7966	3.8374	2.6623×10^{8}	0.1988	5.2918×10^{7}
34.6737	1.7507	21816.1643	2.1416	9.8167×10^{7}	0.2034	1.9970×10^{7}
40.0000	0.7859	33493.3333	0.9614	2.8705×10^{7}	0.2065	5.9284×10^{6}
45.0000	0.1692	47688.7500	0.2070	4.3405×10^{6}	0.2081	9.0324×10^{5}
合计	100	—	122.3	2.7111×10^{11}	—	3.3113×10^{10}

对于 1mol 具有一定粒度分布（d_{10}=6.71μm、d_{50}=12.58μm、d_{90}=23.61μm）的 RDX 样品，其总的颗粒数为 2.7111×10^{11}，总的颗粒临界电子激发能为 3.3113×10^{10}，那么该样品中颗粒的平均临界电子激发能为

$$\overline{E_{CR}} = E_{R总} / N_{R总} = 0.1221\text{J}$$

（3）不同粒度级别 RDX 颗粒群的平均临界电子激发能。

针对不同粒度级别 RDX 样品，按上述方法计算得到颗粒群中颗粒的平均临界电子激发能，其中粒度分布曲线及平均临界电子激发能计算结果分别如图 4-11、表 4-6 所示。

表 4-6　不同粒度级别 RDX 样品的平均临界电子激发能

样品	d_{10}/μm	d_{50}/μm	d_{90}/μm	平均临界电子激发能/J
1	77.62	159.93	313.86	0.2099
2	26.18	88.03	176.81	0.1998
3	6.71	12.58	23.61	0.1221

续表

样品	d_{10}/μm	d_{50}/μm	d_{90}/μm	平均临界电子激发能/J
4	1.17	2.68	5.12	0.2094
5	0.18	0.35	0.79	0.2251
6	0.022	0.059	0.166	0.2295

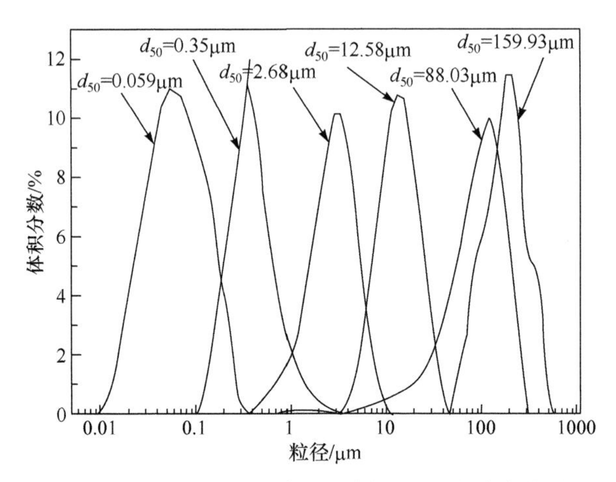

图 4-11　不同粒度级别 RDX 样品的粒度分布曲线

（4）不同粒度级别 HMX 颗粒群的平均临界电子激发能。

针对不同粒度级别 HMX 样品，按上述方法计算得到颗粒群中颗粒的平均临界电子激发能，其中粒度分布曲线及平均临界电子激发能计算结果分别如图 4-12、表 4-7 所示。

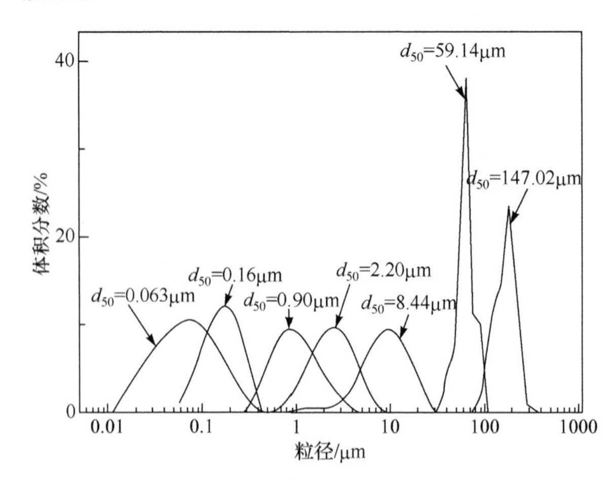

图 4-12　不同粒度级别 HMX 样品的粒度分布曲线

表 4-7　不同粒度级别 HMX 样品的平均临界电子激发能

样品	d_{10}/μm	d_{50}/μm	d_{90}/μm	平均临界电子激发能/J
1	105.88	147.02	201.76	0.1900
2	42.37	59.14	75.12	0.1875
3	3.95	8.44	16.23	0.1659
4	1.03	2.20	4.35	0.1914
5	0.47	0.90	1.90	0.2371
6	0.084	0.16	0.27	0.2793
7	0.022	0.063	0.16	0.2875

（5）不同粒度级别 CL-20 颗粒群的平均临界电子激发能。

针对不同粒度级别 CL-20 样品，按上述方法计算得到颗粒群中颗粒的平均临界电子激发能，其中粒度分布曲线及平均临界电子激发能计算结果分别如图 4-13、表 4-8 所示。

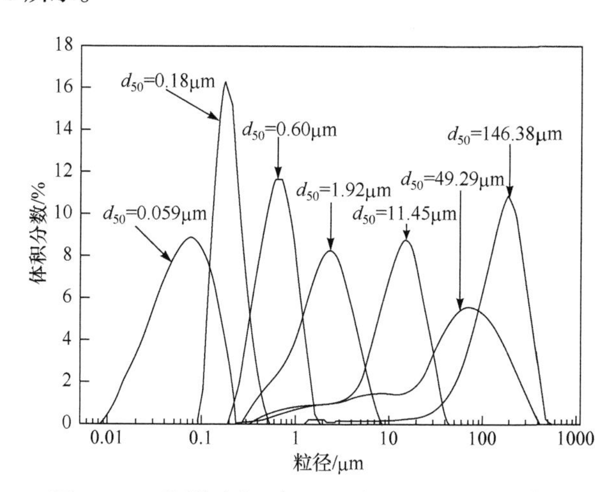

图 4-13　不同粒度级别 CL-20 样品的粒度分布曲线

表 4-8　不同粒度级别 CL-20 样品的平均临界电子激发能

样品	d_{10}/μm	d_{50}/μm	d_{90}/μm	平均临界电子激发能/J
1	53.52	146.38	289.41	0.1661
2	2.95	49.29	161.50	0.1998
3	6.71	11.45	22.93	0.1933
4	0.68	1.92	4.24	0.1947
5	0.18	0.60	1.03	0.1994
6	0.12	0.18	0.29	0.2058
7	0.020	0.059	0.14	0.2095

由上述分析可知，由于小尺寸效应和表面效应，纳米 RDX、HMX、CL-20 颗粒群的平均临界电子激发能均比工业微米级大，其在受到外界摩擦、撞击、冲击波等刺激时，引起自身热分解进而引发燃爆的概率小，所以表现为硝胺类含能材料纳米化后感度降低。此外，根据颗粒群平均临界电子激发能随颗粒大小及粒度分布的变化规律，还可进一步分析不同粒度含能材料颗粒群的感度随粒度的变化规律。

由上述研究结果表明：不管从宏观理论角度，还是从微观分解能量角度，均能较好地揭示硝胺类含能材料纳米化后感度降低的机理，并且还能初步揭示含能材料颗粒群感度随粒度的变化规律。含能材料尺度微纳米化后可降低感度，其根本原因在于：微纳米含能材料的密实效应、小尺寸效应和表面效应，以及它们之间的综合协同效应。

特别需要指出的是，基于上述临界电子激发能的研究工作，能够直观地甄别含能材料感度以及热分解性能等随颗粒尺寸的变化规律，但该研究工作也做了一系列假设。在后续研究工作中，如何准确获取含能材料颗粒的临界电子激发能，是亟待解决的技术难题。并且，在对颗粒群进行平均临界电子激发能计算时，是基于粒度测试仪器所显示的粒度分布数据，但颗粒群实际的粒度分布更为复杂，还需进一步研究。若能够系统全面地研究并解决上述问题，将为含能材料性能变化规律的研究提供强有力的理论和技术支撑，并为含能材料的高效应用提供理论支撑。此外，对于微纳米含能材料，其一方面表现出对冲击波（低频长脉冲）的钝感效应，另一方面又表现出对冲击片（高频短脉冲）的敏感特性。因此，其感度随粒度的变化规律，还需结合颗粒内部的晶粒及晶格特性，针对具体的外界刺激环境，做进一步深入的研究，才能比较准确、全面地阐述感度随粒度的变化规律。

4.2 性能表征

4.2.1 感官指标表征

微纳米含能材料的感官指标指通过感觉器官，如眼睛的视觉、双手的触觉、鼻子的嗅觉等，所能直观判别出的微纳米含能材料的特性，包括外观、组织形态、气味、颜色、宏观尺寸大小等指标。

1. 视觉感官指标表征

微纳米含能材料的视觉感官指标是指通过观察者双眼视力，对微纳米含能材料的直观认知与检验，其中包括微纳米含能材料的颜色、材料的宏观状态等。

1）颜色

视觉感官指标中颜色是较为直接的一种标准，微纳米含能材料的颜色有白色（如 RDX、HMX、CL-20 等）、黄色（如 TATB、HNS 等）等。通过颜色的不同，可以初步对含能材料的类别进行区分。因此视觉感官指标对我们鉴别微纳米含能材料有一定的效果。

2）宏观状态

利用视觉感官，可以观察出含能材料的状态，如块状固态、粒状、液态或者粉末态等。目前，我们所见的大部分微纳米含能材料是以液体浆料或固体粉末状态的形式存在的。通过视觉感官的初步辨别，还可以大致观察到微纳米含能材料的宏观分散状态，如是否结块、团聚，分散性是否良好等。

2. 触觉感官指标表征

微纳米含能材料的触觉感官指标是指我们通过双手的触觉去感受微纳米含能材料的初步尺寸大小、聚散情况、黏稠情况等。从而有助于初步判断微纳米含能材料的一些基本物理化学性质。

1）宏观尺寸与聚散状态

微纳米含能材料的触觉感官指标中宏观尺寸是较为直接的一种检验标准，一般微纳米含能材料的尺寸都很细，是微纳米级别的。因此若我们通过触觉感官，感受到该材料尺寸较粗，则可判断材料还未达到微纳米级别（或者由于微纳米颗粒比表面积大，发生了团聚，还需对微纳米含能材料进行分散处理）。若触觉感受很细，此时可能已经达到微纳米级别，则需要进行后续介绍的粒度表征，从而获取进一步的表征结果。

2）黏稠情况

通过触觉感官标准，有助于我们判别微纳米含能材料的黏稠情况，利用双手感受材料的黏稠是一种很直观的表征方式，进而为微纳米含能材料后续分散应用提供一定的指导。

3. 嗅觉感官指标表征

微纳米含能材料的嗅觉感官是指检验人员通过鼻子的嗅觉去感受材料的气味状态。当然前提是保证自身的安全，预防因某些材料的气味有一定的毒性而损伤检验人员的身体。例如，可采用“扇闻法”去感受微纳米含能材料的气味状态，从而从气味上对微纳米含能材料的类别、纯度等进行初步甄别。

4.2.2　粒度与比表面积及表面能表征

颗粒是在一定尺寸范围之内具有特定形状的几何体，包括固体颗粒，以及雾滴、液珠等液体颗粒；粉体是众多固体颗粒组成的集合体，也称为颗粒群。微纳米含能材料的粒度指标，既涉及微纳米含能颗粒的表征，又涉及微纳米含能颗粒群（即粉体）的表征[21, 22]。

当宏观材料微纳米化后，或者说被“分割”成微纳米粉体之后，性质将会发生变化，不能简单地用机械、物理和化学性质来描述材料的特性，还需进一步对粉体材料的组成单元——颗粒，进行详细描述。颗粒的大小、形状、粒度分布，以及比表面积与表面能等是微纳米材料非常重要的物性特征表征量，它们往往决定了微纳米材料的使用性能，需进行精确分析表征。对于微纳米含能材料，也是如此。

1. 颗粒尺寸与形状及粒度特性

1）颗粒尺寸

颗粒的大小（尺寸）是粉体诸多物性中最主要的特性值，用其在空间范围所占据的线性尺寸来表示。然而，对于不同形状的颗粒，采用何种标准对其粒径进行表征，是制约表征结果有效性和实用性的关键。几种典型不同形状的颗粒如图 4-14 所示。

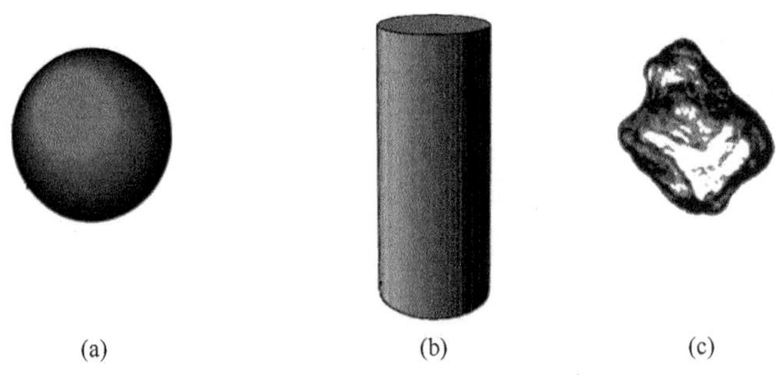

图 4-14　几种不同形状的颗粒示意图
（a）球形；（b）圆柱形；（c）不规则体

当颗粒为球形时，可用球形颗粒的直径来表征粒径的大小；当颗粒为圆柱形时，可用圆柱形颗粒的直径与高度来表示，但会显得复杂；当颗粒为不规则体时，其粒度如何有效表征，是进一步制约颗粒群表征的关键。下面将针对几种不同的粒径表征方法，进行详细介绍。

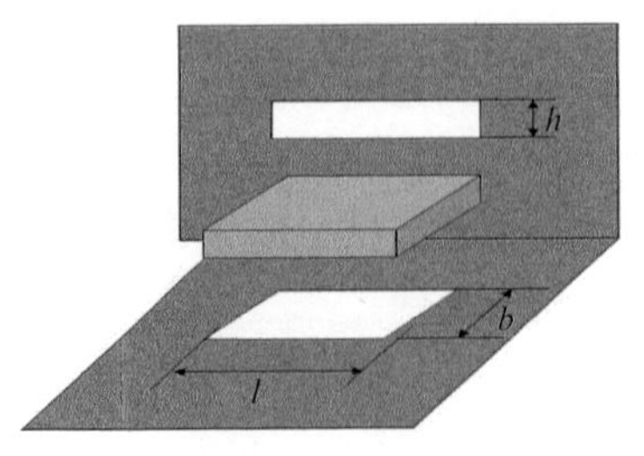

图 4-15　颗粒的正视和俯视投影图

i）三轴径

设一个颗粒以最大稳定度（重心最低）置于一个水平上，其正视和俯视投影图如图 4-15 所示。这样在两个投影图中，就能定义一组描述颗粒大小的几何量：长、宽、高。

图 4-15 中高度 h 定义为颗粒最低势能态时垂直投影像的高度；宽度 b 定义为颗粒俯视投影图中，最小平行线间的夹距；长度 l 定义为颗粒俯视投影图中，与宽度方向垂直的平行线的夹距。根据 h、b、l 可得到颗粒三轴平均粒径的表达式如下：

三轴平均径：$\dfrac{l+b+h}{3}$，表示三维图形的算术平均粒径。

三轴几何平均：$\sqrt[3]{lbh}$，表示以与外接长方体体积相等的立方体的边长作为几何平均粒径。

三轴等表面积平均径：$\dfrac{\sqrt{2(lb+lh+bh)}}{6}$，表示以与外接长方体的表面积相同的立方体的边长作为等表面积平均粒径。

三轴调和平均径：$\dfrac{3}{\left(\dfrac{1}{l}\right)+\left(\dfrac{1}{b}\right)+\left(\dfrac{1}{h}\right)}$，表示与外接长方体的比表面积相同的球体直径或立方体的边长。

ii）统计平均径

统计平均径是平行于一定方向测得的颗粒投影像的线度，又称定向径。通常具有如下三种表达式：

Feret 径（费雷特径，也称定方向径）d_F：沿一定方向测得与颗粒的投影两侧相切的平行线之间的距离。

Martin 径（马丁径，也称定方向等分径）d_M：沿一定方向将颗粒投影像面积等分的线段长度。

定向最大径：沿一定方向测定颗粒投影像内所得最大宽度的线段长度。

对于一个不规则的颗粒，定向径与颗粒的取向有关，可取其所有方向的平均值；对取向随机的颗粒群，可沿一个方向测定。

iii）当量直径

当量直径是利用测量某些与颗粒大小有关的性质推导而来的，并使之与线性量纲有关，用得最多的是球当量径。

等体积球当量径 d_v：表示为与颗粒具有相同体积（V）的圆球的直径，$d_v=\sqrt[3]{\dfrac{6V}{\pi}}$。

等表面积球当量径 d_s：表示为与颗粒具有相同表面积（S）的圆球的直径，$d_s=\sqrt{\dfrac{S}{\pi}}$。

等体积比表面积球当量径（或等面积体积直径）d_{sv}：表示为与颗粒具有相同

的表面积对体积之比，即具有相同的体积比表面积的球的直径，$d_{sv}=\frac{d_v^3}{d_s^2}$。

等投影面积直径 d_a：表示为与颗粒具有相等投影面积（a）的圆的直径，$d_a=\sqrt{\frac{4a}{\pi}}$。

等周长圆当量径 d_L：表示为与颗粒投影外形周长（L）相等的圆的直径，$d_L=\frac{L}{\pi}$。

筛分直径 d_A：表示为颗粒通过的最小方筛孔的宽度。

Stokes（斯托克斯）直径 d_{st}：表示为与颗粒具有相同密度且在同样介质中具有相同沉降速度的圆球的直径。

2）颗粒形状

颗粒的形状与物性之间存在着密切的联系，它对颗粒群的许多性质产生影响，如粉体的比表面积、流动性、填充性、化学活性、涂料的覆盖能力、流体通过粉体层的透过阻力，以及颗粒在流体中的运动阻力等。因此，需对颗粒的形状进行有效表征。

i）颗粒的形状系数

人们常常用某些量的数值来表示颗粒的形状，这些量可统称为形状因子。这些形状因子反映着颗粒的体积、表面积乃至在一定方向上的投影面积与某种规定的粒径 d_j 的相应次方的比例关系，这些相应次方的比例关系又常称为形状系数。

（1）表面积形状系数 $\varphi_{s,j}$：与某种规定粒径 d_j 相联系的表面积形状系数 $\varphi_{s,j}=\frac{S}{d_j^2}$。对于球体，$\varphi_{s,j}=\pi$；对于立方体，$\varphi_{s,j}=6$。$\varphi_{s,j}$ 与 π 的差值表示颗粒形状对于球形的偏离。

（2）体积形状系数 $\varphi_{v,j}$：与某种规定粒径 d_j 相联系的体积形状系数 $\varphi_{v,j}=\frac{V}{d_j^3}$。对于球体，$\varphi_{v,j}=\pi/6$；对于立方体，$\varphi_{v,j}=1$。$\varphi_{v,j}$ 与 $\pi/6$ 的差值表示颗粒形状对于球形的偏离。

（3）体积比表面积形状系数 $\varphi_{sv,j}$：与某种规定粒径 d_j 相联系的体积比表面积形状系数 $\varphi_{sv,j}=\frac{\varphi_{s,j}}{\varphi_{v,j}}$。对于球体和立方体，$\varphi_{sv,j}$ 均等于 6。

ii）颗粒的形状指数

形状指数与形状系数不同，它与具体物理现象无关，用各种数学式来表达颗粒外形本身。

（1）球形度（或卡门形状系数）Φ_c：球形度 Φ_c 定义为一个与待测颗粒体积相等的球体的表面积与该颗粒的表面积之比。球形度等于待测颗粒的等体积比表面积球当量径（d_{sv}）与等体积球当量径（d_v）的比值，即 $\Phi_c=\dfrac{d_{sv}}{d_v}$。球形度 $\Phi_c \leqslant 1$；如对于球体，$\Phi_c=1$；对于圆柱体（d=h），$\Phi_c=0.877$；对于立方体，$\Phi_c=0.806$；对于正四面体，$\Phi_c=0.671$。

对于形状不规则的颗粒，当测定其表面积困难时，球形度可近似用计算式表达为：$\Phi_c=\dfrac{\text{与颗粒投影面积相等的圆的直径}}{\text{颗粒投影的最小外接圆的直径}}$。

（2）圆形度 φ_c：圆形度 φ_c 定义为颗粒的投影与圆的接近程度，圆形度的计算式可表达为：$\varphi_c=\dfrac{\text{与颗粒投影面积相等的圆的周长}}{\text{颗粒投影轮廓的长度}}$。

在实际对颗粒圆形度进行计算时，可按如下方式进行：首先，采用显微镜观测并拍照记录待测样品的颗粒尺寸和形貌；其次，使用软件（如 Matlab）分析显微镜照片中颗粒的图像面积 A 和图像周长 L；最后，采用式（4-31）计算样品的圆形度值：

$$\varphi_c=\frac{4\pi A}{L^2} \tag{4-31}$$

按上式计算圆形度时，所取颗粒数不少于 10，求算术平均值。

（3）表面粗糙度的计算表达式为：$\xi=\dfrac{\text{颗粒投影周长}}{\text{相等面积的椭圆的长度}}$。对于颗粒表面粗糙度的描述，还可采用表面分形维数（D_s，$2<D_s<3$）以表征表面的不规则性和复杂程度。通常，D_s 越大，表面精细结构越丰富，表面粗糙度也越大。

（4）扁平度与伸长度：其中扁平度定义为颗粒短径与其厚度的比值；伸长度定义为颗粒长径与短径的比值。

研究表明，基于"微力高效精确施加"粉碎技术所制备得到的微纳米 RDX、HMX、CL-20 等含能材料颗粒，呈类球形，其球形度 Φ_c 和圆形度 φ_c 均可达 0.9 以上。

3）粒度特性

对于微纳米含能材料，其颗粒群粒度特性主要涉及平均粒径、粒度分布、粒度分布函数等。

i）平均粒径

在粉体粒度的测定中，采用各式各样的平均粒径，来定量地表达颗粒群（多分散体）的粒径大小。设颗粒群的粒径分别为 d_1、d_2、d_3、…、d_n；相对应的颗粒个数为 n_1、n_2、n_3、…、n_n，则该颗粒群（粉体）的平均粒径（D）可按式（4-32）

计算：

$$D=\left(\frac{\sum nd^{\alpha}}{\sum nd^{\beta}}\right)^{\frac{1}{\alpha-\beta}} \tag{4-32}$$

由式（4-32）可知，当 α 和 β 分别取不同的值时，即可得到不同意义的平均粒径，其中比较常见的平均粒径有：体积平均径 $D_{[4,3]}$，即 α=4、β=3；表面积平均径 $D_{[3,2]}$，即 α=3、β=2；长度平均径 $D_{[2,1]}$，即 α=2、β=1；数量平均径 $D_{[1,0]}$，即 α=1、β=0。这四种平均粒径中，$D_{[4,3]} \geqslant D_{[3,2]} \geqslant D_{[2,1]} \geqslant D_{[1,0]}$，当颗粒群中颗粒粒径都相同时，几种平均粒径相等。最常用的为体积平均粒径 $D_{[4,3]}$和数量平均粒径 $D_{[1,0]}$。

ii）粒度分布

对于颗粒群而言，若所有颗粒的粒度都相等或近似相等，则称为单粒度或单分散的体系。然而，实际颗粒群所含颗粒的粒度大多有一个分布范围，常称为多粒度的或多分散的体系。颗粒粒度分布范围越窄，其分布的分散程度就越小，集中度也越高。

（1）频率（频度）分布。在粉体样品中，某一粒径大小（用 D_p 表示）或某一粒度分布范围内（用 ΔD_p 表示）的颗粒，在样品中所占的比例（通常为体积分数，%），即为频率或频度，用 $f(D_p)$或 $f(\Delta D_p)$表示。这种频率与颗粒粒径大小的关系，称为频率分布或频度分布。

（2）累积分布。把粉体中颗粒粒径大小的频率分布按一定方式累积，便得到相应的累积分布。一般有两种累积方式：一是按粒径从小到大进行累积，称为筛下累积，常用 $D(D_p)$表示；另一种是从大到小进行累积，称为筛上累积，常用 $R(D_p)$表示。其中，筛下分布与筛上分布的关系为：$D(D_p)+R(D_p)=100\%$。

（3）频率分布和累积分布的关系。频率分布称为颗粒粒度分布微分函数，而累积分布称为颗粒粒度分布积分函数，它们的关系式如式（4-33）～式（4-35）所示。

$$D(D_p)=\int_{D_{\min}}^{D_p} f(D_p)\mathrm{d}D_p \tag{4-33}$$

$$R(D_p)=\int_{D_{\max}}^{D_p} f(D_p)\mathrm{d}D_p \tag{4-34}$$

$$f(D_p)=\frac{\mathrm{d}D(D_p)}{\mathrm{d}(D_p)}=-\frac{\mathrm{d}R(D_p)}{\mathrm{d}(D_p)} \tag{4-35}$$

（4）表征粒度分布的特征参数。

中位粒径（d_{50}）：把样品的个数（或体积）分成相等两部分的颗粒粒径，即 $D(d_{50})=R(d_{50})=50\%$。

最频粒径（D_{m0}）：在颗粒群中个数或体积出现概率最大的颗粒粒径。

在粒度分析时，常用的粒度数值除中位粒径 d_{50} 和最频粒径 D_{m0} 外，还有 d_{10}（即粉体中小于该粒径值的颗粒占 10%）、d_{90}（即粉体中小于该粒径值的颗粒占 90%）、d_{97}（即粉体中小于该粒径值的颗粒占 97%，有时也被称为颗粒群的最大粒径）。

标准偏差：表示粒度频率分布离散程度的参数，其值越小，说明分布越集中，曲线形状越瘦（越窄）。按下式计算标准偏差 σ 和几何标准偏差 σ_g：

$$\sigma=\sqrt{\frac{\sum n_i\left(d_i-D_{nL}\right)}{n}};\quad \sigma_g=\sqrt{\frac{\sum n_i\left(\lg d_i-\lg D_g\right)}{n}} \tag{4-36}$$

式中，D_{nL} 为数量平均粒径；D_g 为几何平均粒径；n 为试样的粒度级份总数；d_i 为第 i 级份的粒径；n_i 为第 i 级份的数量。除了标准偏差标准粒度分布的离散程度外，常常还用 Span 系数（Span 值）表征颗粒群的粒度分布宽度：

$$\text{Span值}=\frac{d_{90}-d_{10}}{d_{50}} \tag{4-37}$$

对于某一理想颗粒群而言，其粒度分布可能呈正态分布或者对数正态分布。然而，对于实际微纳米含能材料颗粒群，其粒度分布往往较难符合理想的正态分布或对数正态分布。并且，粒度分布还具有一定范围，可能分布较宽，也可能分布较窄。因而在对其进行粒度分析时，不仅要关注中位粒径 d_{50}，还要进一步关注 Span 值及其他特征粒度值，才能比较准确地把握颗粒群的粒度分布情况。

2. 粒度表征

对于颗粒群粒度的测量与表征，通常是根据颗粒群的粒度分布范围、颗粒的形态结构以及测试的目的等不同要求而确定的，主要测试方法有筛分法、显微镜法、激光法、消光法、超声衰减法、沉降法、电传感法、X 射线小角散射法等。

1）筛分法

按照被测试样的粒径大小及分布范围，将具有不同尺寸筛孔的筛子叠放在一起进行筛分，收集各个筛子的筛余量，称量求得被测试样以质量计的颗粒粒度分布。简单来说，筛分是让一定量（通常是 200g）的粉体通过一系列不同筛孔的标准筛，将其分离成若干个粒级，再分别测量，求得以质量分数表示的粒度分布。

筛分法具有原理简单、操作方便、测试统计量大、代表性强等优点，适用于粗颗粒含能材料（通常在 50μm 以上）粒度的分析及样品分类。然而，对于微纳米含能材料，微细颗粒已无法通过筛网进行高效、准确分析，这种测试方法已不适用，本书将不再详述。

2）显微镜法

i）测试原理

显微镜法测试颗粒群的粒度分布，其原理是计数分析，即数出不同粒径区间的颗粒个数，然后再基于统计结果分析粒度分布，包括光学显微镜（OM）法、扫描电子显微镜（SEM）法、透射电子显微镜（TEM）法等。其测试过程首先将显微镜放大后的颗粒图像通过成像系统（如CCD）和图形采集卡传输到计算机中，然后结合图像处理软件（如Nano Measurer）对显微镜照片中颗粒大小进行标注，计算出每个颗粒的投影粒径，最后经过软件统计计算得到样品的粒度信息。

显微镜法测试粒度分布是一种最基本也是最实际的测量方法，常被用来作为对其他测量方法的校验和标定。若既需要了解颗粒的大小又需要了解颗粒的形状、结构状况以及表面形貌时，该方法则是比较合适的测试方法。由于显微镜法测量的是颗粒的表观粒度，即颗粒的投影尺寸，对于对称性好的球状颗粒或立方体颗粒可直接按长度计量；对于非球状的不规则颗粒，在分析颗粒的尺寸时，必须考虑到颗粒形状，合理计算颗粒的粒径。

ii）显微镜的分辨率与制样

对于光学显微镜：分辨率为 0.2μm，可用于 1～200μm 颗粒的测量；对于扫描电子显微镜：分辨率可达 3.0nm，测量范围为 0.005～50μm；对于透射电子显微镜：分辨率可达 0.3～0.5nm，测量范围为 0.001～5μm。

由于显微镜法测量粒度时所用的样品量极少，在取样和制样时，必须保证样品有充分的代表性和良好的分散性。例如，对于光学显微镜，可首先采用四分法取样：即将 0.5g 左右的颗粒物质放在玻璃板上，用小勺充分混合，分割成四块，取对角线两块混合，再分割为四块后取出对角线两块，以此做下去，直到剩余颗粒的质量约 0.01g 为止；之后把取好的样品置于玻璃片上，滴加分散介质，用玻璃片搓动，当分散介质完全挥发后，方可进行观测。对于扫描电子显微镜或透射电子显微镜，通常需将样品充分分散于分散剂中，再制得观察样品。

iii）颗粒图像分析系统

采用颗粒图像分析系统，在光学显微镜和特定分析软件的基础上，通过专用数字摄像机将显微镜的图像拍摄下来，通过数据传输方式将颗粒图像传输到计算机中，用显微镜专用标准刻度尺直接标定每个像素的尺寸，再根据每个颗粒图像面积所占的像素多少来度量颗粒的大小。通过对颗粒数量和每个颗粒所包含的像素数量的统计，计算出每个颗粒的等圆面积和等球体积，从而得到颗粒的等圆面积直径、等球体积直径及长径比等。

采用颗粒图像分析系统，不仅能够分析测试颗粒群的粒度分布，还可用于观察颗粒形貌、长径比等。并且，还能够实现对科研或生产过程中的超细含能材料（1～10μm）浆料的粒度进行在线检测分析。

iv）显微镜法用于微纳米含能材料表征的优缺点

优点：直观性强，可直接观察微纳米含能材料颗粒形状与团聚情况，对于颗粒大小分布比较均匀的样品，尤为适用。例如，采用光学显微镜可以分析 1～10μm 的超细含能材料颗粒大小、形貌及分散状态；扫描电子显微镜可用于分析 30nm～10μm 的微纳米含能材料颗粒大小、形貌及分散状态等。

缺点：仅能检查到比较少的颗粒，有时不能反映整个样品的水平，不适用于质量和生产控制等。由于其取样量很少、取样时受人为因素影响很大，测试结果代表性差、重复性差，难以有效表征样品真实的粒度分布。这种方法仪器价格昂贵（尤其是电子显微镜），试样制备烦琐，测量过程需采用分析软件辅助，测量时间长，导致对颗粒粒径分析的速度较慢。此外，当电子显微镜，尤其是透射电子显微镜，用于微纳米含能材料表征时，需精心操作、严格控制电子束的能量及作用时间，不然会引起样品颗粒在电子束作用下热分解，而导致样品“鼓泡、变形、消失”，使得真实尺寸或表观形貌得不到有效表征，如图 4-16 所示。

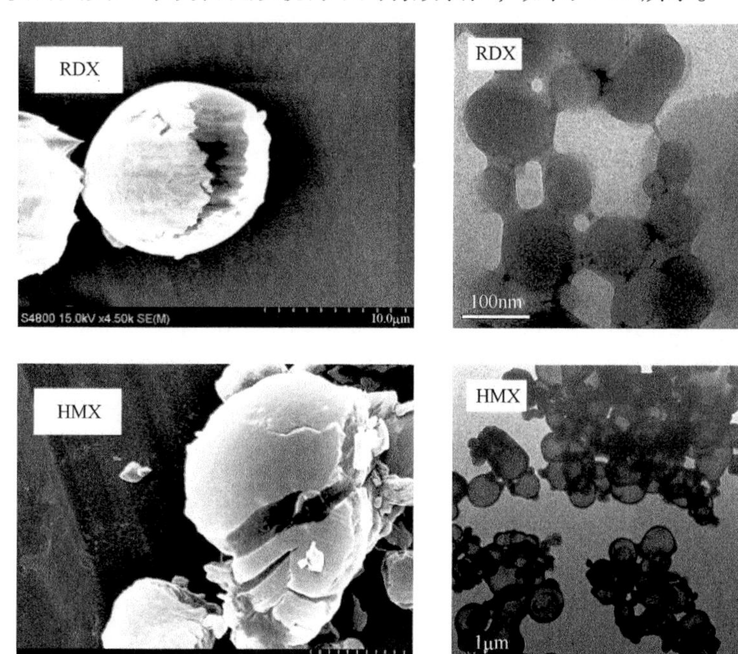

图 4-16 微纳米 RDX 和 HMX 在电子束作用下发生分解的照片

3）激光法

i）测试原理

当光线通过不均匀介质时，会发生偏离其直线传播方向的散射现象，散射光形式中包含散射体大小、形状、结构以及成分、组成和浓度等信息。因此，利用激光散射技术可以测量颗粒群的粒度分布、浓度分布以及折射率大小等。由于激光具有很好的单色性和极强的方向性，在没有阻碍的无限空间中，激光将会照射到无穷远的地方，并且在传播过程中很少有发散的现象。

（1）静态激光散射技术。静态激光散射技术可用于测量微纳米含能材料颗粒群（通常大于200nm）的粒度分布。由于激光具有很好的单色性和极强的方向性，当其在直线传播过程中遇到颗粒阻挡时，将发生散射现象，散射光的传播方向将与主光束的传播方向形成一个夹角 θ。理论和实验结果均表明：颗粒越大，θ 角越小；颗粒越小，θ 角越大；并且散射光的强度与该粒径颗粒的数量相关。在不同的角度上测量散射光的强度，并利用光学手段进行数据处理，光信号将被转换成电信号并传输到计算机中，通过专用软件对这些信号进行处理，即可得到超细粉体的粒径及粒度分布。

（2）动态激光散射技术。当微纳米含能材料颗粒群的粒径小于200nm，尤其是小于50nm后，由于分散介质（水）的分子热运动，与纳米级颗粒产生碰撞，使颗粒做无规则的布朗运动，进而使颗粒对入射激光所形成的散射光也具有波动性。小颗粒布朗运动速度快，大颗粒布朗运动速度慢。采用动态激光散射技术和光子相关光谱技术，通过观测激光照射纳米颗粒后所形成散射光的波动性，计算出不同颗粒布朗运动的速度，根据颗粒布朗运动速度与颗粒大小的关系方程，进行数据处理，即可得到纳米级含能材料的粒径及粒度分布。

ii）激光粒度仪类型及使用

激光粒度分布仪包括半导体激光器、多元光电探测器、光路系统、电路系统、软件系统、循环分散系统等。激光粒度分布仪根据测量范围可分为微米激光粒度分布仪和纳米激光粒度分布仪；根据测量时物料所采用的分散介质可分为干法激光粒度分布仪（气体作为分散介质）和湿法激光粒度分布仪（液体作为分散介质）。

在采用激光粒度分布仪进行粒度分析时，首先需根据物料性质和分散介质种类，设置光学参数；再设置合适的测试参数，如分析模式、光学模式、报告单格式等；然后再准备样品进行测试。在测试时，首先要扣除背景信号，环境温度在10～30℃之间，相对湿度小于85%，仪器要避免阳光直射。其次，环境应干净整洁无烟尘，周围没有机械振动源和电磁干扰源；并且要定期对玻璃镜片和样品池进行清洗，防止镜面划伤或弄脏。使用液体作为循环分散介质时，一般只能用水作为介质，不能用甲苯、丁酮、乙醚等有机溶剂作为介质，以免引起管路腐蚀和密封系统损坏。此外，为保证测试结果的一致性，需确保遮光率、超声分散时间、取样方法、分散剂种类及用量等测试条件一致。

iii）取样与分散

激光粒度分布仪可用于军民领域各种有机或无机粉末，以及聚合物乳胶、乳液、油漆等液体悬浮物的粒度分析。为了确保分析结果准确，无论是采用湿法分散系统还是采用干法分散系统，均需确保待测物料分散均匀，并且使物料的分散浓度既不能太低（保证测试信号），又不能太高（避免颗粒之间干扰）。在取样时，也要保证取样的均匀性和代表性，如从连续生产线中取样时要截断料流取样；从大堆物料中取样时要从不同深度不同部位多点取样；从实验室样品中取样时要混合均匀，多点（至少四点）取样。

有时，在采用湿法激光粒度分布仪对样品进行粒度分析时，样品的粒度分析结果表现出“越测越细”的现象，这可能是由于样品分散时间不够，尚未完全稳定分散。也有可能是样品本身的结构比较松散，经过介质浸泡和超声波分散持续产生剥落现象，或者湿法测试过程超声波分散对颗粒有破碎作用。如果出现这种情况，应立即关闭超声波分散器，通过降低超声波功率或缩短超声时间，以获得样品稳定的分散状态后，再进行分析测试。若这种现象是由于样品自身在分散液中溶解，则需更换分散液再进行测试分析。

iv）激光法用于微纳米含能材料表征的优缺点

优点：操作简便，测试速度快（约 1min）；测试结果重复性和准确性好，重复精度较高；可进行在线测量，操作方便，受环境干扰较小；有效测试的粒度结果范围较宽，可以对微纳米含能材料的粒度分布情况进行有效表征。

缺点：测试参数的准确有效设置比较复杂；对于不规则颗粒测量会产生一些误差；对于易溶解或易吸湿物料测试误差较大。为了保证测试结果准确性，往往每种物质都需要特定的测试参数，并且粒径越小，对制样的要求越高。尤其是对于亚微米级或纳米级含能材料的粒度分布测试，对制样要求更高，且对测试温度有严格要求，如亚微米级或纳米级 RDX、HATO 等在水中具有一定溶解度，温度越高、溶解度越大，因此需严格控制测试温度。

4）消光法

i）测试原理

通过测量经颗粒群散射和吸收后，光强度在入射方向上的衰减来分析粒度。当光束穿过含有颗粒的介质时，由于受到颗粒的散射和吸收，穿过介质后的透射光强发生衰减，其衰减程度与颗粒的大小和数量有关。与基于散射光的测量方法显著不同的是，消光法测量粒度分布时接收的是颗粒群的透射光。

ii）消光法计算

消光法测试颗粒群对入射光的衰减，是基于 Lambert-Beer（朗伯-比尔）定律：

$$\ln\frac{I_0}{I}=nkal \tag{4-38}$$

式中，I 为透射光强度；I_0 为空白透射光强度；l 为光束通过样品的区域厚度；n

为颗粒个数；*a* 为颗粒的迎光面积；*k* 为颗粒的消光系数，它与颗粒相对于介质的折射率和尺寸参数有关。

iii）消光法用于微纳米含能材料表征的优缺点

优点：消光法测试颗粒群的粒度分布，具有测试过程快速、简单、数据处理自动化、粒度测量范围很广等特点，并且还可用于微纳米含能材料溶液或气固悬浮物中颗粒群粒度分布的在线测试。

缺点：采用消光法对颗粒群粒度分布进行测试时，需事先准备标准样品，进行一系列测试，求得颗粒群的消光系数 *k* 等参数，然后才能用于待测样品的粒度分析检测。当样品中颗粒大小、形状差异较大时，所测得的粒度分布结果也将表现出较大的差异，重复性、稳定性、可靠性较差。并且测试结果受分散体系的影响较大。

5）超声衰减法

i）测试原理

射频超声波发生端（RF generator）发出一定频率和强度的超声波，通过测试区域，到达信号接收端（RF detector）。当颗粒悬浮物通过测试区域时，由于不同大小的颗粒对超声波的吸收程度不同，在接收端上得到的超声波的衰减程度也就不一样，根据颗粒大小同超声波强度衰减之间的关系，可得到颗粒的粒度分布。

超声波在颗粒两相介质中传播会发生衰减，从机理上看主要由以下衰减机制造成：①黏性损失；②热损失；③散射损失；④内部吸收损失；⑤结构损失；⑥电应力损失。其中，黏性损失是由剪切波引起，因颗粒与连续相之间存在密度差，导致颗粒在声压场中震荡，做相对于连续相的运动。热损失的产生则是由于在颗粒表面附近存在温度梯度，该温度梯度是温度、压强的热力学耦合所致。散射损失的产生机制与光散射类似，在声散射中，颗粒将部分声能流方向做了改变，其结果使得这部分声波不能到达接收换能器。内部吸收损失是由超声波与均匀相中的颗粒以及介质材料之间的相互作用导致的。结构损失的出现是因为随着颗粒相体积浓度升高，颗粒间相互作用增强，超声声能损失。电应力损失产生的原因是带电粒子在声场内震荡产生电场，进而产生电流，一部分声能转化为电能，并最终转化为热能。在大多数情况下，黏性损失、热损失、散射损失及内部吸收损失是造成超声波衰减的主要因素。

颗粒与连续相的物性差异以及颗粒在连续相中的体积浓度是影响超声波衰减机制的关键，例如当颗粒密度与连续相密度相比较差别较大且颗粒体积浓度较高时，超声的结构性损失与黏性损失将占主导，其他损失机制的影响基本可以忽略。

ii）超声衰减法的特点

超声衰减粒度分布仪可准确测量原始浓溶液的颗粒粒径、流变及电动学参数，如ζ电位、电导率等，可实现微纳米粉体浆料粒度的在线检测。可用于水相、有机相（极性或非极性溶剂）悬浮液和乳液表征，粒径测量范围较宽（可达 5nm～1000μm）。尤其是对于连续粉碎研磨过程粒度的变化情况，可实现原位在线检测。

iii）超声衰减法用于微纳米含能材料表征的优缺点

优点：可以快速、简单地测量高浓度微纳米含能材料浆料的粒度，以及透光性差的悬浮液浆料。可以经受高温及温度的强烈变化，更适合在测量环境恶劣的条件中进行检测；测量结果重复性较高，对同一样品不会因为取样不同产生明显不同的测量结果。可测粒度范围根据频带宽度不同随之变化（采用多探头方式可增加测量宽度），数据采集、处理、分析快速，可实现实时在线监测。

缺点：对于不同类别的微纳米含能材料，在进行粒度检测分析前，需先做好每种样品的衰减方程，且该方程的建立需要借助其他的粒度测量工具进行校正。

6）沉降法

i）测试原理

基于 Stokes 沉降定律，不同粒径的颗粒在液体中的沉降速度不同。把样品放到某种液体中制成一定浓度的悬浮液，悬浮液中的颗粒在重力或离心力作用下将发生沉降，颗粒的沉降速度与颗粒的大小有关，大颗粒的沉降速度快，小颗粒的沉降速度慢。因而可根据颗粒沉降速度的不同来测量颗粒的大小和粒度分布。沉降法是通过测量颗粒群在流体介质特别是液体中沉降时某个效应或特性的变化，而非直接测量各单个颗粒的沉降速度来分析粒度分布的。

采用沉降法进行具体测量分析时，可分为增量法和累计法。增量法：从沉降表面算起朝沉降方向的某个距离，定义为沉降深度 h；凡是测量悬浮体在 h 处的某个量随 h 和时间 t 的变化，都称为增量法；被测量的量，可以是颗粒质量浓度，也可以是与颗粒质量浓度成正比的其他性质参量。累计法：测量悬浮体中某深度平面以上所留颗粒总量的变化，或者是测量穿过该深度平面的颗粒总量的变化。

ii）重力沉降法

颗粒在流体介质中，因重力作用沉降，通过测量并根据 Stokes 公式计算出颗粒群的一系列粒度 D，以及与 D 值相应的累计分数 $\phi(D)$ 或分布函数 $F(D)$，进而得到粒度分布。

对于球形颗粒，在重力作用下的沉降末速度为 u_{st}：

$$u_{st} = \frac{D^2(\rho_s - \rho_f)g}{18\mu} \tag{4-39}$$

进一步可求得颗粒粒径 D 与沉降末速度的关系式为

$$D = \left\{18\mu u_{st} \big/ \left[\left(\rho_s - \rho_f\right)g\right]\right\}^{\frac{1}{2}} \tag{4-40}$$

若流体中的物体颗粒不是球形，则求出的直径 D 称为该颗粒的 Stokes 直径。

一般来讲颗粒经过极短的时间就可由静止加速到 u_{st}，因此可以认为在颗粒沉降的全部距离内是以 u_{st} 等速沉降的。这是重力沉降法计算粒径及其粒度分布的基础。另外，在利用 Stokes 公式计算粒度时还要考虑到其他因素的影响，如沉降筒的大小、流体的不连续性、颗粒的形状和浓度、布朗运动和对流等。

iii）离心沉降法

对于细颗粒（如 0.01～10μm），为了加快其定向运动的速度从而避免布朗运动的干扰以及缩短测定时间，常采用比重力大得多的离心力代替重力，此时颗粒在离心力场中沿旋转半径的方向运动，称为离心沉降法。与重力沉降不同的是，即使转速恒定，对于一定粒径的颗粒，离心加速度以及离心沉降速度都与颗粒的离心半径成正比，在离心沉降过程中存在一直增大的现象。离心沉降法可以加快细颗粒的沉降速度，从而缩短测量时间，提高测量精度。根据 Stokes 定律，可求得球形颗粒在离心力场下的沉降末速度 u_c：

$$u_c = \frac{D^2(\rho_s - \rho_f)\omega^2 r}{18\mu} \tag{4-41}$$

进一步可求得颗粒粒径 D 与沉降末速度的关系式为

$$D = \left\{18\eta u_c \middle/ \left[(\rho_s - \rho_f)\omega^2 r\right]\right\}^{\frac{1}{2}} \tag{4-42}$$

采用离心沉降进行粒度分析时，在离心盘转动的情况下，注入一定量的纯沉降介质，使它进入离心盘内。然后正对轴心注入少量待测的悬浮液作为铺层，在恒定转速下铺层后，一细光束在某位置透过离心盘及液体。通过记录透过光强随时间的变化进而求得粒度分布。

采用离心沉降法对物料进行粒度分布分析时，需确保所选用的沉降介质不与样品发生物理或化学反应、对样品的表面具有良好的润湿作用、纯净无杂质、使颗粒具有适当的沉降状态、对有机玻璃圆盘无腐蚀作用。最常用的沉降介质是“蒸馏水+甘油”：当颗粒粒度较粗或密度较大时，甘油比例一般为 40%～60%；当颗粒粒度较细或密度较小时，甘油比例一般为 20%～40%；以使颗粒有较合适的沉降速度和沉降状态。一般而言，样品越细，测试用量越少；样品越粗，测试用量越多。分散剂的用量一般为沉降介质的 0.2%～0.5%。

iv）沉降法用于微纳米含能材料表征的优缺点

优点：采用沉降法对微纳米含能材料的粒度进行表征时，能非常直观地表征悬浮液体系的分散性和稳定性及均匀性。

缺点：采用沉降法对微纳米含能材料的粒度进行分析时，测试时间长、沉降介质和分散剂对测试结果影响大，测试过程对温度等条件要求苛刻，所需辅助设施设备较多。并且，不能测量不同密度材料的混合样品，所测试得到的结果往往是粒径及粒度分布的相对值。

7）电传感法

i）测试原理

电传感法是将被测颗粒分散在导电的电解质溶液中，在该导电液中置一开有小孔的隔板，并将两个电极分别于小孔两侧插入导电液中。在压差作用下，颗粒随导电液逐个地通过小孔。每个颗粒通过小孔时产生的电阻变化表现为电压脉冲，这个电压脉冲与颗粒体积或粒径成正比，如图 4-17 所示。

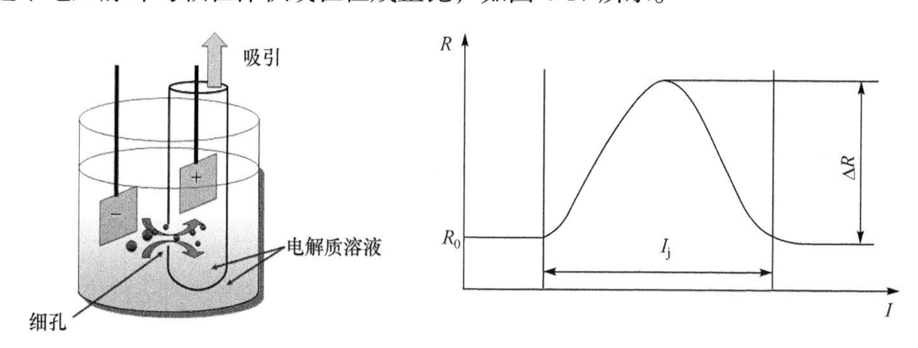

图 4-17　电传感法测试粒度的原理图

图 4-17 中，R 为电阻（ΔR 为电阻变化）；I_j 为由一个颗粒的 ΔR 所产生的体积长度。测试仪器对电压脉冲按其大小（颗粒体积或粒径的间隔）进行计数，进而可以计算出颗粒体积或粒径（等球体积直径）的个数分布。

对于球形颗粒悬浮液的电阻变化 ΔR 可写成如下关系式：

$$\Delta R = K\frac{\rho_L V}{A^2} f\left(\frac{d}{D_0}\right) \tag{4-43}$$

式中，ρ_L 为液体电阻率；A 为小孔截面积；V 为颗粒体积（即 d^3）；K 为与 1 相差不大的系数；$f(d/D_0)$是一个收敛级数的展开式，当颗粒粒径 d 与孔径的比值（d/D_0）足够小时，$f(d/D_0)$趋于 1。因此，对于球形颗粒，可认为 ΔR 与颗粒体积 V 成正比。

ii）库尔特电阻法简介

库尔特电阻法在生物等领域得到广泛应用（如测量血细胞数量及体积），并已经成为某些行业粉碎过程浆料的测试标准。根据颗粒在电解液中通过某一小孔时，不同大小颗粒导致孔口部位电阻的变化，因而颗粒的尺寸大小可由电阻的变化加以表征和测定。库尔特电阻测试仪可以测得颗粒数量，因而又称库尔特计数器。其测量精度较高、重复性好，但易出现孔口被堵现象，测试范围为 0.5～800μm。

iii）电传感法用于微纳米含能材料表征的优缺点

优点：既能给出数量统计，又能给出体积分布，测量精度高，有很好的准确性和重复性，能测量绝对颗粒数；测量快速，每分钟可计数数万个颗粒，需样少，再现性较好；分辨率高，能分辨各颗粒之间粒径的细微差别。

缺点：测量范围有限，一般下限为 0.5μm 左右；动态范围较小，对于同一个小孔管，能测量的最大和最小颗粒之比约为 20∶1。操作较为复杂，粒度分布范围较宽的样品容易堵塞小孔管，很难保证颗粒通过小孔瞬间的状态，易造成峰形拖尾或重叠，引起计数误差。必须在电解液中测量，且不适用于密度较大物料的测量。对于粒度分布范围较宽的物料，该方法测量速度慢。此外，该方法需要经常校准，测试成本高。对于微纳米含能材料而言，通常不宜采用。

8）X 射线小角散射法

i）测试原理

X 射线小角散射法（small angle X-ray scattering，SAXS）是指当 X 射线透过试样时，在靠近原光束 2°～5°的小角度范围内发生的散射现象。X 射线的波长比纳米还要短，因此 X 射线小角散射是一种测量纳米颗粒的较为理想的方法。小角散射效应来自物质内部 1～100nm 量级范围内电子密度的起伏，当一束极细的 X 射线穿过一超细粉末层时，经粉末颗粒内电子的散射，X 射线在原光束附近的极小角域内分散开来，其散射强度分布与粉末粒度分布密切相关。对于一稀疏的球形颗粒体系，考虑到狭缝的影响，入射 X 射线在角度 ε 处的散射强度为

$$I(\varepsilon)=C\int_{-\infty}^{+\infty}F(t)t\int_{R_0}^{R_n}\omega(R)R^3\phi^2(x)\mathrm{d}R \tag{4-44}$$

式中，$x=\dfrac{2\pi R}{\lambda}\sqrt{\varepsilon^2+t^2}$，$\lambda$ 为入射 X 射线的波长；$\phi(x)=3(\sin x-x\cos x)/x^3$，为球形颗粒的形象函数；$R$ 为颗粒半径；$\omega(R)$为以质量为权的粒度分布函数；$F(t)$为仪器狭缝的高度权重函数；t 为沿狭缝高度的角度参变量；C 为综合常数。

分割分布函数法是处理小角散射强度数据的一种方法，其基本原理是将粉末粒度分割成 n 个非等分的区间，当区间长度足够小时，对应于该区间的 $\omega(R)$ 可近似以其平均值来代替。这样，就可以将上述积分方程式转化为一个 n 元的线性方程组。根据相应的分割区间，选定 n 个合适的角度进行散射强度测量，得到 n 个 $I(\varepsilon)$。求解该 n 元线性方程组即可算出粒度分布频度，进而绘出粒度分布的直方图和累积分布。分割分布函数法处理数据，已经被基于 SAXS 测量微纳米粉体粒度分布的相关国内和国际标准所采纳。

ii）实验过程

由于 SAXS 测试角度集中分布在靠近原光束的小角度范围内，这就要求入射光路提供一个非常窄的平行光束。为此，可在 X 射线小角散射装置上配备四狭缝系统或 Kratky（克拉特凯）狭缝系统，或者在入射光路中采用单色平行光发生器

得到一束平行光，并用一个固定的防发散狭缝使光束足够窄。

在进行 X 射线小角散射实验时，通常采用 Cu 靶 K_α 射线，将样品制成约 0.2mm 厚的薄片。然后分别测量不同角度（通常 9 个）样品的散射光强度和背底的散射光强度，计算出样品的净散射强度。再将数据输入计算机程序进行计算，得到粉体的粒度分布。

iii）SAXS 法用于微纳米含能材料表征的优缺点

优点：SAXS 是测量纳米级含能材料颗粒群粒度分布的一种有效方法；测量得到的是一次颗粒的粒度分布；数据具有充分的代表性，一次测量的颗粒数达 10^{10}～10^{13}。

缺点：对于亚微米级或微米级的超细含能材料，SAXS 测试结果准确度相对较低，且对于不同微纳米含能材料混合样品，测试结果的误差也较大。因而在微纳米含能材料粒度分析时也较少采用。

在上述诸多测试方法中，激光粒度分布测试法由于其取样量大进而能够很好地代表样品真实状态，并且测试过程自动进行、受人为因素干扰小，广泛应用于含能材料颗粒群粒度分布的表征。测试时首先将含能材料样品用非溶剂（分散剂）初步分散；然后加入表面活性剂（如吐温、司盘、十二烷基磺酸钠）对样品进行进一步防团聚分散；之后在超声作用下将颗粒充分分散在分散剂中，形成均匀、稳定的悬浮液；最后将悬浮液加入粒度测试仪进样器中，由粒度测试仪自动进行粒度分析检测，获得含能材料样品粒度分布曲线。这种方法方便、快捷，表征结果能够很好地反映样品颗粒群的粒度分布情况。

当前，基于激光粒度分布仪，对于 10μm 以上含能材料颗粒群的粒度分布表征，测试结果误差相对较小；然而对于粒径在 10μm 以下的微纳米含能材料样品，颗粒极容易团聚，导致不同单位对同一样品的测试结果偏差较大。这主要是由样品分散状态不同所导致。当样品分散工艺参数不同时，如样品浓度、表面活性剂种类与用量及状态、超声分散方式及分散时间、样品温度等，将引起颗粒分散状态的改变，进而对测试结果产生显著的影响。因此，需对测试标准进行统一，以适应微纳米含能材料的发展需求。

3. 比表面积表征

测试颗粒群的比表面积通常有三种原理及方法：气体吸附法、流体透过法和全息照相法。

1）气体吸附法

固体与气体接触时，气体分子碰撞固体并可在固体表面停留一定的时间，这种现象称为吸附。固体为吸附剂，气体为吸附质。根据固体表面吸附力的不同，吸附可分为物理吸附和化学吸附两种类型。

气体吸附法是一种测量比表面积的经典方法,可测比表面积的范围为 0.001～1000m²/g。当样品的比表面积较小时，应尽可能选用低饱和蒸气压的吸附质，如氩气、氪气等（以提高测量精度）。采用氪吸附质时，可测比表面积下限达 0.001m²/g。该方法所测比表面积为总表面积，其中包括了气体分子可进入的所有开孔表面积。

气体吸附法是在美国科学家 Langmuir（朗缪尔）单分子层吸附理论的基础上，由美国学者 Brunauer（布鲁诺尔）、Em-mett（埃麦特）和 Teller（泰勒）于 1938 年进行改进和完善，从而得出多分子层吸附理论（BET 方程），进而对比表面积进行表征和分析的方法。其中常用的吸附质为氮气，对于很小的表面积也用氪气。通常在液氮的低温条件下进行吸附，可以避免化学吸附的干扰。

任何置于吸附气体环境中的物质，其固态表面在低温下都将发生物理吸附。根据 BET 多层吸附模型，吸附量与吸附质气体分压之间满足如下关系（BET 方程）:

$$\frac{P}{X\left(P_0-P\right)}=\frac{1}{X_{\mathrm{m}}C}+\frac{\left(C-1\right)P}{X_{\mathrm{m}}CP_0} \tag{4-45}$$

式中，P 为测定吸附量时的吸附质气体压强，Pa；P_0 为吸附温度下气体吸附质的饱和蒸气压，Pa；$\frac{P}{P_0}$ 为相对压强；X 为测定温度下气体吸附质分压为 P 时的吸附量，kg；X_{m} 为单分子层吸附质的饱和吸附量，kg；C 为 BET 常数，与第一层吸附时的能量有关，是吸附质和吸附剂之间相互作用强度的体现。

式（4-45）中的 X_{m} 可由吸附等温线来计算。将 $\frac{P}{X\left(P_0-P\right)}$ 对 $\frac{P}{P_0}$ 作图，一般得到一条直线，由该直线的斜率 $a\left(a=\frac{C-1}{X_{\mathrm{m}}C}\right)$ 和截距 $b\left(b=\frac{1}{X_{\mathrm{m}}C}\right)$ 即可得出单分子层的气体吸附量 $X_{\mathrm{m}}=\frac{1}{a+b}$。通常 C 足够大，故可将直线的截距取为零。通过饱和单层吸附量就可计算出样品的总表面积:

$$S=\left(\frac{X_{\mathrm{m}}}{M}\right)NA=\frac{X_{\mathrm{m}}NA}{M} \tag{4-46}$$

式中，N 为阿伏伽德罗常数（6.022×10^{23} 分子/mol）；A 为吸附质分子的横截面积，如一个氮分子所占据的面积为 $1.62\times10^{-19}\mathrm{m}^2$；$M$ 为吸附质的摩尔分子质量，如氮气的摩尔分子质量为 28.0134×10^{-3}kg/mol。因此，试样的比表面积为

$$S_{\mathrm{m}}=\frac{S}{m_x}\text{；}\ S_{\mathrm{V}}=\frac{S}{V_x} \tag{4-47}$$

式中，S_m 为质量比表面积，m^2/kg；S_V 为体积比表面积，m^2/m^3；m_x 为试样的质量，kg；V_x 为试样的体积，m^3。

气体吸附法可用于对微纳米含能材料的比表面积进行测定，且已获得广泛应用。此外，基于气体吸附法，利用毛细凝聚现象和体积等效代换的原理，在假设孔隙的形状为圆柱形管状的前提下，建立毛细凝聚模型，进而还可估算多孔介质孔径分布特征及孔体积，以及微纳米含能材料粉体的平均粒径。

2）流体透过法

流体透过法是通过测量流体透过多孔体的阻力来测算比表面积的一种方法。流体可以是液体或气体，其中使用较多的是气体，测量范围较宽。工业上流体透过法的应用范围为 70～20000cm^2/g。

气体透过粉末床的透过率或所受的阻力与粉末的粗细或比表面积的大小有关。当气路中的气体流动时，气体将从颗粒的缝隙中穿过。粉体越细，表面积越大，对气体的阻力也越大，使单位时间内透过单位面积的气体量越小。即当粉体床的孔隙度不变时，气体通过粗粉末比通过细粉末的流速大。透过率或流速容易测量，只要找出它们与粉末比表面积的定量关系，便可按下式求得粉体的比表面积：

$$S_V = \sqrt{\frac{\Delta P g A \varepsilon^3}{K_c Q L \eta (1-\varepsilon)^2}} \tag{4-48}$$

该式为法国学者 Kozeny-Carman（科泽尼-卡尔曼）所提出。式中，S_V 为体积比表面积，m^2/cm^3；K_c 为 Kozeny-Carman 常数，与颗粒的形状有关，代表毛细孔的弯曲程度；A 为粉体层的横断面积，m^2；L 为粉体层厚度，m；ΔP 为在厚度为 L 的粉体层两端的压强降，Pa；g 为重力加速度，$kg \cdot m/s^2$；ε 为孔隙度，%；Q 为流体的流量，m^3/s；η 为流体黏度，$Pa \cdot s$。进而还可进一步求得试样的等体积比表面积球当量径 $d_{SV} = \dfrac{6}{S_V}$。

采用流体透过法对微纳米含能材料的比表面积进行测试时，测试结果具有代表性（样品量较多），对于较规则的粉末，测试结果准确度较高；并且结果所反映的是颗粒群的外比表面积，代表单颗粒或二次颗粒的粒度。如果与 BET 法（反映全比表面积和一次颗粒的大小）联合使用，就能判断粉末的聚集程度和计算二次颗粒中一次颗粒的数量。然而，该测试过程必须确保流体为稳态，测试结果受颗粒的形状、粒度分布、压制方法等影响较大，对于微纳米含能材料混合物，会产生较大的测量误差。此外，该测试方法分辨率较低、人为因素影响较大，对于亚微米级或纳米级微纳米含能颗粒群，测试误差较大。

3）全息照相法

全息照相直接反映颗粒投影轮廓或形状，按放大倍数得出尺寸大小；再通过计算机统计计算，便可获得样品的比表面积。这种测试方法直观、明了，但对微纳米含能材料比表面积进行测试时，通常仅能用于微米级（1～10μm）超细含能材料，且样品用量少，对于形状不规则、粒度分布范围较宽的颗粒群，测试结果误差较大。

4. 表面能表征

表面能是指恒温、恒压条件下，可逆地增加某一恒定组成物系的表面积需对物质所做的非体积功，也可以看作是物质表面粒子相对于内部粒子所多出的能量。对于固态微纳米含能材料，表面能的表征方法主要有劈裂功法、溶解热法、熔融外推法、薄膜浮选法、颗粒沉降法、van der Waals-Lifshitz（范德瓦耳斯-利夫施兹）理论以及接触角法等[23]。其中，劈裂功法是用力学装置测量固体劈裂时形成单位新表面所做的功（即该材料的表面能）的方法；溶解热法是指固体溶解时一些表面消失，消失表面的表面能以热的形式释放，测量同一物质不同比表面的溶解热，由它们的差值估算出其表面能的方法；熔融外推法是针对熔点较低的固体的测量方法，具体方法是加热熔化后测量液态的表面能与温度的关系，然后外推至熔点以下其固态时的表面能；薄膜浮选法、颗粒沉降法均用于固体颗粒物质表面能的测量；van der Waals-Lifshitz 理论在固体表面能计算方面也有应用；接触角法被认为是所有固体表面能测定方法中最直接、最有效的方法，这种方法本质上是基于描述固-液-气界面体系的杨氏方程的计算方法。英国物理学家 Thomas Young（托马斯 · 杨）认为在非真空条件下液体与固体接触时，整个界面体系会同时受到固体表面能 γ_{sv}、液体表面能 γ_{lv} 和固液界面能 γ_{sl} 作用，使得液体在固体表面平衡时呈现特定的接触角 θ，如图 4-18 所示。

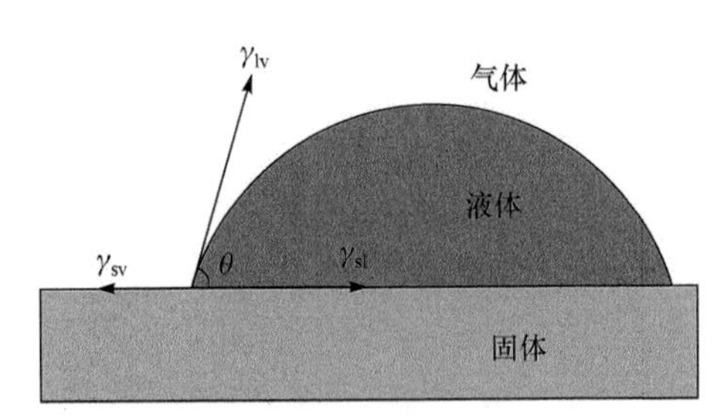

图 4-18　液滴在固体表面达到平衡时的状态

进而提出了著名的杨氏方程来描述它们之间的关系：

$$\gamma_{lv}\cos\theta = \gamma_{sv} - \gamma_{sl} \tag{4-49}$$

杨氏方程既是量化润湿现象的基础，又是通过接触角法计算固体表面能和固液界面能的基础。从杨氏方程的定义可以看出，要计算固体表面能，只需要测量其他 3 个变量即可。3 个未知变量中接触角 θ 和液体表面能 γ_{lv} 可以通过实验仪器测得，而固液界面能 γ_{sl} 无法直接测得。因此，界面化学家发展了其他方法，如表面能分量途径、状态方程途径，利用 γ_{sv}、γ_{lv} 和 γ_{sl} 之间的某种关系，再结合杨氏方程，计算出固体表面能 γ_{sv}。

例如，美国学者 Fowkes（福克斯）认为表面能是许多分量之和，每种分量是由特定分子之间作用力引起的，提出了表面能分量途径：

$$\gamma = \gamma^{d} + \gamma^{n} \tag{4-50}$$

式中，γ 为总表面能；γ^{d} 和 γ^{n} 分别为分子间的色散表面能分量和非色散表面能分量。基于此假设，Fowkes 认为固液界面能是固体表面能与液体表面能之和减去两者色散分量的几何平均数：

$$\gamma_{sl} = \gamma_{sv} + \gamma_{lv} - 2\left(\gamma_{sv}^{d}\gamma_{lv}^{d}\right)^{\frac{1}{2}} \tag{4-51}$$

式中，γ_{sv}^{d} 为固体色散表面能分量；γ_{lv}^{d} 为液体色散表面能分量。将式（4-49）与式（4-51）联立，可以得到：

$$\gamma_{lv}\cos\theta = -\gamma_{lv} + 2\left(\gamma_{sv}^{d}\gamma_{lv}^{d}\right)^{\frac{1}{2}} \tag{4-52}$$

式中，$\gamma_{sv} = \gamma_{sv}^{d}$；$\theta$、$\gamma_{lv}^{d}$ 和 γ_{lv} 可以通过实验测得。因此通过测量一种液体在固体表面上的接触角，就可以计算出固体表面能。

又如，Antonow（安东诺夫）认为 γ_{lv}、γ_{sv}、γ_{sl} 之间的关系可写成固液界面能状态方程，进而提出了求解固体表面能的途径：

$$\gamma_{sl} = \left|\gamma_{lv} - \gamma_{sv}\right| \tag{4-53}$$

将式（4-49）与式（4-53）结合，可以得到：

$$\cos\theta = -1 + 2\frac{\gamma_{sv}}{\gamma_{lv}} \tag{4-54}$$

由式（4-54）可以看出，只需要测得一种液体在固体表面的接触角，便可计算出固体表面能。同一固体表面，无论选择哪种液体测量其在固体表面的接触角，最后计算出的固体表面能值应当是恒定的。

特别需要指出的是，对微纳米含能材料进行表面测试时，应尽可能使固体表面的粗糙度控制在纳米级或纳米级以下，保证表面均一性较高，这样才能保证接触角测试结果的准确性。此外，所选择的待测液体其表面能应大于微纳米含能材料的表面能，且对微纳米含能材料不发生化学反应、不产生溶解，另外还需满足无毒无害及环保要求。

4.2.3 基本物理性能表征

微纳米含能材料的基本物理性能主要包括晶型结构、真密度、堆积密度、水分和挥发分、吸湿性、不溶物、酸碱度等[24]。这些性能对微纳米含能材料的制备与应用及性能充分发挥等,均具有显著的影响,必须对这些性能进行精确有效表征。

1. 晶型的表征

材料在结晶时受各种因素的影响，使分子内或分子间键合方式发生改变，致使分子或原子在晶格空间排列不同，形成不同的晶体结构。同一种材料具有两种及以上的空间排列和晶胞参数，形成多种晶型的现象称为多晶现象。虽然在一定温度和压强下，只有一种晶型在热力学上是稳定的，但由于从亚稳态转变为稳态的过程通常非常缓慢，因此许多结晶固体中都存在多晶现象。其中，固体多晶型包括构象型多晶型、构型型多晶型、色多晶型和假多晶型。

微纳米含能材料的多晶型现象是影响其性质与应用的重要因素之一，因此对存在多晶型的微纳米含能材料进行研发、表征及应用时，应对其晶型分析予以特别的关注。目前表征晶型的主要是基于物质在不同晶型时具有不同理化特性及光谱学特征来进行的。几种常用且特征性强、区分度高的晶型表征方法如下所述。

1）X 射线衍射法

X 射线衍射法（X-ray diffraction，XRD）是研究微纳米含能材料晶型结构的重要手段，该方法可以区分晶态和非晶态，鉴别晶体的品种，区分混合物与化合物，测定微纳米含能材料晶型结构，测定晶胞参数（如原子间距离、环平面的距离、双面夹角等），还可以用于不同晶型的比较。X 射线衍射法又分为粉末衍射和单晶衍射两种，前者主要用于结晶物质的鉴别及纯度的检验，后者主要用于分子量和晶体结构的测定。

i）粉末衍射

粉末衍射是研究微纳米含能材料多晶型的最常用的方法之一。粉末衍射法研究的对象不是单晶体，而是众多取向随机的小晶体的综合体。该方法不必制备单晶，使得实验过程较为简便。但在应用该方法时，应注意粉末的细度，而且在制备样品时需要特别注意不可发生晶型转变。对于含能材料而言，在制备样品时尤其要注意高感度物质引起的安全问题。例如，对于感度较高的 CL-20，进行粉末衍射测试过程制片时，务必精确控制力场，避免燃爆事故。

ii）单晶衍射

单晶衍射是国际上公认的表征多晶型的最可靠的方法，利用该方法可获得晶体的各晶胞参数，进而确定结晶构型和分子排列，达到对晶型的深度认知。而且该方法还可以用于结晶水/溶剂的测定。然而，由于往往较难得到足够尺寸和纯度的单晶，因此该方法在实际操作中存在一定难度。该方法常用于化学合成的新型含能材料的分析检测与鉴别，对于采用粉碎、重结晶、合成构筑等方式制备得到的微纳米含能材料，一般不采用该方法。

此外，结合 XRD 衍射图谱，还可基于 Scherrer（谢乐）公式，计算微纳米含能材料颗粒内部的晶粒尺寸：

$$D = \frac{0.89\lambda}{B\cos\theta} \tag{4-55}$$

式中，D 为晶粒尺寸，nm；λ 为 X 射线波长，通常为 0.154056nm；θ 为衍射角，°；B 为衍射峰半高宽度，rad。

通过上述谢乐公式，可计算微纳米含能材料颗粒在不同衍射角度（即不同晶面）上的晶粒尺寸。例如，对于 RDX、HMX、CL-20 等含能材料，当采用粉碎技术对其进行微纳米化处理后，虽然衍射角度不发生变化，即晶面（或晶格结构）不改变，亦即晶型结构不改变。但是，微纳米含能材料在不同衍射角度的衍射峰，均表现出宽化现象（如第 5 章所述），即半高峰宽 B 值增大。也就是说，对于微纳米含能颗粒，其内部的晶粒在不同晶面上的尺寸均比普通含能粗颗粒小。这也是引起采用粉碎技术制备得到的微纳米含能材料，其性能与普通粗颗粒含能材料相比发生较大变化的重要内在原因之一。

2）红外吸收光谱法

不同晶型含能材料分子中的某些化学键键长、键角会有所不同，致使其振动-转动跃迁能级不同，与其相应的红外光谱的某些主要特征如吸收带频率、峰形、峰位、峰强等也会出现差异，因此红外光谱可用于微纳米含能材料的多晶型研究。

红外光谱测试时常用的样品制备方法有 KBr 压片法、石蜡糊法、漫反射法及衰减全反射法等。考虑到研磨可能会引起安全风险或对晶型造成影响，在用红外光谱法进行微纳米含能材料晶型测定时，可采用扩散反射红外傅里叶变换光谱法（DRIFT）。

对于高感度、高能量的 CL-20，就可采用红外光谱法进行晶型表征，通常要求 ε 型晶型含量在 95%以上。然而，对于部分晶型不同而红外图谱相同或差别不大的物料，红外光谱就难以区分了。并且图谱的差异也可能是样品纯度不够或制样处理时转晶等导致的分析结果偏差。这时就需要同时采取其他方法共同确定样品的晶型。

3）偏光显微镜法

该方法的测试装置有两个偏光零件，即装在载物台下方的起偏镜（又称下偏光镜）和装在镜筒中的分析镜（又称上偏光镜）。两镜均由人工合成偏光片组成，通过调整角度，可将射入光源转换成正交偏光。正因为如此，该方法主要用于透明固体物料。

在正交偏光条件下，由于晶体结构不同和偏光射入时的双折射作用，在偏光显微镜上、下偏光镜的正交作用下，晶体样品置于载物台上旋转 360°时，晶体会显现短暂的隐失和闪亮。晶体隐失时晶体与偏振器振动力方向所成的交角称为消光角，通过不同的消光角，即可确定晶体材料所属的晶型。

偏光显微镜法还可以研究微纳米含能材料晶型结构的相变，并且可以准确测定晶体熔点。此外，对于具有各向异性的动植物材料（如纤维蛋白、淀粉粒）的结构，也具有特殊的鉴定作用。

2. 真密度与堆积密度的表征

对于微纳米含能材料的真密度的测定，基本原理是根据已知质量的试样，所排开的密度瓶中已知密度液体介质的质量，求得试样的体积，进而求出试样的真密度。液体介质应不溶解试样且密度低于试样密度，如 0.1%十二烷基苯磺酸钠蒸馏水溶液。

对于微纳米含能材料堆积密度的测定，主要分为湿法和干法，其中干法又可分为量筒法和标准容器法。

1）湿法

对于微纳米含能材料堆积密度的测定，可采用此方法，基本原理是将已知质量的试样置于盛有液体介质的量筒中，静置规定时间后，测定试样的体积，以求出试样的堆积密度。

2）干法

采用干法测定微纳米含能材料的堆积密度，基本原理是将已知质量的试样置于量筒中，在规定条件下测出试样的体积，以求出试样的堆积密度；或者在一定的温度下，试样自一定高度自由落入标准容器内，求出容器内试样的质量与其所占体积之比即为在该条件下的堆积密度。标准容器法测试堆积密度的过程主要包括以下两大步骤。

i）测试前准备

首先，试验装置及试样在测试前需在不低于 15℃的环境中存放 1h 以上。其次，用（21±1）℃的水装满标准杯使杯口形成一个凸面，用一块玻璃片盖在标准杯上以除去过多的水，玻璃片下不得有气泡。再次，擦干标准杯外部及玻璃片后称量，并精确至 0.1g。最后，倒掉标准杯中的水，将其与玻璃片一起干燥后称量，精确至 0.1g。则标准杯的容积按下式计算：

$$V_c = (m_1 - m_2) / \rho \tag{4-56}$$

式中，V_c 为标准杯的容积，表示至两位小数，cm^3；m_1 为标准杯及玻璃片和水的质量，g；m_2为标准杯玻璃片的质量，g；ρ为在试验温度下水的密度，g/cm^3。

ii）样品测试

首先，称量标准杯，精确至 0.1g。其次，按要求组装漏斗和标准杯，将标准杯置于收集盘中，使其中心正好位于漏斗口下方，使漏斗口与标准杯上沿之间的距离约 63.5mm，之后拉出漏斗滑板中，将漏斗下口挡住。然后，将混匀的试样倒入漏斗，直至试样表面基本上与充满线水平，在倒试样时容器口与漏斗顶部的距离不得超过 25mm，并使试样均匀分布，不允许敲击漏斗或使用其他方法把试样弄平。再次，打开出料口，使试样自由落下充满标准杯并过量（呈锥形），此时不得敲打或振动标准杯。最后，用刮板垂直地与标准杯上沿接触并单向匀速刮过表面，轻轻敲打已装满试样的标准杯，以免试样撒落，将附在标准杯外表面的粉末擦去后称量，精确至 0.1g。按如下公式计算试样的堆积密度：

$$\rho_1 = \frac{m_3 - m_4}{V_t} \tag{4-57}$$

式中，ρ_1为试样的堆积密度，g/cm^3；m_3为试样和标准杯的质量，g；m_4为标准杯的质量，g；V_t为试样占有的体积（等于标准杯的容积），cm^3。测试时，每份试样平行测定两次，允许差为 0.03g/cm^3。当两次测定值之差不大于允许差时，以平均值表示试样的堆积密度，所得结果保留两位小数。

需要特别指出的是，含能材料尺度微纳米化后，其堆积密度显著减小。如对于普通粗颗粒 RDX，其堆积密度在 0.8～1.0g/cm^3；当采用粉碎技术进行纳米化后，并采用真空冷冻干燥技术获得分散性良好的纳米 RDX（d_{50}约 60nm），堆积密度减小至 0.2～0.3g/cm^3。这使得微纳米含能材料，尤其是小于 500nm 的含能材料在火炸药产品中应用时，使工艺性能恶化。这对采用浇铸工艺成型的火炸药产品，尤为严重。例如，当亚微米或纳米 HMX 加入复合固体推进剂中，使推进剂捏合分散与浇铸成型过程的黏度大幅度增加；尤其是当亚微米或纳米 HMX 的含量超过 20%后，基本无法捏合分散和浇铸成型；即便勉强能够浇铸成型，也会使推进剂药柱中存在较多微孔，影响推进剂性能。因此，对于采用浇铸工艺成型的火炸药产品，当微纳米含能材料应用时，可首先将微纳米含能材料与其他组分进行复合处理，降低比表面积、表面能和表面活性，然后再合理应用。这样才能充分发挥微纳米含能材料的性能优势，进而使后续应用产品综合性能提高。

3. 水分和挥发分的表征

1）烘箱法

烘箱法测定微纳米含能材料的水分和挥发分，基本原理是在一定温度和一定真空度条件下，将试样加热一定时间后，以减少的质量计算水分和挥发分。例如，对于热安定性好的微纳米含能材料，可在常压或负压条件下，设定温度（通常不超过 100℃）进行测试；对于热安定性较差的微纳米含能材料，可在绝对压强为 9～12kPa、温度为（55±2）℃的条件下进行测试。

采用本方法进行水分和挥发分测定时，待测样品的取样量与其所含的水分之间的关系，可参考表 4-9。

表 4-9　待测试验取样量与其水分之间的关系参考值

水分和挥发分的质量分数/%	试样取样质量/g
≤0.1	≥10
>0.1～1.0	>5～10
>1.0～10	>1～5
>10	1

2）气相色谱法

采用气相色谱法测定水分，基本原理是通过以水分提取液提取试样中的水分，采用气相色谱原理，实现分离、检测。通常以苯含饱和水数据为基准，外标法定量。对于能充分分散或溶解于水分提取液的微纳米含能材料，可采用此方法测定水分含量。

3）卡尔 · 费歇尔法

采用卡尔 · 费歇尔（Karl Fischer）法测定水分，基本原理是基于碘氧化二氧化硫时需要定量的水，其反应式如下：

$$2H_2O + I_2 + SO_2 \rightleftharpoons 2HI + H_2SO_4$$

当加入适当的碱性物质中和反应生成的酸后，可使反应向右进行完全。用适当的溶剂溶解试样或萃取试样中的水，再用已知浓度的卡尔 · 费歇尔试剂滴定即可求出水分。这种方法要求被测微纳米含能材料不与卡尔 · 费歇尔试剂或改良的卡尔 · 费歇尔试剂发生反应，并能迅速溶于溶剂中或其水分能被萃取出来。其关键在于卡尔 · 费歇尔试剂的配制，该试剂主要成分是碘和二氧化硫的无水溶液。卡尔 · 费歇尔法测定含能材料中的水分是一种比较经典的方法。

4. 吸湿性的表征

吸湿性对于含能材料至关重要，制约着含能材料的加工制造、包装、储存、运输及使用等各个过程的工艺，对含能材料性能的充分发挥有着显著的影响。尤其对于微纳米含能材料而言，由于比表面积大，吸湿性表现得更加明显。下面对微纳米含能材料的吸湿性测试原理及方法进行介绍。

测试微纳米含能材料吸湿性的基本原理是：将定量试样，置于规定的温度和湿度下，当试样中水分达到平衡时，测量试样吸收水分的质量，进而计算出试样的吸湿性。在吸湿性测试过程中，湿度的控制可采用湿度控制剂，如硫酸水溶液，或者饱和盐溶液（如硫酸钾溶液、磷酸二氢钾溶液、硝酸钾溶液、氯化钾溶液、硫酸铵溶液、氯化钠溶液等）；温度的控制可采用水浴加热方式或者将器皿置于水浴烘箱内。也可采用恒温恒湿箱提供所需的温度和湿度环境。

5. 不溶物含量和酸碱度的表征

对于微纳米含能材料中不溶物的测定，基本原理是采用适当的溶剂对微纳米含能材料进行充分溶解，然后洗去试样中的可溶物，剩余部分即为不溶物。常用的溶剂如甲苯、苯、丙酮等。

对于微纳米含能材料酸碱度的测定，基本原理是在合适的指示剂存在下或采用 pH 计，通过使微纳米含能材料的溶液（或者是悬浮液、酸碱萃取液）进行酸碱中和滴定反应，计算出所消耗的酸或碱的用量，进而计算出试样的酸度或碱度。常用的滴定溶液为硫酸（或盐酸）和氢氧化钠溶液，浓度可采用 0.01mol/L。

4.2.4 热性能及安定性与相容性表征

1. 热性能概述

微纳米含能材料的热性能，是指其在受热作用时，所表现出的物理化学性质的变化，尤其是受热所发生的熔化、热分解等性能特征。表征这些性能变化的参数通常可采用温度与热效应，如热分解起始温度、终止温度与热分解峰温，热分解放热量、热爆炸临界温度等，并可进一步计算热分解过程的速率常数与表观活化能等。

对于微纳米含能材料的热性能研究，通常是采用热分析手段，在程序控制温度的条件下，测量微纳米含能材料的质量、热效应等随温度变化的关系，进而得到表征热性能的特征参数。这些热分析手段，主要包括热重分析（thermal gravity analysis，简称 TG 或 TGA）、差热分析（differential thermal analysis，DTA）和差示扫描量热分析（differential scanning calorimeter，DSC）等。

1）热重分析

热重分析是在程序控制温度条件下，测量待测试样的质量随温度变化关系的一种热分析方法。测试得到的曲线称为热重曲线，即 TG 曲线，它以质量[或质量分数 w（%）]为纵坐标，以温度（T）或时间（t）为横坐标。从 TG 曲线上可以知道，在什么温度下，样品的质量变化最多，那么就表明，在此温度下样品发生的热分解最剧烈。

热重分析法有动态（升温）和静态（恒温）之分，但通常是在等速升温条件下进行。即通常 TG 曲线是在某恒定的升温速率下所获得的试样质量随温度的变化关系曲线；或者是在梯度性升温条件下，每隔一定温度间隔将物质恒温至恒量，进而获得试样的质量随温度变化关系曲线。将 TG 曲线对温度（或时间）求一阶导数后，即可获得 DTG 曲线，表示试样的质量变化速率随温度（或时间）的关系曲线。通过 DTG 曲线，可以很直观地判别微纳米含能材料试样的质量变化速率，并获得质量变化速率最大处所对应的温度。

2）差热分析

差热分析是在程序控制温度条件下，测量试样和参比物的温度差随温度变化关系的一种热分析方法，测试得到的曲线称为 DTA 曲线。DTA 分析是以某种在一定实验温度下不发生任何化学反应和物理变化的稳定物质（参比物），与等量的试样在相同环境中等速变温的情况下相比较。试样发生物理或化学变化时会表现出热效应，进而使得试样的温度与参比物会表现出降低（吸热效应）或升高（放热效应）。通常使测试温度稳速上升，记录试样与参比物之间的温差。

DTA 分析分为热流型 DTA 和功率补偿型 DTA；热流型 DTA 即在相同的功率下，测定样品和参比品两端的温度差；功率补偿型 DTA 即在保持相同温度的条件下，测定试样和参比物两端所需的能量差。典型的 DTA 曲线以温度差（ΔT）为纵坐标、以时间（t）或温度（T）为横坐标，即ΔT-t（或 T）曲线。

差热分析是采用温差热电偶来表征测试过程温差的微小变化的。若样品在某一升温区没有任何变化，既不吸热，也不放热，在温差热电偶上不产生温差，在差热记录图谱上是一条直线即基线。如果在某一温度区间样品产生热效应，在温差热电偶上就产生了温差，从而产生热电势差，经过信号放大进入记录仪中推动记录装置偏离基线而移动，反应完了又回到基线。吸热和放热效应所产生的热电势的方向是相反的，所以反映在差热曲线图谱上就分布在基线的两侧。这个热电势的大小，除了正比于试样的数量外，还与试样本身的性质有关。

通常，DTA 曲线的峰越尖锐，表明反应速率越快。理论上，对于既定的试样，峰的面积和试样的含量息息相关，可基于峰面积进行试样的定量分析；也可根据峰温、形状和峰数目，对试样进行定性分析。然而，一方面由于试样产生热效应时，升温速率非线性，从而使校正系数（R 值）发生变化，难以定量计算；另一方面当试样产生热效应时，参照物、环境温度、试样三者之间有热交换，降低了对热效应测量的灵敏度和精确度。因此，DTA 分析一般用于对未知试样进行定性或者半定量的分析。

3）差示扫描量热分析

差示扫描量热分析是在程序温度条件下，测量试样和参比物的热流（热功率）差随温度变化关系的一种热分析方法，测试得到的曲线称为 DSC 曲线。DSC 分析所表征的是试样在受热时，化学反应的热效应随温度（或时间）的变化关系。该方法广泛应用于微纳米含能材料的晶型转变温度、熔点、热分解温度等的测定，对微纳米含能材料热性能的研究发挥着重要作用。

DSC 分析有功率补偿式和热流式两种类型。功率补偿 DSC 是在程序控温下，使试样和参比物的温度相等，测量每单位时间输给两者的热能功率差与温度（或时间）的关系的一种方法。热流 DSC 是在程序控温下，测量试样与参比物之间的温度差与温度（或时间）的关系的一种方法。这时，试样与参比物的温度差是与每单位时间热能功率差成比例的，因而热流型 DSC 也可称为定量 DTA。DTA 曲线规定向上表示放热，故通常 DSC 曲线上也以向上表示放热。

在程序升温过程中，当样品发生热效应时，在样品端与参比端之间产生了温度差，通过热电偶对这一温度差进行测定，得到 DSC 曲线。考虑到试样发生热量变化（吸热或放热）时，此种变化除传导到温度传感装置（热电偶、热敏电阻等），尚有一部分传导到温度传感装置以外的地方。因而差示扫描量热曲线上吸热峰或放热峰面积实际上仅代表试样传导到温度传感器装置的那部分热量变化。试样真实的热量变化与 DSC 曲线峰面积的关系为

$$m \cdot \Delta H = K \cdot A \tag{4-58}$$

式中，m 为样品质量，g；ΔH 为单位质量样品的焓变，kJ/g；A 为与ΔH 相应的曲线峰面积，kJ；K 为修正系数，称仪器常数。

4）影响热分析测试结果的因素

热分析测试结果受仪器因素、测试条件、样品自身因素等影响。在仪器因素方面，主要包括炉子的结构与尺寸、坩埚材料与形状、热电偶性能等。对于坩埚材料，要求其在热分析过程中对试样、产物（含中间产物）、气氛等都是惰性的，不起催化作用。并且，参比物在测量温度范围内也不能发生任何热效应。例如，对于微纳米含能材料，可选用经高温处理（1200℃以上）后的 α-Al_2O_3 坩埚。此外，热电偶的温度测试精度越高，热分析测试结果的准确性也越高。

在测试条件方面，主要包括升温速率、测试气氛、测试压强等。升温速率常常影响热分析谱图中峰的形状、位置及其与相邻峰的分辨率。升温速率越大，峰形越尖，峰高也增加，峰顶温度也越高；反之，升温速率过小则峰变圆变低，有时甚至显示不出来。此外，对于微纳米含能材料而言，测试气氛的性质（如氧化性、还原性和惰性气体）对热分析曲线的影响相对较小；而测试气氛的压强对温度有着较大的影响，进而影响热分析曲线及其分析结果。

在样品自身因素方面，主要包括样品用量、样品粒度和分解产物等。样品用量应在仪器灵敏度范围内尽量少，因为试样的吸热或放热反应会引起试样温度发生偏差，试样用量越大，这种偏差越大。样品用量的多少也影响热分析曲线的形

状，试样量越大，峰越宽、越圆滑。其原因是在加热过程中，从试样表面到中心存在温度梯度，试样越多，这种梯度越大，峰也就越宽，有时甚至会造成相邻热效应峰的重叠。样品粒度同样对热传导、气体扩散有着较大的影响，而这种变化可导致热反应速率和热分析曲线形状的改变。此外，样品中的水分和溶剂也会对测试结果产生较大的影响。

尤其要指出的是，对微纳米含能材料进行热性能分析时，样品用量一定要精确控制，一般需控制在2～3mg以内；对于热分解特别剧烈的含能材料，用量最好控制在1mg以内。微纳米含能材料的用量不仅影响测试结果的准确性，如TG、DTA或DSC曲线的峰形、峰的尖锐程度等，还会影响测试过程的安全性，尤其是可能对仪器造成损坏。这是因为：微纳米含能材料热分解反应速率快，瞬间放热量大、产气量大（如CL-20、全氮类含能材料）；若用量较多，则容易在测试炉体内产生瞬间高温高压，进而导致测试仪器测试精度降低，甚至使部件（主要是热天平）损坏。

当含能材料尺度微纳米化后，热性能表现出明显的变化，如热分解特性：热分解起始温度、终止温度及热分解峰温等，均比粗颗粒含能材料提前；热分解放热峰更窄、更尖，即颗粒群放热更集中。这是因为：含能材料纳米化后，颗粒内部晶界组元所占比例大，晶格振动更加剧烈，更容易发生化学键断裂而产生热分解；并且，由于小尺寸效应和表面效应，纳米颗粒在受热时吸收能量的速率更快，进而进一步促使热分解反应在比粗颗粒含能材料低的表观温度下发生。

2. 熔点的表征

1）毛细管法

采用本方法测定微纳米含能材料的熔点，是在规定的条件下，测出使装入毛细管中的试样受热熔化时所对应的介质温度，即为试样的熔点。试验中传热介质应选用沸点高于被测试样终熔温度，而且性能稳定、清澈透明、黏度较小的液体，如甘油、甲基硅油、液体石蜡等。

2）显微镜温台法

采用显微镜温台法测定微纳米含能材料的熔点，是将试样放在显微镜温台上按一定升温速率加热，观测试样完全熔化成液体时的温度，此温度即为试样的熔点。测试所用的显微镜温台主要由温台、控温、测温和显微镜或光电检测等单元组成。

3）差示扫描量热法

对于微纳米含能材料的熔点，也可采用差示扫描量热法进行测定。该方法是采用差示扫描量热仪在等速升温条件下，测得试样熔化过程的差示扫描量热（DSC）曲线，以完整吸热峰前缘上斜率最大点的切线与外延基线的交点所对应的温度，定为试样的熔点 T_m。

测试操作过程主要包括：首先，称取分散好的试样，加入测试用的坩埚（如氧化铝或铝）内，选择氮气为载气、控制流量（如 40mL/min）；设置试验温度区间，通常下限值比预测熔点低约 20℃、上限值比预测熔点高约 10℃。然后，设置升温程序，使温度快速升温至试验温区下限值，接着按较小的升温速率（如 1℃/min），升温至试验温区上限，得一条完整的 DSC 曲线。按下式计算熔点：

$$T_m = T_{m1} + \Delta T\text{，}\quad \Delta T = T_{m0} - \overline{T_{m0}} \tag{4-59}$$

式中，T_m 为试样熔点，℃；T_{m1} 为试验测定的熔点，℃；ΔT 为仪器测温校正值，℃；T_{m0} 为标准物质的熔点，℃；$\overline{T_{m0}}$ 为标准物质的熔点 n 次测定的平均值，℃。对于标准物质的熔点，其 n 次测定值的标准差应不大于 0.2℃：

$$S_m = \sqrt{\frac{1}{n-1}\sum_{i=1}^{n}\left(T_{mi} - \overline{T_{m0}}\right)^2} \tag{4-60}$$

式中，S_m 为标准物质熔点测定标准差，℃；T_{mi} 为标准物质熔点第 i 次测定值，℃；n 为测定次数。每份试样平行测定两次，熔点允许差值通常不超过 0.3℃。当两次测定值之差不大于允许差时，以平均值表征试样的熔点，所得结果保留一位小数。

实验结果表明：当含能材料（如 RDX、HMX、CL-20、TATB、HNS 等）纳米化后，其熔点比普通粗颗粒含能材料降低。这是因为：含能材料纳米化后，颗粒表面和界面的体积分数增大，由于表面及界面处的原子振幅比心部原子的更大，引起过剩 Gibbs 自由能的增大而使熔点降低；或者说是表面积增大、表面能升高，非均匀成核位置增多，导致熔化在较低温度下开始，即熔点降低。此外，由于小尺寸效应和表面效应，纳米含能颗粒在受热时吸收热量的速率更快，进而表现出熔化时的表观温度比普通含能粗颗粒低。

3. 爆发点与热爆炸临界温度的表征

1）爆发点

微纳米含能材料的爆发点是表征其在热作用下稳定性的重要参数，通常采用 5s 延滞期法进行测定，基本原理是在一定试验条件下，对定量试样进行加热，经过一定的延滞期后，试样发生燃烧或爆炸，根据爆发延滞期与爆发温度的关系式求出 5s 延滞期爆发点。其中爆发延滞期 t（s）与爆发温度 T（K）的关系式如下式所示：

$$t = Ce^{\frac{E}{RT}}\text{，}\quad \ln t = \frac{E}{RT} + \ln C \tag{4-61}$$

式中，t 为爆发延滞期，s；C 为与试样成分有关的常数；E 为试样的表观活化能，

J/mol；R 为理想气体常数，8.314J/（mol · K）；T 为爆发温度，K。

2）热爆炸临界温度

对于微纳米含能材料热爆炸临界温度，可采用 1000s 延滞期法进行测定，基本原理是将定量试样在真空条件下压实并密封于雷管壳中，置于恒温的合金浴中加热，以延滞期为 1000s 不发生热爆炸的最高环境温度作为试样的热爆炸临界温度。

测定操作过程主要包括：首先，对待测试样进行预处理，使其分散性良好，并将试样烘干后置于干燥器内，冷却至室温备用。其次，取 25 支雷管壳，每支装入试样（0.040±0.001）g；并使试样密实成型后取出试件待用。然后，将伍德合金加热至熔化，使温度恒定在某一设定值；将试件竖直放入已恒温的伍德合金浴中，放入深度 20mm，启动计时设备。再次，根据雷管壳炸裂或压垫脱封产生的声音，判定试样是否发生爆炸；记录试样发生爆炸的时间（即延滞期）。最后，当延滞期接近 1000s 时，按步长 3℃升高或降低伍德合金浴的温度，重复上述测定延滞期操作，并记录试样发生爆炸的延滞期和温度。

根据试样爆炸延滞期的实测结果，计算求得延滞期为 1000s 所对应的温度 T_c。并在温度 T_c 附近，连续 10 次试验，以 1000s 均不发生热爆炸的最高温度作为试样的热爆炸临界温度，结果表示至整数位。

4. 安定性与相容性的表征

安定性与相容性是表征微纳米含能材料长期储存安全性和使用可靠性的重要指标。安定性是指试样在某一外界条件下的稳定性，即自身物理化学性质（如热分解等）不发生变化或者在允许范围内变化。相容性是指试样与另一组分所组成的均匀混合物，在某一外界条件下的稳定性，即混合物的物理化学性质不发生变化或者在允许范围内变化；也就是说组分间相互不影响对方的稳定性。从另一个角度讲，相容性是判别组分之间对稳定性的相互影响，若把由两种或两种以上组分所形成的混合物看成一种试样，那么试样内部组分间的相容性也可看作是混合试样自身的安定性（即内相容性）。通常，安定性与相容性是息息相关的。对于微纳米含能材料的安定性与相容性表征方法主要有：真空安定性法、动态真空安定性法、100℃加热法、差示扫描量热法、微热量热法、气相色谱法等。

1）真空安定性法

对于微纳米含能材料的安定性或相容性，可采用真空安定性法（vacuum stability test，VST）进行测定，基本原理是将定量试样置于定容、恒温和一定真空条件下受热分解，测量其在一定时间内放出气体的压强，再换算成标准状态下的气体体积，以评价试样的安定性或相容性。根据测定试样放出气体压强的方式不同，可分为汞压力计法和压力传感器法，由于这两种方法的测试原理和数据处理方式比较类似，下面着重介绍压力传感器法。

测定操作过程主要包括：首先，将分散好的待测试样烘干后在干燥器中冷却至室温。其次，检查真空安定性试验仪的气密性，使整个系统抽空后保持 5min，确认无漏气为止；称取待测试样（5.00±0.01）g[若是耐热试样，则取（0.20±0.01）g]，置于加热试管中。然后，将反应器的真空活塞与加热试管磨口，分别涂高真空密封脂密封后，将反应器接到真空安定性测试仪上抽空，当系统内压强小于 760Pa 后，继续抽 5～10min。再次，将抽好真空的反应器置于（100.0±0.5）℃或（120.0±0.5）℃的恒温浴中连续加热 48h[对于耐热试样，控制温度为（260.0±0.5）℃、连续加热 140min]；之后取出反应器，使其自然冷却至室温。最后，将冷却后的反应器接到真空安定性试验仪上，测量试样分解释放的气体压强。试样在标准状态下释放的气体体积按下式计算：

$$V_{\mathrm{H}} = 2.69\times10^{-3}\frac{P}{T}\left(V_{\mathrm{O}} - V_{\mathrm{G}}\right) \tag{4-62}$$

式中，V_{H} 为试样在标准状态下释放的气体体积，mL；P 为试样释放的气体压强，Pa；V_{O} 为反应器容积和测压连接管路容积之和，mL；V_{G} 为试样体积（质量除以真密度），mL；T 为实验室温度，K。每种试样平行测定三次，结果全部报出。若每克试样放气量不大于 2mL，则安定性合格。

2）动态真空安定性法

采用上述 VST 法评价试样的安定性，测量方法相对简单、操作容易，已在含能材料领域获得广泛使用。然而，VST 法无法进行动态、连续记录真空热分解反应的过程，若试样在测试过程中发生剧烈的分解、燃烧或爆炸，则 VST 法记录不到任何直观的测试结果数据。为了解决 VST 法存在的不足，在其基础上进一步建立了动态真空安定性试验（dynamic vacuum stability test，DVST）方法。该方法采用高灵敏度、高精度的微型温度传感器和微型绝压型压力传感器，内置于测试反应装置中，以实现对含能材料热分解过程中温度和压强实时变化数据的动态、连续、直接监控。

DVST 方法测试过程主要包括：首先，将试样装在测试反应装置底部，将传感器和密封塞结合紧密，用真空泵将测试反应装置抽成真空，检查不漏气后按设定的加热程序进行加热。其次，将测试信号传输至计算机信息处理系统中，实时、直接测量和记录传感器输出的测试反应管中的表观压强（P_{a}）、温度（T）和测量时间（t）的动态变化数据，建立起热分解体系的表观压强随时间变化的原始数据曲线（P_{a}-t）。再次，对表观压强进行标准化处理，完成初始压强（P_0）扣减，并根据理想气体状态方程换算成标准状态下测试反应管中压强的增量，得到单纯由于试样热分解放出气体所产生的压强（P），进而得到试样在测试条件下的压强-时间曲线（即 P-t 曲线）。最后，基于 P-t 曲线，可进行如下定性与定量分析：

（1）以曲线形状定性表示试样在真空、加热条件下试样热分解反应的趋势。若在测试温度下 $P\text{-}t$ 很快达到稳定，不再随时间的延长而升高，则表明该试样的真空热安定性好。

（2）定量处理获得的测试数据，可获得单位质量的试样在测试范围内任意时刻的产气量，以此评价试样的安定性或相容性。

此外，基于 DVST 方法，通过动力学方法对获得的数据进行处理，可获得试样热分解反应的动力学参数、反应速率常数、热分解反应机理函数等重要的动力学数据。并且进一步通过计算试样热分解反应速率与温度的关系，可预测试样的储存寿命。

3）100℃加热法

本方法的基本原理是在大气压下，定量试样在专用仪器和设备内受热分解，测出一定温度（100℃）、一定时间内试样减少的质量，以减少的质量分数评价试样的安定性或相容性。

4）差示扫描量热法

对于微纳米含能材料，也可采用差示扫描量热法对安定性或相容性的优劣进行快速筛选。该方法的基本思路是首先在程序控温条件下，测得试样的 DSC 曲线，然后用外推法求得加热速率为零时 DSC 曲线的峰温 T_{p0} 来评定试样的安定性。并用单独体系相对于混合体系分解峰温的改变量（ΔT_p）和这两种体系表观活化能的改变率（$\Delta E / E_a$），来综合评价试样的相容性。

测定操作过程主要包括：首先，对单一试样（或按质量比 1∶1 混匀的混合试样）进行预处理，使其分散性良好；称取一定量单一试样或混合试样（精确至 0.0001g）置于样品坩埚内，也可根据实际放热量适当增加或减少试样用量；并称取与试样等量的参比物（如氧化铝），置于参比坩埚内。其次，在 1～20K/min 范围内，选一合适的加热速率，在静态空气或氮气流量 30～50mL/min 条件下进行测试，得到一条完整的 DSC 曲线。再次，待测试炉体温度降至室温后，重新称取等质量的试样加入新的样品坩埚内，在 1～20K/min 范围内，选取新的加热速率，进行测试；如此重复，获得 4 条不同升温速率下（如 2K/min、5K/min、10K/min、20K/min）的 DSC 曲线。按下式计算加热速率趋于零时的峰温：

$$T_{pi} = T_{p0} + b\beta_i + c\beta_i^2 + d\beta_i^3 \tag{4-63}$$

式中，T_{pi} 为加热速率为 β_i 时 DSC 曲线的峰温，K；T_{p0} 为加热速率趋于零时 DSC 曲线的峰温，K；β_i 为试样加热速率，K/min；b、c、d 均为常数。进一步的，分解峰温和活化能的改变量按下式计算：

$$\Delta T_{\mathrm{p}} = T_{\mathrm{p1}} - T_{\mathrm{p2}}\ ,\quad \frac{\Delta E}{E_{\mathrm{a}}} = \left|\frac{E_{\mathrm{a}} - E_{\mathrm{b}}}{E_{\mathrm{a}}}\right| \times 100\% \tag{4-64}$$

式中，ΔT_{p} 为单独体系相对于混合体系分解峰温的改变量，K；T_{p1} 为单独体系的分解峰温，K；T_{p2} 为混合体系的分解峰温，K；ΔE 为单独体系相对于混合体系表观活化能的改变率，%；E_{a} 为单独体系的表观活化能，J/mol；E_{b} 为混合体系的表观活化能，J/mol。根据表征结果，按如下方式评价相容性的等级：

（1）若 $\Delta T_{\mathrm{p}} \leqslant 2.0$ ℃、$\Delta E / E_{\mathrm{a}} \leqslant 20\%$；则相容性好，为 1 级。

（2）若 $\Delta T_{\mathrm{p}} \leqslant 2.0$ ℃、$\Delta E / E_{\mathrm{a}} > 20\%$；则相容性较好，为 2 级。

（3）若 $\Delta T_{\mathrm{p}} > 2.0$ ℃、$\Delta E / E_{\mathrm{a}} \leqslant 20\%$；则相容性差，为 3 级。

（4）若 $\Delta T_{\mathrm{p}} > 2.0$ ℃、$\Delta E / E_{\mathrm{a}} > 20\%$，或 $\Delta T_{\mathrm{p}} > 5.0$ ℃；则相容性很差，为 4 级。

5）微热量热法

采用微热量热法测定微纳米含能材料的安定性和相容性，是基于微热量热仪所测得的热流曲线（*E-t* 曲线），通过 *E-t* 曲线前缘上斜率最大点的切线与外延基线的交点所对应的时间，或某一时刻的放热速率，评价试样的安定性。并用实际测得混合体系的 *E-t* 曲线，与由纯组分的 *E-t* 曲线所绘制的混合体系的理论 *E-t* 曲线之差值，来评价试样的相容性。

该方法所用的试样量通常为 0.3～3g、精确至 0.0001g（混合试样按质量比 1∶1 配制，质量为 0.6～6g、精确至 0.0001g），可根据试样危险性大小和装填情况，进行适当增减；所用参比物通常为氧化铝。在试验温度 100℃下连续测定 40h，得到待测试样的热流曲线即 *E-t* 曲线，将两条纯组分 *E-t* 曲线绘制成一条叠加的理论 *E-t* 曲线。若理论 *E-t* 曲线位于混合体系实测 *E-t* 曲线之上或两者基本重叠，则混合体系是相容的；若理论 *E-t* 曲线位于混合体系实测 *E-t* 曲线之下或混合体系 *E-t* 曲线位于试验基线以下，则判定该混合体系为不相容。

6）气相色谱法

采用气相色谱法测定微纳米含能材料的安定性或相容性的基本原理是，将定量的试样在定容、恒温和一定真空条件下受热分解，用气相色谱仪对分解放出的一氧化氮（NO）、氧化亚氮（N_2O）、氮气（N_2）、二氧化碳（CO_2）、一氧化碳（CO）进行测定，以其标准状态下的体积评价试样安定性或相容性。这五种气体的出峰顺序依次是 N_2、NO、CO_2、N_2O、CO。

4.2.5　感度表征

微纳米含能材料的感度是评价其加工、储存、包装、运输及使用等过程安全性的重要指标[25, 26]。引发微纳米含能材料燃烧或爆炸的临界外界能量越小，感度越高。根据引发爆炸的能量源不同，可将感度分为撞击感度、摩擦感度、冲击波感度、静电火花感度、热感度、火焰感度等。其中撞击感度和摩擦感度有时又被统称为机械感度。下面将对这些感度的表征技术进行介绍。在对微纳米含能材料进行感度以及能量特征进行表征时，均需首先对其进行干燥处理，如无特别说明，所述的干燥条件为：在（55±2）℃、真空度为 9～12kPa 的真空烘箱中干燥，或者在 50～60℃的水浴烘箱中干燥。

1. 机械感度的表征

1）爆炸概率法

采用爆炸概率法测定微纳米含能材料的撞击感度，基本原理是使限制在两光滑硬表面间的一定量试样，受到自固定落高自由下落的落锤一次撞击作用，在规定的试验次数下观测计算其爆炸概率，以表征试样的撞击感度。试验装置的落锤高度可设置为（250±1）mm、（500±1）mm 等，落锤质量可设置为（10.000±0.010）kg、（10.000±0.005）kg、（2.000±0.002）kg 等，试验药量可选择为（30±1）mg、（50±1）mg 等。

采用爆炸概率测定微纳米含能材料的摩擦感度，基本原理是使限制在两光滑硬表面间的一定量试样，在恒定的挤压压强与外力作用下经受滑动摩擦作用，观测并计算其爆炸概率，以表征试样的摩擦感度。测试时，摆体[质量通常为（2700±27）g]从一定的摆角自由摆下，由摆体末端的摆锤[质量为（1500±10）g]撞击击杆，并由击杆再撞击上滑柱，使上、下滑柱间产生相对滑动，进而对试样施加摩擦作用，完成测试过程。其中摆体的质量中心至转动轴中心的距离为（600±5）mm，摆臂长（摆锤中心至转动轴中心的距离）为（760±1）mm。试验装置的摆体摆角可设置为 90°、80°或 66°，试验压强可设置为 3.92MPa、2.45MPa 等，试验药量通常设置为（20±1）mg。

爆炸概率测试时，试验环境温度控制在 10～35℃，且使相对湿度≤80%。只要观察到有爆炸声、发光、冒烟、试样变色、与试样接触的滑柱面有烧蚀痕迹、有试样分解爆炸产物的气味等现象之一时，均判为爆炸，否则判为不爆，并记录试验结果。当使用声级计时，记录的声压级大于或等于试样不爆时最大声压级 2dB 时，判为爆炸。进行二组平行试验，试验结束后，计算一组（25 发）试验的爆炸概率 $P=\dfrac{X}{25}$。当两组平行试验的爆炸概率无显著性差异时，以它们的算术平均值作为该试样的撞击感度或摩擦感度爆炸概率。若两组结果有显著性差异，应查找原因重测两组。

2）特性落高法测定撞击感度

采用特性落高法测定微纳米含能材料的撞击感度，基本原理是基于撞击感度与刺激量（落高）的对数值服从正态分布规律，在落锤仪上用“升降法”，测定在一定质量落锤撞击作用下试样发生 50%爆炸时的特性落高，表征试样的撞击感度。

测定操作过程主要包括：首先，将待测试样烘干后进行适当处理使其分散性良好，并将处理后的试样放在干燥器内冷却至室温。其次，选择落锤质量[如（10.000±0.010）kg、（5.000±0.0050）kg、（2.000±0.002）kg]，确定试验药量[如（30±1）mg、（35±1）mg、（50±1）mg]，擦净落锤和撞击装置；并将试验环境温度控制在 10～35℃，且使相对湿度≤80%。然后，选配一组（25～30 套）标定合格的撞击装置，按规定药量要求称取试样，精确至±0.1mg，小心地将其倒入装有下击柱的击柱套内；连同底座在工作台上晃动或转动，使试样均匀分布在下击柱面上，再放入上击柱，使其借助本身重力徐徐下落至与试样接触，不允许加压。再次，结合试样性质或经验，估计试样特性落高大致数值 H^*（单位 cm），取其对数（以 10 为底）并记为 Y^*，再选择确定有效升降试验步长 d（一般可选 0.05 或 0.10）；开启通风，将装好试样的撞击装置逐一放到钢砧上的定位套内，以 Y^* 为初次试探刺激量进行预备试验，预备试验开始可用 $2d$ 或 $4d$ 值作为“试探步长”；如试探结果为爆炸，则刺激量减小 1 个试探步长值，如结果不爆，则增加 1 个试探步长值；当相邻两次试验出现相反结果时，试探步长减小一半继续试验，直到步长变为选定的 d 值，且出现一对相邻相反结果即可停止预备试验；标记该对相反结果的首发试验的序号为有效（升降）试验的起始序号。最后，以恒定步长 d 进行升降试验（有效试验），若试样爆炸，则记为“1”，将落锤高度减小一个试验步长；若试样不爆炸，则记为“0”，将落锤高度增加一个试验步长；如此进行试验，使有效试验次数应不小于 25。当观察到有爆炸声、发光、冒烟、试样变色、与试样接触的击柱表面有痕迹、有分解或爆炸气体产物的气味等现象之一时，均判为爆炸，否则判为不爆；当使用声级计时，若记录的声压级大于或等于试样不爆时最大声压级 2dB 时，则判为爆炸。按下式计算特性落高：

$$Y_{50} = Y_0 + \left(\frac{A}{n} \pm \frac{1}{2}\right)d \,,\quad H_{50} = 10^{Y_{50}} \tag{4-65}$$

式中，Y_{50} 为特性落高对数值，表示至两位小数；d 为步长（对数值）；H_{50} 为特性落高，cm，通常表示至一位小数；A 为计算因子，$A = \sum_i i n_i$，其中 i 为刺激量序号(i=0，±1，±2，±3，…)；Y_0 为刺激量序号为“0”时的落高对数值，其中“0”是使 Y_0 为中位值或接近中位值的刺激量序号，比 Y_0 大的刺激量序号依次设为 1、2、3、…，比 Y_0 小的刺激量序号依次设为–1、–2、–3、…。n_i 为刺激量序号为 i 的发生爆炸的试验次数 $n_{i,1}$ 或不爆炸的试验次数 $n_{i,0}$；n 为有效试验中总的爆炸或不爆炸的次数，当发生爆炸的总次数（$\sum_i i n_{i,1}$）≤不爆炸的总次数（$\sum_i i n_{i,0}$）时，

n 值等于 $\sum_i in_{i,1}$，此时公式中“±”号取“−”号；反之 n 值等于 $\sum_i in_{i,0}$，此时公式中“±”号取“+”号。

在求得特性落高 H_{50} 后，还需进一步按下式求得标准差：

$$S = \rho d \tag{4-66}$$

式中，S 为标准差对数值，表示至两位小数；ρ 为标准差计算因子；d 为试验步长。

当测试结果的有效试验发数不小于25且有效试验中刺激量个数为3～6个时，则认为测定结果有效。试验结果应报出特性落高 H_{50}（表示至 0.1cm）、标准差 S（对数值，表示至两位小数）及 n 值，并应注明试样特征及试验条件。此外，还可将试样置于专用测试砂纸上，使试样在落锤作用下同时受到撞击、摩擦作用，按“升降法”测定特性落高，以表征试样的撞击感度。

3）特性压力法测定摩擦感度

采用特性压力法测定微纳米含能材料的摩擦感度，基本原理是对位于两个粗糙瓷表面间的试样施加一恒定的力，然后使瓷表面产生相对滑动而使试样受到滑动摩擦力作用，通过升降法测得试样发生 50%爆炸时的特性压力，以表征试样的摩擦感度。

测定操作过程主要包括：首先，将待测试样烘干后置于干燥器内冷却至室温，并对烘干试样进行适当处理使其分散性良好。其次，将瓷板固定在样品架上，表面纹理与运动方向垂直；称取试样（50mg，精确至±0.1mg）并放在瓷板上，将瓷棒放入瓷棒座内并降低到与试样接触，使大部分试样放在瓷棒前方，从而在瓷板运动中能使大部分试样经过瓷棒下面。然后，结合试样性质或经验，估计试样特性压力大致数值 F^*（单位 N），在加载臂上相应位置加上合适的砝码后，以一定的步长 d 进行试验；直至一对相邻试验出现相反结果即可停止预备试验，标记该对相反结果的首发试验的序号为有效（升降）试验的起始序号。再次，采用升降法对试样进行摩擦感度测试，如果出现了发火（闪光或冒烟）、爆裂、爆炸或火花，就判定为爆炸；若瓷板上仅有轻微的黑渍则判定为未爆炸；继续试验，使有效试验次数不少于 25 次。最后，按升降法得到的测试结果计算试样 50%爆炸的特性压力（精确至 0.1N）以及标准差，并给出试验条件。

需要特别说明的是，采用这种方法对摩擦感度进行表征时，在某些情况下，需要的不是 50%爆炸时的压力，而是连续 10 发（或 6 发）“不爆”的最大压力。

2. 冲击波感度的表征

对于微纳米含能材料的冲击波感度，可采用卡片式隔板法进行测定，基本原理是将由标准主发药柱产生的冲击波经过惰性隔板材料衰减后，作用于试样端面，采用升降法测定 50%发生爆轰的隔板厚度，以表征试样的冲击波感度。隔板试验装置如图 4-19 所示。

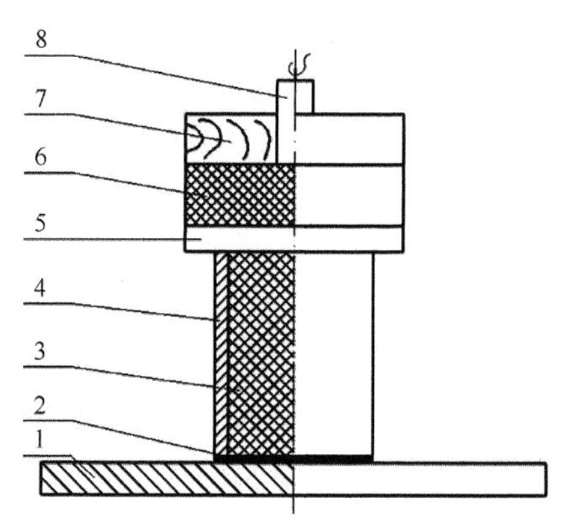

图 4-19　冲击波隔板试验装置示意图

1. 见证板；2. 硬纸板垫片；3. 试样；4. 试件壳体；5. 隔板；6. 主发药柱；7. 雷管座；8. 雷管

在进行试样冲击波感度测定时，雷管一般采用工业 8 号雷管；见证板通常选用长 100mm、宽 100mm、厚 6mm 的钢板，或者直径 100mm、厚 6mm 的钢板。主发药柱可采用特屈儿压制而成，直径 40.0mm、高 25.4mm、密度（1.57±0.02）g/cm^3，药柱表面应无裂纹，端面平整光滑；隔板可选择为三醋酸纤维素酯片，长 40mm、宽 40mm、厚度（0.19±0.005）mm。

试验结果应给出试样发生 50%爆轰的隔板值 L_{50}、标准差、有效试验次数，并注明试样的成分、形态、装药方式和密度等特征，以及试验步长、温度等条件。

需要特别指出的是，对于微纳米含能材料，尤其是 CL-20、HMX 等感度较高的微纳米含能材料，其冲击波感度测试时，可采用较少的药量、压制成较小直径的药柱，以保证药柱压制过程的安全。

3. 静电火花感度的表征

静电火花感度是指含能材料在静电放电火花的作用，发生燃烧或爆炸的难易程度，又称静电感度。静电火花是引起含能材料意外爆炸最频繁和最不易辨识的因素之一，对于微纳米含能材料而言，在制备、包装、运输、使用等过程中，静电火花的形成和释放很频繁。因此，对微纳米含能材料静电火花感度的有效评价，对其操作全过程的可靠性和安全性具有重要的指导意义。对微纳米含能材料的静电火花感度的表征，通常是采用渐近式静电感度仪，调节活动的上电极针与下电极间隙，并将储存在高压电容器内的电能对试样进行振荡放电，根据放电后试样反应的结果，用以判断试样对静电火花的安全性。

静电感度测试时，样品需干燥后储存于干燥器中冷却至室温。测试环境温度一般在 15～30℃，湿度≤40%；静电测试仪电容容量通常为（2000±50）pF、充电电压在（2±0.1）kV～（30±0.1）kV、上下电极间隙一般最小为（0.18±0.01）mm；称取 25 份试样，每份试样量为（15±0.1）mg。每次试验，若有爆炸声、冒烟、燃烧/爆炸痕迹，或因分解/燃爆产生气体使盛药器的塑料胶粘带出现分裂，表明发生了反应；否则判定为未发生反应。若 25 份试样均无反应，则表明试样在规定条件下的静电火花安全性试验合格。

4. 热感度的表征

含能材料在制备、运输、储存及使用等过程中，往往会受到意外的热刺激，如火灾事故、摩擦生热等，这些热刺激极有可能引发意外的燃烧或爆炸事故，造成重大损失。热感度是评价含能材料在热刺激作用下安全性的指标，是一项重要的研究内容，通常采用烤燃试验对热感度进行评价。烤燃试验是通过观察评价微纳米含能材料在密闭容器（烤燃弹）中，受到外部加热时的反应程度，以表征热感度。

根据加热速度不同，通常有两种烤燃试验方法：慢速烤燃和快速烤燃。慢速烤燃的升温速率很慢，如 2～4℃/h，通常采用加热炉进行加热，温度测试范围一般在 40～365℃；快速烤燃的升温速率很快，一般要求在较短时间内（如 330s）使温度升至 600℃以上，通常采用油燃烧的火直接对烤燃弹进行烤燃。然而，由于上述的慢速烤燃试验所需时间较长，在实际测定微纳米含能材料的热感度时，往往控制升温速率为 1～3℃/min。

在对试样进行烤燃试验时，一般进行 2～3 次试验，但只要有一次弹体发生破裂或炸碎，或者夹具底板被炸穿或有凹坑，即可停止试验。若试样在试验过程均未导致弹体破裂或炸碎，或者夹具底板被炸穿或有凹坑，则说明试样在规定条件下的热安全性满足要求。否则，则说明试样在规定条件下的热安全性不满足要求。

5. 火焰感度的表征

测定微纳米含能材料的火焰感度，基本原理是将定量试样置于火焰感度仪中受火焰（如导火索或黑火药产生的火焰）的作用，用升降法测定试样 50%发火时的火焰喷射距离，以其表示试样的火焰感度。对试样进行火焰感度测试时，每次样品用量约 0.020g。采用导火索（长约 7cm）作为火焰源时，试样出现燃烧、分解、爆炸等均判定为发火，反之判定为不发火。当测试结果的有效试验发数不小于 30 发时，则认为测定结果有效。试验结果需给出 50%发火的火焰喷射高度 H_{50}、标准差 S，保留一位小数，并应注明试样特征及试验条件。

如上所述，各种不同类型的感度，均具有特定的测定方法。在进行感度测定表征时，往往是通过微纳米含能材料受到刺激因素激励后，所产生的烟、光、声、压力等效应，以判别是否发生燃烧或爆炸反应，进而对感度高低进行分析。需要特别指出的是，在对微纳米含能材料进行感度性能表征时，不仅要给出测定结果，还要同时注明试样特征和试验条件，以便对其感度进行准确有效的分析。

4.2.6　能量特征表征

微纳米含能材料的能量特征，主要包括“五爆”参数，即爆热、爆速、爆压、爆容、爆温，以及做功能力等。

1. 爆热的表征

微纳米含能材料的爆热是指单位质量（或 1mol）爆炸时所放出的热量，可采用恒温法和绝热法进行测定，基本原理是利用已知热值的量热标准物质（如苯甲酸），测出爆热热量计的热容量，然后在同一爆热热量计中进行试样的爆热测定。在爆热弹内无氧环境中引爆试样，以蒸馏水为测温介质，测定水温升高。根据热量计的热容量及温升值，即可求出单位质量试样在给定条件下的爆热。

爆热弹主要由量热桶、带夹套的外桶及潜水泵等组成，弹体需经无损探伤检查，容积约 5L，耐压（静压）100MPa。温度控制仪分为两类：自动跟踪温度控制仪（绝热法用）和等温型温度控制仪（恒温法用）。自动跟踪温度控制仪的温度控制范围 20～30℃，控温精度需满足：达到平衡时量热桶水温 15min 内变化不大于 0.003℃。等温型温度控制仪的控温范围 20～30℃，控温精度需满足：达到平衡时外套水温 1h 内变化不大于 0.01℃。

测定操作过程主要包括：首先，将待测样品烘干后在干燥器中冷却至室温，控制实验室温度在 15～30℃，恒温法还需使每次试验时温度变化在±1℃范围内；根据估算的试样热值，确定适当的试样量，以温升 1.0～1.5℃为准，如对于标准物质苯甲酸一般取 6～8g，对于常用含能材料一般取 25～30g，对低爆热含能材料（爆热小于 4kJ/g）可适当加大试样量，最大试样量不超过 50g；按设定的密度，将试样压制成直径 25mm 的药柱，药柱上留有直径为 7mm、深度为 15mm 的雷管孔，两发平行试验药柱的密度差不大于 0.02g/cm^3；对于不能成型的试样则称量其质量后，根据直径及高度估算其密度。

其次，分别按恒温法和绝热法两种方法测定热量计的热容量：

（1）恒温法：接通热量计电源，启动内、外循环泵，打开冷却水阀门，约 1h 后，当量热桶内的水温变化速度达到恒定时，开始初期读数，每分钟读取一次温度（读至 0.001℃），共计 11 次。在最后一次读数时点火，点火后开始试验主阶段读数，每分钟读取一次温度（读至 0.001℃），直到温升速率恒定作为主阶段结束点。主阶段结束后仍每分钟读取一次温度值（读至 0.001℃），共读取 11 次。

（2）绝热法：接通热量计电源，启动内、外循环泵，打开冷却水阀门，约 1h 后，合上加热开关，调节自动跟踪温度控制仪的平衡调节旋钮，控制量热桶内水温与外套水温之差，使量热桶内水温 15min 内变化不大于 0.003℃，记下量热桶内水温 T_0。然后点火，约 30min 后，观察量热桶内水温变化，当 15min 内变化不大于 0.003℃时，记下量热桶内水温 T_1。

采用恒温法或绝热法测试结束后，切断热量计电源，关闭冷却水阀门，取下温度计或测温仪探头。然后打开热量计盖，检查弹体是否漏气，如漏气则该试验结果无效；之后吊出爆热弹，打开弹盖，检查是否有积碳，引燃丝是否燃烧尽，如有积碳则该试验结果无效；如有未燃尽的引燃丝，应清洗、干燥后称取其质量，以便对燃烧热进行修正。热量计热容量按下式计算：

$$C = \frac{Q_1 + Q_2 + Q_3 + Q_4}{\Delta T} \tag{4-67}$$

式中，C 为热量计热容量，J/℃；Q_1 为苯甲酸燃烧放出的热量，J；Q_2 为由水、氧、氮生成硝酸的反应热，J；Q_3 为引燃丝燃烧放出的热量，J；Q_4 为棉线燃烧放出的热量，J；ΔT 为校正后的温升，℃。

再次，将试样药柱装入爆热弹内，并将电雷管插入药柱的雷管孔中；对于散装试样，则将电雷管插入试样中；排净爆热弹内的空气后，向弹内充入氮气至 1.0～1.5MPa，然后再将氮气放空后关闭阀门。

最后，按照上述“恒温法”或“绝热法”测定热量计热容量的方式，测定试样的热容量；再测量弹内气体爆炸产物的压强。对于试样的爆热，按下式计算：

$$Q_{\mathrm{v}} = \frac{\bar{C}\Delta T - Q_{\mathrm{d}}}{m} \tag{4-68}$$

$$Q_{\mathrm{p}} = Q_{\mathrm{v}} - \frac{V}{1000m}\left(P_{\mathrm{d}} - P_0\right) \tag{4-69}$$

式中，Q_{v} 为试样的定容爆热，J/g；Q_{p} 为试样的定压爆热，J/g；$\bar{C}$ 为 n 次（通常不少于 5 次）热容量测定的算术平均值，J/℃；Q_{d} 为雷管的爆热，J；m 为试样的质量，g；V 为爆热弹的内容积，L；P_{d} 为试验终了时爆热弹内产物的压强，Pa；P_0 为爆热弹内的初始压强，Pa。按下式计算标准差：

$$S = \sqrt{\frac{1}{n}\sum_{i=1}^{n}\left(C_i - \bar{C}\right)^2} \tag{4-70}$$

每个试样平行测定两组，允许差为 3%；当两组测定值之差不大于允许差时，报出平均值。若超过允许差时，则进行第三组测定，取其在允许差范围内的两组测定值的平均值作为测定结果。若第三组测定值与前两组测定值之差都在允许差范围内，则取三组测定值的平均值作为测定结果。若第三组测定值与前两组测定值之差都在允许差范围外，则应查找出原因进行改进后重测。测试结果需给出试样密度。

2. 爆速的表征

微纳米含能材料的爆速是指其爆炸后爆轰波的稳定传播速度，可采用电测法进行测试，基本原理是利用试样爆轰波阵面电离导电特性，用测时仪和电探针测定爆轰波在一定长度的药柱中传播的时间，通过计算求出试样的爆速。测试装置如图 4-20 所示。

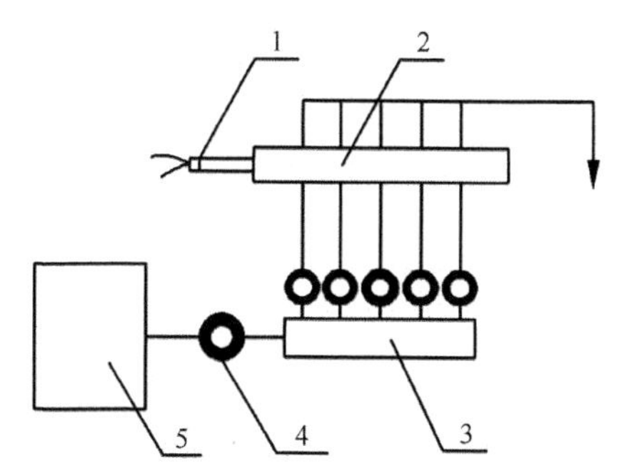

图 4-20　爆速测定装置连接示意图

1. 雷管；2. 试件；3. 脉冲形成网络；4. 传输电缆；5. 测时仪

测定操作过程主要包括：首先，将烘干后的待测微纳米含能材料试样压制成一定直径（通常为 20mm）、一定长度（通常也为 20mm）的药柱，称量后计算密度；确保同一组试验的药柱密度极差应不大于 0.006g/cm^3，相邻药柱的密度差应不大于 0.002g/cm^3；并准备好合适长度金属丝式电探针（测时误差不大于 30ns）。其次，按测试装置示意图装配药柱：在第一对探针前放置长度不小于两倍直径的试样药柱作不稳定爆轰区过渡药柱，其密度和质量应与被测药柱相同，对难以起爆的试样应加钝化黑索今传爆药柱；相邻两对探针之间距离应依仪器分辨率和试样爆速而定，使测得的时间相对误差不大于 0.35%；将装配好探针的药柱，按密度大小依次排列在木槽内，木槽上的雷管孔应与药柱同轴，记录测距，然后用顶压器将木柱推紧，并用螺钉固定。再次，装配好药柱后，连接好传输电缆线，确保测时仪信号正常；进一步确认电容放电正常，并保证试样装配无漏电现象；接好雷管脚线，把雷管插入木槽雷管孔内，紧贴药柱。最后，接通起爆线路安全开关，正常后引爆试样，记录爆轰波在相应测距之间的传播时间。

各测区的实测爆速按下式计算：

$$D_i^0 = \frac{L_i}{x_i}\text{；}\ D_i = D_i^0 - \frac{\mathrm{d}D}{\mathrm{d}\rho}\left(\rho_i - \bar{\rho}\right)\text{；}\ \bar{D} = \sum_{i=1}^{n}\frac{D_i}{n} \tag{4-71}$$

式中，D_i^0 为第 i 区实则爆速，m/s；L_i 为第 i 区距离，m；x_i 为爆轰波在第 i 区传播的时间，s；D_i 为第 i 区修正后的爆速，m/s；$\frac{\mathrm{d}D}{\mathrm{d}\rho}$ 为试样密度对爆速影响值，（m/s）/

（g/cm³）；ρ_i 为第 i 区药柱的密度，g/cm³；$\bar{\rho}$ 为试样的平均密度，g/cm³；$\bar{D}$ 为平均爆速，m/s；n 为数据个数。进一步的，可按下式计算标准差：

$$S(D)=\sqrt{\frac{\sum_{i=1}^{n}\left(D_i-\bar{D}\right)^2}{n-1}} \tag{4-72}$$

一般来说，爆速测试结果的标准差应不大于 30m/s。试验结果用平均爆速值和标准差表示，并注明试样的平均密度和数据个数。

3. 爆压的表征

微纳米含能材料的爆压是指其爆炸时爆轰波阵面上的压强，可采用锰铜压力传感器法进行测试，基本原理是锰铜箔受压时，其电阻随所受压强的增加而增加。将锰铜箔制作的锰铜压力传感器置于被测试样中，记录试验过程中锰铜压力传感器受爆轰波压强的作用引起的电阻变化，经过数据处理求出试样的爆压。测试装置由电雷管、传爆药柱（或平面波发生器）、试样、触发探针、锰铜压力传感器和底座等组成，如图 4-21 所示。

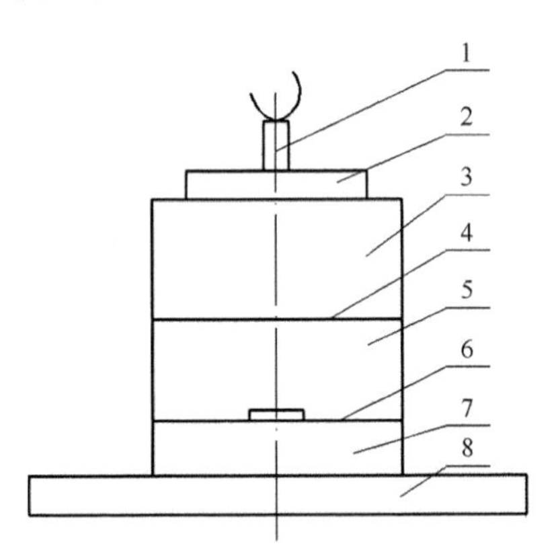

图 4-21　爆压测定装置示意图

1. 电雷管；2. 传爆药柱；3. 试样 1；4. 触发探针；5. 试样 2；6. 锰铜压力传感器；7. 试样 3；8. 底座

测定操作过程主要包括：首先，将烘干后的待测试样压制成一定密度和一定尺寸的药柱，如试样 1 和试样 2 尺寸为 $\Phi50\times40$mm、试样 3 尺寸为 $\Phi50\times20$mm；试样表面应无肉眼可见的疵病，各试样之间的密度差不大于 0.005g/cm³。然后，将锰铜压力传感器安装在试样 2 和试样 3 之间，使其敏感部位处在界面轴线中心部位，固定试验装置于底座上；压力传感器一端的引线通过射频电缆与脉冲恒流源连接，另一端的引线与数字记录器连接。最后，调节脉冲恒流源和数字记录器，使它们处于工作状态；插雷管引爆，数字记录器将得到实测信号，如图 4-22 所示。

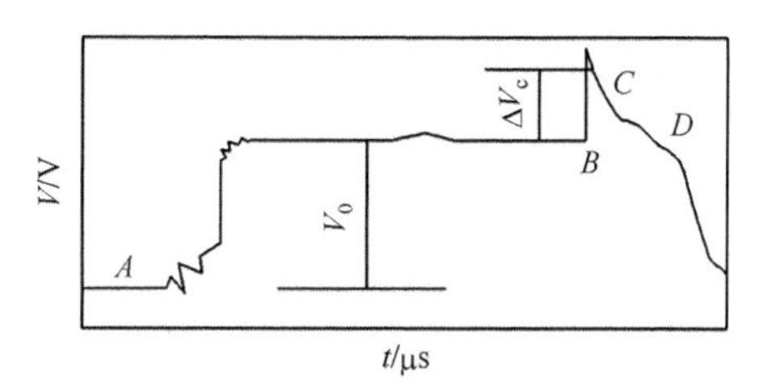

图4-22　锰铜压力传感器实测信号示意图

基于实测信号图，可从图线上读出对应Chapman-Jouget（查普曼-朱格）条件（简称CJ条件）下的ΔV_c（或者采用解析法求得ΔV_c），然后按下式计算爆压：

$$P_{CJ} = A + B\left(\frac{\Delta V_c}{V_0}\right) + C\left(\frac{\Delta V_c}{V_0}\right)^2 + D\left(\frac{\Delta V_c}{V_0}\right)^3 \tag{4-73}$$

式中，P_{CJ}为被测试样的爆压，GPa；A、B、C、D为标定系数，GPa；ΔV_c为锰铜压力传感器实测信号图像C点（CJ条件）处端电压的变化量，V；V_0为锰铜压力传感器未受压时的端电压值，V。

一组试验不少于6个数据，试样爆压的平均值按下式计算：

$$\overline{P_{CJ}} = \frac{1}{n}\sum_{i=1}^{n} P_{CJ_i} \tag{4-74}$$

式中，$\overline{P_{CJ}}$为一组试验的平均爆压，GPa；n为试验数据个数；P_{CJ_i}为第i发试验的爆压，GPa。标准差按下式计算：

$$S = \sqrt{\frac{\sum_{i=1}^{n}\left(P_{CJ_i} - \overline{P_{CJ}}\right)^2}{n-1}} \tag{4-75}$$

测试结果给出爆压的平均值和标准差，所得结果应表示至一位小数，并注明试样密度。

4. 爆容的表征

微纳米含能材料的爆容是指单位质量爆炸后，气体产物（水为气态）在标准状况下所占的体积。可采用压强法进行测试，基本原理是根据真空定容的爆炸弹内试样爆炸产物的压强和温度，用理想气体状态方程求出冷却后气体爆炸产物（不包括水蒸气）的体积，测出产物中水的质量，再换算成标准状态下水蒸气的体积，两项体积之和，即为试样的爆容。

5. 爆温的表征

微纳米含能材料的爆温是指其爆炸时所放出的热量，将爆炸产物加热到的最高温度。所有提高爆热的措施，都可以提高爆温。通常，爆温越高，气体产物的压强越大，做功能力越大，但对器械的烧蚀也越大。含能材料及其火炸药产品的爆温值通常在 2000～5000K。

当前，采用实验手段测定爆温尚十分困难，因为爆温很高，难以选择合适的测温元件材料；并且温度在达到最大值后在极短时间内即迅速下降，一般测温仪器的反应灵敏度还不适用。此外，爆炸过程有很强的破坏效应，影响数据的采集。可按下式进行理论计算：

$$T = \frac{Q_{f,1} - Q_{f,2}}{\overline{c_V}} \tag{4-76}$$

式中，$Q_{f,1}$ 为爆炸产物生成热的总和，kJ/kg；$Q_{f,2}$ 为待测试样的生成热，kJ/kg；T 为试样的爆温，K；$\overline{c_V}$ 为在温度 0～T 范围内全部爆炸产物的平均比热容，kJ/（kg · K）。

为了简化爆温的理论计算，做如下假设：①将爆炸过程视为定容过程；②爆炸过程是绝热的，爆炸反应所放出的全部热量都用来加热爆炸产物；③爆炸产物的比热容只是温度的函数，而与爆炸时所处的压强（或密度）状态无关。进而可按下式计算爆温：

$$Q_V = \overline{c_V}T \tag{4-77}$$

式中，Q_V 为单位质量试样的爆热值。在该式基础上，计算出试样爆炸产物的平均比热容，就可进一步计算出试样的爆温。

6. 做功能力的表征

微纳米含能材料的做功能力是指其爆炸产物对周围介质所做的总功。测定做功能力主要有弹道臼炮法、标准圆筒试验法、50mm 圆筒试验法以及平面飞片速度法等方法。对于微纳米含能材料，可采用平面飞片速度法对做功能力进行表征，基本原理是采用炸药平面波发生器引爆一定尺寸的试样，用高速扫描照相机及光探板测定飞片在爆轰产物驱动下飞经 43mm 到 47mm 距离所经历的时间间隔，以飞片平均速度及比动能评价试样的做功能力。

测定操作过程主要包括：首先，将干燥后的试样压制成直径 100mm、高度 80mm 的药柱，药柱内部应无裂痕、表面应无肉眼可见缺陷，一组试样的密度差小于 0.01g/cm^3。其次，按要求装配好试验装置，将试验装置放在距高速扫描照相机一定距离处，使相机对准装置底部，图像应充满画幅，并调至清晰。然后，启动高速扫描照相机，起爆试验装置，记录试验过程并冲洗底片。最后，结合高速摄像机记录结果，分别计算平面飞片速度和飞片比动能。

1）平面飞片速度

试样的平面飞片速度按下式计算：

$$t = \frac{l}{v}，\ u_{\mathrm{f}} = \frac{h}{t} \tag{4-78}$$

式中，t 为飞片飞经上下台阶距离所需时间，μs；l 为底片上测得上下台阶信号横坐标差值，mm；v 为高速相机在底片上的扫描速度，mm/μs；u_{f} 为相应狭缝对应的平面飞片速度，mm/μs；h 为光探板上下台阶高度之差，mm。通常，一组试验不少于五次，每次试验可以得到五个平面飞片速度数据。则飞片速度的平均值为

$$\overline{u_{\mathrm{f}}} = \frac{1}{n}\sum_{i=1}^{n} u_{\mathrm{f}_i}；\ S_{u_{\mathrm{f}}} = \sqrt{\frac{\sum_{i=1}^{n}\left(u_{\mathrm{f}_i} - \overline{u_{\mathrm{f}}}\right)^2}{n-1}} \tag{4-79}$$

式中，$\overline{u_{\mathrm{f}}}$ 为平面飞片速度的平均值，mm/μs；n 为一组试验所得数据的总个数；u_{f_i} 为一组试验所得第 i 个飞片速度数据，mm/μs；$S_{u_{\mathrm{f}}}$ 为平面飞片速度的标准差，mm/μs。

2）飞片比动能

试样的飞片比动能按下式计算：

$$E_i = \frac{1}{2}u_{\mathrm{f}_i}^2；\ \bar{E} = \frac{1}{n}\sum_{i=1}^{n} E_i；\ S_E = \sqrt{\frac{\sum_{i=1}^{n}\left(E_i - \bar{E}\right)^2}{n-1}} \tag{4-80}$$

式中，E_i 为一组试验第 i 个飞片的比动能，kJ/g；u_{f_i} 为一组试验所得第 i 个飞片速度数据，mm/μs；$\bar{E}$ 为比动能的平均值，kJ/g；n 为一组试验所得数据的总个数；S_E 为比动能的标准差，kJ/g。

试验结果给出飞片速度、比动能及相应标准差，保留两位小数，并注明试样名称及试样装药密度等。

在对微纳米含能材料的能量特征进行表征时，其试样密度是至关重要的参数，这是因为：试样的密度直接影响其能量释放的集中程度，进而直接影响能量特征参数的表征结果。通过研究微纳米含能材料的能量性能，可为其实际应用方向的设计、选择及优化提供支撑。

4.2.7　分散均匀性表征

分散性是指微纳米颗粒群自身的团聚现象，以及在液相、固相或气相体系中的分布均一性与稳定性。微纳米含能材料的比表面积大、表面能高，极容易发生团聚而导致分散性变差，影响物理、化学性质，进而影响其优异特性的充分发挥，

甚至丧失使用价值。因此，对微纳米含能材料的分散性进行准确、有效表征，十分必要。对于微纳米含能材料的分散均匀性表征，主要可分为粉体颗粒分散均匀性表征、悬浮液颗粒分散均匀性表征、复合材料（固相）中颗粒分散均匀性表征。

1. 粉体颗粒分散均匀性表征

粉体颗粒的分散均匀性表征，可首先结合视觉感官和触觉感官对样品分散均匀性进行初步判断，分析样品是否结块。

然后将微纳米含能材料粉体加入液相中（如水），初步搅拌分散后，观察液体悬浮物的分散状态，若体系均匀，则说明分散均匀性很好；若底部有很多沉降的颗粒，则可初步判别分散均匀性较差。再向悬浮液中加入一定量的分散剂（如吐温-80），在超声作用下对物料进行进一步分散处理，观察物料悬浮状态，以评价其分散性。还可取一定量试样加入液体中（如乙醇），进行沉降试验，通过试验颗粒沉降情况判断分散均匀性：若样品颗粒均整体沉降速度慢且一致，则说明分散均匀性好；若样品中部分颗粒沉降快、沉降速度差异大，则说明分散均匀性较差。

最后，通过对微纳米含能材料进行性能分析表征，以进一步深入分析其分散均匀性。如对样品进行显微镜分析，通过 SEM、TEM 等表征结果，直观观察并判断颗粒是否发生团聚，是软团聚还是已经发生了颗粒长大，以分析颗粒之间的聚集方式进而判断分散均匀性。也可对采用液体和分散剂分散后的样品进行粒度分布测试，通过测试结果分析颗粒群分布范围、最大颗粒粒径等，以判断分散均匀性。还可对粉体试样进行比表面积和堆积密度测试，通过测试结果，判断微纳米含能材料的分散均匀性。

微纳米含能材料颗粒群中颗粒的分散均匀性好坏，是决定其应用效果的基础，为了获得优异的应用效果，必须首先保证颗粒群内颗粒分散性良好，然后再进一步研究其在应用产品基体体系中的分散性。

2. 悬浮液颗粒分散均匀性表征

对于悬浮在液相中的微纳米含能材料颗粒，分散均匀性可通过沉降时间来表征。若在某种分散液中的沉降时间越长，则说明分散均匀性越好，反之则说明在该种分散液中的分散均匀性越差。

也可采用仪器设备对悬浮液浆料进行表征，进而判断分散均匀性。如对于已知的具有相同粒度的样品，可采用粒度分布仪对样品的粒度进行检测，若粒径越小、粒度分布越窄，则说明分散均匀性越好。也可采用颗粒表面特性分析仪测定试样的湿式比表面积（试样颗粒与溶剂接触的全部面积），比表面积越大，分散均匀性越好。此外，可采用超声波谱方法，通过检测超声在流体或悬浮体系中的速度及衰减，获得液相体系中颗粒的大小、浓度及分散性等信息。另外，还可采用在线颗粒图像分析法，直接观察并实时记录试样颗粒尺寸和形貌信息，以判断分散均匀性；但这种方法通常仅用于微米级试样分散均匀性的分析，且对于浓度较大的悬浮液浆料，分析结果准确度会降低。

3. 复合材料中颗粒分散均匀性表征

对于固相复合材料中微纳米颗粒分散均匀性表征方面的基础理论，主要有群子理论、分形理论等。

1978 年，北京化工大学金日光教授提出了群子理论，并将该理论用于研究高聚物中的分散相形态[27, 28]。之后，将该理论应用于材料学领域的研究工作相继展开。实践证明它是表征微纳米粒子粒度分布，将粒度分布与宏观力学性能联系起来的系统理论。研究工作者也已经基于群子理论研究微纳米颗粒在聚合物体系中的混合分散性，及其对复合材料体系力学性能的影响。

分形理论是法国数学家 Mandelbrot（芒德布罗）于 20 世纪 70 年代提出的，指出某种结构或过程的特征按不同的时空尺度来看均具有相似性，包括局部与局部间的结构或过程、局部与整体间的结构或过程。2000 年，印度学者 Ramakrishnan（拉马克里希南）等[29]提出基于分形理论用以描述粒度分布。并且，研究表明，基于该理论也可描述复合材料中粒子的分散、分布信息。例如，哈尔滨工业大学陈芳等[30]将 TEM 图像与分形理论相结合，从图像中提取出分散相分布密度矩阵，并以该密度波动的分形性来表征微纳米粒子的分散性；北京化工大学李鸿利等[31]利用分形理论研究了 $CaCO_3$ 在高密度聚乙烯（HDPE）中的分散性；华南理工大学梁基照[32]采用 SEM 观测了纳米 $CaCO_3$ 在 PP 基体中的分散性，并用分形理论对分散性进行了定量表征。

在这些理论基础上，研究微纳米含能材料在火炸药产品中的分散均匀性的方法主要有显微镜法、太赫兹时域光谱法、X 射线相衬成像法，以及力学性能间接表征法等。

1）显微镜法

显微镜法是采用 SEM、TEM 以及光学显微镜，对复合材料薄片进行观测，结合图像处理技术分析复合材料体系中微纳米颗粒的分散均匀性。这种表征方法直观、明了，对复合材料体系中的颗粒分布情况分析比较准确，通常还可结合 EDS 等手段对复合材料体系中的元素分布进行进一步分析。采用这种方法对分散均匀性进行表征时，需在复合材料体系中不同部位取样进行表征，以综合评价微纳米颗粒在复合材料体系的分散均匀性。

2）太赫兹时域光谱法

太赫兹电磁波的频率范围为 0.1～3THz，介于微波与红外线之间，进入 21 世纪后，人们才发现其在研究物质结构方面的应用。其测试原理为非极性聚合物在太赫兹频率范围内几乎是透明的，即使对于极性混合物，如果样品足够薄，透明度也极高。普通的颗粒很难吸收太赫兹射线，即使粒子含量很高也可测试。当太赫兹射线透过样品时，与太赫兹波长相当的微纳米粒子或其团聚体会发生散射，从而削弱透明度。因而可通过提取样品的太赫兹波谱信息，获取粒度分布和颗粒分散性信息。该方法既可离线判断固体共混物中微纳米材料的含量及分散性，也可实时在线监测共混物中的粒子分散性和混合过程，具有免接触、非破坏性的特点，应用前景十分广阔。

3）X 射线相衬成像法

X 射线相衬成像（XuM）基于样品内部不同区域间折射率的差异来完成相变重建，最初应用于生物医学中的非破坏性检测，现已应用于生物体、聚合物、微纳米材料等低吸收材料内部结构的研究。该方法不同于依赖 X 射线吸收强度的传统方法，该技术的灵敏度高于传统吸收方法几个数量级。X 射线相衬成像技术逐渐发展成为观测复合材料中微纳米粒子分散性的新方法，该法不仅获取二维图像质量远优于 SEM、TEM 等传统方法，而且还可通过三维重建获取 3D 图像[33, 34]，如图 4-23 所示。此外，将 XuM 图像与图像分析软件结合起来，并运用统计学方法还可获取粒径及粒度分布等相关信息。

4）力学性能间接表征法

力学性能是评价微纳米颗粒分散性的间接方法。断裂伸长率、拉伸强度、弹性模量、冲击强度等常作为表征分散性的特征值，这些性能与分散性的相关性在实验和理论方面均获证实。分散性差时，微纳米含能材料颗粒聚集体会形成大量疵点，导致力学性能改变。这种方法需准备大量样品进行重复性实验，制备条件需完全一致，分析判断为间接过程，通过性能推断微观结构，可以对整体分散性进行定性分析，但无法获取粒度分布等其他详细信息。

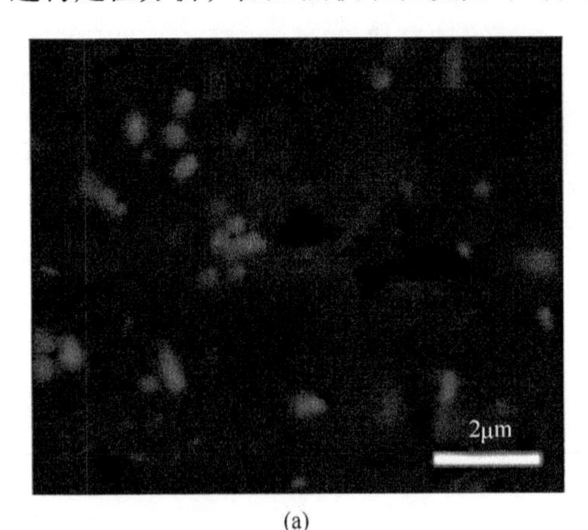

(a)

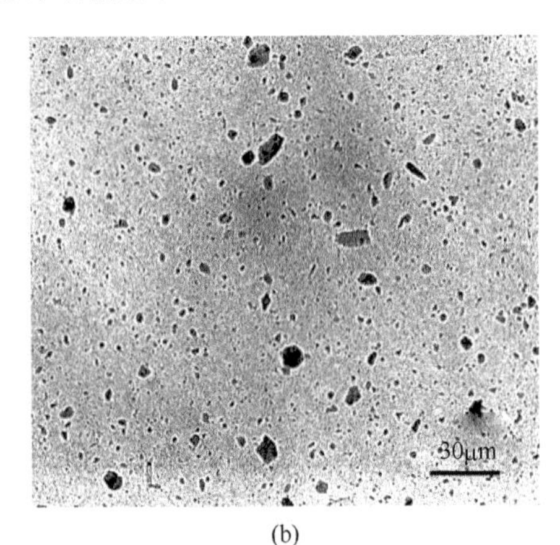

(b)

(c)

图 4-23　聚合物中微纳米颗粒分散性表征示例
（a）SEM 照片；（b）XuM 照片；（c）3D 图像

对于微纳米含能材料的分散均匀性表征，往往是首先分析颗粒群内颗粒的分散均匀性，如采用 SEM、激光粒度分布仪等表征手段进行分析。然后进一步对微纳米含能材料的分散悬浮液或者是应用产品基体体系（固相）中微纳米颗粒的分散均匀性进行表征，如对固体推进剂、发射药及混合炸药进行切片后，用 SEM 等观测微纳米颗粒的分散均匀性。最后，再对应用产品的力学性能等进行表征，以进一步研究微纳米含能材料颗粒的分散均匀性。需要特别指出的是，对于以微纳米含能材料作为主体炸药的混合炸药，其爆炸性能（如爆速、爆压、爆热等）似乎不受分散均匀性的影响，这是因为：爆炸反应过程传播速度很快（常大于 5000m/s），在常规的混合炸药药柱研究尺度范围内，目前尚难以精确有效表征其爆炸过程的区别。因此，还需系统地研究含能材料粒度对爆炸性能的影响规律及机理，才能更加全面地理解和阐述微纳米含能材料的分散性对爆炸反应的作用机制。

参 考 文 献

[1] 葛庭隧. 固体内耗理论基础: 晶界弛豫与晶界结构[M]. 北京: 科学出版社, 2000.

[2] 颜晓红, 严辉. 纳米物理学[M]. 哈尔滨: 哈尔滨工程大学, 2010.

[3] 田莳. 材料物理性能[M]. 北京: 北京航空航天大学出版社, 2001.

[4] 曹雄, 杨丽媛, 王华煜, 等. 快速冷冻干燥法制备网络纳米结构 TKX-50 的热分解和燃烧特性[J]. 含能材料, 2018, 26(12): 1044-1048.

[5] 刘杰. 具有降感特性纳米硝胺炸药的可控制备及应用基础研究[D]. 南京: 南京理工大学, 2015.

[6] Liu J, Ke X, Xiao L, et al. Application and properties of nano-sized RDX in CMDB propellant with low solid content[J]. Propellants Explosives Pyrotechnics, 2017, 43(2): 144-150.

[7] Klaus M, Jutta B M, Helmut S, et al. Solid propellant based on phase-stabilized ammonium

nitrate[P]. US005596168A, 1997-01-21.

[8] 宋琴, 顾健, 尹必文, 等. 降低固体推进剂高压压强指数的配方[P]. CN201510550520.4, 2017-01-18.

[9] 梁逸群, 张景林, 姜夏冰, 等. 超细 A_5 传爆药的制备及表征[J]. 含能材料, 2008, 16(5): 515-518.

[10] 谯志强, 陈瑾, 黄兵, 等. 一种安全环保型起爆药替代物及制备方法[P]. CN201210049114. 6, 2014-08-13.

[11] 鲍国钢, 朱长江, 侯建华, 等. 一种高起爆感度变色导爆管[P]. CN201510190594. 1, 2015-07-29.

[12] 宋小兰, 王毅, 刘丽霞, 等. 机械球磨法制备纳米 HNS 及其热分解性能[J]. 含能材料, 2016, 24(12): 1188-1192.

[13] 雷波, 史春红, 马友林, 等. 超细 HNS 的制备和性能研究[J]. 含能材料, 2008, 16(2): 138-141.

[14] An C W, Xu S, Zhang Y R, et al. Nano-HNS particles: mechanochemical preparation and properties investigation[J]. Journal of Nanomaterials, 2018, (4): 1-7.

[15] 彭瑞东. 材料力学性能[M]. 北京: 机械工业出版社, 2018.

[16] Dehm H C. Compositemodified double-base propellantwith filler bonding agent[P]. US4038115, 1977-07-26.

[17] 焦清介, 李江存, 任慧, 等. RDX 粒度对改性双基推进剂性能影响[J]. 含能材料, 2007, 15(3): 220-223.

[18] 彭亚晶, 叶玉清. 含能材料起爆过程“热点”理论研究进展[J]. 化学通报, 2015, 78(8): 693-701.

[19] 钟凯, 刘建, 王林元, 等. 含能材料中“热点”的理论模拟研究进展[J]. 含能材料, 2018, 26(1): 11-20.

[20] 吕春玲. 主体炸药粒度及粒度级配与炸药冲击波感度和能量输出的实验与理论研究[D]. 太原: 华北工学院(2004 年更名为中北大学), 2001.

[21] 蒋阳, 陶珍东. 粉体工程[M]. 武汉: 武汉理工大学出版社, 2008.

[22] 盖国胜, 陶珍东, 丁明. 粉体工程[M]. 北京: 清华大学出版社, 2009.

[23] 刘永明, 施建宇, 鹿芹芹, 等. 基于杨氏方程的固体表面能计算研究进展[J]. 材料导报(A), 2013, 27(6): 123-129.

[24] GJB 772A—1997. 炸药试验方法[S].

[25] GJB 2178. 1A—2005. 传爆药安全性试验方法[S].

[26] GB 14372—1993. 危险货物运输——爆炸品分级试验方法和判据[S].

[27] 金日光. 第四统计力学——JRG 群子统计理论的现状与展望[J]. 北京化工大学学报(自然科学版), 1993, 20(3): 12-25.

[28] 金日光, 舒文艺, 励杭泉. PVC/PP 共混体系的分散相形态与流变性能关系的群子模型讨论[J]. 北京化工大学学报(自然科学版), 1992, 19(2): 25-31.

[29] Ramakrishnan K N. Fractal nature of particle size distribution[J]. Journal of Materials Science Letters, 2000, 19(12): 1077-1080.

[30] 陈芳, 赵学增, 聂鹏, 等. 基于分形的纳米复合材料分散相分散均匀性描述[J]. 塑料工业,

2004, (1): 50-53.

[31] 李鸿利, 郑秀婷, 吴大鸣, 等. 利用分形评定高聚物/无机粒子体系的分散效果[J]. 工程塑料应用, 2004, 32(12): 48-50.

[32] Liang J Z. Evaluation of dispersion of nano-$CaCO_3$ particles in polypropylene matrix based on fractal method[J]. Composites Part A: Applied Science and Manufacturing, 2007, 38(6): 1502-1506.

[33] Wu D, Gao D, Mayo S C, et al. X-ray ultramicroscopy: a new method for observation and measurement of filler dispersion in thermoplastic composites[J]. Composites Science and Technology, 2008, 68(1): 178-185.

[34] Pakzad A , Parikh N , Heiden P A , et al. Revealing the 3D internal structure of natural polymer microcomposites using X-ray ultra microtomography[J]. Journal of microscopy, 2011, 243(1): 77-85.

第 5 章　微纳米含能材料制备技术工程化与产业化及几种典型产品的开发

5.1　微纳米含能材料制备技术的工程化与产业化

上文已述及微纳米含能材料的多种制备技术及相关基础理论，然而，这些制备技术大多处于实验室阶段，其技术成熟度多处于 4～5 级。为了满足高新武器的大规模需求，必须对这些技术成熟度处于 4～5 级的技术进行工程化与产业化放大研究，使其技术成熟度达到 8～9 级，以便进行工业化生产设计，使之能大规模生产出性能优异、质量稳定合格的微纳米含能材料产品。只有将这些实验室级技术成功进行工程化与产业化研究放大后，这些技术才能真正转入工业化生产应用，转化成生产力。反之，实验室成果如果不能成功进行工程化与产业化，这种技术成果将只是一张“废纸”，毫无经济价值。

然而，将实验室技术成果进行工程化与产业化放大时，往往要遇到许多技术壁垒，非常困难。必须攻克的主要技术壁垒与难题有：

（1）在进行工程化与产业化放大时，其制备（生产）工艺条件与实验室制备条件以及制备设备尺寸往往不能简单地几何放大，需进行中间二次放大，寻找出相关工艺参数后，进行模拟仿真放大。再进行试验，对仿真结果进行验证，如果吻合性好，则可转入工程化与产业化。如果吻合性差别太大，还需进行三次放大研究，重复上述过程，直至模拟仿真结果与试验验证结果基本吻合，才可转入工程化与产业化研究设计。

（2）在进行工程化与产业化放大时，其投料量及物料平衡往往与实验室制备时不一致，也必须进行二次放大，模拟仿真及验证，直至仿真结果与试验验证结果基本吻合为止。

（3）在进行工程化与产业化放大时，其能耗、生产效率、产品得率以及生产成本往往与实验室制备时不一致，也需进行模拟仿真与二次或三次放大试验研究与验证。根据南京理工大学国家特种超细粉体工程技术研究中心的研究结果，当采用“粉碎技术与真空冷冻干燥技术”制备微纳米含能材料时，工程化与产业化放大后，与实验室结果相比，每吨产品的能耗大幅度降低，生产效率大幅度提高，生产成本大幅度降低，产品得率也有所提高。

（4）在进行工程化与产业化放大时，产品的质量及稳定性是十分关注的重点，也是难点。在通常情况下，实验室研究得出的产品质量往往较好，稳定性也较好，但工程化与产业化放大后往往就出现问题，如产品质量下降、重复稳定性差，有时也会出现产品得率降低。这是因为，实验室研究时，物料的投入量及准确性易于靠人工精确控制，工艺条件（如温度、压强、搅拌速度、物料浓度等）易于靠人工严格精确控制，物料间的平衡与反应也易于控制。因此，实验操作易重复、稳定性好，所以获得的结果较好。

但工程化与产业化放大时，工艺条件、物料平衡、投料精度与准确性等都无法做到与实验室同等水平，会出现一些偏差（又称工艺误差或公差）。因而在进行工程化与产业化放大时，要严格设计相关工艺条件及设备的结构与尺寸，使之尽可能减少偏差，确保重复、稳定。并严格将物料的平衡偏差，控制在尽可能小的范围（通常称之为工业生产允许的工艺偏差）。

大量工程化与产业化试验也表明，有一些实验室技术成果，在进行工程化与产业化放大时，由于工业化生产无法满足实验室制备时的苛刻条件与要求，致使有些实验室技术成果无法进行工程化与产业化放大。在现有技术条件下，这些成果仍只能停留在实验室，无法真正形成生产力。

（5）微纳米含能材料制备技术进行工程化与产业化放大时，由于含能材料本身的危险性，对温度、压强、摩擦、冲击等十分敏感，在实验室制备时易于严格控制各种条件，往往安全性问题不十分突出，且易于控制。然而，当这些技术进行工程化与产业化放大时，安全问题就变成了突出矛盾，任一工艺参数控制不当，设备及结构设计稍有不当，就可能引发恶性安全事故。因此，这类制备技术及设备进行工程化与产业化放大时，安全问题必须放在首位，应高度重视。对于放大后的工艺条件，首先必须研究（实测）出各种工艺参数（如温度、压强等）的安全阈值，使设计的工艺条件都严格控制在安全阈值范围内。对于放大后的设备，其结构设计要严格，尽可能减少摩擦、剪切、冲击等作用力，研究寻找出这些力场的安全极限范围。另外，放大生产过程中，尽可能减少设备内的在制量，研究出在制量少、可连续均匀生产的工艺技术及设备。当这些条件与设备完全符合安全生产要求时，工程化与产业化放大才能安全实施。

（6）微纳米含能材料制备技术进行工程化与产业化放大时，环境问题将十分突出，尤其是合成构筑法与重结晶法，放大时溶剂使用量大、废水量大，溶剂回收与废水处理所面临的压力很大，工程化与产业化放大设计时尤应注意。

对于粉碎法，要尽可能不引入辅助溶剂，废水尽可能循环利用。南京理工大学国家特种超细粉体工程技术研究中心研制的采用粉碎法进行工业化生产微纳米含能材料的技术，废水可全部循环利用，无辅助溶剂排放。该技术已在工厂建成微纳米 RDX、HMX、CL-20 等工业化生产线。生产过程安全，无任何环境问题，产品纯度高、质量稳定可靠。有关这些产品的产业化开发情况将在后续章节中介绍。

5.2 几种典型微纳米含能材料产品的开发

在前述“微力高效精确施加”粉碎理论与技术及装备，以及“膨胀撑离”防团聚干燥理论与技术及装备基础上，设计了粉碎与真空冷冻干燥协同联用工艺技术途径，解决了微纳米含能材料放大制备的工艺和装备研制难题，确保了产品质量稳定性，实现了制备过程安全与成本可控及环境友好，进而实现了工程化与产业化。该工艺技术过程主要包括：首先将含能材料粗颗粒配制成一定浓度的浆料（或直接使用化学合成的粗颗粒浆料）；然后采用 HLG 型特种粉碎装备进行多工位连续高品质微纳米化粉碎（也可采用单工位间断粉碎工艺），得到微纳米含能材料浆料；再采用 LDD 型特种真空冷冻干燥装备，对制得的浆料进行高效防团聚干燥处理，进而获得微纳米含能材料干粉产品[1]，如图 5-1 所示。

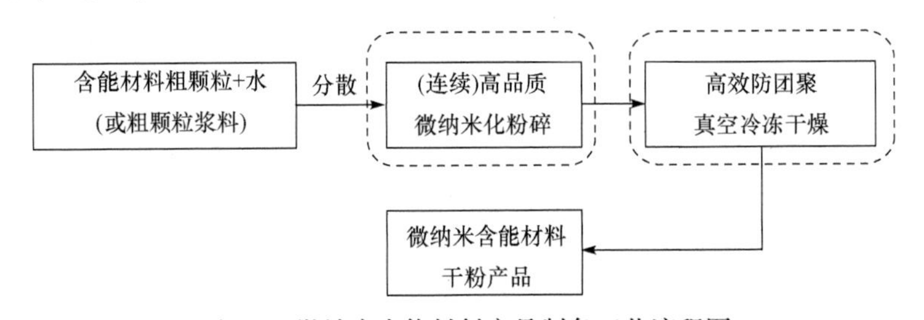

图 5-1 微纳米含能材料产品制备工艺流程图

基于这种工艺技术途径，成功制备得到了微米、亚微米及纳米级含能化合物与含能复合粒子[2-10]，产品纯度高、不团聚、不结块、颗粒不长大，并且晶型不改变、含水率完全满足指标要求（<0.1%）。

在采用粉碎技术进行含能材料微纳米化制备时，粗颗粒含能材料（几十或几百微米）受到摩擦、撞击、剪切、挤压等粉碎力场作用，被逐步细化至微米级（1～10μm）、亚微米级，并进一步被细化至纳米级（30～100nm）。也就是说，在粉碎制备纳米含能材料的过程中，通过对粉碎力场、粉碎时间、物料浓度等进行调控，也可实现亚微米级或微米级含能材料产品的制备。突破了含能材料纳米化粉碎制备技术，就意味着可以在微纳米尺度（30nm～10μm）范围内可控制备含能材料颗粒。此外，纳米含能材料的比表面积比亚微米级或微米级含能材料大，表面能更高，干燥过程更容易发生团聚以及颗粒长大，需对其干燥过程进行格外关注。当解决了纳米含能材料的高品质粉碎制备和高效防团聚干燥技术难题后，亚微米级和微米级含能材料的制备和干燥技术也就随之解决。由此可知，微纳米含能材料的开发，关键在于纳米含能材料的开发。因此，本书将着重阐述纳米含能材料产品，如纳米 RDX、纳米 HMX、纳米 CL-20 等的工程化与产业化情况。

5.2.1　微纳米 RDX 产品开发

1. RDX 简介

RDX，分子式为 $C_3H_6N_6O_6$，是硝化乌洛托品的产物，中文名称黑索今或环三次甲基三硝胺，其名称是从西文 Hexogen 音译而来，又被称为旋风炸药，英美称之为 Cyclonite。RDX 是白色晶体，密度 $1.816g/cm^3$，熔点 202～204℃，不溶于水，微溶于苯、醚、氯仿等。自 1899 年被合成以来，最初设想是用于医药领域，经过 30 年的发展才逐步用于军事上，到第二次世界大战时，已在苏联等诸多国家军队的弹药中都有着相当广泛的应用。合成 RDX 的原料来源广泛，并且其表现出良好的应用性能，20 世纪 40 年代以来，许多国家都大力研究并优化了其生产工艺。

RDX 的爆速较高（如密度为 $1.7g/cm^3$ 时达 8350m/s），爆轰感度好，综合性能很好。早期主要是用于雷管、导爆索等作为副装药，后又经过处理压制成为炮弹的传爆药柱以代替特屈儿。由于机械感度较高，不适于单独直接用于炮弹的弹体装药，但经过钝化处理后，作为主体炸药其应用范围十分广泛。当前，RDX 是 A、B、C 三大系列混合炸药的基本组成部分：A 炸药用作炮弹及航弹的弹体装药；B 炸药是熔铸炸药，也是常规兵器中重要的炸药装药，用于装填杀伤弹、爆破弹、导弹战斗部、航弹、水中兵器等；C 炸药用于水下爆炸装药和某些火箭弹战斗部装药，也用作爆破药块，如用作鱼雷、水雷等武器装备装药。此外，RDX 也是复合固体推进剂、改性双基推进剂及发射药中的重要组分，其加入可使推进剂与发射药的能量获得提高。

2. RDX 微纳米化粉碎制备研究

以水相（去离子水）作分散体系，按设计要求配制复合分散液。用新配制的复合分散液将工业微米级粗颗粒 RDX 制成一定浓度（如 10%、15%、20%等）的悬浮液浆料，采用 HLG 型微纳米化粉碎装备对 RDX 浆料进行粉碎细化，粉碎过程通过冷冻机提供 5～12℃的冷却水对设备和浆料进行冷却。通过控制研磨介质填充量、物料浓度、粉碎力场、粉碎时间等参数，实现 RDX 微纳米化粉碎制备。采用场发射扫描电子显微镜和纳米激光粒度仪对纳米 RDX 的颗粒大小、形貌和粒度分布进行表征，如图 5-2、图 5-3 所示。

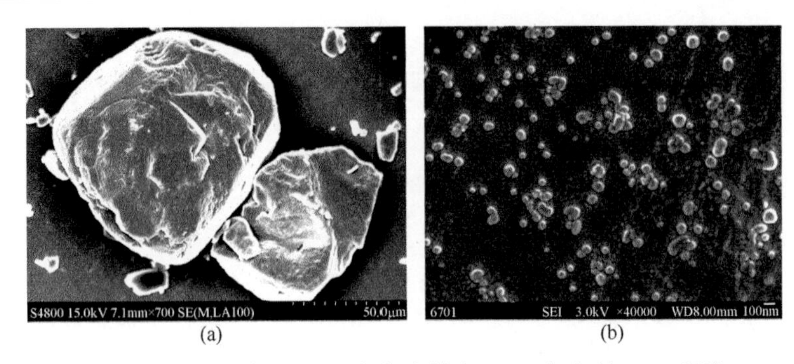

图 5-2　工业微米级 RDX（a）和纳米 RDX（b）的 SEM 照片

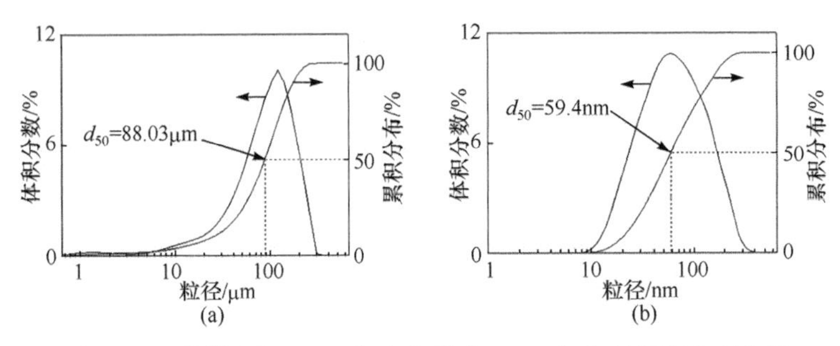

图 5-3　工业微米级 RDX（a）和纳米 RDX（b）的粒度分布曲线

普通工业微米级 RDX 粒度分布范围很宽，主要在 1～200μm 之间，中位粒径 d_{50} 为 88.03μm，颗粒大小很不均匀且形状不规则。所制备的纳米 RDX 颗粒大小基本在 30～100nm，呈类球形（球形度及圆形度均达 0.9 以上），粒度分布很窄。

3. 微纳米 RDX 防团聚干燥研究

采用基于“膨胀撑离”原理的真空冷冻干燥技术，基于 LDD 型特种真空冷冻干燥装备，通过控制物料浓度、料层厚度、干燥温度、干燥真空度等工艺参数，实现对纳米 RDX 浆料进行大批量高效防团聚干燥，并对干燥后产品的颗粒大小、形貌和粒度分布进行表征，如图 5-4、图 5-5 所示。

图 5-4　采用特种冷冻干燥技术大批量干燥得到的纳米 RDX 照片

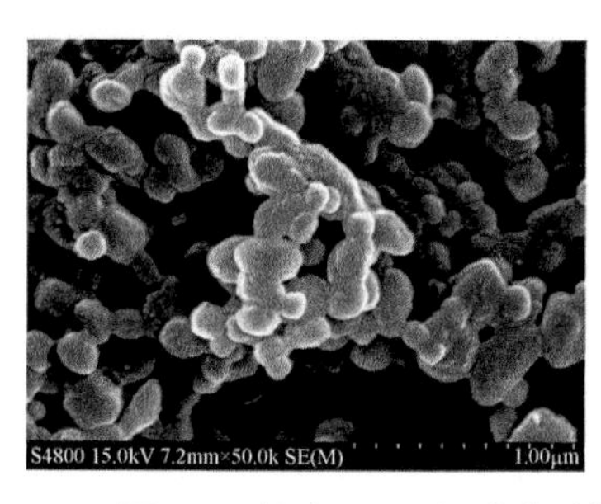

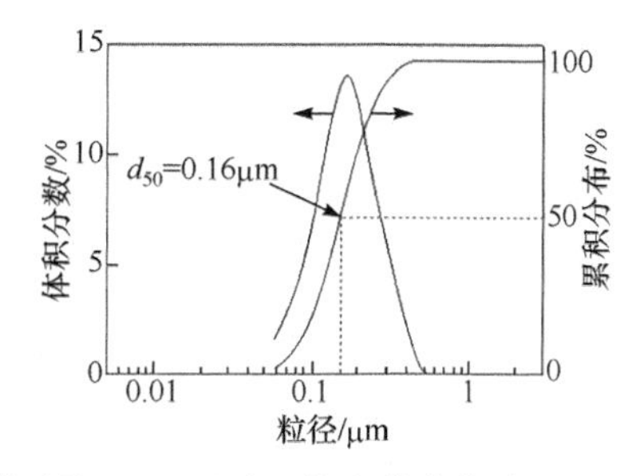

图 5-5　纳米 RDX 经冷冻干燥后的 SEM 照片和粒度分布曲线

纳米 RDX 浆料经特种真空冷冻干燥技术大批量干燥后，产品特别蓬松，为分散性良好的粉末；并且干燥后产品颗粒不长大，基本在 100nm 以内，呈类球形，粒度分布范围很窄。这是因为，特种真空冷冻干燥技术的冻结固定效应，能产生很强的膨胀撑离作用，可有效地阻止纳米颗粒团聚、结块或颗粒长大，进而获得分散性良好的高品质纳米 RDX 产品。

4. 微纳米 RDX 的性能研究

对于制备得到的微纳米含能材料，通常需对其纯度、含水率、晶型结构、热分解特性、安定性、感度等进行表征研究，然后才能进一步研究其在火炸药产品中的应用。

1）化学纯度研究

在纳米 RDX 产品中，可能存在由于分散体系残留或粉碎系统破碎而形成的液体或固体杂质，对产品造成污染，进而影响产品的性能。

采用大连依利特 P230 型高效液相色谱仪（HPLC）研究纳米炸药产品中 RDX 的含量，色谱柱为内径 4.6mm、长 250mm 的不锈钢柱，柱温 35℃，固定相为 4～10μm 的十八烷基硅烷化键合玻璃微珠（ODS），流动相为乙腈/甲醇/水（体积比 14/30/56）混合液体，样品用丙酮溶解，进样量 10μL。如果没有特别指明，本章中其他部分均采用类似的测试条件。测试结果（表 5-1）表明：纳米 RDX 产品中 RDX 的含量为 99.9%，与工业微米级 RDX 一致。

表 5-1　RDX 样品的 HPLC 测试结果

样品	含量/%
工业微米级 RDX	99.9
纳米 RDX	99.9

结合粉碎系统的物质构成，通过电感耦合等离子体发射光谱（ICP-AES）研究纳米 RDX 产品中的金属杂质元素含量，分析由粉碎系统自身破碎所引起的杂

质污染情况，测试结果如表 5-2 所示。

表 5-2　RDX 样品中的杂质元素含量（mg/g）

样品	Mn	Mg	Cu	Fe	W	Na	Mo
工业微米级 RDX	ND	ND	ND	0.008	ND	ND	ND
纳米 RDX	ND	0.085	ND	0.041	ND	0.096	ND

注：ND 表示未检测到该元素或该元素含量低于检测限。

相对于工业微米级 RDX，纳米 RDX 中新引入的杂质元素含量极少，仅为 0.214mg/g，约为 0.02%，说明纳米 RDX 基本不受到粉碎系统破碎杂质的污染。

由上述分析可知，纳米 RDX 产品中 RDX 含量在 99.9%以上，与粗颗粒原料一致，粉碎系统引入的杂质极少，产品纯度很高。此外，纳米 RDX 产品的含水率在 0.05%～0.08%，完全满足含水率小于 0.1%的质量指标要求。

2）晶型结构和分子结构研究

RDX 在纳米化过程中，其晶型结构可能发生变化，进而对其性能产生改变。采用 XRD 分析 RDX 纳米化前后的晶型结构，XRD 图谱基于德国 Bruker（布鲁克）公司的 Advance D8 型 X 射线粉末衍射仪测量，测试条件为：Cu K_α 靶（λ=0.154178nm），扫描速度为 6°/min，步长 0.05°。如果没有特别指明，本章中其他部分均采用类似的测试条件。测试时数据收集范围为 10°～40°，衍射图谱如图 5-6 所示。

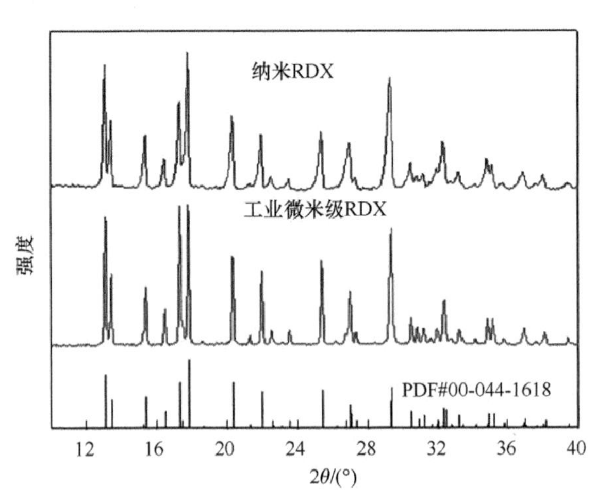

图 5-6　RDX 样品的 XRD 谱图

纳米 RDX 的 XRD 谱图与工业微米级 RDX 的 XRD 谱图的峰形、峰位置以及峰的相对强度完全一致，所对应的标准图谱为 PDF#00-044-1618。说明工业微米级 RDX 纳米化后，其晶型不变，即晶格结构不发生改变。另外，相对于工业微米级 RDX，纳米 RDX 在不同衍射角（对应不同的晶面）处的 XRD 衍射峰均表现出宽化现象，由谢乐公式可知：当 RDX 纳米化后，不同衍射晶面的晶粒尺寸厚度均减小，即随着 RDX 颗粒尺度纳米化，颗粒内的晶粒尺寸也减小。

采用美国 Thermo Fisher Scientific 公司的 Nicolet iS 10 型傅里叶变换红外光谱仪（FTIR）和法国 JY 公司的 HR800 型拉曼光谱仪（Raman spectra）研究纳米 RDX 的分子结构。拉曼图谱的测试范围为 600～3500cm^{-1}，红外图谱采用粉末测试，测试范围为 550～4000cm^{-1}。如果没有特别指明，本章中其他部分均采用类似的测试条件。红外光谱和拉曼光谱测试结果如图 5-7 所示。

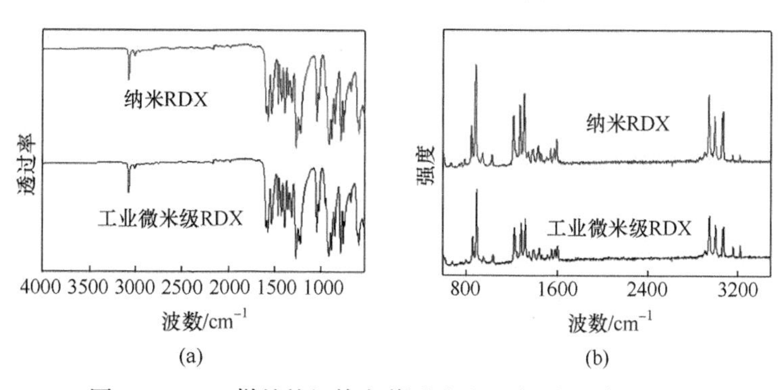

图 5-7　RDX 样品的红外光谱图（a）和拉曼光谱图（b）

工业微米级 RDX 与纳米 RDX 的红外光谱图和拉曼光谱图的峰形、峰位置以及峰的相对强度都一致。在 800～1000cm^{-1} 范围内所对应的是 RDX 分子结构中六元环的伸缩振动峰；在 1200～1400cm^{-1} 范围内所对应的是 N-O_2 对称伸缩振动峰和 N-N 伸缩振动峰；在 2900～3100cm^{-1} 范围内所对应的是六元环上的 C-H 不对称伸缩振动峰。说明相对于工业微米级 RDX，纳米 RDX 产品的分子结构不改变且无液体残留。

由上述分析可知，工业微米级 RDX 经 HLG 型特种粉碎设备纳米化粉碎并通过特种冷冻干燥处理后，液体组分脱除完全，粉碎系统不引入杂质，化学纯度很高；并且纳米 RDX 产品的晶型结构与工业微米级 RDX 完全相同，但颗粒内部的晶粒尺寸减小。

3）纳米 RDX 的热分解特性研究

采用美国 TA 公司的 SDT Q600 型 TG/DSC 同步热分析仪研究纳米 RDX 的热分解特性。热分析仪的质量校正采用标准质量砝码校正，热天平灵敏度为 0.1μg；热流校正采用蓝宝石校正；热流率积分值采用 Zn 标样标定，精度为（108.7±0.02）J/g；温度标定采用 Zn 标样标定，精度为（419.53±1）℃，仪器测量精度为 0.01℃。如果没有特别指明，本书其他部分均采用类似的校准条件。

测试工业微米级 RDX 和纳米 RDX 在 20℃/min 下的热分解过程，N_2 氛围，流速 80mL/min，Al_2O_3 坩埚，取样量 2～3mg。其 TG 和 DTG 曲线如图 5-8 所示。

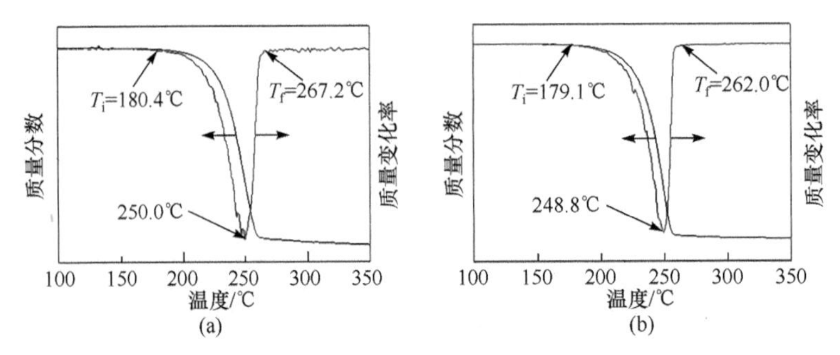

图 5-8　工业微米级 RDX（a）和纳米 RDX（b）的 TG/DTG 曲线

RDX 仅有一个热分解失重过程，当温度达到 179.1℃时，纳米 RDX 开始分解，随着温度升高，纳米 RDX 迅速热分解，当温度到 262℃后，纳米 RDX 的热分解过程已结束。纳米 RDX 的热分解起始温度（T_i）、终止温度（T_f）和 DTG 峰温均比工业微米级 RDX 有所提前，其中 DTG 峰温提前约 1.2℃。

RDX 样品在升温速率分别为 5℃/min、10℃/min、15℃/min 和 20℃/min 时的 DSC 曲线如图 5-9 所示。

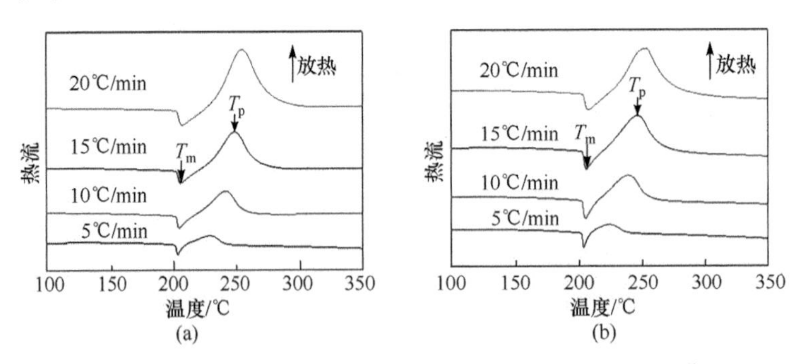

图 5-9　工业微米级 RDX（a）和纳米 RDX（b）的 DSC 曲线

RDX 在受热时，随着温度的升高，先熔化，然后发生热分解反应；在相同升温速率下，纳米 RDX 的熔融吸热峰和热分解放热峰与工业微米级 RDX 所对应的峰形一致，峰的大小也基本一致。随着升温速率增大，热分解放热峰逐渐变高、变宽。在不同升温速率下 DSC 曲线所对应的熔融吸热峰温 T_m 和热分解放热峰温 T_p 分别如表 5-3 和表 5-4 所示。

表 5-3　RDX 样品在不同升温速率下的熔融吸热峰温 T_m

样品	熔融吸热峰温 T_m /℃			
	20℃/min	15℃/min	10℃/min	5℃/min
工业微米级 RDX	207.6	206.4	205.8	204.4
纳米 RDX	207.0	205.8	205.2	204.0

表 5-4　RDX 样品在不同升温速率下的热分解峰温 T_p

样品	热分解峰温 T_p /℃			
	20℃/min	15℃/min	10℃/min	5℃/min
工业微米级 RDX	255.0	249.4	242.1	229.1
纳米 RDX	252.2	246.6	239.2	225.2

在相同升温速率下，纳米 RDX 的 T_m 值和 T_p 值均比工业微米级 RDX 有所降低；随着升温速率的增大，工业微米级 RDX 和纳米 RDX 的 T_m 值和 T_p 值逐渐增大。这主要是因为纳米 RDX 的比表面积大，其与外界的有效接触面积大，在相同的升温速率下，同等受热时间内能够比工业微米级 RDX 吸收更多的外界能量，从而提前达到引起自身熔化或热分解所需的温度，进而表现为 T_m 值和 T_p 值均比工业微米级 RDX 低。当以一定的升温速率对 RDX 进行动态加热时，由于热传导速率有限，样品温度与环境温度不能瞬间达到平衡；环境温度在 RDX 温度与其达到平衡前又进一步升高，导致环境温度始终高于 RDX 温度。升温速率越快，RDX 更来不及与环境达到温度平衡，引起 RDX 和外界环境之间的温差越大，进而表现为 T_m 值和 T_p 值均随升温速率的增大而增大。

采用 Kissinger（基辛格）方法[11]，按式（5-1）计算 RDX 热分解放热反应的表观活化能和指前因子，结果如图 5-10 和表 5-5 所示。

$$\ln\left(\frac{\beta}{T_p^2}\right)=\ln\frac{AR}{E_a}-\frac{E_a}{RT_p} \tag{5-1}$$

式中，E_a 为表观活化能，kJ/mol；A 为指前因子；T_p 为热分解峰温，K；β 为升温速率，K/min；R 为理想气体常数，8.314J/（K · mol）。

表 5-5　RDX 样品的表观活化能和指前因子计算结果

样品	E_a/（kJ/mol）	A
工业微米级 RDX	109.7	6.700×10^{10}
纳米 RDX	103.2	1.634×10^{10}

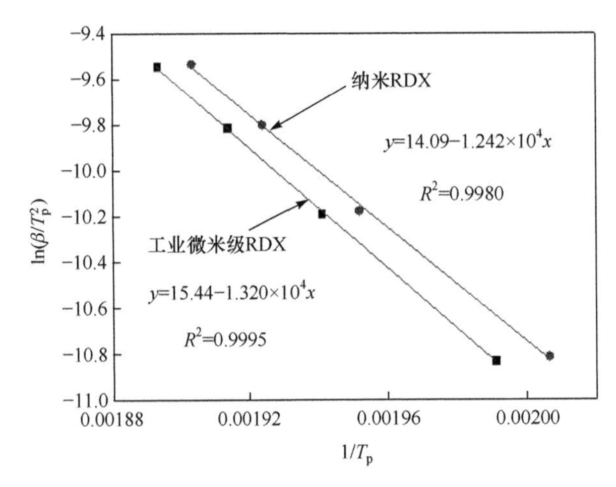

图 5-10　RDX 样品的表观活化能计算示意图

与工业微米级 RDX 相比，纳米 RDX 热分解放热反应的表观活化能减小 6.5kJ/mol，相对降低 5.9%；指前因子相对减小约 75.6%。

4）纳米 RDX 的安定性研究

在研究纳米 RDX 的真空安定性时，样品用量 5.00g，加热温度 100℃，加热时间 48h，测量试样在定容和一定真空条件下放出气体的压强，再换算成标准状态下的体积，以其评价试样的安定性。若每克试样放气量不大于 2mL，则说明安定性合格。待测样品在试验前于 55℃、9～12kPa 真空干燥箱内烘干 2h。如果没有特别指明，本章中其他部分均采用类似的测试条件。结果表明：纳米 RDX 的放气量远小于 2mL/g，安定性很好，与工业微米级 RDX 一致，如表 5-6 所示。

表 5-6　RDX 样品的真空安定性测试结果

样品	放气量/（mL/g）
工业微米级 RDX	0.008
纳米 RDX	0.006

5）纳米 RDX 的感度研究

采用“爆炸概率法”对纳米 RDX 进行摩擦感度测试，测试摆角为 90°，压强为 3.92MPa，测试温度为（20±2）℃，相对湿度为（60±5）%；试验分两组，每组 25 发，药量 20mg，计算其爆炸百分数，并以两组试验的平均爆炸百分数 P 表征样品的摩擦感度，以其相对变化值（P_1-P_2）/P_1×100%表征样品摩擦感度的变化。

采用“特性落高法”对 RDX 进行撞击感度测试，落锤质量为 2.5kg，每次药量 35mg，试验步长为 0.05，测试温度为（20±2）℃，相对湿度为（60±5）%；根据 25 个有效试验结果计算特性落高 H_{50}，以之表征样品的撞击感度，并以其相对变化值（$H_{50,2}-H_{50,1}$）/$H_{50,1}$×100%表征样品撞击感度的变化。

采用小隔板试验，对纳米 RDX 的冲击波感度进行测试，主发药柱为丙酮精制的 RDX 所压制成的药柱，密度为 1.48g/cm^3，隔板为 0.200mm 厚的 PMMA 片，步长为 0.20mm，待测药柱的密度为 1.63g/cm^3；主发药柱和被测药柱的直径和长度一致，分别为 5.10mm 和 5.45mm；根据 25 个有效试验结果计算样品的 50%爆轰隔板厚度值 δ，以之表征其冲击波感度，并以其相对变化值（$\delta_1-\delta_2$）/δ_1×100%表征样品冲击波感度的变化。

分别对工业微米级 RDX 和纳米 RDX 进行摩擦、撞击和冲击波感度测试，结果如表 5-7 所示。

表 5-7　RDX 的摩擦、撞击和冲击波感度测试结果

样品	摩擦感度	撞击感度		冲击波感度	
	P /%	H_{50} /cm	$S_{H_{50}}$ /cm	δ /mm	S_δ /mm
工业微米级 RDX	80	49.8	1.38	15.4	0.41
纳米 RDX	50	99.1	1.35	6.2	0.32

与工业微米级 RDX 相比，在 90°、3.92MPa 条件下，纳米 RDX 的爆炸百分数绝对值降低了 30%，计算得到纳米 RDX 的摩擦感度相对降低了 37.5%；在受到 2.5kg 落锤撞击作用下，纳米 RDX 的特性落高绝对值提高了 49.3cm，计算得到纳米 RDX 的撞击感度相对降低了 99.0%；在冲击波作用下，纳米 RDX 的 50%爆轰隔板厚度绝对值降低了 9.2mm，计算得到纳米 RDX 的冲击波感度相对降低了 59.7%。即当工业微米级粗颗粒 RDX 纳米化后，摩擦、撞击和冲击波感度均大幅度降低。

同时，在撞击和冲击波作用下，与工业微米级 RDX 相比，纳米 RDX 的特性落高和 50%爆轰隔板厚度的标准差均减小，说明纳米 RDX 在撞击和冲击波作用下的起爆稳定性更好。这主要是因为：工业微米级 RDX 颗粒大小不均匀，形状不规则，在撞击或冲击波作用下发生爆炸的概率相差较大，因而标准偏差较大；而纳米 RDX 颗粒大小比较均匀，形状比较规则，呈类球形，在撞击或冲击波作用下发生爆炸的概率比较接近，因而标准偏差较小。

5.2.2　微纳米 HMX 产品开发

1. HMX 简介

HMX，分子式 $C_4H_8N_8O_8$，中文名称奥克托今或环四亚甲基四硝胺，从西文

Octogen 音译而来，是“high melting point explosive”的缩略语。HMX 是白色晶体，有 α、β、γ、δ 四种晶型，实际应用的均为常温稳定的 β 型，密度 1.902～1.905g/cm^3，熔点约 280℃，不溶于水，溶于二甲基亚砜等。HMX 与 RDX 为同系物，长期存在于乙酸酐法制得的 RDX 产品中，直到 1941 年才被发现并分离出来。HMX 爆速（密度为 1.89g/cm^3 时达 9110m/s）、爆热、爆压、热稳定性和化学稳定性都超过 RDX，但机械感度比 RDX 高且成本也高。

最初 HMX 仅作为 RDX 的无害杂质而存在，并未引起人们的足够重视，直到 20 世纪 50 年代才开始将 HMX 作为一种含能化合物进行研究。HMX 一开始是采用乙酸酐法进行制造，但得率较低，20 世纪 70 年代以来，又在乙酸酐法基础上逐渐发展了酰化-硝化法、硝酸法、硝基脲法以及小分子缩合法等。这些方法的研究和发展，使 HMX 的产率得以提高、成本降低、生产安全性提高。到 20 世纪末期，中国、美国、俄罗斯、法国等国家都先后实现了制造工艺现代化，使 HMX 的产量获得大幅度提高。

HMX 由于其优异的爆轰性能，被广泛应用于核武器、战略战术导弹、火箭弹等武器装备中，如作为主体炸药应用于 PBX 压装炸药、TNT 基熔铸炸药、高能复合固体推进剂、高能改性双基推进剂等，使混合炸药与推进剂的能量性能获得进一步提高。

2. HMX 微纳米化粉碎制备研究

以水相（去离子水）作分散体系，按设计要求配制复合分散液。用新配制的复合分散液将工业微米级粗颗粒 HMX 制成一定浓度的悬浮液浆料，采用 HLG 型微纳米化粉碎装备对 HMX 浆料进行粉碎细化，粉碎过程通过冷冻机提供 5～12℃的冷却水对设备和浆料进行冷却。通过控制研磨介质填充量、物料浓度、粉碎力场、粉碎时间等参数，实现 HMX 微纳米化粉碎制备。采用粉碎法所制得的纳米 HMX 的颗粒大小、形貌和粒度分布，如图 5-11、图 5-12 所示。

(a)

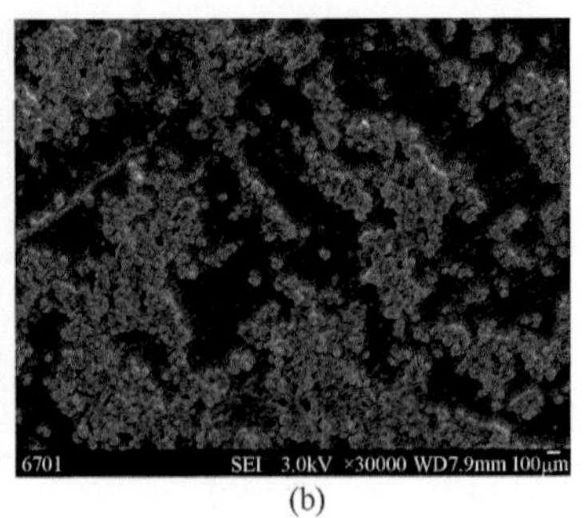

(b)

图 5-11　工业微米级 HMX（a）和纳米 HMX（b）的 SEM 照片

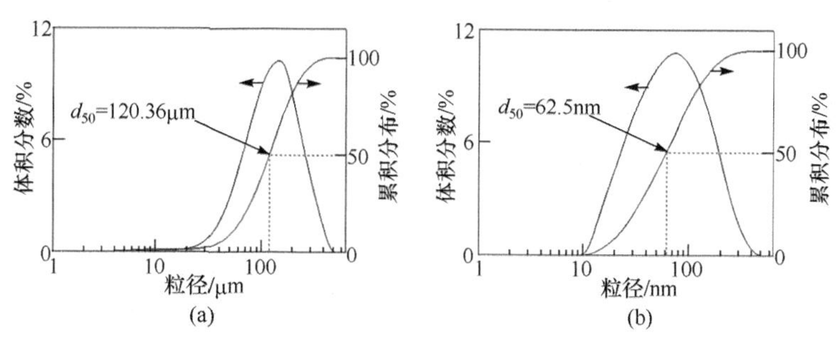

图 5-12　工业微米级 HMX（a）和纳米 HMX（b）的粒度分布曲线

普通工业微米级 HMX 粒度分布范围很宽，主要在 10～400μm 之间，中位粒径 d_{50} 为 120.36μm，颗粒呈棱角分明的多面体形，颗粒大小很不均匀。所制备的纳米 HMX 颗粒大小基本在 30～100nm，呈类球形（球形度及圆形度达 0.9 以上），粒度分布很窄。

3. 微纳米 HMX 防团聚干燥研究

采用特种真空冷冻干燥技术，通过控制物料浓度、料层厚度、干燥温度、干燥真空度等工艺参数，实现对纳米 HMX 浆料进行大批量高效防团聚干燥，并对干燥后产品的颗粒大小、形貌和粒度分布进行表征，如图 5-13、图 5-14 所示。

图 5-13　采用特种冷冻干燥技术大批量干燥得到的纳米 HMX 照片

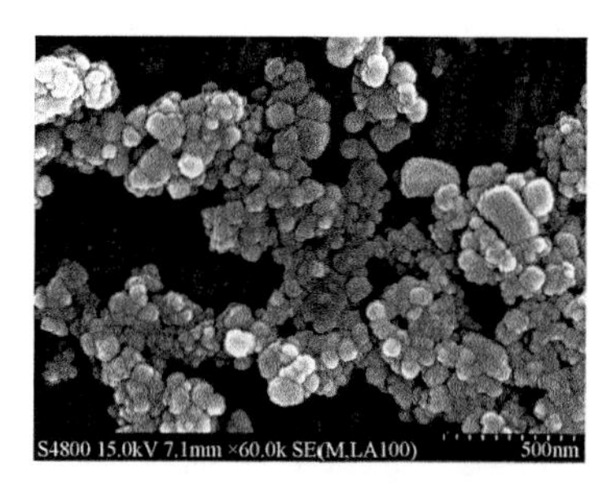

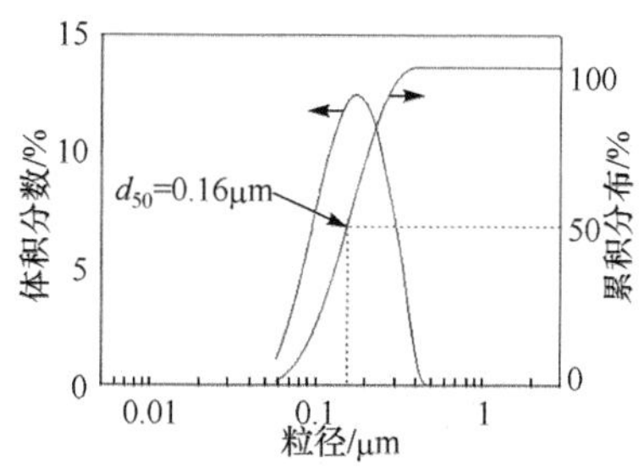

图 5-14　纳米 HMX 经冷冻干燥后的 SEM 照片和粒度分布曲线

纳米 HMX 浆料经特种真空冷冻干燥技术大批量干燥后，产品特别蓬松，为分散性良好的粉末；并且干燥后产品颗粒不长大，基本在 100nm 以内，呈类球形，粒度分布范围很窄。这是因为，特种真空冷冻干燥技术的冻结固定效应，能产生很强的膨胀撑离作用，可有效地阻止纳米颗粒团聚、结块或颗粒长大，进而获得分散性良好的高品质纳米 HMX 产品。

4. 微纳米 HMX 的性能研究

1）化学纯度研究

采用大连依利特 P230 型高效液相色谱仪研究纳米炸药产品中 HMX 的含量。测试结果（表 5-8）表明：纳米 HMX 产品中 HMX 的含量为 99.9%，与工业微米级 HMX 一致。

表 5-8　HMX 样品的 HPLC 测试结果

样品	含量/%
工业微米级 HMX	99.9
纳米 HMX	99.9

结合粉碎系统的物质构成，通过电感耦合等离子体发射光谱研究纳米 HMX 产品中的金属杂质元素含量，分析由粉碎系统自身破碎所引起的杂质污染情况，测试结果如表 5-9 所示。

表 5-9　HMX 样品中的杂质元素含量（mg/g）

元素	Mn	Mg	Cu	Fe	W	Na	Mo
工业微米级 HMX	ND	0.025	ND	0.052	ND	ND	ND
纳米 HMX	ND	0.036	ND	0.046	ND	0.043	ND

注：ND 表示未检测到该元素或该元素含量低于检测限。

相对于工业微米级 HMX，纳米 HMX 中新引入的杂质元素含量极少，仅为 0.048mg/g，约为 0.005%，说明纳米 HMX 基本不受到粉碎系统破碎杂质的污染。

由上述分析可知，纳米 HMX 产品中 HMX 含量在 99.9%以上，与粗颗粒原料一致，粉碎系统引入的杂质极少，产品纯度很高。此外，纳米 HMX 产品的含水率在 0.06%～0.08%，完全满足含水率小于 0.1%的质量指标要求。

2）晶型结构和分子结构研究

采用 XRD 分析 HMX 纳米化前后的晶型结构，如图 5-15 所示。

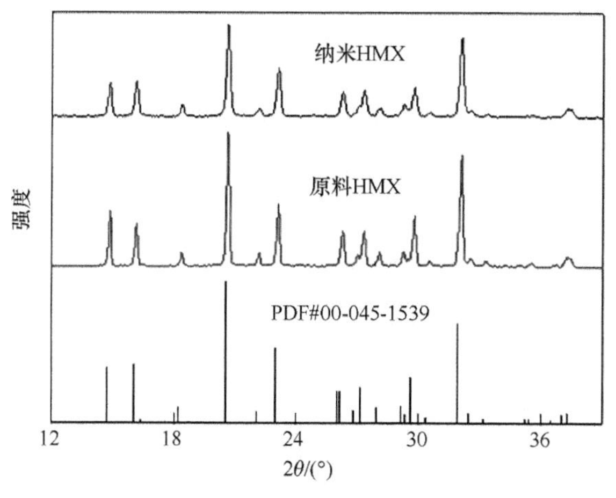

图 5-15　HMX 样品的 XRD 谱图

纳米 HMX 的 XRD 谱图与工业微米级 HMX 的 XRD 谱图的峰形、峰位置以及峰的相对强度完全一致，所对应的标准图谱为 PDF#00-045-1539。说明工业微米级 HMX 纳米化后，晶型结构不发生改变。另外，相对于工业微米级 HMX，纳米 HMX 在不同衍射角（对应不同的晶面）处的 XRD 衍射峰均表现出宽化现象，由谢乐公式可知：当 HMX 纳米化后，不同衍射晶面的晶粒尺寸厚度均减小，即随着 HMX 颗粒尺度纳米化，颗粒内的晶粒尺寸也减小。

HMX 样品的红外光谱和拉曼光谱测试结果如图 5-16 所示。

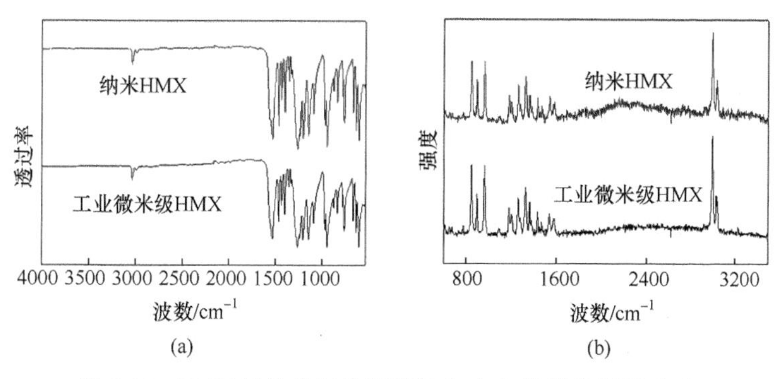

图 5-16　HMX 样品的红外光谱图（a）和拉曼光谱图（b）

工业微米级 HMX 与纳米 HMX 的红外光谱图和拉曼光谱图的峰形、峰位置以及峰的相对强度都一致。在 800～1000cm^{-1} 范围内所对应的是 HMX 分子结构中八元环的伸缩振动峰；在 1200～1400cm^{-1} 范围内所对应的是 $N\text{-}O_2$ 对称伸缩振动峰和 N-N 伸缩振动峰；在 2900～3100cm^{-1} 范围内所对应的是八元环上的 C-H 不对称伸缩振动峰。说明相对于工业微米级 HMX，纳米 HMX 产品的分子结构不改变且无液体残留。

由上述分析可知，工业微米级 HMX 经 HLG 型特种粉碎设备纳米化粉碎并通过特种真空冷冻干燥处理后，液体组分脱除完全，粉碎系统不引入杂质，化学纯度很高；并且纳米 HMX 产品的晶型结构与工业微米级 HMX 完全相同，但颗粒内部的晶粒尺寸减小。

3）纳米 HMX 的热分解特性研究

工业微米级 HMX 和纳米 HMX 在 20℃/min 下的 TG 和 DTG 曲线如图 5-17 所示。

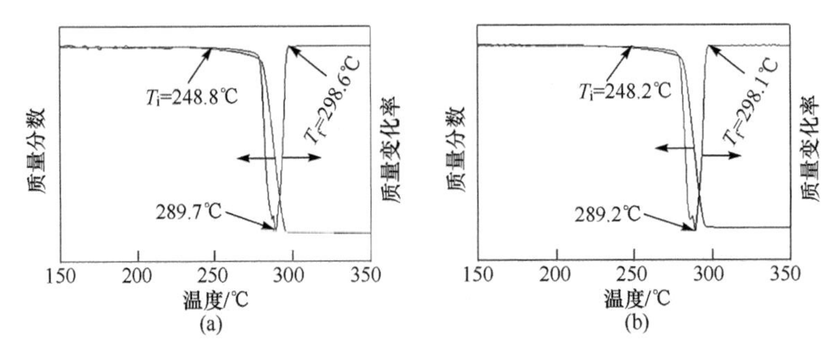

图 5-17　工业微米级 HMX（a）和纳米 HMX（b）的 TG/DTG 曲线

HMX 仅有一个热分解失重过程，当温度达到 248.2℃时，纳米 HMX 开始分解，随着温度升高，纳米 HMX 迅速热分解，当温度到 298.1℃后，纳米 HMX 的热分解过程已结束。纳米 HMX 的热分解起始温度（T_i）、终止温度（T_f）和 DTG 峰温均比工业微米级 HMX 有所提前，其中 DTG 峰温提前约 0.5℃。

HMX 样品在升温速率分别为 5℃/min、10℃/min、15℃/min 和 20℃/min 时的 DSC 曲线如图 5-18 所示。

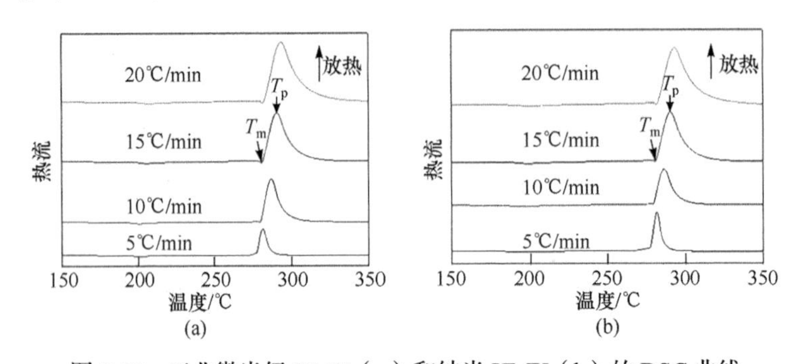

图 5-18　工业微米级 HMX（a）和纳米 HMX（b）的 DSC 曲线

HMX 在受热时，随着温度的升高，先熔化，然后发生热分解反应；在相同升温速率下，纳米 HMX 的熔融吸热峰和热分解放热峰与工业微米级 HMX 所对应的峰形一致，峰的大小也基本一致。随着升温速率增大，热分解放热峰逐渐变高、变宽。在不同升温速率下 DSC 曲线所对应的熔融吸热峰温 T_m 和热分解放热峰温 T_p 分别如表 5-10 和表 5-11 所示。

表 5-10　HMX 样品在不同升温速率下的熔融吸热峰温 T_m

样品	熔融吸热峰温 T_m /℃			
	20℃/min	15℃/min	10℃/min	5℃/min
工业微米级 HMX	281.4	281.0	280.0	277.5
纳米 HMX	281.0	280.5	279.5	277.0

表 5-11　HMX 样品在不同升温速率下的热分解放热峰温 T_p

样品	热分解放热峰温 T_p /℃			
	20℃/min	15℃/min	10℃/min	5℃/min
工业微米级 HMX	293.6	290.6	287.2	281.6
纳米 HMX	293.2	290.3	286.2	281.2

在相同升温速率下，纳米 HMX 的 T_m 值和 T_p 值均比工业微米级 HMX 有所降低；随着升温速率的增大，工业微米级 HMX 和纳米 HMX 的 T_m 值和 T_p 值逐渐增大。这主要是因为纳米 HMX 的比表面积大，其与外界的有效接触面积大，在相同的升温速率下，同等受热时间内能够比工业微米级 HMX 吸收更多的外界能量，从而提前达到引起自身熔化或热分解所需的温度，进而表现为 T_m 值和 T_p 值均比工业微米级 HMX 有所降低。当以一定的升温速率对 HMX 进行动态加热时，由于热传导速率有限，样品温度与环境温度不能瞬间达到平衡；环境温度在 HMX 温度与其达到平衡前又进一步升高，导致环境温度始终高于 HMX 温度。升温速率越快，HMX 更来不及与环境达到温度平衡，引起 HMX 和外界环境之间的温差越大，进而表现为 T_m 值和 T_p 值均随升温速率的增大而增大。

采用 Kissinger 方法计算工业微米级 HMX 和纳米 HMX 热分解放热反应的表观活化能和指前因子，结果如图 5-19 和表 5-12 所示。

表 5-12　HMX 样品的表观活化能和指前因子计算结果

样品	E_a/（kJ/mol）	A
工业微米级 HMX	295.6	3.970×10^{27}
纳米 HMX	290.6	1.422×10^{27}

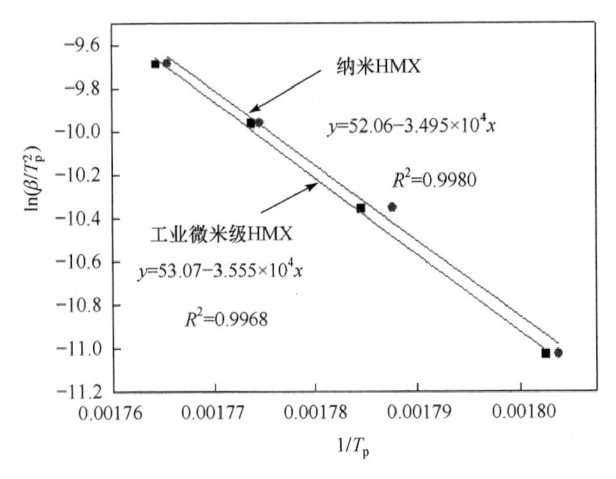

图 5-19　HMX 样品的表观活化能计算示意图

与工业微米级 HMX 相比，纳米 HMX 热分解放热反应的表观活化能减小 5.0kJ/mol，相对降低 1.7%；指前因子相对减小约 64.2%。

4）纳米 HMX 的安定性研究

真空安定性测试结果表明：纳米 HMX 的放气量远小于 2mL/g，安定性很好，与工业微米级 HMX 一致，如表 5-13 所示。

表 5-13　HMX 样品的真空安定性测试结果

样品	放气量/（mL/g）
工业微米级 HMX	0.002
纳米 HMX	0.001

5）纳米 HMX 的感度研究

采用“爆炸概率法”测定纳米 HMX 的摩擦感度，测试摆角为 90°、压强为 3.92MPa、测试温度为（20±2）℃、相对湿度为（60±5）%、药量 20mg。采用“特性落高法”测定撞击感度，落锤质量为 2.5kg、每次药量 35mg、试验步长为 0.05、测试温度为（20±2）℃、相对湿度为（60±5）%。采用小隔板试验对冲击波感度进行表征，主发药柱为丙酮精制的 RDX 所压制成的药柱，密度为 1.48g/cm^3，隔板为 0.200mm 厚的 PMMA 片，步长为 0.20mm，待测药柱的密度为 1.71g/cm^3。

工业微米级 HMX 和纳米 HMX 的摩擦、撞击和冲击波感度测试结果如表 5-14 所示。

表 5-14　HMX 的摩擦、撞击和冲击波感度测试结果

样品	摩擦感度	撞击感度		冲击波感度	
	P /%	H_{50} /cm	$S_{H_{50}}$ / cm	δ /mm	S_δ /mm
工业微米级 HMX	86	44.1	1.41	14.0	0.40
纳米 HMX	58	63.0	1.23	6.1	0.32

与工业微米级 HMX 相比，在 90°、3.92MPa 条件下，纳米 HMX 的爆炸百分数绝对值降低了 28%，计算得到纳米 HMX 的摩擦感度相对降低了 32.6%；在受到 2.5kg 落锤撞击作用下，纳米 HMX 的特性落高绝对值提高了 18.9cm，计算得到纳米 HMX 的撞击感度相对降低了 42.8%；在冲击波作用下，纳米 HMX 的 50%爆轰隔板厚度绝对值降低了 7.9mm，计算得到纳米 HMX 的冲击波感度相对降低了 56.4%。即当工业微米级粗颗粒 HMX 纳米化后，摩擦、撞击和冲击波感度均大幅度降低。

同时，在撞击和冲击波作用下，与工业微米级 HMX 相比，纳米 HMX 的特性落高和 50%爆轰隔板厚度的标准差均减小，说明纳米 HMX 在撞击和冲击波作用下的起爆稳定性更好。这主要是因为：工业微米级 HMX 颗粒大小不均匀，形状不规则，在撞击或冲击波作用下发生爆炸的概率相差较大，因而标准偏差较大；而纳米 HMX 颗粒大小比较均匀，形状比较规则，呈类球形，在撞击或冲击波作用下发生爆炸的概率比较接近，因而标准偏差较小。

5.2.3　微纳米 CL-20 产品开发

1. CL-20 简介

CL-20，分子式 $C_6H_6N_{12}O_{12}$，中文名称六硝基六氮杂异伍兹烷、简称 HNIW。CL-20 是白色晶体，在常压下有 α、β、γ 及 ε 四种晶型，其中以 ε 晶型的结晶密度最大（达 2.035g/cm^3），最为实用，熔点 208～210℃，不溶于水，溶于乙酸乙酯等。CL-20 的爆炸能量和机械感度高于 HMX，耐热性与 RDX 相近，是目前已知能够实际应用的能量最高、威力最大的含能化合物。

CL-20 自 1987 年问世以来，受到各国广泛的关注和重视并投入了大量的研究工作。近 30 年来，美国、法国、中国等相继合成了 CL-20 并实现了一定批量的工业化生产。然而，由于 CL-20 成本高、感度也高，其应用受到了限制。因此，世界各国投入了大量的工作用于开展 CL-20 的合成工艺优化、降低成本研究，以及 CL-20 降低感度研究，并已经取得初步成效。虽然工业化生产 CL-20 仍然是沿用 Nielsen 的基本路线，但对于每一步工艺都进行了改进和革新，相继出现了几种新的制备工艺。我国也在这方面取得了十足进展，并于近年来取得了技术突破。

当前，CL-20 作为高能组分，已经在高能混合炸药、高能复合固体推进剂、高能改性双基推进剂等实施应用，可使相关武器装备的性能获得大幅度提升。随着 CL-20 的成本进一步降低，其将在火炸药领域取得更广泛、更诱人的应用前景。

2. 微纳米 CL-20 的制备和表征

以水相（去离子水）作分散体系，按设计要求配制复合分散液。用新配制的复合分散液将工业微米级粗颗粒 CL-20 制成一定浓度的悬浮液浆料，采用 HLG 型微纳米化粉碎装备对 CL-20 浆料进行粉碎细化，粉碎过程通过冷冻机提供 5～12℃的冷却水对设备和浆料进行冷却。通过控制研磨介质填充量、物料浓度、粉碎力场、粉碎时间等参数，实现 CL-20 微纳米化粉碎制备。采用粉碎法所制得的纳米 CL-20 的颗粒大小、形貌和粒度分布，如图 5-20、图 5-21 所示。

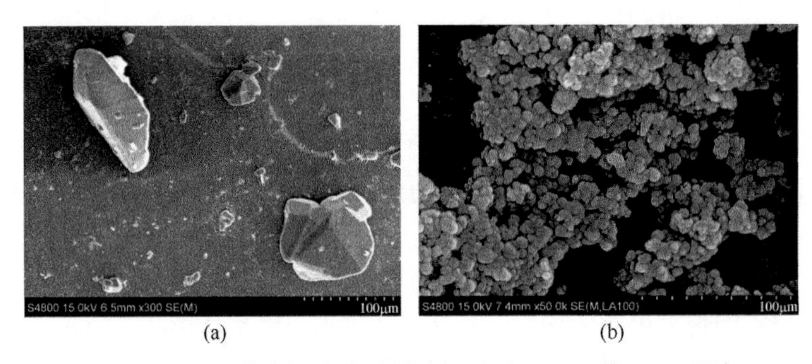

图 5-20　工业微米级（a）和纳米级（b）CL-20 的 SEM 照片

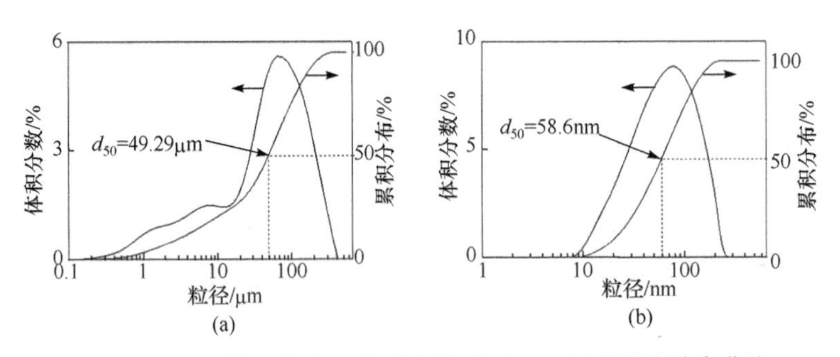

图 5-21　工业微米级（a）和纳米级（b）CL-20 的粒度分布曲线

普通工业微米级 CL-20 呈不规则的多面体形，大小极不均匀，主要在 1～200μm 之间，中位粒径 d_{50} 为 49.29μm，粒度分布范围很宽。所制备的纳米 CL-20 呈类球形（球形度及圆形度达 0.9 以上），颗粒大小基本在 30～100nm，粒度分布范围很窄。

3. 微纳米 CL-20 防团聚干燥研究

采用特种真空冷冻干燥技术，通过控制物料浓度、料层厚度、干燥温度、干燥真空度等工艺参数，实现对纳米 CL-20 浆料进行大批量高效防团聚干燥，并对干燥后产品的颗粒大小、形貌和粒度分布进行表征，如图 5-22、图 5-23 所示。

图 5-22　采用特种冷冻干燥技术大批量干燥得到的纳米 CL-20 照片

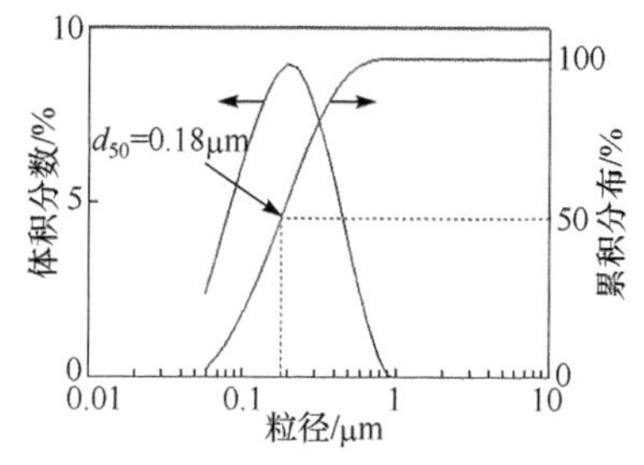

图 5-23　纳米 CL-20 经冷冻干燥后的 SEM 照片和粒度分布曲线

纳米 CL-20 浆料经特种真空冷冻干燥技术大批量干燥后，产品特别蓬松，为分散性良好的粉末；并且干燥后产品颗粒不长大，基本在 100nm 以内，呈类球形，粒度分布范围很窄。这是因为，特种真空冷冻干燥技术的冻结固定效应，能产生很强的膨胀撑离作用，可有效地阻止纳米颗粒团聚、结块或颗粒长大，进而获得分散性良好的高品质纳米 CL-20 产品。

4. 微纳米 CL-20 的性能研究

1）化学纯度研究

采用大连依利特 P230 型高效液相色谱仪研究纳米炸药产品中 CL-20 的含量。测试结果（表 5-15）表明：纳米 CL-20 产品中 CL-20 的含量为 99.9%，与工业微米级 CL-20 一致。

表 5-15　CL-20 样品的 HPLC 测试结果

样品	含量/%
工业微米级 CL-20	99.9
纳米 CL-20	99.9

结合粉碎系统的物质构成，通过电感耦合等离子体发射光谱研究纳米 CL-20 产品中的金属杂质元素含量，分析由粉碎系统自身破碎所引起的杂质污染情况，测试结果如表 5-16 所示。

表 5-16　CL-20 样品中的杂质元素含量（mg/g）

元素	Mn	Mg	Cu	Fe	W	Na	Mo
工业微米级 CL-20	ND	0.015	ND	ND	ND	ND	ND
纳米 CL-20	ND	0.052	ND	0.026	ND	0.033	ND

注：ND 表示未检测到该元素或该元素含量低于检测限。

相对于工业微米级 CL-20，纳米 CL-20 中新引入的杂质元素含量极少，仅为 0.096mg/g，约为 0.01%，说明纳米 CL-20 基本不受到粉碎系统破碎杂质的污染。

由上述分析可知，纳米 CL-20 产品中 CL-20 含量在 99.9%以上，与粗颗粒原料一致，粉碎系统引入的杂质极少，产品纯度很高。此外，纳米 CL-20 产品的含水率在 0.04%～0.08%，完全满足含水率小于 0.1%的质量指标要求。

2）晶型结构和分子结构研究

采用 XRD 分析 CL-20 纳米化前后的晶型结构，如图 5-24 所示。

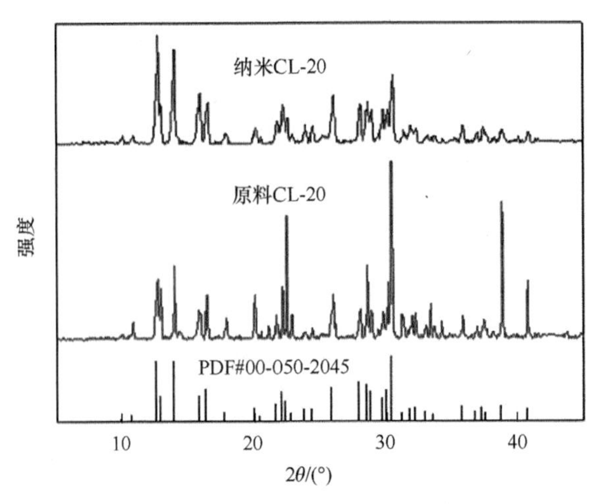

图 5-24　CL-20 样品的 XRD 谱图

纳米 CL-20 的 XRD 衍射峰形、峰位置与工业微米级 CL-20 完全一致，且与标准谱图 PDF#00-050-2045 一致，不存在杂质衍射峰，为 ε 晶型的 CL-20。说明工业微米级 CL-20 纳米化后，晶型结构不发生改变。另外，相对于工业微米级 CL-20，纳米 CL-20 在不同衍射角（对应不同的晶面）处的 XRD 衍射峰均表现出宽化现象，由谢乐公式可知：当 CL-20 纳米化后，不同衍射晶面的晶粒尺寸厚度均减小，即随着 CL-20 颗粒尺度纳米化，颗粒内的晶粒尺寸也减小。

CL-20 样品的红外光谱和拉曼光谱测试结果如图 5-25 所示。

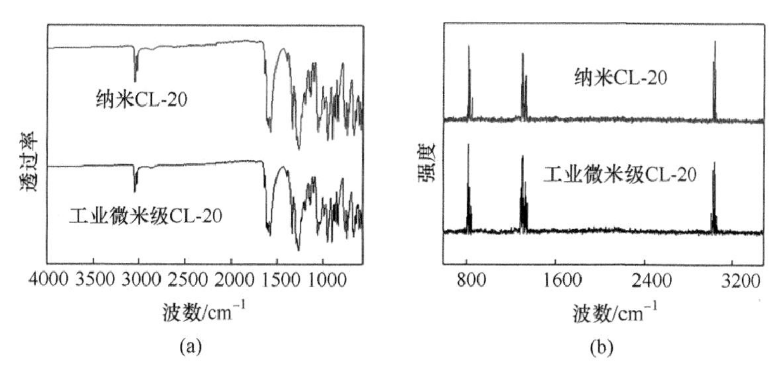

图 5-25　CL-20 样品的红外光谱图（a）和拉曼光谱图（b）

工业微米级 CL-20 与纳米 CL-20 的红外光谱图和拉曼光谱图的峰形、峰位置以及峰的相对强度都一致。在 800～1000cm^{-1} 范围内所对应的是 CL-20 分子结构中环的伸缩振动峰；在 1200～1400cm^{-1} 范围内所对应的是 N-O_2 对称伸缩振动峰和 N-N 伸缩振动峰；在 2900～3100cm^{-1} 范围内所对应的是环上的 C-H 不对称伸缩振动峰。说明相对于工业微米级 CL-20，纳米 CL-20 产品的分子结构不改变且无液体残留。

由上述分析可知，工业微米级 CL-20 经 HLG 型特种粉碎设备纳米化分散并通过特种冷冻干燥处理后，液体组分脱除完全，粉碎系统不引入杂质，化学纯度很高；并且纳米 CL-20 产品的晶型结构与工业微米级 CL-20 完全相同，但颗粒内部的晶粒尺寸减小。

3）纳米 CL-20 的热分解特性研究

工业微米级 CL-20 和纳米 CL-20 在 20℃/min 下的 TG 和 DTG 曲线如图 5-26 所示。

CL-20 仅有一个热分解失重过程，当温度达到 208.2℃时，纳米 CL-20 开始分解，随着温度升高，纳米 CL-20 迅速热分解，当温度到 251.8℃后，纳米 CL-20 的热分解过程已结束。纳米 CL-20 的热分解起始温度（T_i）、终止温度（T_f）和 DTG 峰温均比工业微米级 CL-20 有所提前，其中 DTG 峰温提前约 5.4℃。

CL-20 样品在升温速率分别为 5℃/min、10℃/min、15℃/min 和 20℃/min 时

的 DSC 曲线如图 5-27 所示。

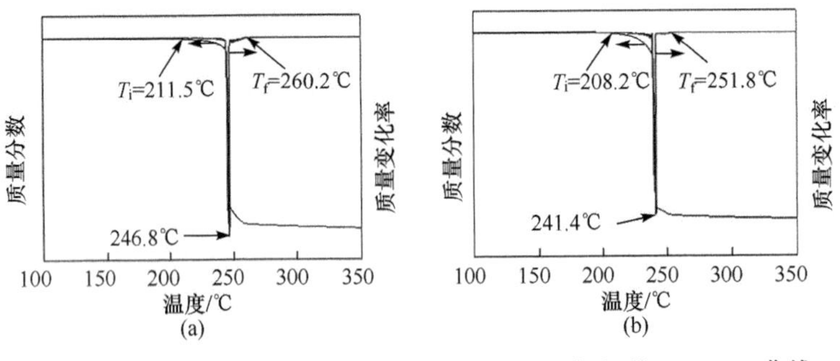

图 5-26　工业微米级 CL-20（a）和纳米 CL-20（b）的 TG/DTG 曲线

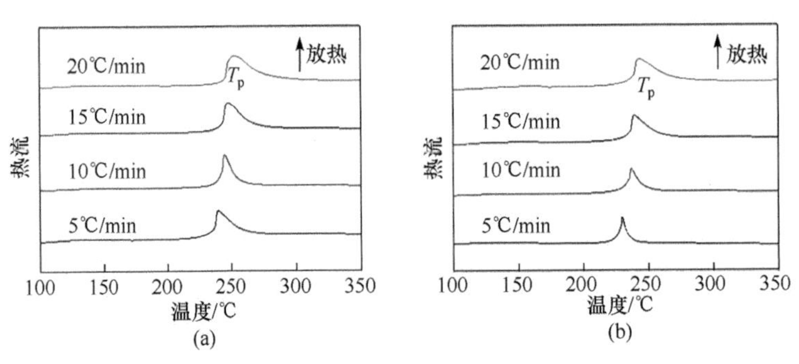

图 5-27　工业微米级 CL-20（a）和纳米 CL-20（b）的 DSC 曲线

CL-20 在受热时，随着温度的升高，当温度高于 200℃后逐渐开始热分解放热过程；在相同升温速率下，工业微米级 CL-20 和纳米 CL-20 的热分解放热峰峰形一致，峰的大小也基本一致。随着升温速率增大，热分解放热峰逐渐变高、变宽。在不同升温速率下 DSC 曲线所对应的热分解峰温如表 5-17 所示。

表 5-17　CL-20 样品在不同升温速率下的热分解放热峰温 T_p

样品	热分解放热峰温 T_p /℃			
	20℃/min	15℃/min	10℃/min	5℃/min
工业微米级 CL-20	252.0	248.9	245.2	239.0
纳米 CL-20	243.3	240.2	237.1	230.2

在相同升温速率下，纳米 CL-20 的 T_p 值比工业微米级 CL-20 有所降低；随着升温速率的增大，工业微米级 CL-20 和纳米 CL-20 的 T_p 值逐渐增大。这主要是因为纳米 CL-20 的比表面积大，其与外界的有效接触面积大，在相同的升温速率下，同等受热时间内能够比工业微米级 CL-20 吸收更多的外界能量，从而提前达到引起自身热分解所需的温度，进而表现为 T_p 值比工业微米级 CL-20 有所降低。

当以一定的升温速率对 CL-20 进行动态加热时，由于热传导速率有限，样品温度与环境温度不能瞬间达到平衡；环境温度在 CL-20 温度与其达到平衡前又进一步升高，导致环境温度始终高于 CL-20 温度。升温速率越快，CL-20 更来不及与环境达到温度平衡，引起 CL-20 和外界环境之间的温差越大，进而表现为 T_p 值随升温速率的增大而增大。

采用 Kissinger 方法计算工业微米级 CL-20 和纳米 CL-20 热分解放热反应的表观活化能和指前因子，结果如图 5-28 和表 5-18 所示。

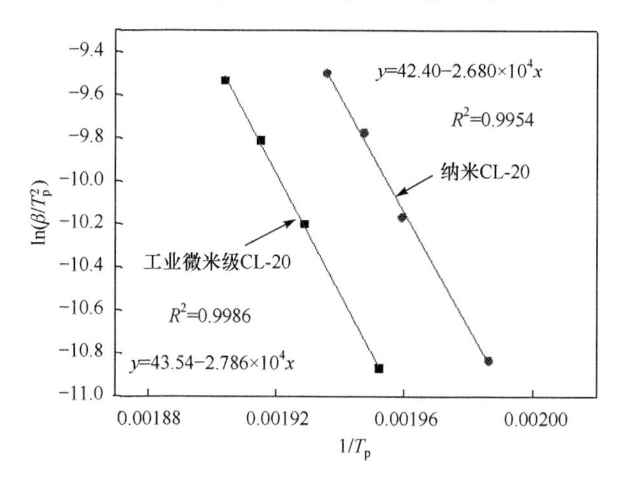

图 5-28　CL-20 样品的表观活化能计算示意图

表 5-18　CL-20 样品的表观活化能和指前因子计算结果

样品	E_a /（kJ/mol）	A
工业微米级 CL-20	231.6	2.260×10^{23}
纳米 CL-20	222.8	6.954×10^{22}

与工业微米级 CL-20 相比，纳米 CL-20 热分解放热反应的表观活化能减小 8.8kJ/mol，相对降低 3.8%；指前因子相对减小约 69.2%。

4）纳米 CL-20 的安定性研究

真空安定性测试结果表明：纳米 CL-20 的放气量远小于 2mL/g，安定性很好，与工业微米级 CL-20 一致，如表 5-19 所示。

表 5-19　CL-20 样品的真空安定性测试结果

样品	放气量/（mL/g）
工业微米级 CL-20	0.005
纳米 CL-20	0.005

5）纳米 CL-20 的感度研究

采用“爆炸概率法”测定纳米 CL-20 的摩擦感度，测试摆角为 80°、压强为 2.45MPa、测试温度为（20±2）℃、相对湿度为（60±5）%、药量 20mg。采用“特性落高法”测定撞击感度，落锤质量为 2.5kg、每次药量 35mg、试验步长为 0.05、测试温度为（20±2）℃、相对湿度为（60±5）%。采用小隔板试验对冲击波感度进行表征，主发药柱为丙酮精制的 RDX 所压制成的药柱，密度为 1.48g/cm^3，隔板为 0.200mm 厚的 PMMA 片，步长为 0.20mm，待测药柱的密度为 1.80g/cm^3。

工业微米级 CL-20 和纳米 CL-20 的摩擦、撞击和冲击波感度测试结果如表 5-20 所示。

表 5-20 CL-20 的摩擦、撞击和冲击波感度测试结果

样品	摩擦感度	撞击感度		冲击波感度	
	P /%	H_{50} /cm	$S_{H_{50}}$ / cm	δ /mm	S_δ /mm
工业微米级 CL-20	88	13.6	1.29	43.7	0.42
纳米 CL-20	66	29.4	1.23	18.3	0.35

与工业微米级 CL-20 相比，在 80°、2.45MPa 条件下，纳米 CL-20 的爆炸百分数绝对值降低了 22%，计算得到纳米 CL-20 的摩擦感度相对降低了 25.0%；在受到 2.5kg 落锤撞击作用下，纳米 CL-20 的特性落高绝对值提高了 15.8cm，计算得到纳米 CL-20 的撞击感度相对降低了 116.2%；在冲击波作用下，纳米 CL-20 的 50%爆轰隔板厚度绝对值降低了 25.4mm，计算得到纳米 CL-20 的冲击波感度相对降低了 58.1%。即当工业微米级粗颗粒 CL-20 纳米化后，摩擦、撞击和冲击波感度均大幅度降低。

同时，在撞击和冲击波作用下，与工业微米级 CL-20 相比，纳米 CL-20 的特性落高和 50%爆轰隔板厚度的标准差均减小，说明纳米 CL-20 在撞击和冲击波作用下的起爆稳定性更好。这主要是因为：工业微米级 CL-20 颗粒大小不均匀，形状不规则，在撞击或冲击波作用下发生爆炸的概率相差较大，因而标准偏差较大；而纳米 CL-20 颗粒大小比较均匀，形状比较规则，呈类球形，在撞击或冲击波作用下发生爆炸的概率比较接近，因而标准偏差较小。

5.3 微纳米含能材料工程化与产业化及产品开发现状

在“微力高效精确施加”粉碎理论和“膨胀撑离”干燥理论基础上，攻克了微纳米含能材料高品质制备与高效防团聚干燥关键技术，自主研制了特种机械研磨粉碎装备和特种真空冷冻干燥装备，成功实现了微纳米含能材料的可控制备。

例如，所研制的纳米 RDX、HMX 和 CL-20，颗粒大小基本在 30～100nm，呈类球形（球形度及圆形度达 0.9 以上）、粒度分布范围很窄；干燥后的产品不团聚、不结块、纯度高、颗粒不长大，分散性良好。

与工业微米级粗颗粒原料相比，纳米 RDX、HMX、CL-20 的化学纯度不降低，含水率完全满足质量指标要求（小于 0.1%）；晶型结构（晶格结构）和分子结构不改变，颗粒内的晶粒尺寸减小；摩擦、撞击和冲击波感度分别降低 20%、40%和 50%以上，安全性大大提高。基于该技术还可安全、高效、高品质、大批量制备出微纳米 TATB、HNS、NQ、太安等含能化合物颗粒，以及微纳米 TATB/HMX、TATB/CL-20 等复合含能材料。微纳米含能化合物及复合含能材料的高效、高品质制备与开发，为其实际大规模应用提供了原材料保障，也为固体推进剂、发射药、混合炸药及火工烟火药剂等火炸药产品的配方设计及性能提升提供了技术支撑。

参 考 文 献

[1] 刘杰. 具有降感特性纳米硝胺炸药的可控制备及应用基础研究[D]. 南京: 南京理工大学, 2015.

[2] 刘杰, 曾江保, 李青, 等. 机械粉碎法制备纳米 HMX 及其机械感度研究[J]. 火炸药学报, 2012, 35(6): 12-14.

[3] 刘杰, 王龙祥, 李青, 等. 钝感纳米 RDX 的制备与表征[J]. 火炸药学报, 2012, 35(6): 46-50.

[4] 刘杰, 杨青, 郝嘎子, 等. 纳米 epsilon(ε) CL-20 的制备及其感度研究[C]//第十六届中国科协年会——分 9 含能材料及绿色民爆产业发展论坛论文集. 江苏: 第十六届中国科协年会, 2014: 222-226.

[5] 刘杰, 姜炜, 李凤生, 等. 纳米级奥克托今的制备及性能研究[J]. 兵工学报, 2013, 34(2): 174-180.

[6] Liu J, Jiang W, Li F S, et al. Effect of drying conditions on the particle size, dispersion state, and mechanical sensitivities of nano HMX[J]. Propellants, Explosives, Pyrotechnics, 2014, 39(1): 30-39.

[7] Liu J, Jiang W, Zeng J B, et al. Effect of drying on particle size and sensitivities of nano hexahydro-1, 3, 5-trinitro-1, 3, 5-triazine[J]. Defence Technology, 2014, 10(1): 9-16.

[8] Liu J, Jiang W, Yang Q, et al. Study of nano-nitramine explosives: preparation, sensitivity and application[J]. Defence Technology, 2014, 10(2): 184-189.

[9] Guo X D, Ou Y G, Liu J, et al. Massive preparation of reduced-sensitivity nano CL-20 and its characterization[J]. Journal of Energetic Materials, 2015, 33(1): 24-33.

[10] 王志祥. 机械化学法制备 HMX/TATB 复合粒子及其性能研究[D]. 南京: 南京理工大学, 2016.

[11] Homer E K. Reaction kinetics in different thermal analysis[J]. Analytical Chemistry, 1957, 29: 1702-1706.

第6章　微纳米含能材料在火炸药中的应用研究进展

前文已述及微纳米含能材料具有诸多优异特性，然而，这些特性在固体推进剂、发射药、混合炸药及火工烟火药剂中是否能获得充分发挥，进而能大幅度提高火炸药产品的综合性能，以满足高新武器的迫切需求！本章将对微纳米含能材料在火炸药中应用研究进展情况逐一进行阐述。

为了充分发挥微纳米含能材料的优异特性，获得在火炸药产品中的理想应用效果，所必须解决的主要技术难题有：

（1）必须确保微纳米含能材料在火炸药产品中充分均匀分散，这就涉及分散方式、分散力场等。因此，需研究出合适的分散方式与分散力场；对于易燃易爆微纳米含能材料，最好采用“柔性”搓揉分散力场。此外，还需采用一些预处理措施，如使微纳米含能颗粒与高分子基体体系或其他组分，先混合分散均匀后，再对整个配方体系进行全面分散处理，确保分散过程安全。在分散处理时，尤其要防止微纳米含能材料颗粒黏附在容器壁、捏合搅拌桨表面等部位，并且在加料时还要避免粉尘飘扬，以及微纳米含能材料在加料装置中结拱架桥。

（2）微纳米含能材料在应用于固体推进剂、发射药、混合炸药及火工烟火药剂中进行分散处理时，往往处于一定温度（如50～80℃）的水或溶剂（如乙酸乙酯、硝酸酯等）环境中。这可能引起微纳米颗粒发生溶解-重结晶而导致颗粒长大，甚至发生晶型转变（如CL-20可能由最稳定的ε晶型转变为其他晶型）。如何在应用时保持微纳米含能颗粒的尺度、晶型、形貌等的既有特性，进而获得理想的应用效果，也是需要解决的关键技术难题。因此，需对火炸药的制造成型工艺及分散工艺进行改进和优化，避免这种溶解-重结晶现象的发生。也就是说，微纳米含能材料在火炸药中应用时，制造成型工艺可能与现传统工艺不同，还需深入研究解决。

（3）当微纳米含能材料在火炸药产品中应用时，若组成配比不当，或使用环境不合适，其诸多优异特性不能充分发挥，因而并不一定能表现出理想的应用效果。如前文所述，当应用于混合炸药后，在同等装药密度下，爆速与粗颗粒含能材料相比尚未表现出显著的优势。所以，对于微纳米含能材料应用配方的设计和优化，尤其是在火炸药产品中的含量，也需要精心研究。

（4）微纳米含能材料在火炸药产品中应用后，其功效性能如何精确有效表征与评价，也是需要深入研究的。只有解决了这些应用时所面临的问题与存在的技术难题，才能真正推动微纳米含能材料在火炸药产品及其他相关产品中获得实际高效能大规模应用。

必须指出，火药与炸药的燃爆机理与历程不同，火药是以分解燃烧历程完成能量输出过程，炸药是以爆轰反应历程完成能量输出过程。当微纳米含能材料应用于这两种产品时，如何参与影响上述两种反应历程，至今尚不完全明确，必须进行深入研究、彻底揭示。只有当这些机理被彻底揭示后，才能真正指导微纳米含能材料在火炸药中的高效应用。

6.1　微纳米含能材料在改性双基推进剂中的应用研究进展

改性双基推进剂是指在双基推进剂中加入固体氧化剂、含能材料、金属燃料等固体成分以提高能量性能的推进剂。其主要组分有硝化纤维素（又称硝化棉，NC）、硝化甘油（NG）、铝粉、氧化剂（如高氯酸铵）与含能化合物（如 RDX、HMX、CL-20 等），以及安定剂、燃烧催化剂等。在加入固体填料后，推进剂内部结构与复合推进剂相似，存在多相界面，所以又称为复合改性双基推进剂。此类推进剂的实测比冲为 2400～2500N · s/kg，燃烧温度为 3600～3800K，密度在 1.75～1.80g/cm^{3}之间。

20 世纪 50 年代中期，由于战略导弹和大型助推器对高能推进剂的需求，在双基和复合推进剂的基础上发展了改性双基推进剂。由于它性能优越，工业生产基础良好，因而受到各国普遍重视，已应用于各种战略和战术导弹中。例如，美国陆基战略导弹“民兵Ⅰ”、“民兵Ⅱ”，海基战略导弹“北极星 A2”、“北极星 A3”、“海神”和“三叉戟Ⅰ”等，俄罗斯、英国、法国等都已经将改性双基推进剂应用于诸多武器型号，我国多种火箭弹型号也都是使用改性双基推进剂作为发射动力源。

改性双基推进剂成型工艺有两大类：压伸工艺和浇铸工艺。压伸工艺所生产的推进剂药柱的尺寸一般直径在 300mm 以下，再增大药柱的尺寸时在安全和质量方面都存在问题，进而使装填这种药柱的火箭弹的射程和威力都受到限制，满足不了武器发展的迫切需求。第二次世界大战期间，美国率先研制出了双基推进剂的浇铸工艺，有效解决了大尺寸和复杂药型药柱的生产制造难题，进而逐渐发展了改性双基推进剂的浇铸工艺，并获得广泛应用。

虽然改性双基推进剂突破了双基推进剂能量不高的局限，又保持了双基推进剂少烟的特点，但也存在低温延伸率较低、感度较高进而导致生产制造过程安全风险高等亟待解决的瓶颈。大量的研究表明：对改性双基推进剂中的固体组分，如 RDX、HMX 等的粒度进行调控，可以使力学性能、感度、燃烧性能等获得改善与提高。

6.1.1 纳米 RDX 在低固含量改性双基推进剂中的应用研究进展

1. 含纳米 RDX 的低固含量改性双基推进剂的制备

本书所述的低固含量改性双基推进剂，其配方中所用的炸药、氧化剂、金属粉等固体颗粒组分的含量（以下均指质量分数）小于 30%，简称 GHD 推进剂[1]。为了探究纳米 RDX 在 GHD 推进剂中的应用效果，将纳米 RDX 应用在某种 GHD 推进剂中（配方如表 6-1 所示），将 GHD 推进剂原配方中含量为 18%的工业微米级 RDX，部分采用纳米 RDX 替代，制备得到推进剂样品。并将替代后含 10%纳米 RDX+8%工业微米级 RDX 的推进剂简称为“纳米 RDX 基 GHD 推进剂”；将不含纳米 RDX(即含 18%工业微米级 RDX)的推进剂简称为“普通 GHD 推进剂”。

表 6-1　GHD 推进剂配方中的组分及含量

组分	NC	NG	RDX	中定剂	催化剂
含量/%	42.5	31.0	18.0	2.2	6.3

采用螺旋压伸（简称螺压）工艺，将白料（主要由 NC 和 NG 组成）、NC、RDX、中定剂和催化剂推进剂配方精确称量，其中白料和 NC 的量按照配方中所对应的 NC 和 NG 的含量来调配，单批总投料量为 2kg。将称量好的白料和 NC 以及中定剂加入到 55℃水中剧烈搅拌 30min，然后加入催化剂继续搅拌 10min，再加入 RDX 搅拌 30min 后将吸收药浆料排出至过滤袋内，离心脱水，使吸收药的含水率在 25%～35%之间。之后对吸收药样品进行混同、压延塑化、压伸成型，制备得到 GHD 推进剂样品，工艺流程如图 6-1 所示。

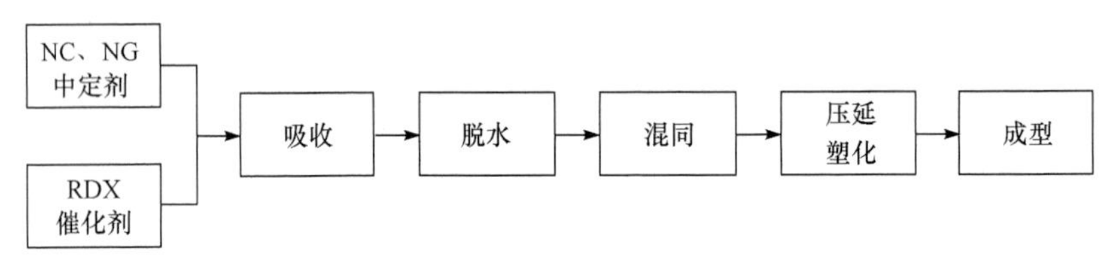

图 6-1　GHD 推进剂制备工艺流程图

2. 含纳米 RDX 的 GHD 推进剂的组分含量研究

由于纳米 RDX 颗粒较小，在离心脱水、混同、压延塑化等加工过程中可能会流失，导致推进剂的能量性能难以满足设计要求。采用“溶剂萃取法”测定推进剂样品中 RDX 的含量，具体过程如下。

称取 GHD 推进剂样品（质量 m 约为 1g，精确至 0.01g），将其加入已洗净恒量的滤杯中，向滤杯中加入足够量的乙醚，在 20℃下恒温。持续搅拌 18h，使 RDX 完全被乙醚所溶解，之后将滤杯中的乙醚溶液完全过滤至已经恒量（质量 m_1）的烧杯中，并将盛有乙醚提取物的烧杯放入不超过 45℃的水浴上蒸去乙醚。然后将烧杯放入（110±2）℃的烘箱内干燥 1.5h，之后将烧杯取出置于干燥器中冷却至室温，称量。以后每次干燥 20min，取出置于干燥器中冷却至室温后称量，直至连续称量的两次误差不大于 0.01g，得到含有 RDX 的烧杯的质量 m_2。则 RDX 的质量分数为（m_2-m_1）$/m\times100\%$。重复上述步骤 3 次，取其平均值表征 GHD 推进剂样品中 RDX 的含量，如表 6-2 所示。

表 6-2　GHD 推进剂中 RDX 的含量

样品	RDX 含量/%
普通 GHD	17.9
纳米 RDX 基 GHD	17.9

结果表明：普通 GHD 样品和纳米 RDX 基 GHD 样品中的 RDX 含量均为 17.9%，与配方中 RDX 的投料量基本一致，说明纳米 RDX 在 GHD 推进剂的加工制造过程中不流失。

3. 含纳米 RDX 的 GHD 推进剂的热分解特性研究

采用美国 TA 公司的 SDT Q600 型 TG/DSC 同步热分析仪对 GHD 推进剂的热分解过程进行测试，N_2 氛围，流速 80mL/min，Al_2O_3 坩埚，取样量 2～3mg。在 20℃/min 下，GHD 推进剂样品的 TG 和 DTG 曲线如图 6-2 所示。

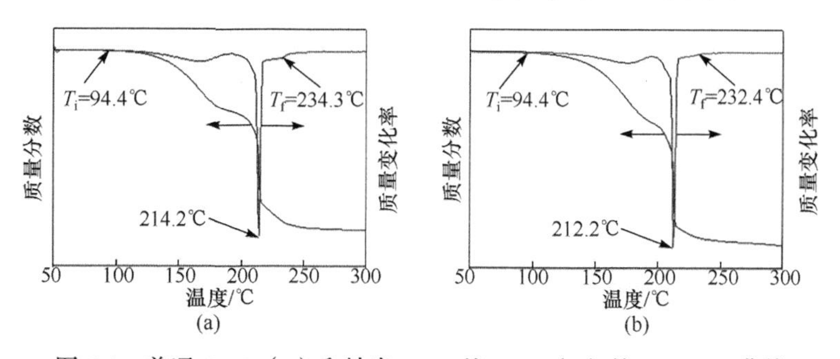

图 6-2　普通 GHD（a）和纳米 RDX 基 GHD（b）的 TG/DTG 曲线

GHD 推进剂有两个热失重阶段，即 200℃之前 NC/NG 体系的热分解和 200℃之后 RDX 的热分解。当温度达到 94.4℃时，GHD 推进剂由于 NG 的挥发而开始失重；当温度达到 150℃后，NC 逐渐开始分解；当温度进一步升高至 200℃后，

RDX 开始分解；当温度到 232.4℃后，GHD 推进剂中主体成分 NC/NG 和 RDX 的热分解过程已结束。纳米 RDX 基 GHD 推进剂的热分解终止温度（T_f）和 DTG 峰温，均比普通 GHD 推进剂有所提前，其中 DTG 峰温提前约 2.0℃。

GHD 推进剂样品在升温速率分别为 5℃/min、10℃/min、15℃/min 和 20℃/min 时的 DSC 曲线如图 6-3 所示。

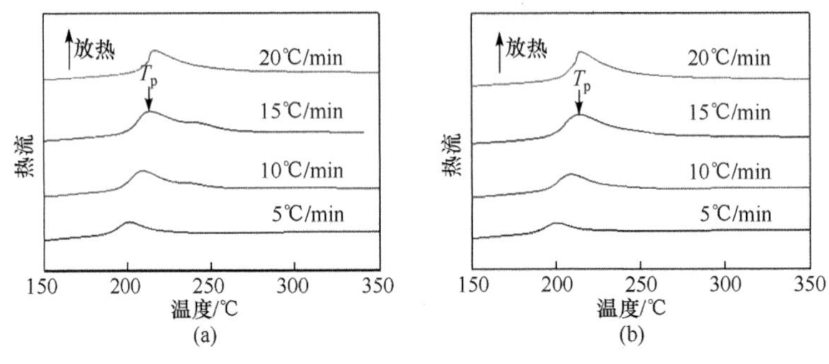

图 6-3 普通 GHD（a）和纳米 RDX 基 GHD（b）的 DSC 曲线

GHD 推进剂中基体组分 NC/NG 体系的含量高达 73.5%，RDX 的含量仅为 18%，热分解过程主要受 NC/NG 体系的控制。在受热时，随着温度的升高，NC/NG 体系在 RDX 熔融吸热之前发生热分解放热反应，所放出的热量又促进 RDX 的热分解放热反应。并且由于 NC/NG 体系的热分解温度范围和 RDX 的热分解温度范围比较接近，二者热分解放热峰融合在一起，因而 GHD 推进剂体系的热分解过程仅显示一个放热峰。GHD 推进剂在不同升温速率下 DSC 曲线所对应的热分解放热峰温 T_p 如表 6-3 所示。

表 6-3 GHD 推进剂样品在不同升温速率下的热分解放热峰温 T_p

样品	热分解放热峰温 T_p /℃			
	20℃/min	15℃/min	10℃/min	5℃/min
普通 GHD	217.2	213.9	209.4	202.3
纳米 RDX 基 GHD	215.4	212.4	207.9	200.0

在相同升温速率下，纳米 RDX 基 GHD 推进剂的 T_p 值比普通 GHD 推进剂有所降低。随着升温速率的增大，普通 GHD 推进剂和纳米 RDX 基 GHD 推进剂的 T_p 值逐渐增大。这主要是因为纳米 RDX 的比表面积大，其与基体组分 NC/NG 体系的有效接触面积大，当 NC/NG 体系发生热分解放热反应时，纳米 RDX 在同等时间内能够比工业微米级 RDX 吸收更多能量，提前达到引起自身热分解所需的温度进而发生热分解反应。所放出的热量又进一步促进 NC/NG 体系的热分解反

应，因此表现为纳米 RDX 基 GHD 推进剂的 T_p 值比普通 GHD 推进剂有所降低。

采用 Kissinger 方法计算普通 GHD 推进剂和纳米 RDX 基 GHD 推进剂热分解放热反应的表观活化能和指前因子，结果如图 6-4 和表 6-4 所示。

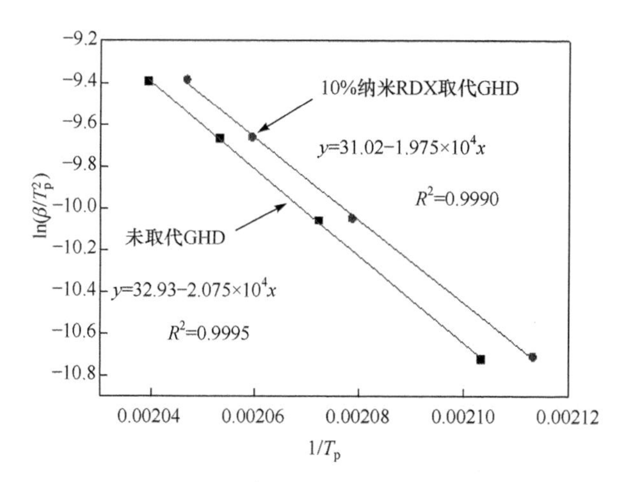

图 6-4　GHD 推进剂样品的表观活化能计算示意图

表 6-4　GHD 推进剂样品的表观活化能和指前因子计算结果

样品	E_a / (kJ/mol)	A
普通 GHD	172.5	4.153×10^{18}
纳米 RDX 基 GHD	164.2	5.853×10^{17}

与普通 GHD 推进剂相比，纳米 RDX 基 GHD 推进剂的表观活化能减小 8.3kJ/mol，相对降低约 4.8%，指前因子相对减小约 85.9%。

4. 含纳米 RDX 的 GHD 推进剂的安定性研究

根据 GJB 770B—2005 方法 503.3——“甲基紫法”对 GHD 推进剂样品进行安定性研究（即纳米 RDX 与推进剂组分的相容性）。样品用量 2.50g，加热温度 120℃，测定试样受热分解释放的气体使甲基紫试纸由紫色转变成橙色的时间或试样连续加热至 5h 是否发生燃爆，以其评价试样的安定性。待测样品在试验前放入 55℃、9～12kPa 真空干燥箱内烘干 2h，试验结果如表 6-5 所示。

表 6-5　GHD 推进剂的安定性测试结果

样品	测试结果
普通 GHD	变色时间大于 70min，加热 5h 不燃爆
纳米 RDX 基 GHD	变色时间大于 70min，加热 5h 不燃爆

在 120℃下，普通 GHD 推进剂和纳米 RDX 基 GHD 推进剂受热分解所释放的气体使甲基紫试纸由紫色转变成橙色所需要的时间均大于 70min；且当加热至 5h 后，它们均不发生燃爆。说明在该测试条件下，二者安定性一致，并且也说明纳米 RDX 与 GHD 推进剂组分相容性良好。

5. 含纳米 RDX 的 GHD 推进剂的微观结构研究

采用场发射扫描电子显微镜，分别对 GHD 推进剂吸收药的微观结构和药条截面微观结构进行研究。

1）吸收药的微观结构

纯 NC、普通 GHD 推进剂吸收药和纳米 RDX 基 GHD 推进剂吸收药的微观结构如图 6-5～图 6-7 所示。

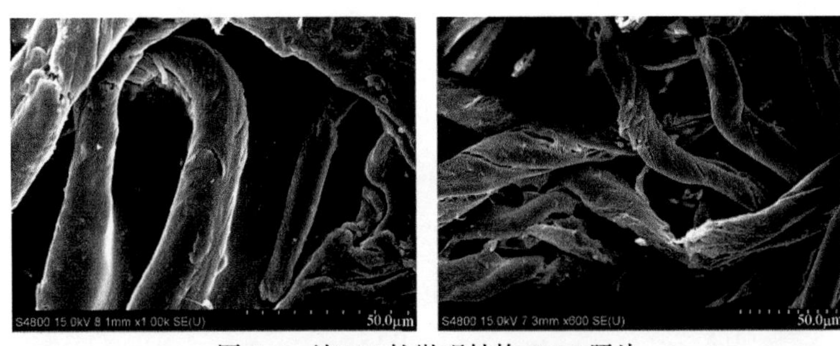

图 6-5　纯 NC 的微观结构 SEM 照片

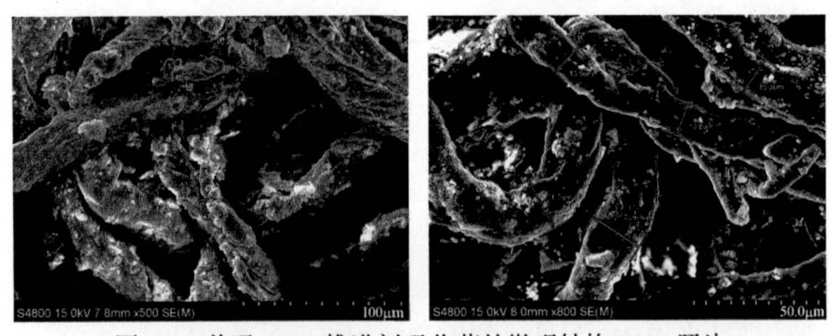

图 6-6　普通 GHD 推进剂吸收药的微观结构 SEM 照片

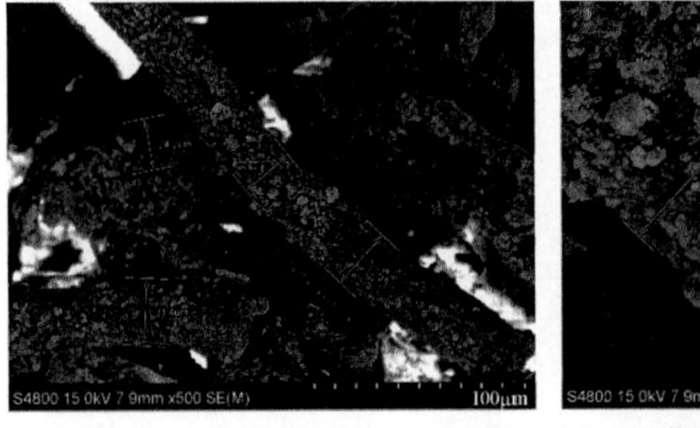

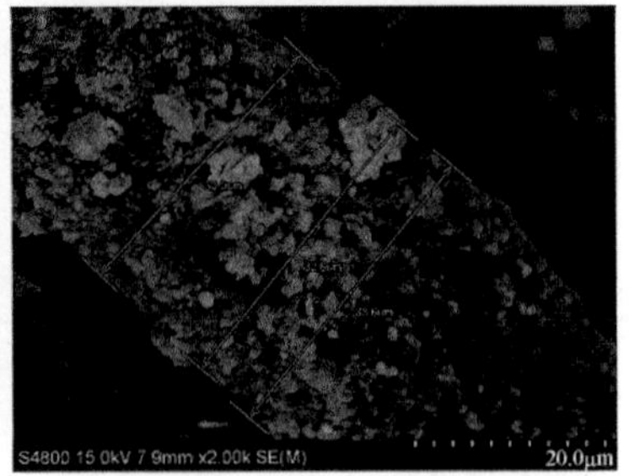

图 6-7　纳米 RDX 基 GHD 推进剂吸收药的微观结构 SEM 照片

纯硝化棉（NC）管壁光滑，管径在15～35μm之间。普通GHD推进剂吸收药中固体颗粒在管状硝化棉表面分布较少，颗粒主要分布在由硝化棉形成的空间网络空隙中。10%纳米RDX取代的GHD推进剂吸收药中固体颗粒主要分布在硝化棉表面，固体颗粒与硝化棉结合紧密。这是因为，管状硝化棉管腔直径基本在15～35μm之间，只有当颗粒粒径小于硝化棉的管径（小于10μm）时，固体颗粒才能有效地负载在管状硝化棉纤维的表面。工业微米级RDX的平均粒径在90μm左右，大多数颗粒粒径都大于50μm，因而很难负载到硝化棉表面，只能填充到网络空隙中。纳米RDX颗粒在纳米级，因而很容易负载到硝化棉表面。

2）推进剂药条的微观结构

普通GHD推进剂药条和纳米RDX基GHD推进剂药条的截面微观结构如图6-8、图6-9所示。

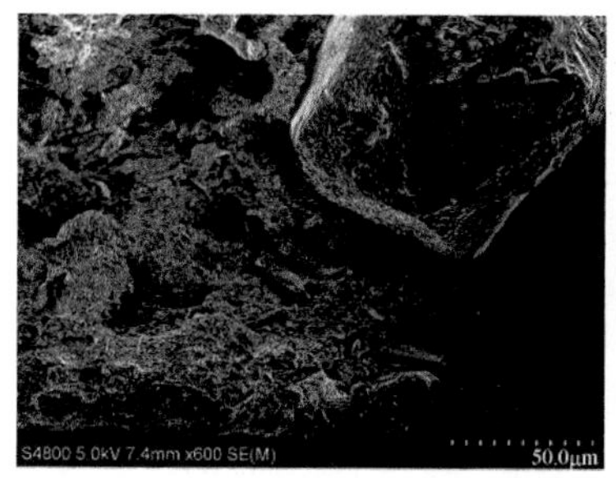

图6-8　普通GHD推进剂药条的截面SEM照片

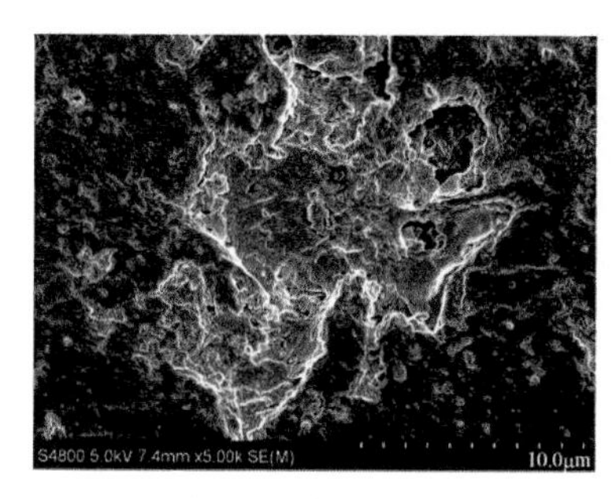

图6-9　纳米RDX基GHD推进剂药条的截面SEM照片

普通GHD推进剂样品的截面很不致密，表面有很多空隙，凹凸不平，药条表面有明显的大颗粒RDX并且出现明显的分层现象。纳米RDX基GHD推进剂样品的截面相对比较致密，没有出现分层现象，整体缺陷较少。这是因为含工业微米级RDX的推进剂样品中大颗粒分布在硝化棉所形成的空间网络的空隙中，与硝化棉的黏结作用较差，有明显的界面作用，因而出现分层现象。并且由于工业微米级RDX大小不均匀，在推进剂压延塑化成型过程中很容易形成内部孔穴的缺陷，从而导致截面凹凸不平。纳米 RDX 能够负载到硝化棉的表面，与硝化棉之间结合紧密，因而含纳米 RDX 的推进剂样品中孔穴等缺陷很少，截面比较致密。

6. 含纳米 RDX 的 GHD 推进剂的力学性能研究

根据 GJB 770B—2005 方法 413.1 对 GHD 推进剂样品进行抗拉强度和伸长率测试，研究其抗拉性能。CTM8050 型微机控制电子万能材料试验机，控制拉伸速度为 10.00mm/min，试样加工为哑铃状，公称标距为 50mm，宽度为 10mm，厚度为 5mm，如图 6-10 所示。

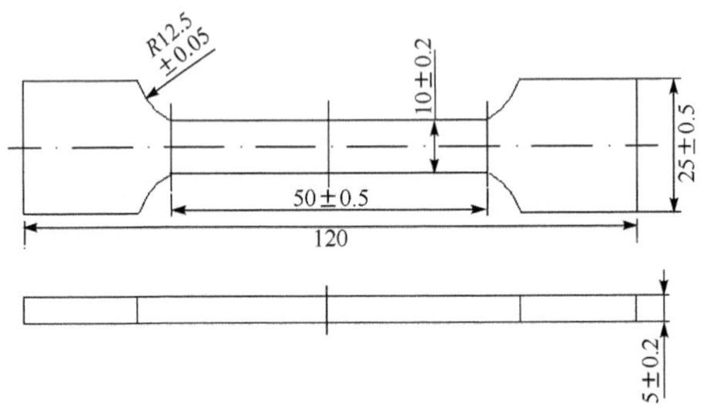

图 6-10　拉伸试验测试用推进剂药条形状及尺寸（mm）

分别在高温（50℃）、常温（20℃）和低温（–40℃）下对 GHD 推进剂药条沿其纵轴方向施加静态单向拉伸载荷，药条密度为 1.66g/cm^3，每种样品进行 5 次试验。以每次试验的拉伸载荷-位移曲线上最大拉伸载荷 Q_t 表示药条的抗拉载荷；以 10%Q_t 载荷处对应的位移与最大拉伸载荷 Q_t 处所对应的位移之间的距离表示药条的有效拉伸距离 ΔL_t。根据 Q_t 和 ΔL_t 求得每次试验的拉伸强度 S_t 和伸长率，并以 5 次试验所得到的拉伸强度和伸长率的平均值表征 GHD 推进剂的抗拉强度和伸长率。

1）高温力学性能

GHD 推进剂在高温（50℃）下的拉伸载荷随位移的变化规律曲线如图 6-11 所示。

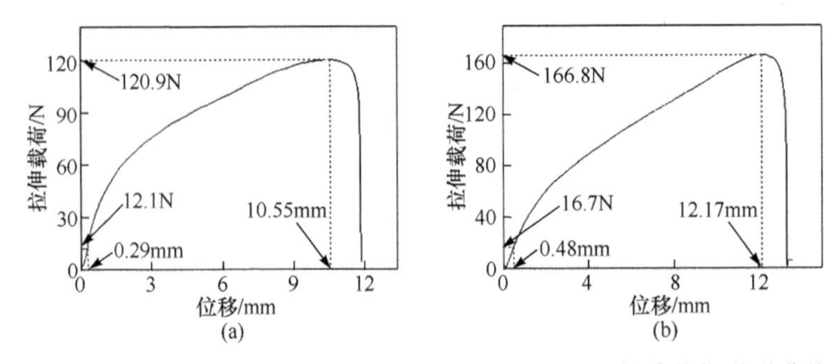

图 6-11　普通 GHD（a）和纳米 RDX 基 GHD（b）的拉伸载荷-位移曲线

在 50℃下，当拉伸速度为 10.00mm/min 时，对于普通 GHD 推进剂，当拉伸载荷小于约 30N 时，作用在推进剂药条上的载荷随位移的增加而迅速增大；当拉伸载荷大于约 30N 时，随着位移的增加，载荷缓慢增大；当拉伸载荷达到约 120N 时，随着位移的进一步增加，载荷迅速减小，表明此时推进剂药条已开始断裂，普通 GHD 推进剂所能承受的最大拉伸载荷约为 120N。对于纳米 RDX 基 GHD 推进剂，当拉伸载荷小于约 40N 时，作用在推进剂药条上的载荷随位移的增加而迅速增大；当拉伸载荷大于约 40N 时，随着位移的增加，载荷缓慢增大；当拉伸载荷达到约 165N 时，随着位移的进一步增加，载荷迅速减小，表明此时推进剂药条已开始断裂，普通 GHD 推进剂所能承受的最大拉伸载荷约为 165N。根据 GHD 推进剂所能承受的最大拉伸载荷 Q_t 和初始截面积的比值求得拉伸强度，如表 6-6 所示。

表 6-6 GHD 推进剂在 50℃下的拉伸强度测试结果

样品	普通 GHD 推进剂		纳米 RDX 基 GHD 推进剂	
	平均值	标准差	平均值	标准差
拉伸载荷 Q_t /N	118.8	10.2	163.6	4.96
拉伸强度 S_t /MPa	2.38	0.20	3.27	0.10

在 50℃下，当装药密度为 1.66g/cm^3 时，普通 GHD 推进剂的平均最大抗拉载荷为 118.8N，抗拉强度为 2.38MPa；纳米 RDX 基 GHD 推进剂的平均最大抗拉载荷为 163.6N，抗拉强度为 3.27MPa。与普通 GHD 推进剂相比，纳米 RDX 基 GHD 推进剂的抗拉强度增大 0.89MPa，相对提高了 37.4%。

当作用于 GHD 推进剂药条上的拉伸载荷小于 10%Q_t 时，可能会由于药条未被夹紧而松动，导致测试误差；当拉伸一段距离后，药条已完全被夹紧而不会出现滑动。因此选用 10%Q_t 至 Q_t 之间的距离来表示推进剂药条的有效拉伸距离 ΔL_t，并以 ΔL_t 和药条初始长度 L 之间的比值表示伸长率，结果如表 6-7 所示。

表 6-7 GHD 推进剂在 50℃下的伸长率测试结果

样品	普通 GHD 推进剂		纳米 RDX 基 GHD 推进剂	
	平均值	标准差	平均值	标准差
拉伸距离 ΔL_t /mm	10.05	2.91	11.67	1.13
伸长率/%	20.10	5.82	23.34	2.26

在 50℃下，当装药密度为 1.66g/cm^3 时，普通 GHD 推进剂的平均拉伸距离为 10.05mm，伸长率为 20.10%；纳米 RDX 基 GHD 推进剂的平均拉伸距离为

11.67mm，伸长率为 23.34%。与普通 GHD 推进剂相比，纳米 RDX 基 GHD 推进剂的拉伸距离增加了 1.62mm，伸长率相对提高了 16.1%。

由上述分析可知，当纳米 RDX 应用到低固含量改性双基推进剂中，可明显改善推进剂的高温抗拉性能，即大幅度提高抗拉强度，增大拉伸距离和伸长率。

2）常温力学性能

GHD 推进剂在常温（20℃）下的拉伸载荷随位移的变化规律曲线如图 6-12 所示。

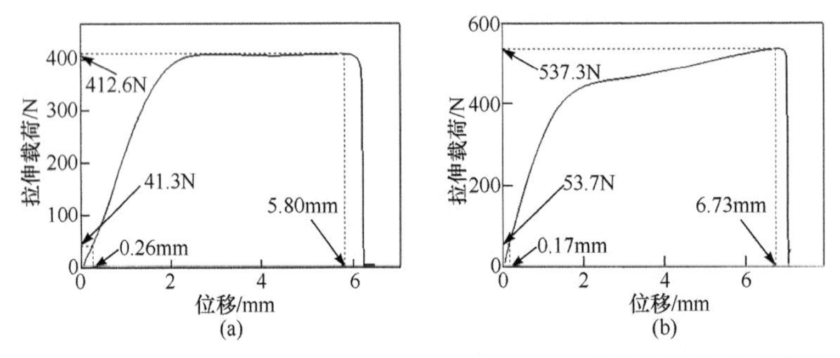

图 6-12　普通 GHD（a）和纳米 RDX 基 GHD（b）的拉伸载荷-位移曲线

在 20℃下，当拉伸速度为 10.00mm/min 时，对于普通 GHD 推进剂，当拉伸载荷小于约 400N 时，作用在推进剂药条上的载荷随位移的增加而迅速增大；当拉伸载荷大于约 400N 时，随着位移的增加，载荷基本不变；当位移达到约 5.80mm 后，随着位移的进一步增加，载荷迅速减小，表明此时推进剂药条已开始断裂，此时所对应的位移约为 5.80mm，拉伸载荷约为 410N。对于纳米 RDX 基 GHD 推进剂，当拉伸载荷小于约 400N 时，作用在推进剂药条上的载荷随位移的增加而迅速增大；当拉伸载荷大于约 400N 时，随着位移的增加，载荷缓慢增大；当拉伸载荷达到约 540N 时，随着位移的进一步增加，载荷迅速减小，表明此时推进剂药条已开始断裂，普通 GHD 推进剂所能承受的最大拉伸载荷约为 540N。根据 GHD 推进剂所能承受的最大拉伸载荷 Q_t 和初始截面积的比值求得拉伸强度，如表 6-8 所示。

表 6-8　GHD 推进剂在 20℃下的拉伸强度测试结果

样品	普通 GHD 推进剂		纳米 RDX 基 GHD 推进剂	
	平均值	标准差	平均值	标准差
拉伸载荷 Q_t /N	437.4	39.3	558.1	34.5
拉伸强度 S_t /MPa	8.75	0.79	11.16	0.69

在 20℃下，当装药密度为 1.66g/cm³时，普通 GHD 推进剂的平均最大抗拉载荷为 437.4N，抗拉强度为 8.75MPa；纳米 RDX 基 GHD 推进剂的平均最大抗拉载荷为 558.1N，抗拉强度为 11.16MPa。与普通 GHD 推进剂相比，纳米 RDX 基 GHD 推进剂的抗拉强度增大 2.41MPa，相对提高了 27.5%。

GHD 推进剂在 20℃下的伸长率测试结果如表 6-9 所示。

表 6-9 GHD 推进剂在 20℃下的伸长率测试结果

样品	普通 GHD 推进剂		纳米 RDX 基 GHD 推进剂	
	平均值	标准差	平均值	标准差
拉伸距离 ΔL_t /mm	5.42	0.87	6.47	0.44
伸长率/%	10.84	1.74	12.94	0.88

在 20℃下，当装药密度为 1.66g/cm³时，普通 GHD 推进剂的平均拉伸距离为 5.42mm，伸长率为 10.84%；纳米 RDX 基 GHD 推进剂的平均拉伸距离为 6.47mm，伸长率为 12.94%。与普通 GHD 推进剂相比，纳米 RDX 基 GHD 推进剂的拉伸距离增加了 1.05mm，伸长率相对提高了 19.4%。

由上述分析可知，当纳米 RDX 应用到低固含量改性双基推进剂中，可明显改善推进剂的常温抗拉性能，即大幅度提高抗拉强度，增大拉伸距离和伸长率。

3）低温力学性能

GHD 推进剂在低温（−40℃）下的拉伸载荷随位移的变化规律曲线如图 6-13 所示。

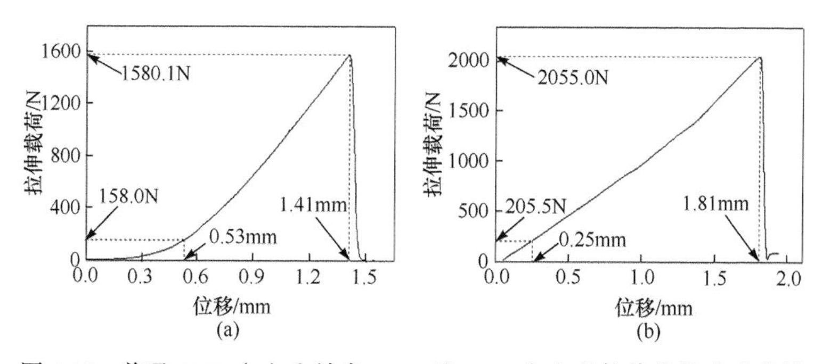

图 6-13 普通 GHD（a）和纳米 RDX 基 GHD（b）的拉伸载荷-位移曲线

在−40℃下，当拉伸速度为 10.00mm/min 时，对于普通 GHD 推进剂，当拉伸载荷小于约 158N 时，作用在推进剂药条上的载荷随位移的增加而缓慢增大；当拉伸载荷大于约 158N 时，随着位移的增加，载荷迅速增大；当拉伸载荷达到约 1580N 后，随着位移的进一步增加，载荷迅速减小，表明此时推进剂药条已开始断裂，未取代 GHD 推进剂在该条件下所能承受的最大拉伸载荷约为 1580N。对于纳米 RDX 基 GHD 推进剂，当拉伸载荷小于约 205N 时，作用在推进剂药条上的载荷随位移增加变化比较缓慢；当拉伸载荷大于约 205N 时，随着位移的增加，载荷迅速增大；当拉伸载荷达到约 2055N 时，随着位移的进一步增加，载荷迅速减小，表明此时推进剂药条已开始断裂，普通 GHD 推进剂所能承受的最大拉伸载荷约为 2055N。根据 GHD 推进剂的最大拉伸载荷 Q_t 和初始截面积的比值求得拉伸强度 S_t，如表 6-10 所示。

表 6-10 GHD 推进剂在–40℃下的拉伸强度测试结果

样品	普通 GHD 推进剂		纳米 RDX 基 GHD 推进剂	
	平均值	标准差	平均值	标准差
拉伸载荷 Q_t /N	1573.5	398.6	1994.2	159.6
拉伸强度 S_t /MPa	31.47	7.97	39.88	3.19

在–40℃下，当装药密度为 1.66g/cm^3 时，普通 GHD 推进剂的平均最大抗拉载荷为 1573.5N，抗拉强度为 31.47MPa；纳米 RDX 基 GHD 推进剂的平均最大抗拉载荷为 1994.2N，抗拉强度为 39.88MPa。与普通 GHD 推进剂相比，纳米 RDX 基 GHD 推进剂的抗拉强度增大 8.41MPa，相对提高了 26.7%。

GHD 推进剂在–40℃下的伸长率测试结果如表 6-11 所示。

表 6-11 GHD 推进剂在–40℃下的伸长率测试结果

样品	普通 GHD 推进剂		纳米 RDX 基 GHD 推进剂	
	平均值	标准差	平均值	标准差
拉伸距离 ΔL_t /mm	0.96	0.15	1.34	0.14
伸长率/%	1.92	0.30	2.68	0.28

在–40℃下，当装药密度为 1.66g/cm^3 时，普通 GHD 推进剂的平均拉伸距离为 0.96mm，伸长率为 1.92%；纳米 RDX 基 GHD 推进剂的平均拉伸距离为 1.34mm，伸长率为 2.68%。与普通 GHD 推进剂相比，纳米 RDX 基 GHD 推进剂的拉伸距离增加了 0.38mm，伸长率相对提高了 39.6%。

由上述分析可知，当纳米 RDX 应用到低固含量改性双基推进剂中，可明显改善推进剂的低温抗拉性能，即大幅度提高抗拉强度，增大拉伸距离和伸长率。

7. 含纳米 RDX 的 GHD 推进剂的感度和燃烧性能研究

1）机械感度

采用“爆炸概率法”对 GHD 推进剂进行摩擦感度测试，测试摆角为 66°，压强为 2.45MPa，测试温度为（20±2）℃，相对湿度为（60±5）%；试验分两组，每组 25 发，药量 20mg，计算其爆炸百分数，并以两组试验的平均爆炸百分数 P 表征样品的摩擦感度；并以其 P 的变化值（P_1-P_2）/P_1×100%表征样品摩擦感度的变化。

采用“特性落高法”对 GHD 推进剂进行撞击感度测试，落锤质量为 2kg，每次药量 30mg，试验步长为 0.05，测试温度为（20±2）℃，相对湿度为（60±5）%；根据 25 个有效试验结果计算特性落高 H_{50}，以之表征样品的撞击感度，并以其相对变化值（$H_{50,2}-H_{50,1}$）/$H_{50,1}$×100%表征样品撞击感度的变化。

GHD 推进剂的摩擦感度和撞击感度测试结果如表 6-12 所示。

表 6-12　GHD 推进剂样品的摩擦感度和撞击感度测试结果

样品	摩擦感度	撞击感度	
	P /%	H_{50} /cm	$S_{H_{50}}$ /cm
普通 GHD	78	14.1	1.38
纳米 RDX 基 GHD	38	21.2	1.23

与普通 GHD 推进剂相比，在 66°、2.45MPa 条件下，纳米 RDX 基 GHD 推进剂的爆炸百分数绝对值降低了 40%，计算得到纳米 RDX 基 GHD 推进剂的摩擦感度相对降低了 51.3%；在 2kg 落锤撞击作用下，纳米 RDX 基 GHD 推进剂的特性落高绝对值增加了 7.1cm，计算得到纳米 RDX 基 GHD 推进剂的撞击感度相对降低了 50.4%。即当纳米 RDX 引入低固含量改性双基推进剂体系后，可使摩擦感度和撞击感度显著降低。

同时，在撞击作用下，与普通 GHD 推进剂相比，纳米 RDX 基 GHD 推进剂的特性落高的标准差减小，说明纳米 RDX 基 GHD 推进剂在撞击作用下引发燃爆的稳定性更好。这主要是因为：普通 GHD 推进剂中工业微米级 RDX 无法有效地负载于 NC 表面，只能分散于 NC 之间的网络空隙中，性能的推进剂样品中组分不均匀，在撞击作用下发生燃爆的概率相差较大，因而特性落高标准偏差较大；而纳米 RDX 能够很好地负载于 NC 表面，所形成的推进剂样品中组分均匀，在撞击作用下发生燃爆的概率比较接近，因而纳米 RDX 基 GHD 推进剂的特性落高标准偏差较小。

2）燃烧性能

结合 GJB 770B—2005 方法 706.1，采用“靶线法”对 GHD 推进剂进行燃烧速度测试。推进剂药条长度为 150mm，直径为 5mm，靶距为 100mm，密度为 1.66g/cm^3，用聚乙烯醇水溶液包覆后晾干。在一定温度下于氮气气氛中测定不同压强时的燃烧速度，每个压强点测试 5 个样品，以它们的平均值表示该压强下的燃烧速度，并计算燃速系数和压强指数，结果如表 6-13 和表 6-14 所示。

表 6-13　GHD 推进剂样品在不同压强下的燃烧速度测试结果

样品	不同压强下的燃速/（mm/s）					
	8MPa	10MPa	12MPa	14MPa	16MPa	18MPa
普通 GHD	19.06	21.22	22.60	24.29	25.38	25.84
纳米 RDX 基 GHD	20.31	21.81	23.39	23.91	24.91	26.11

GHD 推进剂的燃烧速度随环境压强的增大而增大。当压强分别为 8MPa、10MPa 和 12MPa 时，纳米 RDX 基 GHD 推进剂的燃烧速度比普通 GHD 推进剂的燃烧速度大；当压强为 14MPa 和 16MPa 时，纳米 RDX 基 GHD 推进剂的燃烧速度较小；当压强为 18MPa 时，纳米 RDX 基 GHD 推进剂的燃烧速度则较大。

表 6-14　GHD 推进剂样品的燃速系数和压强指数测试结果

样品	燃速系数	压强指数
普通 GHD	8.692	0.384
纳米 RDX 基 GHD	10.950	0.299

在 8～18MPa 范围内，当装药密度为 1.66g/cm^3 时，与普通 GHD 推进剂相比，纳米 RDX 基 GHD 推进剂的燃速系数从 8.692 增大至 10.950，提高了 26.0%；压强指数从 0.384 降低为 0.299，降低了 22.1%；燃烧性能明显改善。

8. 纳米 RDX 在低固含量改性双基推进剂中应用研究进展现状

采用螺压工艺，将原 GHD 推进剂配方中的粗颗粒（d_{50} 约 90μm）RDX，部分（10%）采用纳米级（d_{50} 约 60nm）RDX 替代，并确保在制备过程中纳米 RDX 不流失、粗细 RDX 含量与配方投料量一致。

与普通 GHD 推进剂相比，纳米 RDX 基 GHD 推进剂的热分解峰温提前、表观活化能减小，在 120℃下，安定性一致；纳米 RDX 能够更好地负载于 NC 表面，微观结构更加密实。当装药密度为 1.66g/cm^3 时，纳米 RDX 基 GHD 推进剂在高温下抗拉强度提高了 37.4%，伸长率相对提高了 16.1%；在常温下抗拉强度提高了 27.5%，伸长率相对提高了 19.4%；在低温下抗拉强度提高了 26.7%，伸长率相对提高了 39.6%。纳米 RDX 基 GHD 推进剂的摩擦感度和撞击感度分别降低了 51.3%和 50.4%，安全性大大提高；在 8～18MPa 范围内，当装药密度为 1.66g/cm^3 时，推进剂的燃速系数提高了 26.0%，压强指数降低了 22.1%，燃烧性能明显改善。

6.1.2 纳米 RDX 在高固含量改性双基推进剂中的应用研究进展

1. 含纳米 RDX 的高固含量改性双基推进剂的制备

本书所述的高固含量改性双基推进剂，其配方中所用的炸药、氧化剂、金属粉等固体颗粒组分的含量大于 30%，简称 GHG 推进剂。为了探究纳米 RDX 在 GHG 推进剂中的应用效果，将纳米 RDX 应用在某种 GHG 推进剂中（配方如表 6-15 所示），将 GHG 推进剂原配方中含量为 48.5%的工业微米级 RDX，部分采用纳米 RDX 替代，制备得到推进剂样品。并将替代后含（20%纳米 RDX+28.5%工业微米级 RDX）的推进剂简称为“纳米 RDX 基 GHG 推进剂”；将不含纳米 RDX（即含 48.5%工业微米级 RDX）的高固含量改性双基推进剂简称为“普通 GHG 推进剂”。

表 6-15 GHG 推进剂配方中的组分及含量

组分	NC	NG	RDX	Al 粉	中定剂	催化剂
含量/%	20.0	21.5	48.5	6	1.5	2.5

采用螺压工艺，将白料（主要由 NC 和 NG 组成）、NC、RDX、Al 粉、中定剂和催化剂按配方精确称量，单批总投料量为 2kg。将称量好的白料和 NC 以及中定剂加入到 55℃水中剧烈搅拌 30min，然后加入催化剂和 Al 粉继续搅拌 10min，再加入 RDX 搅拌 30min 后将吸收药浆料排出至过滤袋内，离心脱水，使吸收药的含水率在 25%～35%之间。之后对吸收药样品进行混同、压延塑化、拉伸成型，制备得到 GHG 推进剂样品。

2. 含纳米 RDX 的 GHG 推进剂的组分含量研究

根据“溶剂萃取法”测定 GHG 推进剂样品中 RDX 的含量，具体过程如下：

称取 GHG 推进剂样品（质量 m 约为 1g，精确至 0.01g），将其加入已洗净恒量的滤杯中，向滤杯中加入足够量的乙醚，在 20℃下恒温。持续搅拌 36h，使 RDX 完全被乙醚所溶解，之后将滤杯中的乙醚溶液完全过滤至已经恒量（质量 m_1）的烧杯中，并将盛有乙醚提取物的烧杯放入不超过 45℃的水浴上蒸去乙醚。然后将烧杯放入（110±2）℃的烘箱内干燥 1.5h，之后将烧杯取出置于干燥器中冷却至室温，称量。以后每次干燥 20min，取出置于干燥器中冷却至室温后称量，直至连续称量的两次误差不大于 0.01g，得到含有 RDX 的烧杯的质量 m_2。则 RDX 的质量分数为（m_2-m_1）/m×100%。重复上述步骤 3 次，取其平均值表征 GHG 推进剂样品中 RDX 的含量，如表 6-16 所示。

表 6-16　GHG 推进剂中 RDX 的含量

样品	RDX 含量/%
普通 GHG	48.3
纳米 RDX 基 GHG	48.3

结果表明：普通 GHG 样品和纳米 RDX 基 GHG 样品中的 RDX 含量均为 48.3%，与配方中 RDX 的投料量基本一致，说明纳米 RDX 在 GHG 推进剂的加工制造过程中不流失。

3. 含纳米 RDX 的 GHG 推进剂的热分解特性研究

在 20℃/min 下，GHG 推进剂 TG 和 DTG 曲线如图 6-14 所示。

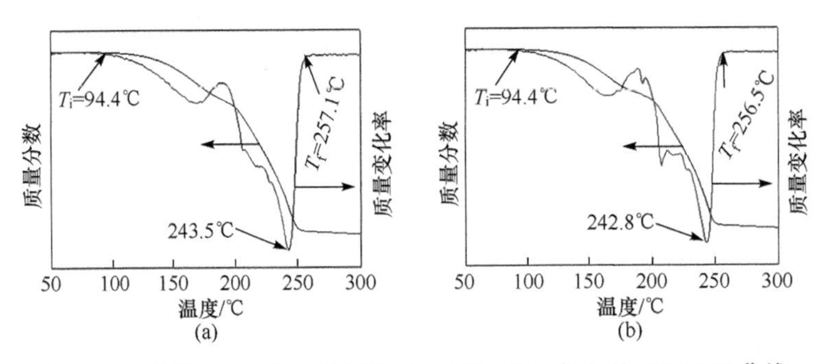

图 6-14　普通 GHG（a）和纳米 RDX 基 GHG（b）的 TG/DTG 曲线

GHG 推进剂有两个热失重阶段，即 200℃之前 NC/NG 体系的热分解和 200℃之后 RDX 的热分解。当温度达到 94.4℃时，GHG 推进剂由于 NG 的挥发而开始失重；当温度达到 150℃后，NC 逐渐开始分解；当温度进一步升高至 200℃后，RDX 开始分解；当温度到 256.5℃后，GHG 推进剂中主体成分 NC/NG 和 RDX 的热分解过程已结束。纳米 RDX 基 GHG 推进剂的热分解终止温度（T_f）和 DTG 峰温，均比普通 GHG 推进剂有所提前，其中 DTG 峰温提前约 0.7℃。

GHG 推进剂样品在升温速率分别为 5℃/min、10℃/min、15℃/min 和 20℃/min 时的 DSC 曲线如图 6-15 所示。

GHG 推进剂中基体组分 NC/NG 体系的含量为 41.5%，RDX 的含量为 48.5%，热分解过程同时受 NC/NG 体系和 RDX 的控制，受 RDX 的影响较大。在受热时，随着温度的升高，NC/NG 体系先发生热分解放热反应，之后 RDX 发生热分解放热反应，在 DSC 图谱上主要表现为 RDX 的热分解放热峰。当升温速率较小时，DSC 图谱上表现出 RDX 的熔融吸热峰；当升温速率为 20℃/min 时，NC/NG 体系的迅速热分解所放出的热量足以抵消 RDX 熔融所吸收的热量，因而在 DSC 图

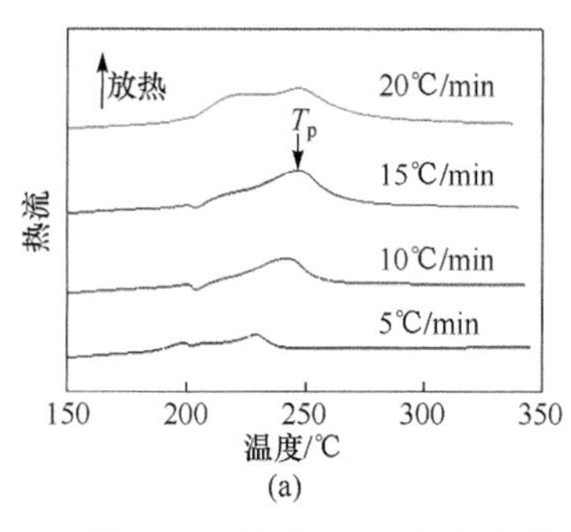

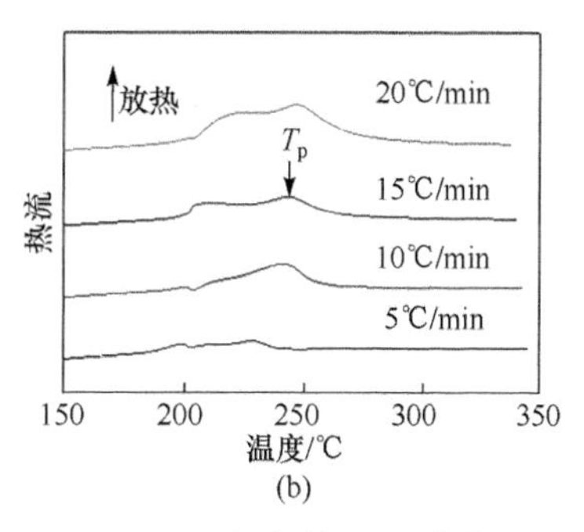

图 6-15　普通 GHG（a）和纳米 RDX 基 GHG（b）的 DSC 曲线

谱上 RDX 的熔融吸热峰基本消失。GHG 推进剂在不同升温速率下 DSC 曲线所对应的主要热分解放热峰（RDX 热分解反应）的峰温 T_p 如表 6-17 所示。

表 6-17　GHG 推进剂样品在不同升温速率下的热分解放热峰温 T_p

样品	热分解放热峰温 T_p /℃			
	20℃/min	15℃/min	10℃/min	5℃/min
普通 GHG	249.2	246.2	241.2	230.8
纳米 RDX 基 GHG	247.7	244.2	238.7	228.2

在相同升温速率下，纳米 RDX 基 GHG 推进剂的 T_p 值比普通 GHG 推进剂有所降低。随着升温速率的增大，普通 GHG 推进剂和纳米 RDX 基 GHG 推进剂的 T_p 值逐渐增大。这主要是因为纳米 RDX 的比表面积大，其与基体组分 NC/NG 体系和外界环境的有效接触面积大，当受到由 NC/NG 体系热分解放出的热量和外界环境提供的热量的共同加热作用时，纳米 RDX 在同等时间内能够比工业微米级 RDX 吸收更多能量，提前达到引起自身热分解所需的温度进而发生热分解反应。所放出的热量又进一步促进自身的热分解反应，因此表现为纳米 RDX 基 GHG 推进剂的 T_p 值比普通 GHG 推进剂有所降低。

采用 Kissinger 方法计算普通 GHG 推进剂和纳米 RDX 基 GHG 推进剂主要热分解放热反应的表观活化能和指前因子，结果如图 6-16 和表 6-18 所示。

表 6-18　GHG 推进剂样品的表观活化能和指前因子计算结果

样品	E_a /（kJ/mol）	A
普通 GHG	153.6	2.991×10^{15}
纳米 RDX 基 GHG	144.3	3.727×10^{14}

与普通 GHG 推进剂相比，纳米 RDX 基 GHG 推进剂的表观活化能减小

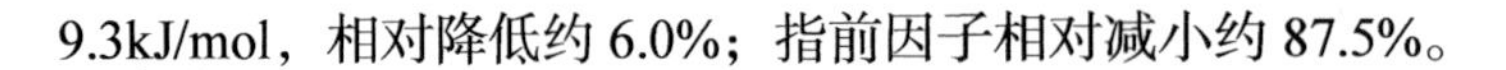
9.3kJ/mol，相对降低约 6.0%；指前因子相对减小约 87.5%。

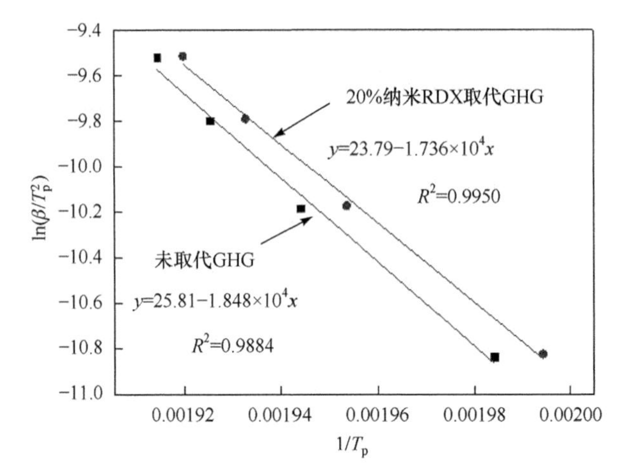

图 6-16　GHG 推进剂样品的表观活化能计算示意图

4. 含纳米 RDX 的 GHG 推进剂的安定性研究

采用“甲基紫法”对 GHG 推进剂样品进行安定性测试，结果如表 6-19 所示。

表 6-19　GHG 推进剂的安定性测试结果

样品	测试结果
普通 GHG	变色时间大于 85min，加热 5h 不燃爆
纳米 RDX 基 GHG	变色时间大于 85min，加热 5h 不燃爆

在 120℃下，普通 GHG 推进剂和纳米 RDX 基 GHG 推进剂受热分解所释放的气体使甲基紫试纸由紫色转变成橙色所需要的时间均大于 85min；且当加热 5h 后，它们均不发生燃爆。说明在该测试条件下，二者安定性一致，并且也说明纳米 RDX 与 GHG 推进剂中组分之间的相容性良好。

5. 含纳米 RDX 的 GHG 推进剂的微观结构研究

采用场发射扫描电子显微镜，分别对 GHG 推进剂其吸收药的微观结构和药条截面微观结构进行研究。

1）吸收药的微观结构

普通 GHG 推进剂吸收药和纳米 RDX 基 GHG 推进剂吸收药的微观结构如图 6-17 所示。

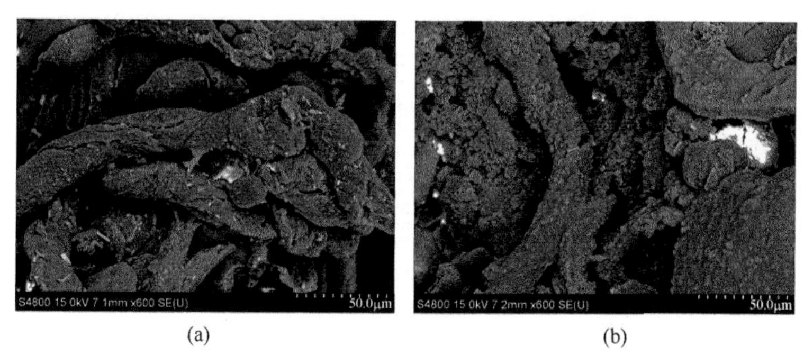

(a)　(b)

图 6-17　普通 GHG（a）和纳米 RDX 基 GHG（b）的 SEM 照片

普通 GHG 推进剂吸收药中固体颗粒在管状硝化棉表面分布较少，颗粒主要分布在由硝化棉形成的空间网络空隙中。20%纳米 RDX 取代的 GHG 推进剂吸收药中固体颗粒主要分布在硝化棉表面，固体颗粒与硝化棉结合紧密。这是因为，管状硝化棉管腔直径基本在 15～35μm 之间，只有当颗粒粒径小于硝化棉的管径（小于 10μm）时，固体颗粒才能有效地负载在管状硝化棉纤维的表面。工业微米级 RDX 的平均粒径在 90μm 左右，大多数颗粒粒径都大于 50μm，因而很难负载到硝化棉表面，只能填充到网络空隙中；纳米 RDX 颗粒在纳米级，因而很容易负载到硝化棉表面。

2）药条的微观结构

普通 GHG 推进剂药条和纳米 RDX 基 GHG 推进剂药条的截面微观结构如图 6-18 所示。

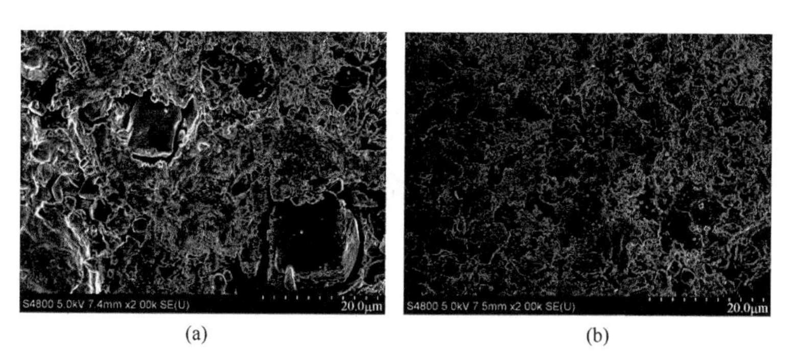

(a)　(b)

图 6-18　普通 GHG（a）和纳米 RDX 基 GHG（b）的截面 SEM 照片

普通 GHG 推进剂样品的截面很不致密，表面有很多空隙，凹凸不平，药条表面有明显的大颗粒 RDX 并且出现明显的分层现象。纳米 RDX 基 GHG 推进剂样品的截面相对比较致密，没有出现分层现象，整体缺陷较少。这是因为含工业微米级 RDX 的推进剂样品中大颗粒分布在硝化棉所形成的空间网络的空隙中，与硝化棉的黏结作用较差，有明显的界面作用，因而出现分层现象。并且由于工业微米级 RDX 大小不均匀，在推进剂压延塑化成型过程中很容易形成内部孔穴的缺陷，从而导致截面凹凸不平。纳米 RDX 能够负载到硝化棉的表面，与硝化棉之间结合紧密，因而含纳米 RDX 的推进剂样品中孔穴等缺陷很少，截面比较致密。

6. 含纳米 RDX 的 GHG 推进剂的力学性能研究

采用CTM8050型微机控制电子万能材料试验机对GHG推进剂样品进行抗拉强度和伸长率测试。拉伸速度 10.00mm/min，试样加工为哑铃状，公称标距为 50mm，宽度为 10mm，厚度为 5mm，药条密度为 1.75g/cm^3。

1）高温力学性能

GHG 推进剂在高温（50℃）下的拉伸载荷随位移的变化规律曲线如图 6-19 所示。

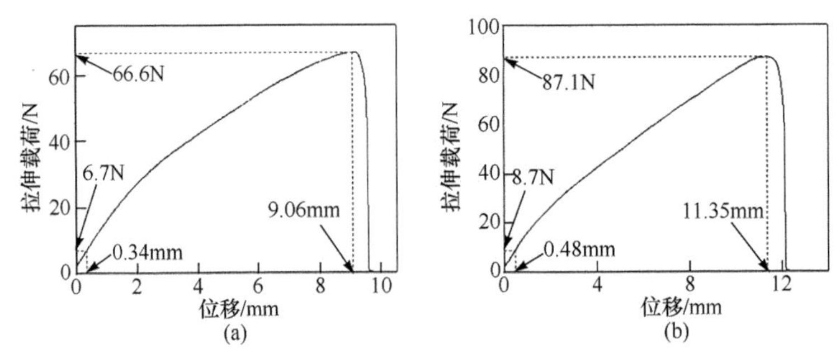

图 6-19　普通 GHG（a）和纳米 RDX 基 GHG（b）的拉伸载荷-位移曲线

在 50℃下，当拉伸速度为 10.00mm/min 时，对于普通 GHG 推进剂，当拉伸载荷小于约 7N 时，作用在推进剂药条上的载荷随位移增加而缓慢变化；当拉伸载荷大于约 7N 时，随着位移的增加，载荷呈现先迅速增大然后缓慢增大的趋势；当拉伸载荷达到约 66.6N 时，随着位移的进一步增加，载荷迅速减小，表明此时推进剂药条已开始断裂，普通 GHG 推进剂所能承受的最大拉伸载荷约为 66.6N。对于 20%纳米 RDX 取代 GHG 推进剂，当拉伸载荷小于约 9N 时，作用在推进剂药条上的载荷随位移增加而缓慢变化；当拉伸载荷大于约 9N 时，随着位移的增加，载荷呈现先迅速增大然后缓慢增大的趋势；当拉伸载荷达到约 87N 时，随着位移的进一步增加，载荷迅速减小，表明此时推进剂药条已开始断裂，普通 GHG 推进剂所能承受的最大拉伸载荷约为 87.1N。根据 GHG 推进剂所能承受的最大拉伸载荷 Q_t 和初始截面积的比值求得拉伸强度，如表 6-20 所示。

表 6-20　GHG 推进剂在 50℃下的拉伸强度测试结果

样品	普通 GHG 推进剂		纳米 RDX 基 GHG 推进剂	
	平均值	标准差	平均值	标准差
拉伸载荷 Q_t/N	66.1	1.94	87.4	1.71
拉伸强度 S_t/MPa	1.32	0.04	1.75	0.03

在 50℃下，当装药密度为 1.75g/cm^3 时，普通 GHG 推进剂的平均最大抗拉载荷为 66.1N，抗拉强度为 1.32MPa；纳米 RDX 基 GHG 推进剂的平均最大抗拉载荷为 87.4N，抗拉强度为 1.75MPa。与普通 GHG 推进剂相比，纳米 RDX 基 GHG 推进剂的抗拉强度增大 0.43MPa，相对提高了 32.6%。

GHG 推进剂在 50℃下的伸长率测试结果如表 6-21 所示。

表 6-21　GHG 推进剂在 50℃下的伸长率测试结果

样品	普通 GHG 推进剂		纳米 RDX 基 GHG 推进剂	
	平均值	标准差	平均值	标准差
拉伸距离 ΔL_t/mm	8.67	0.31	10.86	0.17
伸长率/%	17.34	0.62	21.72	0.34

在 50℃下，当装药密度为 1.75g/cm^3 时，普通 GHG 推进剂的平均拉伸距离为 8.67mm，伸长率为 17.34%；纳米 RDX 基 GHG 推进剂的平均拉伸距离为 10.86mm，伸长率为 21.72%。与普通 GHG 推进剂相比，纳米 RDX 基 GHG 推进剂的拉伸距离增加了 2.19mm，伸长率相对提高了 25.2%。

由上述分析可知，当纳米 RDX 应用到高固含量改性双基推进剂中，可明显改善推进剂的高温抗拉性能，即大幅度提高抗拉强度，增大拉伸距离和伸长率。

2）常温力学性能

GHG 推进剂在常温（20℃）下的拉伸载荷随位移的变化规律曲线如图 6-20 所示。

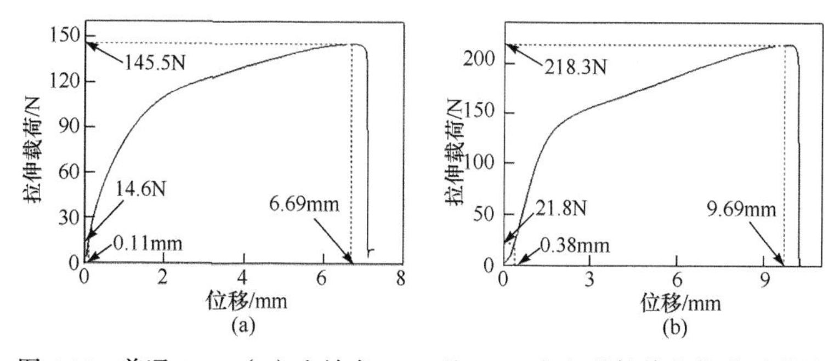

图 6-20　普通 GHG（a）和纳米 RDX 基 GHG（b）的拉伸载荷-位移曲线

在 20℃下，当拉伸速度为 10.00mm/min 时，对于普通 GHG 推进剂，当拉伸载荷小于约 90N 时，作用在推进剂药条上的载荷随位移增加而迅速增大；当拉伸载荷大于约 90N 时，随着位移的增加，载荷缓慢增大；当拉伸载荷达到约 145.5N 时，随着位移的进一步增加，载荷迅速减小，表明此时推进剂药条已开始断裂，普通 GHG 推进剂所能承受的最大拉伸载荷约为 145.5N。对于 20%纳米 RDX 取代 GHG 推进剂，当拉伸载荷小于约 130N 时，作用在推进剂药条上的载荷随位移增加而迅速增大；当拉伸载荷大于约 130N 时，随着位移的增加，载荷缓慢增大；当拉伸载荷达到约 218.3N 时，随着位移的进一步增加，载荷迅速减小，表明此时推进剂药条已开始断裂，普通 GHG 推进剂所能承受的最大拉伸载荷约为 218.3N。根据 GHG 推进剂所能承受的最大拉伸载荷 Q_t 和初始截面积的比值求得拉伸强度，如表 6-22 所示。

表 6-22　GHG 推进剂在 20℃下的拉伸强度测试结果

样品	普通 GHG 推进剂		纳米 RDX 基 GHG 推进剂	
	平均值	标准差	平均值	标准差
拉伸载荷 Q_t /N	173.5	22.8	217.3	3.91
拉伸强度 S_t /MPa	3.47	0.46	4.35	0.08

在 20℃下，当装药密度为 1.75g/cm^3 时，普通 GHG 推进剂的平均最大抗拉载荷为 173.5N，抗拉强度为 3.47MPa；纳米 RDX 基 GHG 推进剂的平均最大抗拉载荷为 217.3N，抗拉强度为 4.35MPa。与普通 GHG 推进剂相比，纳米 RDX 基 GHG 推进剂的抗拉强度增大 0.88MPa，相对提高了 25.4%。

GHG 推进剂在 20℃下的伸长率测试结果如表 6-23 所示。

表 6-23　GHG 推进剂在 20℃下的伸长率测试结果

样品	普通 GHG 推进剂		纳米 RDX 基 GHG 推进剂	
	平均值	标准差	平均值	标准差
拉伸距离 ΔL_t /mm	6.31	1.00	9.27	0.07
伸长率/%	12.62	2.00	18.54	0.14

在 20℃下，当装药密度为 1.75g/cm^3 时，普通 GHG 推进剂的平均拉伸距离为 6.31mm，伸长率为 12.62%；纳米 RDX 基 GHG 推进剂的平均拉伸距离为 9.27mm，伸长率为 18.54%。与普通 GHG 推进剂相比，纳米 RDX 基 GHG 推进剂的拉伸距离增加了 2.96mm，伸长率相对提高了 46.9%。

由上述分析可知，当纳米 RDX 应用到高固含量改性双基推进剂中，可明显改善推进剂的常温抗拉性能，即大幅度提高抗拉强度，增大拉伸距离和伸长率。

3）低温力学性能

GHG 推进剂在低温（–40℃）下的拉伸载荷随位移的变化规律曲线如图 6-21 所示。

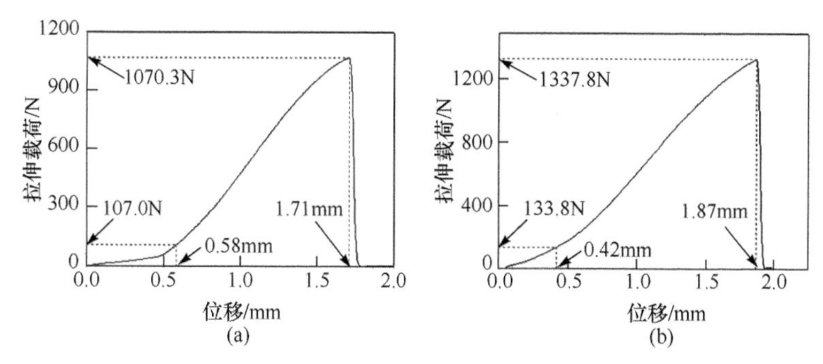

图 6-21　普通 GHG（a）和纳米 RDX 基 GHG（b）的拉伸载荷-位移曲线

在–40℃下，当拉伸速度为 10.00mm/min 时，对于普通 GHG 推进剂，当拉伸载荷小于约 107N 时，作用在推进剂药条上的载荷随位移增加而缓慢增大；当拉伸载荷大于约 107N 时，随着位移的增加，载荷迅速增大；当拉伸载荷达到约 1070.3N 时，随着位移的进一步增加，载荷迅速减小，表明此时推进剂药条已开始断裂，普通 GHG 推进剂所能承受的最大拉伸载荷约为 1070.3N。对于 20%纳米 RDX 取代 GHG 推进剂，当拉伸载荷小于约 133.8N 时，作用在推进剂药条上的载荷随位移增加而缓慢增大；当拉伸载荷大于约 133.8N 时，随着位移的增加，载荷迅速增大；当拉伸载荷达到约 1337.8N 时，随着位移的进一步增加，载荷迅速减小，表明此时推进剂药条已开始断裂，普通 GHG 推进剂所能承受的最大拉伸载荷约为 1337.8N。根据 GHG 推进剂所能承受的最大拉伸载荷 Q_t 和初始截面积的比值求得拉伸强度 S_t，如表 6-24 所示。

表 6-24　GHG 推进剂在–40℃下的拉伸强度测试结果

样品	普通 GHG 推进剂		纳米 RDX 基 GHG 推进剂	
	平均值	标准差	平均值	标准差
拉伸载荷 Q_t/N	1106.3	29.1	1300.3	42.0
拉伸强度 S_t/MPa	22.13	0.58	26.01	0.84

在–40℃下，当装药密度为 1.75g/cm^3 时，普通 GHG 推进剂的平均最大抗拉载荷为 1106.3N，抗拉强度为 22.13MPa；纳米 RDX 基 GHG 推进剂的平均最大抗拉载荷为 1300.3N，抗拉强度为 26.01MPa。与普通 GHG 推进剂相比，纳米 RDX

基 GHG 推进剂的抗拉强度增大 3.88MPa，相对提高了 17.5%。

GHG 推进剂在–40℃下的伸长率测试结果如表 6-25 所示。

表 6-25　GHG 推进剂在–40℃下的伸长率测试结果

样品	普通 GHG 推进剂		纳米 RDX 基 GHG 推进剂	
	平均值	标准差	平均值	标准差
伸长距离 ΔL_t /mm	1.14	0.16	1.41	0.03
伸长率/%	2.28	0.32	2.82	0.06

在–40℃下，当装药密度为 1.75g/cm^3 时，普通 GHG 推进剂的平均拉伸距离为 1.14mm，伸长率为 2.28%；纳米 RDX 基 GHG 推进剂的平均拉伸距离为 1.41mm，伸长率为 2.82%。与普通 GHG 推进剂相比，纳米 RDX 基 GHG 推进剂的拉伸距离增加了 0.27mm，伸长率相对提高了 23.7%。

由上述分析可知，当纳米 RDX 应用到高固含量改性双基推进剂中，可明显改善推进剂的低温抗拉性能，即大幅度提高抗拉强度，增大拉伸距离和伸长率。

7. 含纳米 RDX 的 GHG 推进剂的感度和燃烧性能研究

1）机械感度

采用“爆炸概率法”对 GHG 推进剂进行摩擦感度测试，采用“特性落高法”进行撞击感度测试，结果如表 6-26 所示。

表 6-26　GHG 推进剂样品的摩擦感度和撞击感度测试结果

样品	摩擦感度	撞击感度	
	P /%	H_{50} /cm	$S_{H_{50}}$ / cm
普通 GHG	8	22.7	1.35
纳米 RDX 基 GHG	4	28.9	1.29

与普通 GHG 推进剂相比，在 66°、2.45MPa 条件下，纳米 RDX 基 GHG 推进剂的爆炸百分数绝对值降低了 4%，计算得到纳米 RDX 基 GHG 推进剂的摩擦感度相对降低了 50.0%；在 2kg 落锤撞击作用下，纳米 RDX 基 GHG 推进剂的特性落高绝对值增加了 6.2cm，计算得到纳米 RDX 基 GHG 推进剂的撞击感度相对降低了 27.3%。即当纳米 RDX 引入高固含量改性双基推进剂体系后，可使摩擦感度和撞击感度显著降低。

同时，在撞击作用下，与普通 GHG 推进剂相比，纳米 RDX 基 GHG 推进剂的特性落高的标准差减小，说明纳米 RDX 基 GHG 推进剂在撞击作用下引发燃爆的稳定性更好。这主要是因为：普通 GHG 推进剂中工业微米级 RDX 无法有效地负载于 NC 表面，只能分散于 NC 之间的网络空隙中，性能的推进剂样品中组分不均匀，在撞击作用下发生燃爆的概率相差较大，因而特性落高标准偏差较大；而纳米 RDX 能够很好地负载于 NC 表面，所形成的推进剂样品中组分均匀，在撞击作用下发生燃爆的概率比较接近，因而纳米 RDX 基 GHG 推进剂的特性落高标准偏差较小。

2）燃烧性能

采用"靶线法"对 GHG 推进剂进行燃烧速度测试。推进剂药条长度为 150mm，直径为 5mm，靶距为 100mm，密度为 1.75g/cm^3。燃速、燃速系数、压强指数如表 6-27 和表 6-28 所示。

表 6-27　GHG 推进剂样品在不同压强下的燃烧速度测试结果

样品	不同压强下的燃速/（mm/s）					
	6MPa	8MPa	10MPa	12MPa	14MPa	16MPa
普通 GHG	14.41	15.99	16.98	19.61	21.02	22.45
纳米 RDX 基 GHG	16.07	17.86	19.69	20.56	21.70	23.16

GHG 推进剂的燃烧速度随环境压强的增大而增大。在 6～16MPa 范围内，纳米 RDX 基 GHG 推进剂的燃烧速度比普通 GHG 推进剂的燃烧速度大。

表 6-28　GHG 推进剂样品的燃速系数和压强指数测试结果

样品	燃速系数	压强指数
普通 GHG	6.139	0.463
纳米 RDX 基 GHG	8.405	0.363

在 6～16MPa 范围内，当装药密度为 1.75g/cm^3 时，与普通 GHG 推进剂相比，纳米 RDX 基 GHG 推进剂的燃速系数从 6.139 增大至 8.405，提高了 36.9%；压强指数从 0.463 降低为 0.363，降低了 21.6%；燃烧性能明显改善。

8. 纳米 RDX 在高固含量改性双基推进剂中应用研究进展现状

采用螺压工艺，将原 GHG 推进剂配方中的粗颗粒（d_{50} 约 90μm）RDX，部分（20%）采用纳米级（d_{50} 约 60nm）RDX 替代，并确保在制备过程中纳米 RDX 不流失、粗细 RDX 含量与配方投料量一致。

与普通 GHG 推进剂相比，纳米 RDX 基 GHG 推进剂的热分解峰温提前、表观活化能减小，在 120℃下，安定性一致；纳米 RDX 能够更好地负载于 NC 表面，微观结构更加密实。当装药密度为 1.75g/cm^3 时，纳米 RDX 基 GHG 推进剂在高温下抗拉强度提高了 32.6%，伸长率相对提高了 25.2%；在常温下抗拉强度提高了 25.4%，伸长率相对提高了 46.9%；在低温下抗拉强度提高了 17.5%，伸长率相对提高了 23.7%。纳米 RDX 基 GHG 推进剂的摩擦感度和撞击感度分别降低了 50.0%和 27.3%，安全性大大提高；在 6～16MPa 范围内，当装药密度为 1.75g/cm^3 时，推进剂的燃速系数提高了 36.9%，压强指数降低了 21.6%，燃烧性能明显改善。

6.1.3　其他相关应用研究进展

南京理工大学国家特种超细粉体工程技术研究中心[2]还研究了 RDX 的粒度对粒铸改性双基弹性体推进剂（EMCDB）燃烧性能的影响规律。当 RDX 粒径（d_{50}）从 79.6μm 减小至约 10μm 时，表现出：RDX 的粒径越小，EMCDB 推进剂在低压下燃速加快、燃速压强指数降低、平台燃烧范围扩大。这是因为：RDX 的粒径越小，比表面积越大，燃烧时的燃面越大，缩短了火焰区与燃面的距离，使火焰区向燃面辐射的热量增多，进而表现出超细 RDX 应用后使推进剂的燃速提高、压强指数降低、燃烧平台范围扩大。并且，当超细 RDX 应用后，推进剂的高、低温强度（σ）和模量都增大（表 6-29）；在高温下的延伸率（ε）也增大；表现出显著的性能优势。

表 6-29　RDX 粒径对推进剂力学性能的影响

配方编号	RDX 粒径 d_{50}/μm	50℃		–40℃	
		σ_m/MPa	ε_m/%	σ_m/MPa	ε_m/%
1	79.6	0.45	69	2.5	12.6
2	35.4	0.49	72	2.9	18.2
3	10.8	0.67	91	3.6	8.8

并且，研究结果也表明：当纳米 HMX 应用于改性双基推进剂、部分替换普通粗颗粒 HMX 后，也会显著提高推进剂的拉伸强度和伸长率，还使燃速压强指数降低，综合性能显著改善。此外，西安近代化学研究所李笑江等也针对微纳米含能材料在交联改性双基推进剂中的应用，开展了大量的研究工作。相关研究结果表明：当微纳米含能材料，尤其是微米级超细含能材料（如 RDX、HMX、CL-20 等）应用于改性双基推进剂后，可使推进剂的感度降低、燃烧性能获得大幅度改善，表现出非常优异的应用效果。

6.2　微纳米含能材料在复合固体推进剂中的应用研究进展

复合固体推进剂是由氧化剂（高氯酸铵、硝酸铵等）、燃烧剂（铝粉等）和高分子黏结剂，以及含能化合物（如 RDX、HMX、CL-20 等）混合固化制成的火药。通常按高分子黏结剂的种类可分为聚硫橡胶复合固体推进剂、聚氨酯复合固体推进剂、端羟基聚丁二烯复合固体推进剂和端羧基聚丁二烯复合固体推进剂等。复合固体推进剂能量高于双基推进剂，比冲高达 2400～2600N · s/kg，且燃烧可控性强。已在各类战略战术导弹中获得了广泛的应用。并且，由于采用浇铸成型工艺，可制成大尺寸药柱，多用于大推力的火箭和导弹。

复合固体推进剂的生产大多采用真空浇铸工艺，即推进剂各组分经预混、捏合形成均匀的药浆后，在真空条件下振动浇铸加入事先准备好的发动机燃烧室中。真空浇铸可避免或减少药柱中出现气孔，保证药柱质量。为了使发动机中的推进剂药浆成型，需要把发动机放入规定温度的环境中进行固化。固化温度和时间因推进剂配方而异。例如，聚丁二烯推进剂固化温度约为（50±2）℃，保温时间约为 170h。推进剂固化成型后，还需经过拨模、整形，并通过 X 射线、超声波、CT 成像等非破坏型检测技术检验合格后，才可投入使用。

当前，复合固体推进剂已在航天、兵器、核，以及宇宙探索等诸多军民领域，取得大规模应用。并且，随着相关装备的应用拓展，对复合固体推进剂也提出了越来越高的要求，如更高的力学性能、更可控的燃速、更低的感度等，以满足越来越复杂的使用环境和越来越精细的控制要求。将复合固体推进剂中的高能炸药组分微纳米化，是提高其综合性能的有效途径。因此，微纳米含能材料在复合固体推进剂中应用方面的研究工作受到越来越多的重视。

南京理工大学国家特种超细粉体工程技术研究中心[3]研究了亚微米级 CL-20 在复合固体推进剂中的应用，结果表明：随着亚微米 CL-20 含量的增加，复合推进剂的热分解温度及表观活化能逐渐降低，降幅随亚微米 CL-20 的含量增加而减小；复合推进剂的热爆炸临界温度（T_b）也随亚微米 CL-20 的含量增加而逐渐降低，但降幅较小，不影响推进剂的热安定性。并且，通过进一步开展合作研究表面：微纳米含能材料，尤其是微米级超细 RDX、HMX、CL-20 等应用于复合固体推进剂后，可使推进剂的感度降低 20%～30%、延伸率从约 150%提高至 180%～200%，燃烧性能显著改善。此外，当超细含能材料（如超细 NQ）应用于低燃速复合固体推进剂中，可使推进剂的燃速按设计要求获得大幅度降低，且避免了普通无机盐类降速剂的引入而导致推进剂能量降低的问题，还显著改善了吸湿性。

湖北航天化学技术研究所唐根等[4, 5]采用水下声发射法，研究了 CL-20 粒度对复合固体推进剂燃烧性能的影响，结果表明：随着 CL-20 粒径减小，推进剂在 3～9MPa 范围内的燃速降低、燃速压强指数也减小。这是因为：一方面，CL-20 的粒径越大，推进剂内的间隙增大，进而推进剂燃烧表面的凹凸程度增加、燃面越大，表现为燃速提高；另一方面，由于推进剂燃烧时，黏合剂体系受热后会熔化，CL-20 粒径越小，黏合剂体系的熔化液会更容易流动到其表面对其进行覆盖，从而造成局部熄火，使燃速降低，并且由于被黏合剂体系熔化液覆盖后的 CL-20 颗粒的热分解受压强的影响减小，故推进剂的燃速压强指数随粒径减小而下降。进一步的，该课题组还研究发现，当 CL-20 的 d_{50} 由 50μm 降低至 5μm 时，其中粗粒度 CL-20 的 d_{50} 为 50μm、中粒度 CL-20 的 d_{50} 为 25μm、细粒度 CL-20 的 d_{50} 为 5μm，推进剂燃速降低，燃速压强指数下降。具体表现为低压时燃速下降不明显，高压时燃速下降显著，燃速与燃速压强指数在 3～17MPa 的范围内随着粒径减小而降低。此外，研究结果也表明：当体系中存在亚微米级 CL-20（d_{50} = 500nm）时，推进剂燃速与燃速压强指数随着超细粒度（亚微米级）CL-20 的含量增加而有所增加。四种粒度规格 CL-20 对 NEPE 推进剂燃速贡献顺序为：粗粒度>中粒度>超细粒度>细粒度。

西北工业大学贾小峰等[6]采用水下声发射法，研究了 RDX 与 HMX 粒度对复合推进剂燃烧性能的影响规律，结果表明：对于 RDX 或 HMX，在低压段（3～9MPa）无论粒径大小，相对无硝胺推进剂配方，压强指数均降低；而在高压段（15～20MPa）则粗粒度的硝胺使推进剂压强指数增加，细粒度的硝胺使推进剂压强指数明显降低。含不同粒度 RDX 或 HMX 的推进剂存在一个压强点，低于该压强点，则细粒度硝胺高于粗粒度硝胺的推进剂燃速；高于该压强点则反之；压强点与粗、细硝胺粒度有关。在 20MPa 下，硝胺粒度对燃速呈非线性二项式影响，粒径越大、燃速越大；硝胺粒度对推进剂高压段（15～20MPa）压强指数呈指数关系影响，粒径越小、压强指数越低。

日本 Tomoki Naya（汤木内亚）等[7]研究了 HMX 的粒度对复合固体推进剂燃烧性能的影响，结果表明：推进剂的热分解行为几乎与 HMX 的粒度无关；推进剂的燃烧特性受 HMX 粒度和含量的影响，体系中 HMX 的粒度及相邻颗粒之间的间隙对推进剂的燃烧产生较大影响；粗颗粒 HMX 会引起推进剂燃烧时产生明显的闪烁火焰。在高压下（2～7MPa），推进剂的燃速几乎不随粒度发生变化；在低压下（0.5～2MPa），推进剂的燃速随粒径增大而降低。

6.3 微纳米含能材料在发射药中的应用研究进展

发射药是枪炮火力系统的动力源，其快速燃烧后产生大量的高温高压气体，使弹头或弹丸获得发射。按其组成可分为单基发射药（主要含 NC 和少量助剂）、双基发射药（主要含 NC、NG 和少量助剂）、三基发射药（主要含 NC、NG、NQ 及少量助剂）、硝胺发射药（主要含 NC、NG、RDX）、混合硝酸酯发射药（主要含 NC、NG、混合硝酸酯）等。通常要求发射药具有如下特点：燃气分子量小，无腐蚀性，含固体粒子少，不污染枪炮的内膛；爆温不应过高，以免烧蚀内膛；

能产生良好的弹道效果；物理、化学安定性好，能长期储存；原材料资源丰富，生产成本低廉。根据枪炮武器的具体要求，可将发射药制成不同的形状和大小，常见的形态有管状、带状、片状、球状、粒状、梅花状等。近年来，提高发射药的力学性能，成为发射药的重要研究方向。相关研究结果表明，通过将微纳米含能材料（如微米级或亚微米级 RDX）引入发射药中，不仅可以提高力学性能，还能降低发射药的温度敏感系数和感度，进而使微纳米含能材料在发射药领域表现出良好的应用前景。

南京理工大学廖昕等[8-11]为提高单基发射药的能量，在单基发射药中加入 RDX，并研究了不同含量、不同粒度的 RDX 对单基发射药燃烧性能的影响。所设计的配方中：0#为空白药；1#～4#改性单基药样品中 RDX 的粒径均为 7.6μm，含量分别为 5%、10%、15%、20%；5#～7#改性单基药样品中 RDX 的含量均为 5%，粒径分别为 0.2μm、3.7μm、100.0μm。当实验温度为 20℃时，不同 RDX 含量改性单基药的压强（p）-时间（t）曲线、燃速（u）-压强（p）曲线和动态活度（L）-相对压强（B）曲线，如图 6-22 所示。

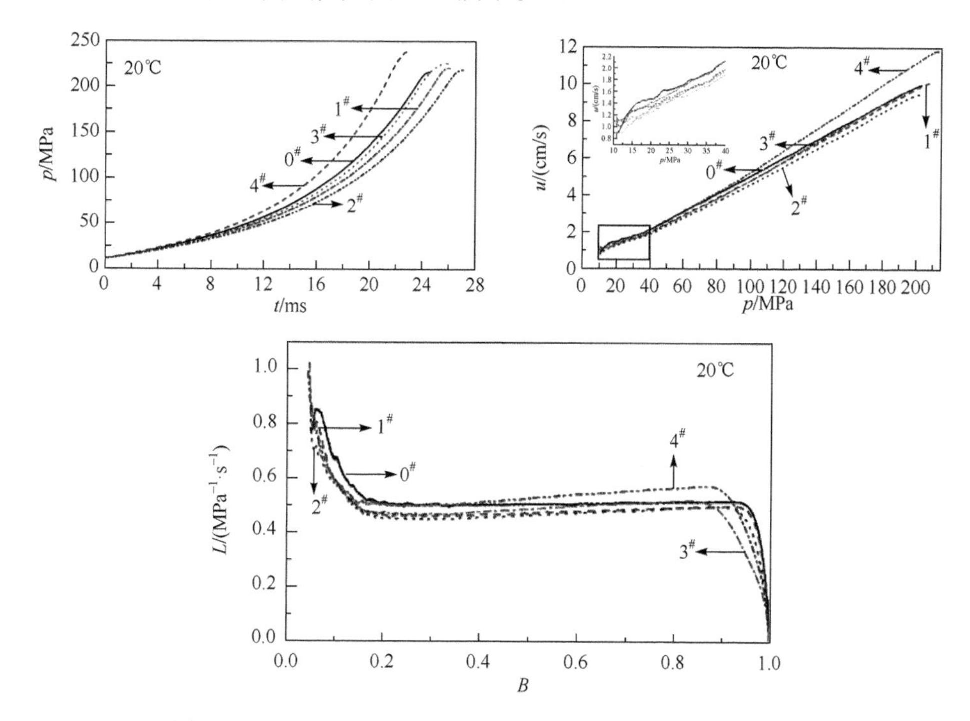

图 6-22　不同 RDX 含量改性单基发射药的 p-t、u-p、L-B 曲线

在发射药开始燃烧后，在 10.98～215.89MPa 压强段内，各样品达到相同压强的时间依次为 4#、0#、3#、1#、2#。随 RDX 含量的增加，燃烧结束时间先延长后

缩短；改性单基发射药燃速变化呈现出先降低后升高的趋势，即在 RDX 含量分别为 5%和 10%时，燃速随 RDX 含量增加而降低，而在 RDX 含量为 15%和 20%时，燃速随 RDX 含量的增加而增加。RDX 的引入降低了改性单基发射药的起始动态活度。当实验温度为 20℃、含量为 5%时，不同 RDX 粒度改性单基药的 *p-t* 曲线、*u-p* 曲线和 *L-B* 曲线，如图 6-23 所示。

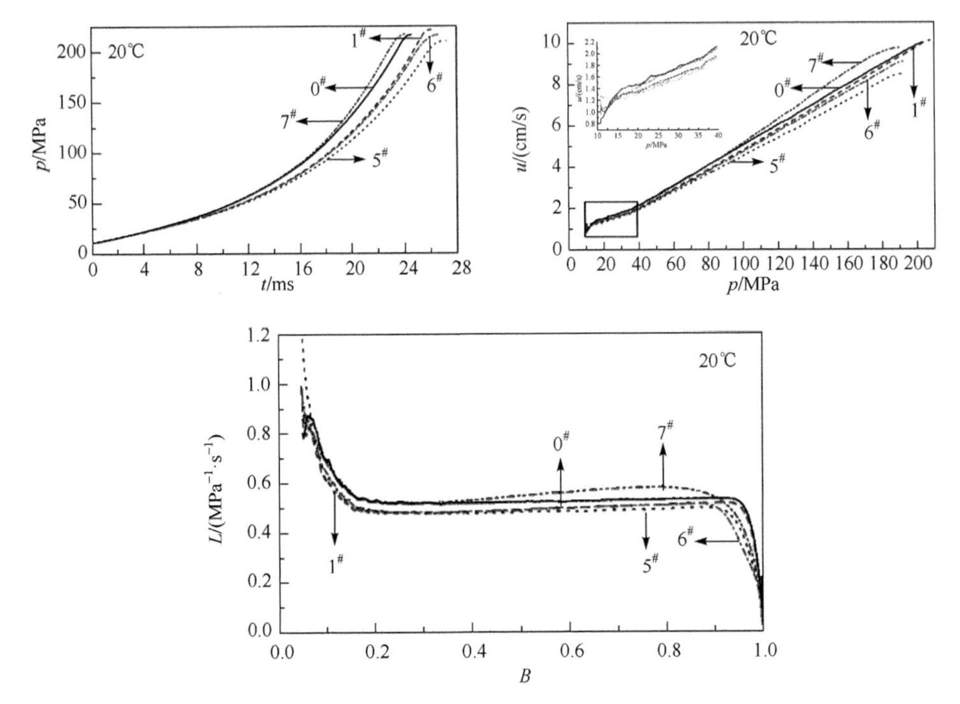

图 6-23　不同 RDX 粒度改性单基发射药的 *p-t*、*u-p*、*L-B* 曲线

在 10.98～210.05MPa 压强段内，各样品达到同一压强的时间依次为 7#、0#、1#、6#、5#，即随 RDX 粒径的增大，燃烧结束时间缩短。RDX 改性单基发射药的起始燃速均低于未改性单基发射药的起始燃速，且随 RDX 粒径的减小而降低。主要原因是热分解过程 RDX 的熔融吸热：在分散均匀的情况下，含量相同的 RDX 粒径越小，其与基体的接触面越大，熔融吸热越充分，进而表现为起始燃速有随 RDX 的粒径减小而下降的趋势；当压强达到 80MPa 以后，7#样品的燃速已超过单基发射药，其余样品的燃速仍低于单基发射药，它们的燃速压强曲线斜率随粒径减小而减小。随 RDX 粒径增大，改性单基发射药的 L-B 曲线偏离直线越明显。

计算结果表明：在低压段（50～100MPa），不同粒度 RDX 改性单基发射药的燃速压强指数均小于 1；在中压段（100～150MPa），纳米 RDX 改性单基发射药即 5#的燃速压强指数小于 1，样品 6#、1#、7#的燃速压强指数均大于 1；在高压段（150MPa～p_{dpm}），样品 5#、6#、7#的燃速压强指数均小于 1，样品 1#的燃速压强指数大于 1。总之，在整个压强段（50MPa～p_{dpm}），样品 5#与 6#的平均燃速压强指数小于 1，样品 1#与 7#的平均燃速压强指数大于 1；RDX 粒径越大，改性单基发射药的燃速越大。

廖昕等还对含有不同 RDX 粒度改性单基开展了燃烧中止试验和力学性能研究。其中未改性单基药记为样品 1，含 0.5μm 的 RDX 改性单基药记为样品 2，含 7.6μm 的 RDX 改性单基药记为样品 3，含 100μm 的 RDX 改性单基药记为样品 4，样品 2、样品 3、样品 4 中 RDX 的含量均为 10%。在试验温度 20℃、破孔压强 100MPa、点火压强 10.98MPa 条件下，不同单基药样品完成燃烧中止试验后的表面形貌如图 6-24 所示。

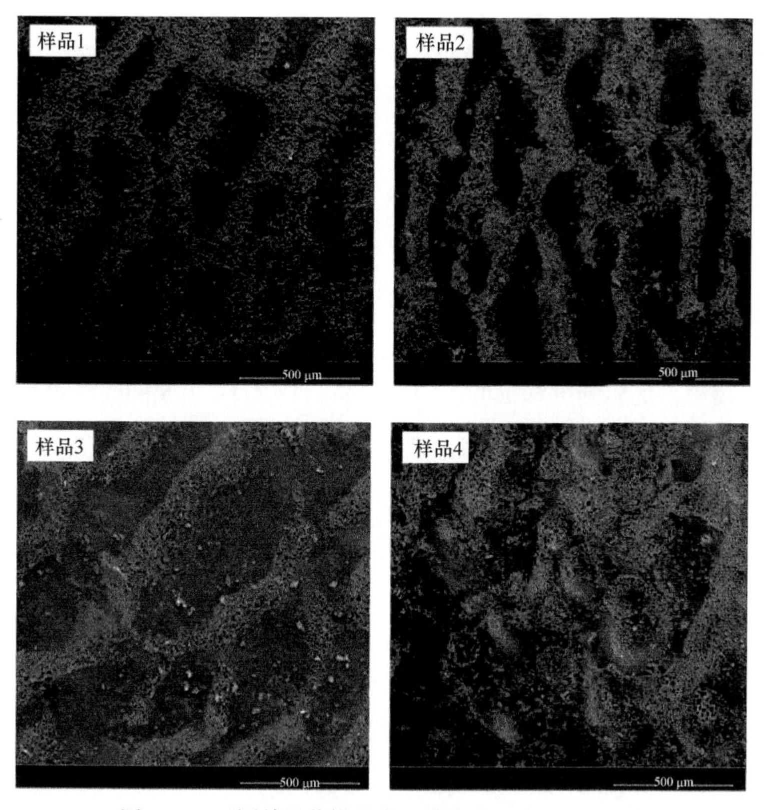

图 6-24　不同单基药样品中止燃烧表面的 SEM 照片

样品 1、样品 2 与样品 3 中止燃烧表面光滑，样品 4 的表面可见明显凹坑，这是因为：在分散均匀的情况下，当 RDX 含量相同时，粒径越小，颗粒越多，与基体的接触面越大，在凝聚相中吸热熔融分解越充分；而大粒径的 RDX 在凝聚相中难以完全熔融分解，进而逐渐从单基药基体中暴露出来，被抛出燃烧表面，从而导致单基药燃烧表面凹凸不平，存在洼坑。

采用万能材料试验机、简支梁式抗冲击试验机测试了单基药样品的力学性能，测试结果如表 6-30、表 6-31 所示。

表 6-30　改性单基药的抗压强度（σ_m）测试结果

样品	σ_m/MPa		
	–40℃	20℃	50℃
1	174.68	123.72	85.57
2	157.10	114.51	62.06
3	147.92	108.11	53.41
4	112.83	87.37	42.67

表 6-31　改性单基药的抗冲击强度（σ_k）测试结果

样品	σ_k/（kJ/m^2）		
	–40℃	20℃	50℃
1	10.90	21.65	25.26
2	6.58	18.92	24.26
3	5.89	16.60	20.42
4	3.75	7.29	8.74

在–40℃、20℃、50℃下，含 RDX 质量分数 10%的改性单基药的抗压强度和抗冲击强度，始终低于不含 RDX 的单基药；对于含有 RDX 的改性单基发射药，RDX 粒径越小，抗压强度和抗冲击强度越高。当 RDX 填充的改性单基药受到冲击载荷作用时，黏结剂较易变形和吸收能量，而 RDX 变形能力差，这就决定了改性单基药的冲击断裂破坏方式与未改性单基药不同。为了进一步研究 RDX 粒径大小对改性单基药力学性能的影响，用扫描电子显微镜观察了样品在低温下的冲击断面，如图 6-25 所示。

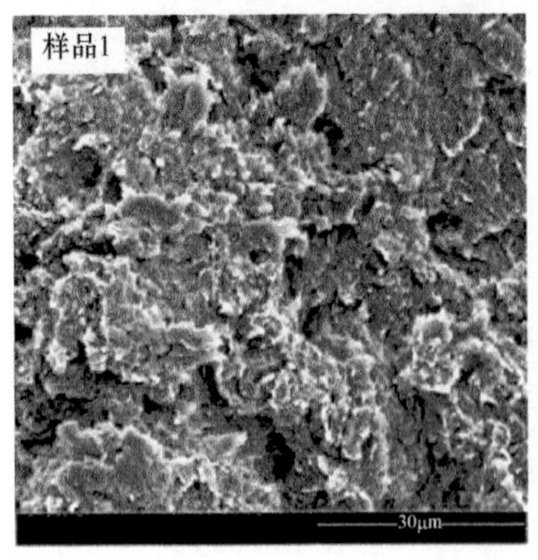

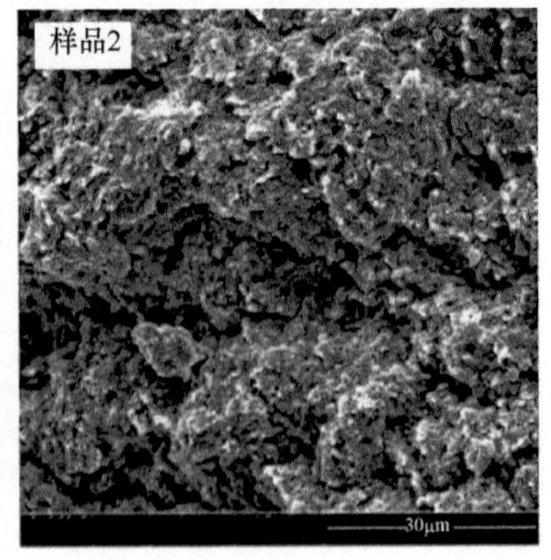

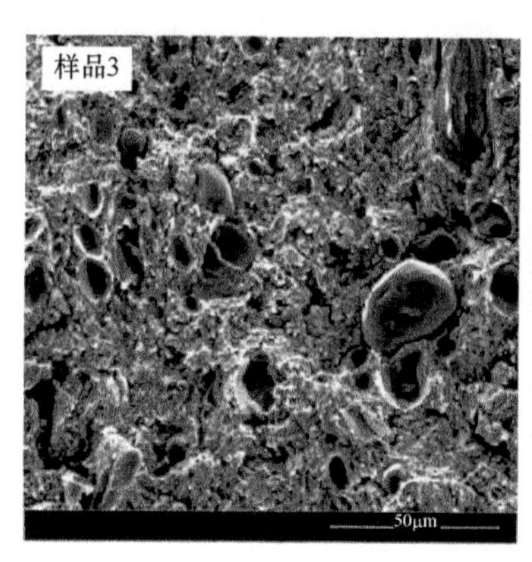

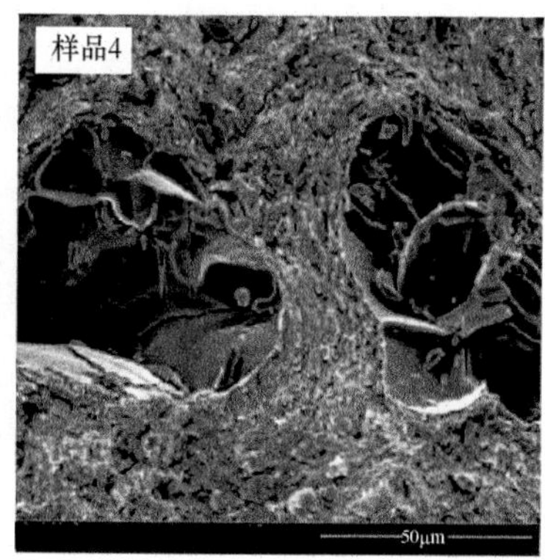

图 6-25　不同单基药样品在低温下的冲击断面 SEM 照片

单基药（样品 1）基体塑化均匀，整个体系为均相体系；样品 2 中粒径 0.5μm 的 RDX 颗粒在基体中分布均匀，经过冲击作用后，RDX 颗粒与基体间无明显空隙，结合较好；样品 3 中的 RDX 粒径变大，在部分颗粒与基体间有明显空隙，并有少量 RDX 颗粒从基体中脱落，留下“空穴”；样品 4 中 RDX 粒径大，颗粒数量少，受到冲击时，部分 RDX 颗粒直接破碎。未添加 RDX 时，单基药为均质体系，单基药的强度主要由基体的强度决定；添加 RDX 后，破坏了原有的均相体系，使抗冲击强度低于均相的单基药。随着 RDX 粒径的减小，颗粒比表面积增大，与基体的接触更加良好，结合更加紧密，受到外力冲击后，RDX 不易从基体脱离，进而表现为力学性能提高。

进一步的，他们还研究了 RDX 粒度对混合硝酸酯发射药性能的影响，首先通过改进制备工艺，制备得到了含纳米 RDX（d_{50} 为 290nm）混合硝酸酯发射药，使纳米 RDX 充分均匀分散在发射药基体体系中。工艺改进前后，含纳米 RDX 的混合硝酸酯发射药的表面照片及冷冻断面形貌如图 6-26、图 6-27 所示。

采用普通工艺制得的发射药样品表面可观察到许多分散的大颗粒，这些大颗粒是许多纳米 RDX 颗粒的团聚体，且断面具有较大的空隙。而采用改进工艺制得的样品表面光滑，纳米 RDX 均匀分散在基体体系中，且断面致密、无明显空隙。力学性能测试结果表明：基于改进工艺制备的含纳米 RDX 的混合硝酸酯发射药的低温（–40℃）延伸率和抗冲击强度，比采用普通工艺制备的发射药样品高，并且比含其他两种粒度 RDX（d_{50} 分别为 12.85μm 和 97.76μm）的混合硝酸酯发射药也大幅度提高。这是因为：充分分散的纳米 RDX 与发射药基体体系的键合能量更大，进而表现为力学性能提高。含不同粒度 RDX 的混合硝酸酯发射药在–40℃下的断面形貌如图 6-28 所示。

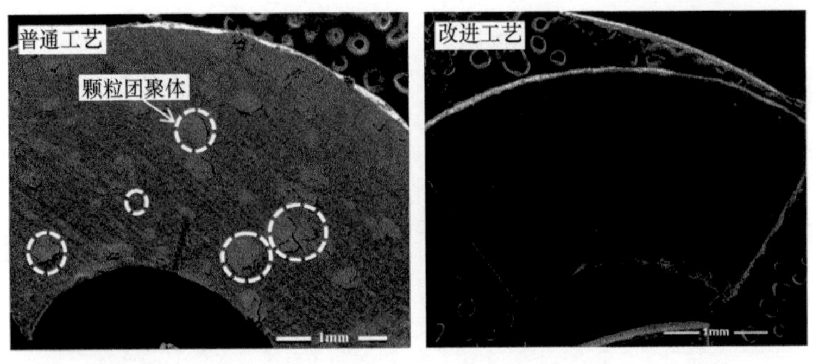

图 6-26 含纳米 RDX 的混合硝酸酯发射药表面 SEM 照片

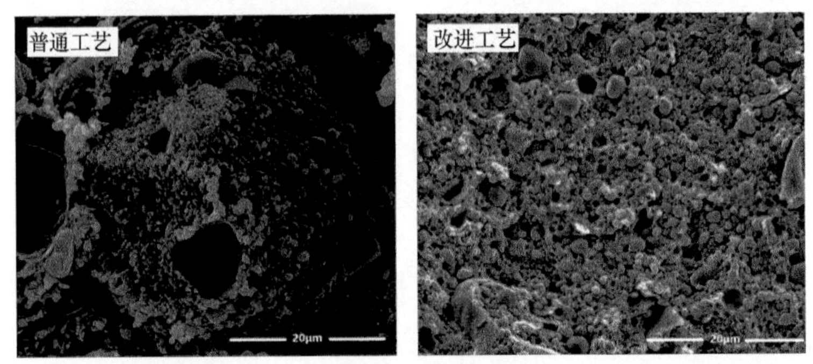

图 6-27 含纳米 RDX 的混合硝酸酯发射药冷冻断面 SEM 照片

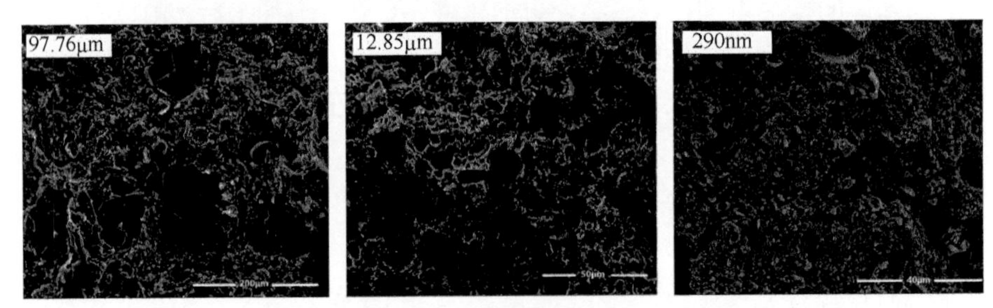

图 6-28 含不同粒度 RDX 混合硝酸酯发射药的断面 SEM 照片

在含 RDX 粒径（d_{50}）为 97.76μm 的发射药和含 RDX 粒径（d_{50}）为 12.85μm 的发射药中，较大粒度的 RDX 颗粒发生了脆性断裂；在含纳米 RDX 的发射药中，RDX 颗粒保持完整，未发生脆性断裂，与基体体系的黏结更加紧密，进而表现为力学性能增强。

此外，他们也研究了 HMX 粒度（d_{50} 分别为 24μm、3.7μm、2.24μm）对发射药燃烧性能的影响，通过消除静电、降低表面能，实现了超细 HMX 的均匀分散，试验结果表明：随着 HMX 粒径减小，发射药燃速降低、燃速压强指数减小，有利于改善燃烧性能。

中北大学韩进朝等[12]研究了 RDX 粒度（d_{50}分别为 5.06μm、6.47μm、27.23μm、46.39μm）对改性单基发射药热分解特性和力学性能的影响规律，结果表明：随着 RDX 粒径减小，发射药的热分解峰温提前，抗冲击强度和抗压缩强度逐渐提高。这是因为，RDX 粒径越小，比表面积越大，RDX 颗粒的活性表面与硝化棉形成更多的交联点；当受到应力时，可以通过交联点将应力分散，使其承受的应力增加。当发射药受到外力作用时，RDX 颗粒所承受的载荷要高于黏结剂基体上分配到的载荷，RDX 粒径越小，其颗粒受到的应力就越均匀、薄弱点越少，进而使发射药表现出更好的力学性能。

6.4　微纳米含能材料在混合炸药中的应用研究进展

混合炸药是由两种以上的化学物质混合构成的猛炸药，既可以是可燃物和氧化剂所组成的混合物，也可以是以一种含能化合物为基础，再加入其他组分所形成的混合物。将含能化合物与其他物质混合制成混合炸药使用，可改善其物理和化学性质以及爆炸性能和装药性能等。当前，各种类型弹药的战斗部装药，绝大多数是混合炸药。根据成型工艺与组分不同，可将混合炸药分为高分子黏结炸药和熔铸炸药等。

高分子黏结炸药是以含能化合物（如 RDX、HMX、CL-20 等）为主体，以高分子材料（如氟橡胶）为黏结剂，并引入少量钝感剂和助剂，经压制成型所制备得到的混合炸药。第二次世界大战结束后，诞生了第一代 PBX 高聚物黏结炸药，它是以 RDX 为主体炸药，并添加了塑性聚合物制成的黏结炸药，供美国特种兵使用。1961 年，美国研制出了 C4 炸药，由于其优异的综合性能而被广泛装备部队。20 世纪 80 年代末期，美国陆军研制出了含铝 CL-20 基 PAX 型系列压装炸药，其中 PAX-11 炸药的密度为 1.96g/m^3，爆速达 9370m/s、爆压达 39.3GPa。我国虽然在高分子黏结炸药方面的起步较晚，但近年来得到了迅猛发展，已分别研制出了基于 RDX、HMX、CL-20 等含能材料的高分子黏结炸药配方，以及含铝高分子黏结炸药配方，并获得了实际应用，相关研究成果已处于国际先进水平。

熔铸炸药是将含能化合物、助剂、铝粉等，加入熔融状态的基体（也称载体，如 TNT）中，混合均匀后进行铸装成型的混合炸药。当前，使用最广泛的熔铸炸药是 TNT 基熔铸炸药，如 TNT-RDX、TNT-HMX、TNT-RDX-Al 等体系，被世界各国大量装填于各种榴弹、航弹、穿甲弹、地雷以及部分导弹战斗部。近年来，新的熔铸炸药载体（如 DNAN、DNTF 等）正获得大量的研究和应用。

随着武器装备的发展和实用环境的拓展，对不敏感弹药的需求也越来越迫切。要实现弹药的不敏感化，一个重要的手段就是降低混合炸药的感度。通过引入惰性组分能够使混合炸药感度降低，但又不可避免地带来体系相容性和能量降低的问题。将具有降感特性的微纳米含能材料引入混合炸药体系，不仅能够使高分子黏结炸药和熔铸炸药的感度降低，还能提高力学性能。并且能够通过粒度级配提高装药密度，进而提高单位体积混合炸药的能量输出，使混合炸药的综合性能获得大幅度提升。因此，微纳米含能材料在混合炸药中的研究工作近年来也获得研究者的广泛关注。

6.4.1 纳米 RDX 在压装型高分子黏结炸药中的应用研究进展

1. RDX 基高分子黏结炸药造型粉的制备

采用溶液-水悬浮法，按 RDX：2, 4-二硝基甲苯（DNT）：聚乙酸乙烯酯（PVAc）：硬脂酸（SA） = 94.5：3：2：0.5（质量比），制备压装型 RDX 基高分子黏结炸药（PBX），简称 RDX 基聚黑（JH）炸药。在制备 RDX 基 JH 炸药时，首先用黏结剂对 RDX 颗粒进行包覆，然后在将钝感剂包覆在黏结剂的表面，如图 6-29 所示。

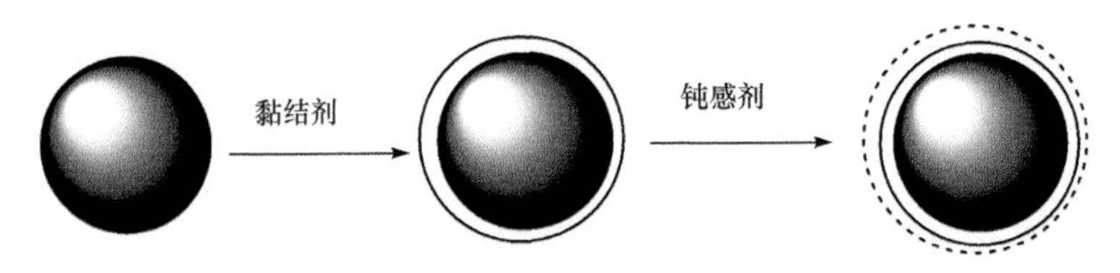

图 6-29 RDX 基 JH 炸药制备的原理图

采用溶液-水悬浮法制备 RDX 基 JH 炸药造型粉时，首先按配方比例称取 RDX、DNT、PVAc 和硬脂酸，每次试验均按总投料量 100g 计。然后将称好的 RDX 与去离子水按一定的质量比加入三口烧瓶中，用恒压漏斗将一定浓度的 DNT 和 PVAc 的乙酸乙酯溶液滴加到烧瓶内，控制搅拌速度和温度，对 RDX 进行包覆。之后控制黏结剂滴加速度为 3mL/min，当黏结剂溶液滴加完毕后控制料液温度为 85℃，待溶剂挥发完全后加入硬脂酸，继续搅拌使其熔化并在体系内均匀分布后，降温至 35℃以下。最后过滤、洗涤，在 50℃下烘干，得到 JH 炸药造型粉，对其进行筛分，研究其粒度分布。

纳米 RDX 由于比表面积大，因此在造型粉制备过程中难以成型。通过分析并研究搅拌速度、黏结剂浓度和包覆温度等因素对纳米 RDX 基 JH 炸药成型过程的影响，确定了适合于纳米 RDX 基 JH 炸药的工艺参数为：搅拌速度 600r/min、黏结剂浓度 5%、包覆温度 75℃，在该工艺条件下所制备得到的 RDX 基 JH 炸药造型粉外观如图 6-30 所示。

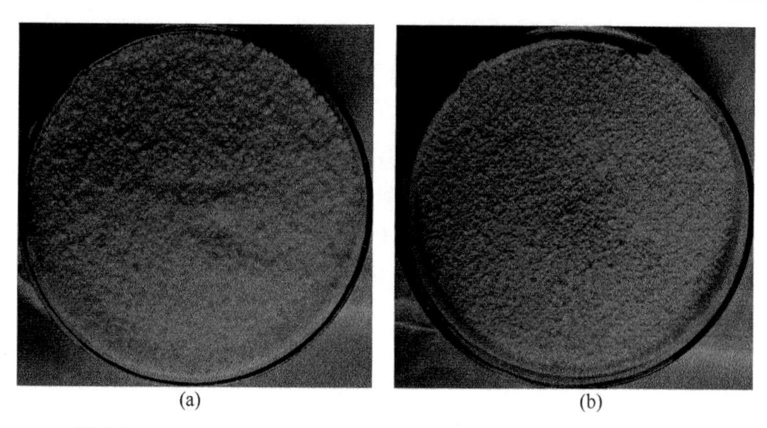

(a)　(b)

图 6-30　微米级 RDX 基 JH（a）和纳米 RDX 基 JH（b）炸药造型粉的外观照片

2. 纳米 RDX 基 JH 炸药造型粉的粒度分布

采用筛分法对 RDX 基 JH 炸药造型粉的粒度分布进行分析，具体测试过程如下：将直径为 200mm 的 10 目、30 目和 60 目的不锈钢筛子洗净烘干，分别称量它们的质量 $m_{10\text{-}0}$、$m_{30\text{-}0}$、$m_{60\text{-}0}$；将不锈钢筛子自下而上按目数 60 目-30 目-10 目的顺序叠好，底部用与筛子配套的不锈钢底盒接好。用天平准确称量 50.00g JH 炸药造型粉样品，将称量好的样品倒入最上面的 10 目不锈钢筛网上，抖动筛网，使造型粉颗粒依次自上而下通过各个筛网，一段时间后，分别称量盛有造型粉样品筛子的质量 $m_{10\text{-}1}$、$m_{30\text{-}1}$ 和 $m_{60\text{-}1}$；之后小心地分别将各个筛子按顺序叠好，继续抖动一段时间后称量它们的质量 $m_{10\text{-}2}$、$m_{30\text{-}2}$ 和 $m_{60\text{-}2}$；如此重复，直至第 n 次称量的质量 $m_{10\text{-}n}$、$m_{30\text{-}n}$ 和 $m_{60\text{-}n}$ 满足以下等式：$m_{10\text{-}n}=m_{10\text{-}(n-1)}=m_{10\text{-}(n-2)}$，$m_{30\text{-}n}=m_{30\text{-}(n-1)}=m_{30\text{-}(n-2)}$，$m_{60\text{-}n}=m_{60\text{-}(n-1)}=m_{60\text{-}(n-2)}$，则以（$m_{10\text{-}n}-m_{10\text{-}0}$）、（$m_{30\text{-}n}-m_{30\text{-}0}$）和（$m_{60\text{-}n}-m_{60\text{-}0}$）分别表示粒度大于 10 目、小于 10 目大于 30 目、小于 30 目大于 60 目之间的造型粉样品的质量，进而分别求得造型粉颗粒粒度在大于 10 目、小于 10 目大于 30 目、小于 30 目大于 60 目和小于 60 目范围内的质量分数。

重复上述实验 3 次，以它们的平均值表示各个粒度范围内造型粉样品的质量分数，以分布在 10～60 目之间的造型粉为合格品。JH 炸药造型粉的粒度分布如表 6-32 所示。

表 6-32　RDX 基 JH 炸药造型粉的颗粒大小分布

样品	>10 目	30～10 目	60～30 目	<60 目
工业微米级 RDX 基 JH	0.46	83.16	16.28	0.10
纳米 RDX 基 JH	0	26.94	72.82	0.24

工业微米级 JH 炸药造型粉的合格品率为 99.44%，造型粉颗粒较大，主要分布在 30～10 目之间；纳米 RDX 基 JH 炸药造型粉颗粒全部小于 10 目，合格品率为 99.76%，造型粉颗粒较小，主要分布在 60～30 目之间。这是因为：工业微米级 RDX 颗粒较大，d_{50} 在 90μm 左右，黏结剂对其进行一次包覆形成的造型粉颗粒本来就比较大，并且其比表面积小，被包覆时所需的黏结剂量较少，黏结剂可对造型粉进行二次甚至多次包覆形成较大颗粒的造型粉；纳米 RDX 比表面积大，有限的黏结剂对炸药颗粒进行二次或多次包覆的概率较小，因而所形成的造型粉颗粒较小。

3. 纳米 RDX 基 JH 炸药造型粉的组分含量研究

采用“溶剂萃取法”，利用特定溶剂对试样组分的不同溶解度，分布溶解组分使其相互分离，从而定量分析 RDX 基 JH 炸药中各组分的含量，研究 JH 炸药中黏结剂和钝感剂的含量，确保造型粉质量的稳定性。

对于 RDX 基 JH 炸药中的组分 RDX、DNT、PVAc 和硬脂酸，根据它们的性质选择不同的溶剂分别进行溶解。选择丙酮作为 RDX 的溶剂，乙酸乙酯作为 DNT 和 PVAc 的溶剂，乙醚作为硬脂酸的溶剂。这是因为：对于 RDX，常用的溶剂为丙酮，且 RDX 在丙酮中的溶解度随温度的升高而变大，然而，丙酮也可将硬脂酸溶解；对于硬脂酸，可溶于乙醚、丙酮、苯、氯仿、四氯化碳等溶剂，由于苯、氯仿和四氯化碳的毒性较大，而乙醚毒性较小，且对硬脂酸的溶解较大，对 RDX 溶解较小，故选择乙醚作为硬脂酸的溶剂；DNT 和 PVAc 易溶于乙酸乙酯，而 RDX 和硬脂酸在乙酸乙酯中的溶解度也较小，且乙酸乙酯毒性较小，因此选择乙酸乙酯作为 DNT 和 PVAc 的溶剂。

基于各溶剂对 JH 炸药组分的溶解度不同，先用乙酸乙酯溶解分离 DNT 和 PVAc，再用乙醚溶解分离硬脂酸，最后用丙酮溶解分离 RDX。具体实验过程如下：

首先准确称取 RDX 基 JH 炸药造型粉(质量 m 为 20.00g)放入洗净的烧杯中，在 20℃下恒温。然后量取 20℃下 RDX 的乙酸乙酯饱和溶液加入烧杯中，搅拌使 DNT 和 PVAc 被乙酸乙酯迅速溶解；在 20℃持续搅拌直至黏结剂完全被溶解。之后将烧杯中的物质全部移入已经恒量（质量 m_1）的置于锥形瓶上的滤杯中，过滤并用 RDX 的乙酸乙酯饱和溶液洗涤烧杯，洗涤液一并倒入滤杯中，继续过滤除去所有乙酸乙酯溶液。最后将滤杯外壁擦净后放入烘箱中烘干，取出放于干燥器中冷却至室温后称其质量 m_2，则造型粉样品中黏结剂的质量为（$m+m_1-m_2$），精确到 0.01g。

将干燥后的滤杯置于另一锥形瓶上，向滤杯中加入 RDX 的乙醚饱和溶液，搅拌使硬脂酸迅速被溶解，抽滤除去乙醚溶液；继续向滤杯中加入 RDX 的乙醚饱和溶液直至硬脂酸完全被溶解。之后将滤杯外壁擦净后放入烘箱中烘干，取出放于干燥器中冷却至室温后称其质量 m_3。则造型粉样品中硬脂酸的质量为（m_2-m_3），RDX 的质量为（m_3-m_1），精确到 0.01g。

重复上述步骤 3 次，取其平均值表征造型粉样品中组分含量。JH 炸药样品中各组分含量如表 6-33 所示。

表 6-33　RDX 基 JH 炸药的组分含量

样品	RDX/%	黏结剂/%	硬脂酸/%
工业微米级 RDX 基 JH	94.55	4.96	0.49
纳米 RDX 基 JH	94.52	4.98	0.50

工业微米级 RDX 基 JH 炸药和纳米 RDX 基 JH 炸药中各组分含量基本一致，与配方中所对应的组分含量也一致。说明在制定的工艺参数下制备 JH 炸药时，纳米 RDX 和钝感剂不流失。

4. 纳米 RDX 基 JH 炸药的热分解特性研究

采用美国 TA 公司的 SDT Q600 型 TG/DSC 同步热分析仪对 RDX 基 JH 炸药的热分解过程进行测试，N_2 氛围，流速 80mL/min，Al_2O_3 坩埚，取样量 2～3mg。在 20℃/min 下，RDX 基 JH 炸药的 TG 和 DTG 曲线如图 6-31 所示。

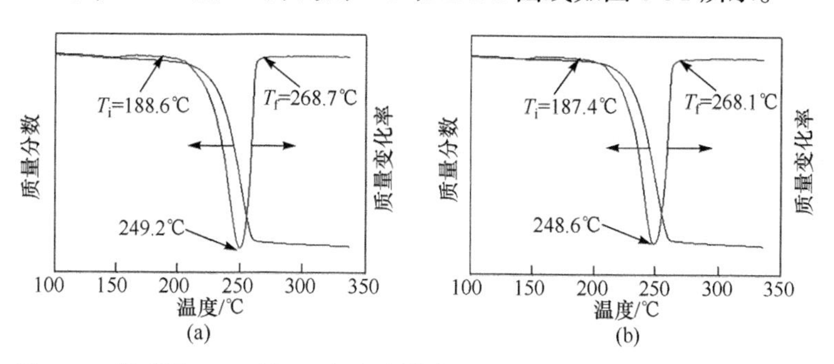

图 6-31　微米级 RDX 基 JH（a）和纳米 RDX 基 JH（b）的 TG/DTG 曲线

RDX 基 JH 炸药仅有一个热分解失重过程，当温度达到 187.4℃时，纳米 RDX 基 JH 炸药开始分解；随着温度升高，纳米 RDX 基 JH 炸药迅速热分解；当温度到 268.1℃后，纳米 RDX 基 JH 炸药的热分解过程已结束。纳米 RDX 基 JH 炸药的热分解起始温度（T_i）、终止温度（T_f）和 DTG 峰温，均比工业微米级 RDX 基 JH 炸药有所提前，其中 DTG 峰温提前约 0.6℃。

RDX 基 JH 炸药样品在升温速率分别为 5℃/min、10℃/min、15℃/min 和 20℃/min 时的 DSC 曲线如图 6-32 所示。

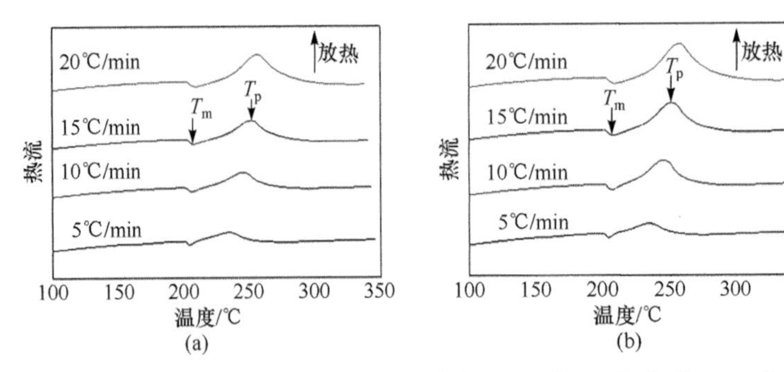

图 6-32　微米级 RDX 基 JH（a）和纳米 RDX 基 JH（b）的 DSC 曲线

RDX 基 JH 炸药中绝大部分组分是 RDX，热分解过程与 RDX 相似，在受热时，随着温度的升高，先熔融吸热，然后发生热分解反应。在相同升温速率下，纳米 RDX 基 JH 炸药的熔融吸热峰和热分解放热峰与工业微米级 RDX 基 JH 炸药所对应的峰形一致，峰的大小也基本一致，随着升温速率增大，热分解放热峰逐渐变高、变宽。在不同升温速率下 DSC 曲线所对应的熔融吸热峰温 T_m 和热分解放热峰温 T_p 分别如表 6-34 和表 6-35 所示。

表 6-34　RDX 基 JH 炸药在不同升温速率下的熔融吸热峰温 T_m

样品	熔融吸热峰温 T_m/℃			
	20℃/min	15℃/min	10℃/min	5℃/min
工业微米级 RDX 基 JH	209.0	207.8	205.9	204.4
纳米 RDX 基 JH	208.4	207.1	205.3	204.0

表 6-35　RDX 基 JH 炸药在不同升温速率下的热分解放热峰温 T_p

样品	热分解放热峰温 T_p/℃			
	20℃/min	15℃/min	10℃/min	5℃/min
工业微米级 RDX 基 JH	257.7	252.7	245.8	235.2
纳米 RDX 基 JH	256.4	250.8	244.6	233.4

在相同升温速率下，纳米 RDX 基 JH 炸药的 T_m 值和 T_p 值均比工业微米级 RDX 基 JH 炸药有所降低；随着升温速率的增大，工业微米级 RDX 基 JH 炸药和纳米 RDX 基 JH 炸药的 T_m 值和 T_p 值逐渐增大。这主要是因为纳米 RDX 基 JH 炸药造型粉的比表面积大，其与外界的有效接触面积大，在相同的升温速率下，同等受热时间内能够比工业微米级 RDX 基 JH 炸药造型粉吸收更多的外界能量，从而提

前达到引起自身熔融或热分解所需的温度，进而表现为 T_m 值和 T_p 值均比工业微米级 RDX 基 JH 炸药有所降低。

采用 Kissinger 方法计算工业微米级 RDX 基 JH 炸药和纳米 RDX 基 JH 炸药热分解放热反应的表观活化能和指前因子，结果如图 6-33 和表 6-36 所示。

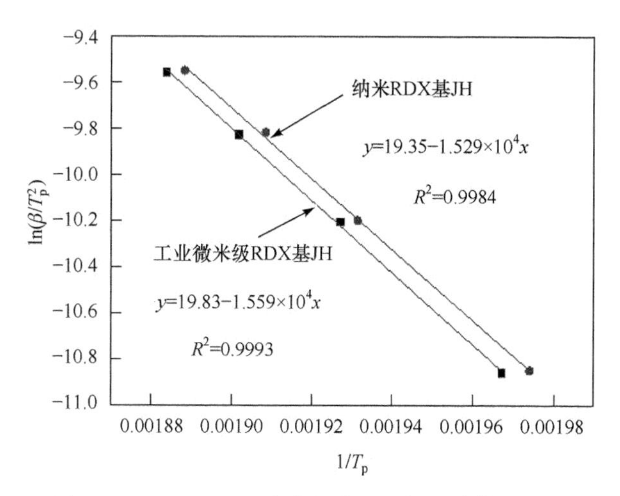

图 6-33 RDX 基 JH 炸药的表观活化能计算示意图

表 6-36 RDX 基 JH 炸药的表观活化能和指前因子计算结果

样品	E_a/（kJ/mol）	A
工业微米级 RDX 基 JH	129.6	6.381×10^{12}
纳米 RDX 基 JH	127.1	3.873×10^{12}

与工业微米级 RDX 基 JH 炸药相比，纳米 RDX 基 JH 炸药的表观活化能减小 2.5kJ/mol，相对降低 1.9%；指前因子相对减小约 39.3%。

5. 纳米 RDX 基 JH 炸药的安定性研究

对 RDX 基 JH 炸药进行真空安定性测试，结果表明：纳米 RDX 基 JH 炸药样品的放气量极少，远小于 2mL/g，安定性很好，与工业微米级 RDX 基 JH 炸药一致；另外也说明纳米 RDX 与混合炸药组分的相容性良好，如表 6-37 所示。

表 6-37 RDX 基 JH 炸药的真空安定性测试结果

样品	放气量/（mL/g）
工业微米级 RDX 基 JH	0.046
纳米 RDX 基 JH	–0.018

6. 纳米 RDX 基 JH 炸药的微观结构

1）造型粉的微观结构

采用光学显微镜研究 RDX 基 JH 炸药造型粉的外观表面结构，如图 6-34 所示。

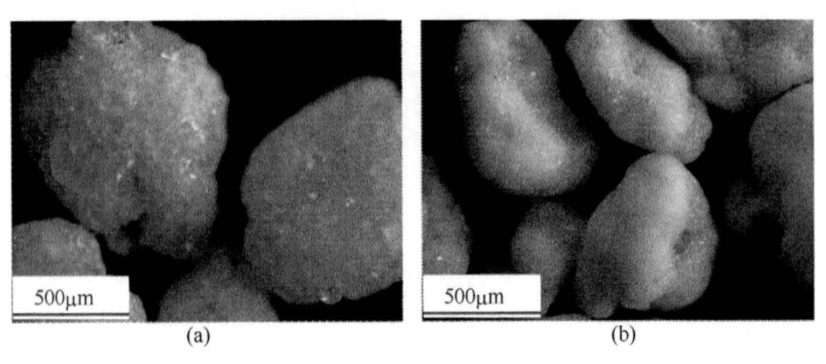

图 6-34　微米级 RDX 基 JH（a）和纳米 RDX 基 JH（b）的外观结构

工业微米级 RDX 基 JH 炸药造型粉颗粒较大，表面比较粗糙，能看到单个 RDX 颗粒；纳米 RDX 基 JH 炸药造型粉颗粒相对较小，表面比较致密、光滑。由于工业微米级 RDX 颗粒较大，在黏结剂体系中形成的空隙较多，且粗颗粒 RDX 难以填充到造型粉颗粒内部空隙里面，因而导致工业微米级 RDX 基 JH 炸药造型粉总体颗粒较大，且颗粒表面比较粗糙。纳米 RDX 颗粒很小，在黏结剂体系中所形成的空隙较小，且纳米 RDX 容易填充到较大的空隙中，因而所形成的造型粉颗粒表面致密。

2）药柱的微观结构

采用场发射扫描电子显微镜研究 RDX 基 JH 炸药药柱的微观结构，如图 6-35、图 6-36 所示。

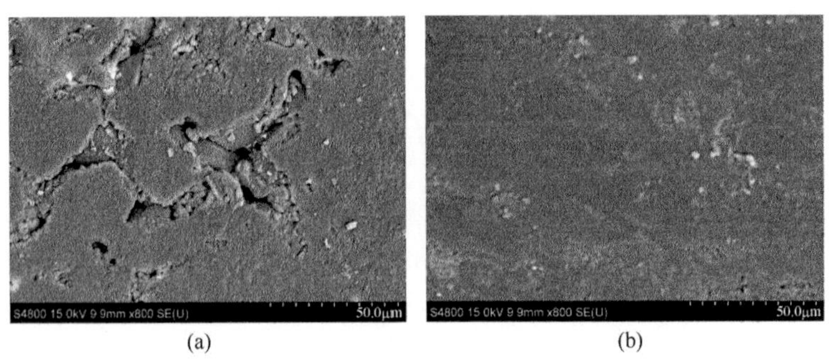

图 6-35　微米级 RDX 基 JH（a）和纳米 RDX 基 JH（b）的药柱表面 SEM 照片

工业微米级 RDX 基 JH 炸药药柱表面存在凹坑，结构不致密；纳米 RDX 基 JH 炸药药柱表面致密，不存在孔洞。当工业微米级 RDX 基 JH 炸药药柱断裂后，所形成的断面不平整，大颗粒周边分界面明显，存在裂缝；当纳米 RDX 基 JH 炸药药柱断裂后，所形成的断面平整，内部结构比较密实。

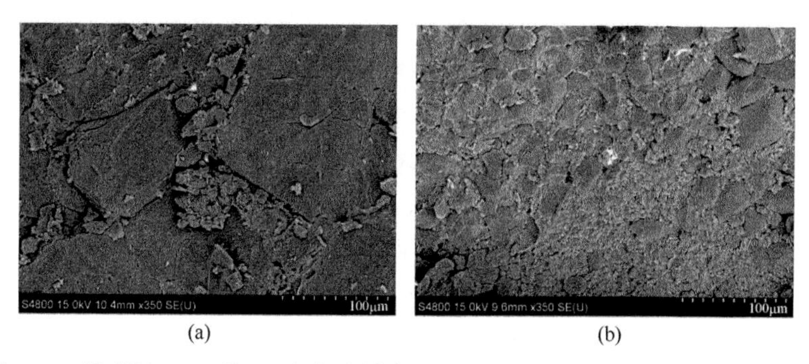

图 6-36　微米级 RDX 基 JH（a）和纳米 RDX 基 JH（b）的药柱断面 SEM 照片

7. 纳米 RDX 基 JH 炸药的力学性能研究

“高能低易损”是现代武器发展的重要方向和趋势，抗过载是低易损的潜在要求。良好的力学性能（如抗压性能）是抗过载的前提，可以保证炸药药柱在装配、运输、储存及使用具有良好的机械强度，确保弹药的性能稳定性、安全性和环境适应性能。根据 GJB 772A—1997 方法 416.1——“压缩法”对 RDX 基 JH 炸药药柱的抗压性能进行研究，主要原理是将一定尺寸的炸药药柱试样放于材料试验机的上、下压板之间，在特定温度下沿试样的轴线方向施加静态压缩载荷，直至试样被压坏，其单位横截面积上所能承受的最大负荷即为抗压强度。

采用 CTM8050 型微机控制电子万能材料试验机，控制压缩速度为 10.00mm/min，环境温度为 20℃，待测 RDX 基 JH 炸药药柱质量为 10.00g，药柱直径为 19.82mm，药柱长度为 19.30mm，药柱密度为 1.68g/cm^3，试验环境温度为 20℃。对 RDX 基 JH 炸药药柱的抗压进行测试时，每种炸药药柱进行 5 次试验，以每次试验的压缩载荷-位移曲线上最大载荷 Q_c 表示药柱的抗压载荷，以 10%Q_c 载荷处对应的位移与最大载荷 Q_c 处所对应的位移之间的距离表示药柱的有效压缩距离 ΔL_c。根据 Q_c 和 ΔL_c 求得每次试验的抗压强度 S_c 和压缩率，并以 5 次试验所得到的抗压强度和压缩率的平均值表征炸药的抗压强度和压缩率。JH 炸药药柱样品的压缩载荷随位移的变化规律曲线如图 6-37 所示。

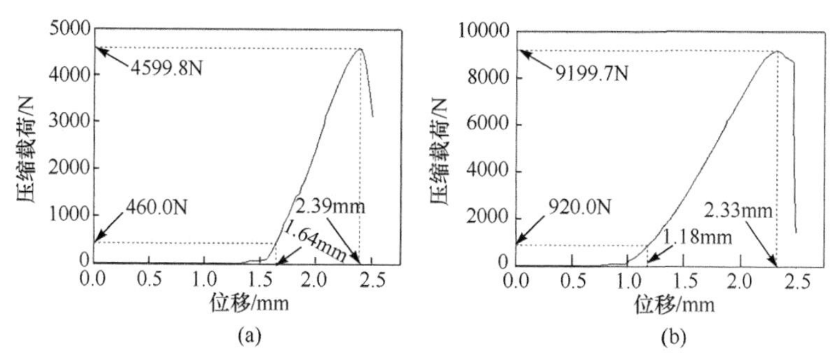

图 6-37　微米级 RDX 基 JH（a）和纳米 RDX 基 JH（b）的压缩载荷-位移曲线

作用在工业微米级 RDX 基 JH 炸药药柱上的载荷随位移的增加而增大；当压缩载荷小于约 460N 时，压缩载荷随位移的增加变化比较缓慢，随着压缩距离的进一步增加，压缩载荷随位移的增加而迅速增大；当压缩载荷达到约 4600N 后，随着位移的进一步增大，压缩载荷迅速降低，表明此时药柱已破碎，对于工业微米级 RDX 基 JH 炸药药柱，在 10.00mm/min 压缩速度下，所能承受的最大载荷约为 4600N。对于纳米 RDX 基 JH 炸药药柱，当压缩载荷小于约 920N 时，压缩载荷随位移的增加变化比较缓慢，当压缩载荷进一步增加至 920N 以上后，压缩载荷随位移的增加而迅速增大；当压缩载荷达到约 9200N 后，随着位移的进一步增大，压缩载荷迅速降低，表明此时药柱已破碎，在试验条件下纳米 RDX 基 JH 炸药药柱所能承受的最大载荷约为 9200N。根据 RDX 基 JH 炸药药柱所能承受的最大抗压载荷 Q_c 和对应的药柱初始截面积的比值求得抗压强度 S_c，如表 6-38 所示。

表 6-38　RDX 基 JH 炸药的抗压强度测试结果

样品	工业微米级 RDX 基 JH		纳米 RDX 基 JH	
	平均值	标准差	平均值	标准差
抗压载荷 Q_c /N	4498.6	287.0	8632.3	667.8
抗压强度 S_c /MPa	14.59	0.93	27.99	2.16

当装药密度为 1.68g/cm^3 时，工业微米级 RDX 基 JH 炸药的平均抗压载荷为 4498.6N，抗压强度为 14.59MPa；纳米 RDX 基 JH 炸药的平均抗压载荷为 8632.3N，抗压强度为 27.99MPa。与工业微米级 RDX 基 JH 炸药相比，纳米 RDX 基 JH 炸药的抗压强度增大 13.40MPa，相对提高了 91.8%。

当施加给 RDX 基 JH 炸药药柱的载荷小于最大载荷 Q_c 的 10%时，压缩载荷随位移增加变化比较缓慢，这可能是由于药柱断面不平整所引起的局部压缩；当施加的载荷超过 10%Q_c 后，载荷随位移增加而迅速增大，这时开始表现为药柱整体的压缩。因而选择压缩载荷在 10%Q_c 至 Q_c 之间所对应的位移来表示有效压缩距离 ΔL_c，并以 ΔL_c 和药柱初始长度 L 之间的比值表示压缩率，结果如表 6-39 所示。

表 6-39　工业微米级 RDX 基 JH 炸药的压缩率测试结果

样品	工业微米级 RDX 基 JH		纳米 RDX 基 JH	
	平均值	标准差	平均值	标准差
压缩距离 ΔL_c /mm	0.78	0.10	1.09	0.18
压缩率/%	4.04	0.52	5.65	0.93

当装药密度为 1.68g/cm^{3}时，工业微米级 RDX 基 JH 炸药的平均压缩距离为 0.78mm，压缩率为 4.04%；纳米 RDX 基 JH 炸药的平均压缩距离为 1.09mm，压缩率为 5.65%。与工业微米级 RDX 基 JH 炸药相比，纳米 RDX 基 JH 炸药的压缩距离增加了 0.31mm，压缩率相对提高了 39.7%。

由上述分析可知，当纳米 RDX 应用到 JH 混合炸药中，可明显改善抗压性能，即大幅度提高抗压强度，增大压缩距离和压缩率。

8. 纳米 RDX 基 JH 炸药的感度和爆炸性能研究

1）摩擦、撞击和冲击波感度

采用“爆炸概率法”对 RDX 基 JH 炸药进行摩擦感度测试，测试摆角为 90°，压强为 3.92MPa，测试温度为（20±2）℃，相对湿度为（60±5）%；试验分两组，每组 25 发，药量 20mg，计算其爆炸百分数，并以两组试验的平均爆炸百分数 P 表征样品的摩擦感度，以其相对变化值（P_1-P_2）/P_1×100%表征样品摩擦感度的变化。

采用“特性落高法”对 RDX 基 JH 炸药进行撞击感度测试，落锤质量为 5kg，每次药量 35mg，测试温度为（20±2）℃，相对湿度为（60±5）%；试验步长为 0.05，根据 25 个有效试验结果计算特性落高 H_{50}，以之表征样品的撞击感度，并以其相对变化值（$H_{50,2}-H_{50,1}$）/$H_{50,1}$×100%表征样品撞击感度的变化。

采用大隔板试验对 RDX 基 JH 炸药的冲击波感度进行测试，主发药柱为特屈儿所压制成的药柱，密度为 1.55g/cm^3，药柱直径 40.0mm，高度 25.4mm；隔板为 0.185mm 厚的三醋酸纤维素酯片，步长为 1.30mm；待测药柱的密度为 1.64g/cm^3，直径 25.0mm，高度 76.0mm；根据 25 个有效试验结果计算样品的 50%爆轰隔板厚度值 δ，以之表征冲击波感度，并以其相对变化值（$\delta_1-\delta_2$）/δ_1×100%表征样品冲击波感度的变化。

分别对工业微米级 RDX 基 JH 炸药和纳米 RDX 基 JH 炸药进行摩擦、撞击和冲击波感度测试，结果如表 6-40 所示。

表 6-40　RDX 基 JH 炸药的摩擦、撞击和冲击波感度测试结果

样品	摩擦感度	撞击感度		冲击波感度	
	P /%	H_{50} /cm	$S_{H_{50}}$ /cm	δ /mm	S_δ /mm
工业微米级 RDX 基 JH	38	29.8	1.32	32.1	1.05
纳米 RDX 基 JH	30	46.3	1.23	27.7	0.82

与工业微米级 RDX 基 JH 炸药相比，在 90°、3.92MPa 条件下，纳米 RDX 基 JH 炸药的爆炸百分数绝对值降低了 8%，计算得到纳米 RDX 基 JH 炸药的摩擦感度相对降低了 21.1%；在受到 5kg 落锤撞击作用下，纳米 RDX 基 JH 炸药的特性

落高绝对值提高了 16.5cm，计算得到纳米 RDX 基 JH 炸药的撞击感度相对降低了 55.4%；在冲击波作用下，纳米 RDX 基 JH 炸药的 50%爆轰隔板厚度减小了 4.4mm，计算得到冲击波感度相对降低了 13.7%。即当纳米 RDX 引入 JH 炸药体系作为主体炸药后，可使 JH 炸药的摩擦、撞击和冲击波感度显著降低。

同时，在撞击和冲击波作用下，与工业微米级 RDX 基 JH 炸药相比，纳米 RDX 基 JH 炸药的特性落高和 50%爆轰隔板厚度的标准差均减小，说明纳米 RDX 基 JH 炸药在撞击和冲击波作用下的起爆稳定性更好。这主要是因为：工业微米级 RDX 基 JH 炸药造型粉颗粒大小不均匀，形状不规则，表面比较粗糙，在撞击或冲击波作用下发生爆炸的概率相差较大，因而标准偏差较大；而纳米 RDX 基 JH 炸药造型粉颗粒大小比较均匀，形状比较规则，表面比较密实，在撞击或冲击波作用下发生爆炸的概率比较接近，因而标准偏差较小。

2）爆速、爆压和爆热

采用“电测法”对 RDX 基 JH 炸药进行爆速测试，被测药柱尺寸为 Φ20mm×20mm，传爆药柱为 90%理论密度（TMD）聚黑-14 药柱，探针为 Φ0.1mm 漆包铜线。

采用“锰铜压力传感器法”对 RDX 基 JH 炸药进行爆压测试，被测药柱尺寸为 Φ20mm×20mm，传爆药柱为 90%TMD 聚黑-14 药柱，锰铜压力传感器为 H 型，传感器封装材料为聚四氟乙烯膜，脉冲恒流源输出电流大于 8A。

采用“恒温法”对 RDX 基 JH 炸药进行爆热测试，被测药柱尺寸为 Φ25mm×27mm，采用 8#电雷管直接起爆，铂电阻温度计的分度值为 0.001℃，实验室温度（20±2）℃。

在进行爆炸性能测试时，工业微米级 RDX 基 JH 炸药的装药密度为 1.643g/cm^3，纳米 RDX 基 JH 炸药的装药密度为 1.640g/cm^3。测试结果（表 6-41）表明：纳米 RDX 基 JH 炸药的爆速、爆压和爆热与工业微米级 RDX 基 JH 炸药相当。

表 6-41　RDX 基 JH 炸药样品的爆速、爆压和爆热测试结果

样品	爆速		爆压		爆热	
	v /（m/s）	S_v /（m/s）	P /GPa	S_P /GPa	H /（kJ/kg）	S_H /（kJ/kg）
工业微米级 RDX 基 JH	8195.5	30.0	24.96	0.95	5596.08	9.67
纳米 RDX 基 JH	8139.5	25.5	24.80	1.42	5552.32	26.07

9. 纳米 RDX 在 PBX 中应用研究进展

采用溶液-水悬浮工艺，将原压装型 JH 炸药配方中的粗颗粒（d_{50}约 90μm）RDX，全部采用纳米级（d_{50}约 60nm）RDX 替代，并确保在制备过程中纳米 RDX

不流失、各组分含量与投料量一致。

与工业微米级 RDX 基 JH 炸药相比，纳米 RDX 基 JH 炸药的热分解峰温提前、表观活化能减小，在 100℃下的安定性相当；纳米 RDX 基 JH 炸药微观结构更加密实，当装药密度为 $1.68g/cm^3$ 时，抗压强度提高了 91.8%，压缩率相对提高了 39.7%；纳米 RDX 基 JH 炸药的摩擦、撞击和冲击波感度分别降低了 21.1%、55.4% 和 13.7%，安全性大大提高，并且对撞击或冲击波作用的起爆稳定性更好；所制得的 PBX 炸药的爆炸性能相当。

6.4.2　纳米 HMX 在压装型高分子黏结炸药中的应用研究进展

1. HMX 基高分子黏结炸药造型粉的制备

采用溶液-水悬浮法，按 HMX：氟橡胶（F_{26}）：硬脂酸（SA）＝94：5：1（质量比），制备压装型 HMX 基高分子黏结炸药（PBX），简称 HMX 基聚奥（JO）炸药。在制备 HMX 基 JO 炸药时，首先按配方比例称取 HMX、F_{26} 和硬脂酸，每次试验均按总投料量 100g 计。然后将称好的 HMX 与去离子水按一定的质量比加入三口烧瓶中，用恒压漏斗将一定浓度的 F_{26} 的乙酸乙酯溶液滴加到烧瓶内，控制搅拌速度和温度，对 HMX 进行包覆。之后控制黏结剂滴加速度为 3mL/min，当黏结剂溶液滴加完毕后控制料液温度为 85℃，待溶剂挥发完全后加入硬脂酸，继续搅拌使其熔化并在体系内均匀分布后，降温至 35℃以下。最后过滤、洗涤，在 50℃下烘干，得到 JO 炸药造型粉，对其进行筛分，研究其粒度分布。

通过研究搅拌速度、黏结剂浓度和包覆温度等因素对纳米 HMX 基 JO 炸药成型过程的影响，确定了适合于纳米 HMX 基 JO 炸药的工艺参数为：搅拌速度 600r/min、黏结剂浓度 5%、包覆温度 80℃，在该工艺条件下所制备的纳米 HMX 基 JO 炸药造型粉如图 6-38 所示。

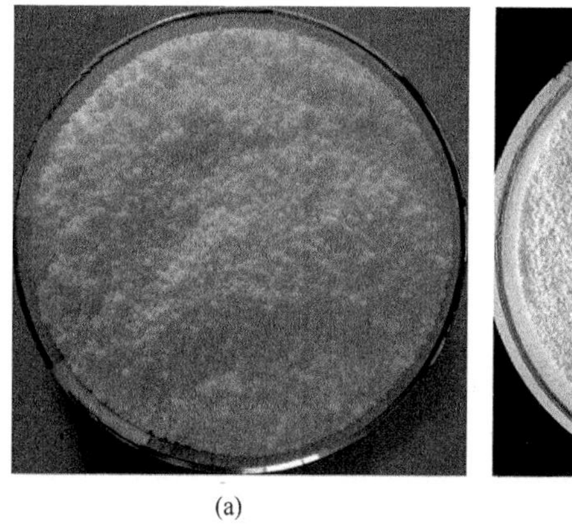

(a)

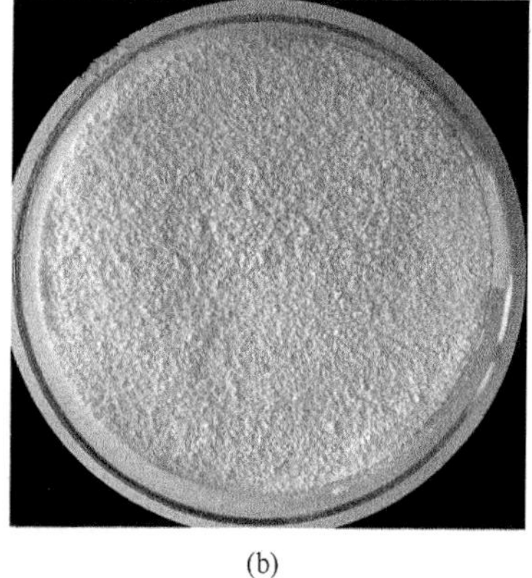

(b)

图 6-38　微米级 HMX 基 JO（a）和纳米 HMX 基 JO（b）炸药造型粉的外观照片

2. 纳米 HMX 基 JO 炸药造型粉的粒度分布

采用筛分法分析 JO 炸药造型粉的粒度分布，测得造型粉颗粒粒度在大于 10 目、小于 10 目大于 30 目、小于 30 目大于 60 目和小于 60 目范围内的质量分数。重复测试 3 次，以它们的平均值表示各个粒度范围内造型粉样品的质量分数，以分布在 10～60 目之间的造型粉为合格品。JO 炸药造型粉的粒度分布如表 6-42 所示。

表 6-42 HMX 基 JO 炸药造型粉的颗粒大小分布

样品	>10 目	10～30 目	30～60 目	<60 目
工业微米级 HMX 基 JO	0.58	81.16	18.12	0.14
纳米 HMX 基 JO	0	27.26	72.38	0.36

工业微米级 JO 炸药造型粉的合格品率为 99.28%，造型粉颗粒较大，主要分布在 10～30 目之间；纳米 HMX 基 JO 炸药造型粉颗粒全部小于 10 目，合格品率为 99.64%，造型粉颗粒较小，主要分布在 30～60 目之间。这是因为：工业微米级 HMX 颗粒较大，d_{50} 在 120μm 左右，黏结剂对其进行一次包覆形成的造型粉颗粒本来就比较大，并且其比表面积小，被包覆时所需的黏结剂量较少，黏结剂可对造型粉进行二次甚至多次包覆形成较大颗粒的造型粉；纳米 HMX 比表面积大，有限的黏结剂对炸药颗粒进行二次或多次包覆的概率较小，因而所形成的造型粉颗粒较小。

3. 纳米 HMX 基 JO 炸药造型粉的组分含量研究

采用“溶剂萃取法”，定量分析 HMX 基 JO 炸药中各组分的含量，研究 JO 炸药中黏结剂和钝感剂的含量及其均匀性。对于 HMX 基 JO 炸药中的组分 HMX、氟橡胶（F_{26}）和硬脂酸，根据它们的性质选择不同的溶剂分别进行溶解。

选择环己酮作为 HMX 的溶剂，乙酸乙酯作为 F_{26} 的溶剂，乙醚作为硬脂酸的溶剂。这是因为：环己酮对 HMX 的溶解度较大，室温下为无色油状液体，可与大多数有机溶剂混溶；对于硬脂酸，可溶于乙醚、丙酮、苯、氯仿、四氯化碳等溶剂，由于苯、氯仿和四氯化碳的毒性较大，而乙醚毒性较小，且对硬脂酸的溶解较大，对 HMX 溶解较小，故选择乙醚作为硬脂酸的溶剂；F_{26} 易溶于乙酸乙酯，而 HMX 和硬脂酸在乙酸乙酯中的溶解度也较小，且乙酸乙酯毒性较小，因此选择乙酸乙酯作为 F_{26} 的溶剂。

基于各溶剂对 JO 炸药组分的溶解度不同，先用乙酸乙酯溶解分离 F_{26}，再用乙醚溶解分离硬脂酸，最后用环己酮溶解分离 HMX。具体实验过程如下：

首先准确称取 HMX 基 JO 炸药造型粉（质量 m 为 20.00g）放入洗净的烧杯中，在 20℃下恒温。然后量取 20℃下 HMX 的乙酸乙酯饱和溶液加入烧杯中，搅拌使 F_{26} 被乙酸乙酯迅速溶解；在 20℃持续搅拌直至黏结剂完全被溶解。之后将烧杯中的物质全部移入已经恒量（质量 m_1）的置于锥形瓶上的滤杯中，过滤并用 HMX 的乙酸乙酯饱和溶液洗涤烧杯，洗涤液一并倒入滤杯中，继续过滤除去所有乙酸乙酯溶液。最后将滤杯外壁擦净后放入烘箱中烘干，取出放于干燥器中冷却至室温后称其质量 m_2，则造型粉样品中黏结剂 F_{26} 的质量为（$m+m_1-m_2$），精确到 0.01g。

将干燥后的滤杯置于另一锥形瓶上，向滤杯中加入 HMX 的乙醚饱和溶液，搅拌使硬脂酸迅速被溶解，抽滤除去乙醚溶液；继续向滤杯中加入 HMX 的乙醚饱和溶液直至硬脂酸完全被溶解。之后将滤杯外壁擦净后放入烘箱中烘干，取出放于干燥器中冷却至室温后称其质量 m_3。则造型粉样品中硬脂酸的质量为（m_2-m_3），HMX 的质量为（m_3-m_1），精确到 0.01g。

重复上述步骤 3 次，取其平均值表征造型粉样品中组分含量。测试所得到的 JO 炸药样品中各组分含量如表 6-43 所示。

表 6-43　HMX 基 JO 炸药的组分含量（%）

样品	HMX	F_{26}	SA
工业微米 HMX 基 JO	94.03	4.96	1.01
纳米 HMX 基 JO	94.02	4.98	1.00

工业微米级 HMX 基 JO 炸药和纳米 HMX 基 JO 炸药中各组分含量基本一致，与配方中所对应的组分含量也一致。说明在制定的工艺参数下制备 JO 炸药时，纳米 HMX 和钝感剂不流失。

4. 纳米 HMX 基 JO 炸药的热分解特性研究

HMX 基 JO 炸药在 20℃/min 下的 TG 和 DTG 曲线如图 6-39 所示。

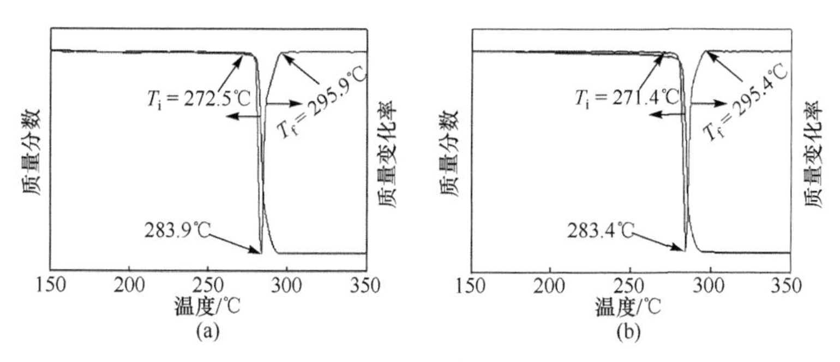

图 6-39　微米级 HMX 基 JO（a）和纳米 HMX 基 JO（b）的 TG/DTG 曲线

HMX 基 JO 炸药仅有一个热分解失重过程，当温度达到 271.4℃时，纳米 HMX 基 JO 炸药开始分解；随着温度升高，纳米 HMX 基 JO 炸药迅速热分解；当温度到 295.4℃后，纳米 HMX 基 JO 炸药的热分解过程已结束。纳米 HMX 基 JO 炸药的热分解起始温度（T_i）、终止温度（T_f）和 DTG 峰温，均比工业微米级 HMX 基 JO 炸药有所提前，其中 DTG 峰温提前约 0.5℃。

HMX 基 JO 炸药样品在升温速率分别为 5℃/min、10℃/min、15℃/min 和 20℃/min 时的 DSC 曲线如图 6-40 所示。

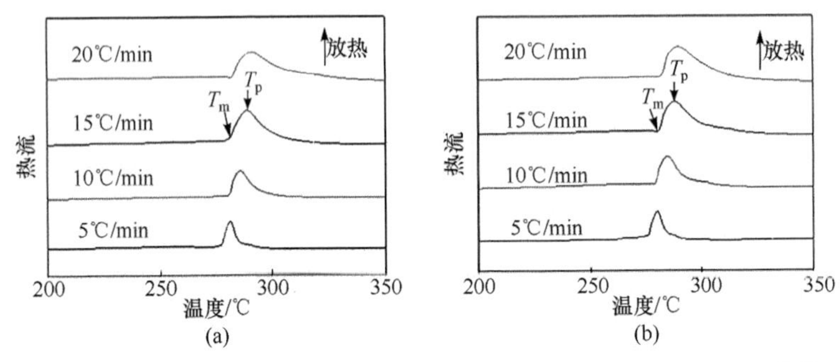

图 6-40 微米级 HMX 基 JO（a）和纳米 HMX 基 JO（b）的 DSC 曲线

HMX 基 JO 炸药中绝大部分组分是 HMX，热分解过程与 HMX 相似，在受热时，随着温度的升高，先熔融吸热，然后发生热分解反应；在相同升温速率下，纳米 HMX 基 JO 炸药的熔融吸热峰和热分解放热峰与工业微米级 HMX 基 JO 炸药所对应的峰形一致，峰的大小也基本一致，随着升温速率增大，热分解放热峰逐渐变高、变宽。在不同升温速率下 DSC 曲线所对应的熔融吸热峰温 T_m 和热分解放热峰温 T_p 分别如表 6-44 和表 6-45 所示。

表 6-44 HMX 基 JO 炸药在不同升温速率下的熔融吸热峰温 T_m

样品	熔融吸热峰温 T_m /℃			
	20℃/min	15℃/min	10℃/min	5℃/min
工业微米级 HMX 基 JO	281.1	280.8	280.0	277.0
纳米 HMX 基 JO	280.8	280.0	278.9	276.3

表 6-45 HMX 基 JO 炸药在不同升温速率下的热分解放热峰温 T_p

样品	热分解放热峰温 T_p /℃			
	20℃/min	15℃/min	10℃/min	5℃/min
工业微米级 HMX 基 JO	290.5	288.6	285.6	281.1
纳米 HMX 基 JO	289.8	287.5	284.5	280.0

在相同升温速率下，纳米 HMX 基 JO 炸药的 T_m 值和 T_p 值均比工业微米级 HMX 基 JO 炸药有所降低；随着升温速率的增大，工业微米级 HMX 基 JO 炸药和纳米 HMX 基 JO 炸药的 T_m 值和 T_p 值逐渐增大。这主要是因为：纳米 HMX 基 JO 炸药造型粉的比表面积大，其与外界的有效接触面积大，在相同的升温速率下，同等受热时间内能够比工业微米级 HMX 基 JO 炸药造型粉吸收更多的外界能量，从而提前达到引起自身熔融或热分解所需的温度，进而表现为 T_m 值和 T_p 值均比工业微米级 HMX 基 JO 炸药有所降低。

采用 Kissinger 方法计算工业微米级 HMX 基 JO 炸药和纳米 HMX 基 JO 炸药热分解放热反应的表观活化能和指前因子，结果如图 6-41 和表 6-46 所示。

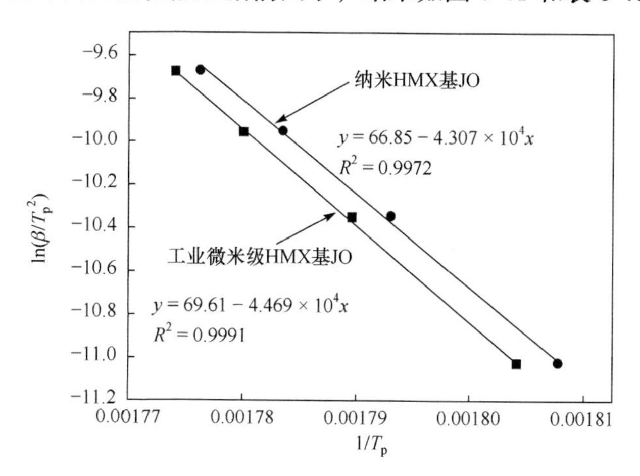

图 6-41　HMX 基 JO 炸药的表观活化能计算示意图

表 6-46　HMX 基 JO 炸药的表观活化能和指前因子计算结果

样品	E_a / (kJ/mol)	A
工业微米级 HMX 基 JO	371.6	7.611×10^{34}
纳米 HMX 基 JO	358.1	4.643×10^{33}

与工业微米级 HMX 基 JO 炸药相比，纳米 HMX 基 JO 炸药的表观活化能减小 13.5kJ/mol，相对降低 3.6%；指前因子相对减小约 93.9%。

5. 纳米 HMX 基 JO 炸药的安定性研究

对 HMX 基 JO 炸药进行真空安定性测试，结果表明：纳米 HMX 基 JO 炸药样品的放气量极少，远小于 2mL/g，安定性很好，与工业微米级 HMX 基 JO 炸药一致；另外也说明纳米 HMX 与混合炸药组分的相容性良好，如表 6-47 所示。

表 6-47　HMX 基 JO 炸药的真空安定性测试结果

样品	放气量/（mL/g）
工业微米级 HMX 基 JO	–0.029
纳米 HMX 基 JO	0.005

6. 纳米 HMX 基 JO 炸药的微观结构研究

1）造型粉的微观结构

采用光学显微镜研究 HMX 基 JO 炸药造型粉的外观表面结构，如图 6-42 所示。

(a)

(b)

图 6-42　微米级 HMX 基 JO（a）和纳米 HMX 基 JO（b）的表面结构

工业微米级 HMX 基 JO 炸药造型粉颗粒较大，表面比较粗糙，能看到单个 HMX 颗粒；纳米 HMX 基 JO 炸药造型粉颗粒相对较小，表面比较致密、光滑。由于工业微米级 HMX 颗粒较大，在黏结剂体系中形成的空隙较多，且粗颗粒 HMX 难以填充到造型粉颗粒内部空隙里面，因而导致工业微米级 HMX 基 JO 炸药造型粉总体颗粒较大，且颗粒表面比较粗糙。纳米 HMX 颗粒很小，在黏结剂体系中所形成的空隙较小，且纳米 HMX 容易填充到较大的空隙中，因而形成的造型粉颗粒表面致密。

2）药柱的微观结构

采用场发射扫描电子显微镜研究 HMX 基 JO 炸药药柱的微观结构，如图 6-43、图 6-44 所示。

工业微米级 HMX 基 JO 炸药药柱表面存在凹坑，结构不够致密；纳米 HMX 基 JO 炸药药柱表面致密，不存在孔洞。当工业微米级 HMX 基 JO 炸药药柱断裂后，所形成的断面不平整，大颗粒周边分界面明显，存在裂缝；当纳米 HMX 基

JO 炸药药柱断裂后，所形成的断面平整，内部结构比较密实。

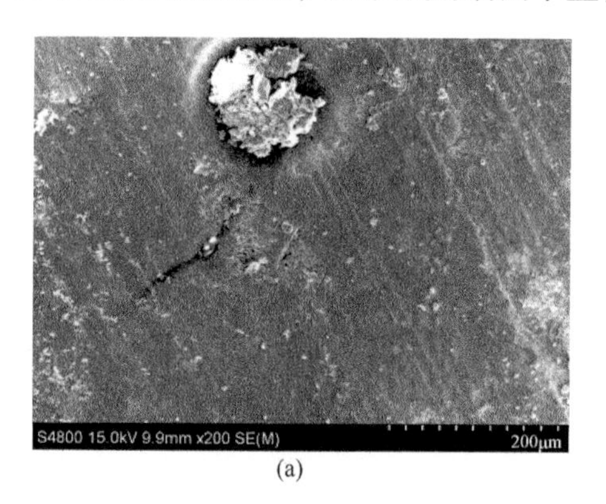

(a)

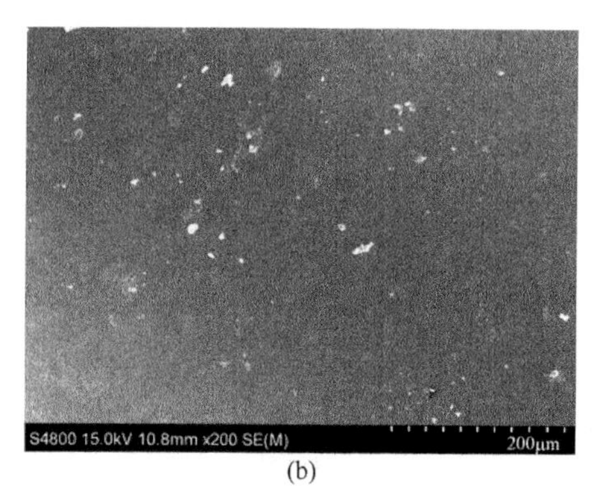

(b)

图 6-43 微米级 HMX 基 JO（a）和纳米 HMX 基 JO（b）的药柱表面 SEM 照片

(a)

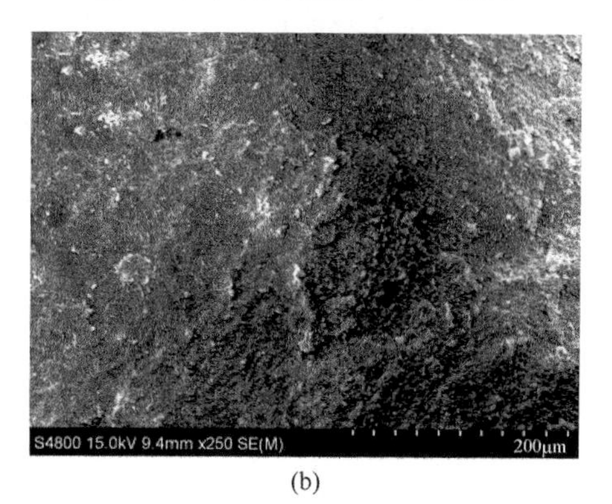

(b)

图 6-44 微米级 HMX 基 JO（a）和纳米 HMX 基 JO（b）的药柱断面 SEM 照片

7. 纳米 HMX 基 JO 炸药的力学性能研究

采用“压缩法”对 HMX 基 JO 炸药药柱的抗压性能进行研究，控制压缩速度为 10.00mm/min、环境温度为 20℃、待测 HMX 基 JO 炸药药柱质量为 10.00g、药柱直径为 19.82mm、药柱长度为 18.96mm、药柱密度为 1.71g/cm^3。JO 药柱的压缩载荷随位移的变化规律曲线如图 6-45 所示。

在 10.00mm/min 压缩速度下，作用在工业微米级 HMX 基 JO 炸药药柱上的载荷随位移的增加而增大；当压缩载荷小于约 254.9N 时，压缩载荷随位移的增加变化比较缓慢，随着压缩距离的进一步增加，压缩载荷随位移的增加而迅速增大；当压缩载荷达到约 2549.2N 后，随着位移的进一步增大，压缩载荷迅速降低，表明此时药柱已破碎，对于工业微米级 HMX 基 JO 炸药药柱，所能承受的最大载荷约为 2549.2N。对于纳米 HMX 基 JO 炸药药柱，当压缩载荷小于约 960N 时，压缩载荷随位移的增加变化比较缓慢，当压缩载荷进一步增加至 961.9N 以上后，压

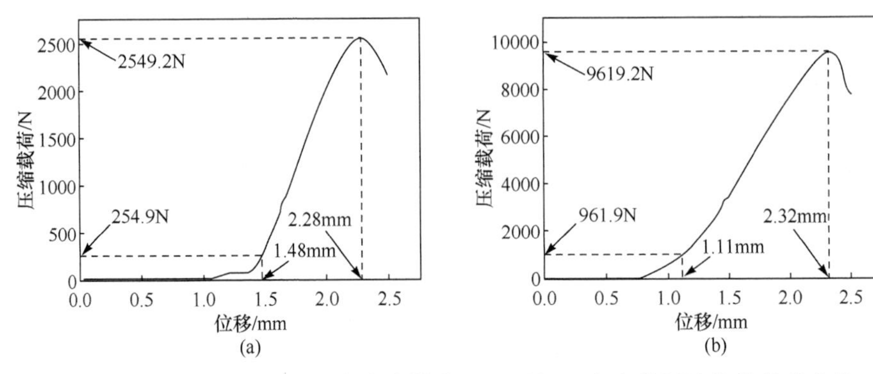

图 6-45　微米级 HMX 基 JO（a）和纳米 HMX 基 JO（b）的压缩载荷-位移曲线

缩载荷随位移的增加而迅速增大；当压缩载荷达到约 9619.2N 后，随着位移的进一步增大，压缩载荷迅速降低，表明此时药柱已破碎，在试验条件下纳米 HMX 基 JO 炸药药柱所能承受的最大载荷约为 9619.2N。根据 HMX 基 JO 炸药药柱所能承受的最大抗压载荷 Q_c 和对应的药柱初始截面积的比值求得抗压强度 S_c，如表 6-48 所示。

表 6-48　HMX 基 JO 炸药的抗压强度测试结果

样品	工业微米级 HMX 基 JO		纳米 HMX 基 JO	
	平均值	标准差	平均值	标准差
抗压载荷 Q_c /N	2410.7	180.2	8987.0	727.4
抗压强度 S_c /MPa	7.82	0.58	29.14	2.36

当装药密度为 1.71g/cm^3 时，工业微米级 HMX 基 JO 炸药的平均抗压载荷为 2410.7N，抗压强度为 7.82MPa；纳米 HMX 基 JO 炸药的平均抗压载荷为 8987.0N，抗压强度为 29.14MPa。与工业微米级 HMX 基 JO 炸药相比，纳米 HMX 基 JO 炸药的抗压强度增大 21.32MPa，相对提高了 272.6%。

选择压缩载荷在 10%Q_c 至 Q_c 之间所对应的位移来表示有效压缩距离 ΔL_c，并以 ΔL_c 和药柱初始长度 L 之间的比值表示压缩率，结果如表 6-49 所示。

表 6-49　HMX 基 JO 炸药的压缩率测试结果

样品	工业微米级 HMX 基 JO		纳米 HMX 基 JO	
	平均值	标准差	平均值	标准差
压缩距离 ΔL_c /mm	0.86	0.10	1.14	0.07
压缩率/%	4.54	0.53	6.01	0.37

当装药密度为 1.71g/cm^{3}时，工业微米级 HMX 基 JO 炸药的平均压缩距离为 0.86mm，压缩率为 4.54%；纳米 HMX 基 JO 炸药的平均压缩距离为 1.14mm，压缩率为 6.01%。与工业微米级 HMX 基 JO 炸药相比，纳米 HMX 基 JO 炸药的压缩距离增加了 0.28mm，压缩率相对提高了 32.6%。

由上述分析可知，当纳米 HMX 应用到 JO 混合炸药中，可明显改善抗压性能，即大幅度提高抗压强度，增大压缩距离和压缩率。

8. 纳米 HMX 基 JO 炸药的感度和爆炸性能研究

1）摩擦、撞击和冲击波感度

采用“爆炸概率法”测定 HMX 基 JO 炸药的摩擦感度，测试摆角为 90°、压强为 3.92MPa、测试温度为（20±2）℃、相对湿度为（60±5）%、药量 20mg。采用“特性落高法”测定 HMX 基 JO 炸药的撞击感度，落锤质量为 5kg、药量 35mg、试验步长为 0.05、测试温度为（20±2）℃、相对湿度为（60±5）%。采用大隔板试验对 HMX 基 JO 炸药的冲击波感度进行表征，主发药柱为特屈儿所压制成的药柱，密度为 1.55g/cm^3，隔板为 0.185mm 厚的三醋酸纤维素酯片、步长为 1.30mm，待测药柱的密度为 1.68g/cm^3。HMX 基 JO 炸药的摩擦、撞击和冲击波感度测试结果如表 6-50 所示。

表 6-50　HMX 基 JO 炸药的摩擦、撞击和冲击波感度测试结果

样品	摩擦感度	撞击感度		冲击波感度	
	P /%	H_{50} /cm	$S_{H_{50}}$ / cm	δ /mm	S_δ /mm
工业微米级 HMX 基 JO	40	27.5	1.35	32.6	1.05
纳米 HMX 基 JO	28	40.7	1.23	24.6	0.61

与工业微米级 HMX 基 JO 炸药相比，在 90°、3.92MPa 条件下，纳米 HMX 基 JO 炸药的爆炸百分数绝对值降低了 12%，计算得到纳米 HMX 基 JO 炸药的摩擦感度相对降低了 30.0%；在受到 5kg 落锤撞击作用下，纳米 HMX 基 JO 炸药的特性落高绝对值提高了 13.2cm，计算得到纳米 HMX 基 JO 炸药的撞击感度相对降低了 48.0%；在冲击波作用下，纳米 HMX 基 JO 炸药的 50%爆轰隔板厚度减小了 8.0mm，计算得到冲击波感度相对降低了 24.5%。即当纳米 HMX 引入 JO 炸药体系作为主体炸药后，可使 JO 炸药的摩擦、撞击和冲击波感度显著降低。

同时，在撞击和冲击波作用下，与工业微米级 HMX 基 JO 炸药相比，纳米 HMX 基 JO 炸药的特性落高和 50%爆轰隔板厚度的标准差均减小，说明纳米 HMX 基 JO 炸药在撞击和冲击波作用下的起爆稳定性更好。这主要是因为：工业微米级 HMX 基 JO 炸药造型粉颗粒大小不均匀，形状不规则，表面比较粗糙，在撞击或冲击波作用下发生爆炸的概率相差较大，因而标准偏差较大；而纳米 HMX 基 JO 炸药造型粉颗粒大小比较均匀，形状比较规则，表面比较密实，在撞击或冲击波作用下发生爆炸的概率比较接近，因而标准偏差较小。

2）爆速、爆压和爆热

采用“电测法”对 HMX 基 JO 炸药进行爆速测试；采用“锰铜压力传感器法”对 HMX 基 JO 炸药进行爆压测试；采用“恒温法”对 HMX 基 JO 炸药进行爆热测试。在进行爆炸性能测试时，工业微米级 HMX 基 JO 炸药的装药密度为 1.680g/cm^3，纳米 HMX 基 JO 炸药的装药密度为 1.677g/cm^3。测试结果（表 6-51）表明：纳米 HMX 基 PBX 混合炸药的爆速、爆压和爆热与工业微米级 HMX 基 JO 炸药相当。

表 6-51　HMX 基 JO 炸药样品的爆速、爆压和爆热测试结果

样品	爆速		爆压		爆热	
	v /（m/s）	S_v /（m/s）	P /GPa	S_P /GPa	H /（kJ/kg）	S_H /（kJ/kg）
工业微米级 HMX 基 JO	8269.7	25.0	26.83	0.65	5595.17	24.55
纳米 HMX 基 JO	8206.6	25.6	26.52	0.39	5591.40	32.41

9. 纳米 HMX 在 PBX 中应用研究进展

采用溶液-水悬浮工艺，将原压装型 JO 炸药配方中的粗颗粒（d_{50} 约 120μm）HMX，全部采用纳米级（d_{50} 约 60nm）HMX 替代，并确保在制备过程中纳米 HMX 不流失、各组分含量与投料量一致。

与工业微米级 HMX 基 JO 炸药相比，纳米 HMX 基 JO 炸药的热分解峰温提前，表观活化能减小，在 100℃下的安定性相当；纳米 HMX 基 JO 炸药微观结构更加密实，当装药密度为 1.71g/cm^3 时，抗压强度提高了 272.6%，压缩率相对提高了 32.6%；纳米 HMX 基 JO 炸药的摩擦、撞击和冲击波感度分别降低了 30.0%、48.0%和 24.5%，安全性大大提高，并且对撞击或冲击波作用的起爆稳定性更好；所制得的 PBX 炸药的爆炸性能相当。

6.4.3　其他相关应用研究进展

南京理工大学国家特种超细粉体工程技术研究中心[13, 14]还系统地研究了纳米 RDX 或纳米 HMX 粒度级配对 PBX 炸药性能的影响规律。结果表明：当合适配比的纳米 RDX 或纳米 HMX 级配样品应用后，相比于采用纯工业微米级粗颗粒 RDX 或 HMX 所制备的 PBX 样品，可使混合炸药的摩擦感度和撞击感度大幅度降低，抗压强度、抗拉强度、抗剪强度显著提高，自发火温度升高、安定性增强，装药密度增大、相同尺寸（体积）药柱的爆速增大，综合性能明显改善。还研究了纳米 RDX 或纳米 HMX 粒度级配对 TNT 基熔铸炸药性能的影响规律[15, 16]。所制得的熔铸炸药药柱的截面 SEM 照片如图 6-46、图 6-47 所示。

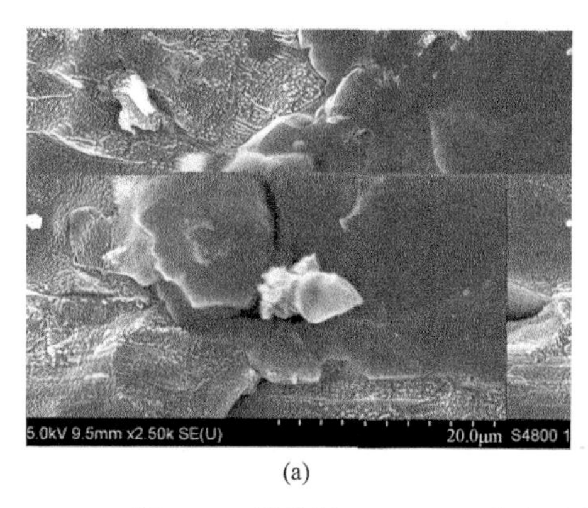

(a)

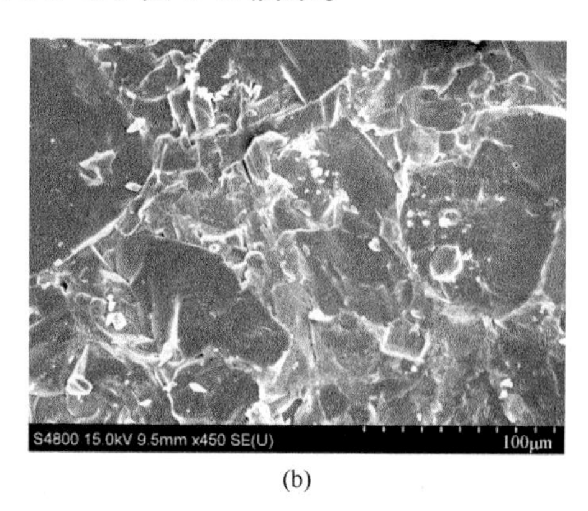

(b)

图 6-46　微米级 RDX-TNT（a）和级配 RDX-TNT（b）的截面 SEM 照片

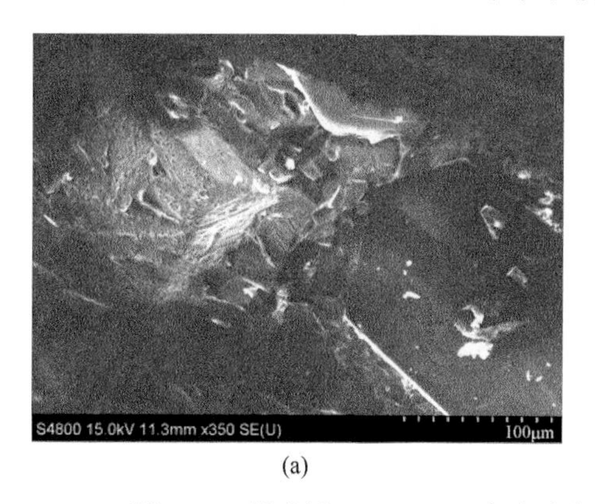

(a)

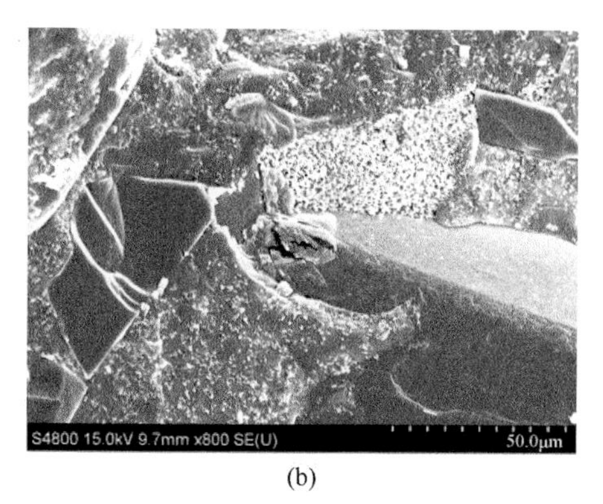

(b)

图 6-47　微米级 HMX-TNT（a）和级配 HMX-TNT（b）的截面 SEM 照片

研究结果表明：当合适配比的纳米 RDX 或纳米 HMX 样品应用于 TNT 基熔铸炸药后，相比于采用纯工业微米级粗颗粒 RDX 或 HMX 所制备的熔铸炸药样品，药柱密实度提高、微观缺陷减少，热稳定性增加、摩擦感度和撞击感度大幅度降低，抗压强度、抗拉强度、抗剪强度显著提高，并且相同尺寸药柱的爆速还有所提高，表现出优异的应用前景。

中国工程物理研究院化工材料研究所李宇翔等[17]将三种粒度级别（粒径分别为 100～300nm、1～2μm、10～20μm）的 HMX 应用于 PBX 炸药中，并将 PBX 造型粉压制成表观密度分别为 1.74g/cm^3 与 1.50g/cm^3 的 PBX 样品，研究了 HMX 粒度与表观密度对 PBX 样品压缩力学性能、导热性能以及药片撞击感度的影响规律。结果表明：HMX 粒度与样品表观密度均对样品的压缩力学性能有较大影响，表观密度相同时，样品的压缩强度与压缩模量随着粒径减小而显著增大；当HMX粒度相同时，表观密度高的样品压缩强度与压缩模量均较高。在相同表观密度下，PBX样品的导热系数与热扩散系数均随HMX粒径减小而增加，且在较高表观密度下更为显著。HMX颗粒粒径减小后能够大幅度提升PBX的导热性能。

并且，在相同表观密度下，PBX 样品的撞击感度特性落高（H_{50}）随粒径的减小而大幅度升高：例如，当表观密度为1.74g/cm^{3}时，基于100～300nm HMX的PBX样品的H_{50}值达到了94.4cm，比基于10～20μm HMX的PBX样品提高了约97%；而当表观密度为1.50g/cm^{3}时，基于100～300nm HMX的PBX样品的H_{50}值，比基于10～20μm HMX的PBX样品提高了约76%。说明随着HMX粒径减小，PBX炸药的撞击感度显著降低。对于含同种粒度HMX的样品，低密度样品的特性落高均略高于高密度样品，表明低密度样品的撞击感度更低。不同PBX炸药样品受撞击前后的微观形貌如图6-48～图6-50所示。

PBX炸药样品被撞击后，微观结构发生了明显的变化，且不同粒度样品撞击后的形貌特征存在明显差异。基于100～300nm HMX的PBX样品和基于1～2μm HMX的PBX样品，均可以观察到明显的带状熔化区域，但该区域周边仍保持类

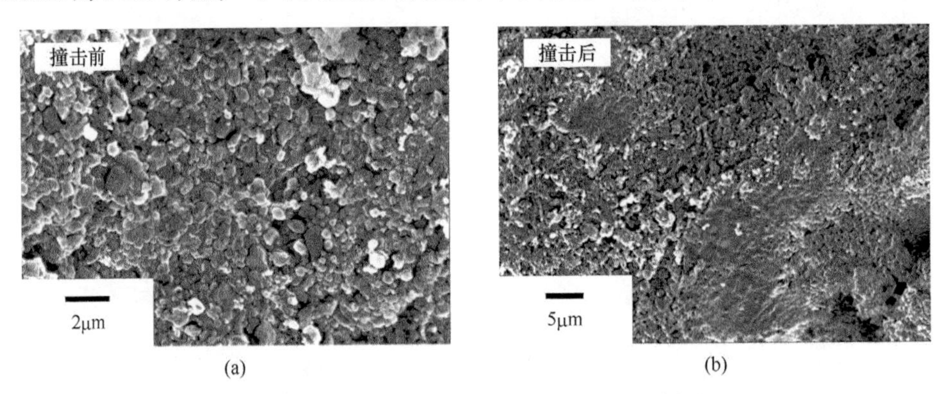

(a)　(b)

图6-48　基于100～300nm HMX的PBX样品

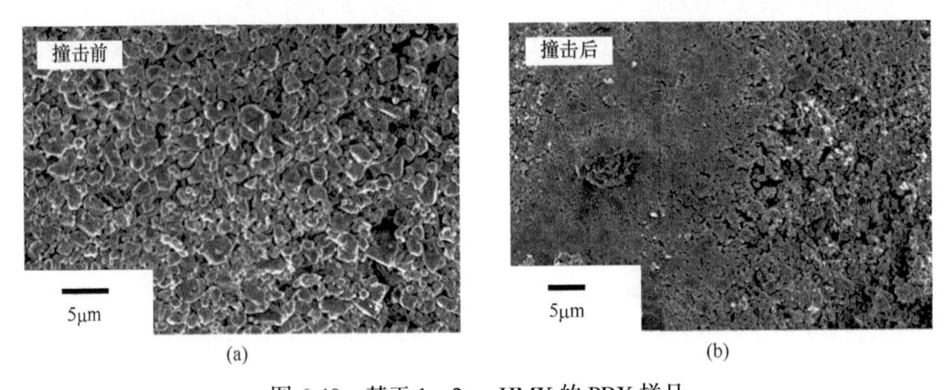

(a)　(b)

图6-49　基于1～2μm HMX的PBX样品

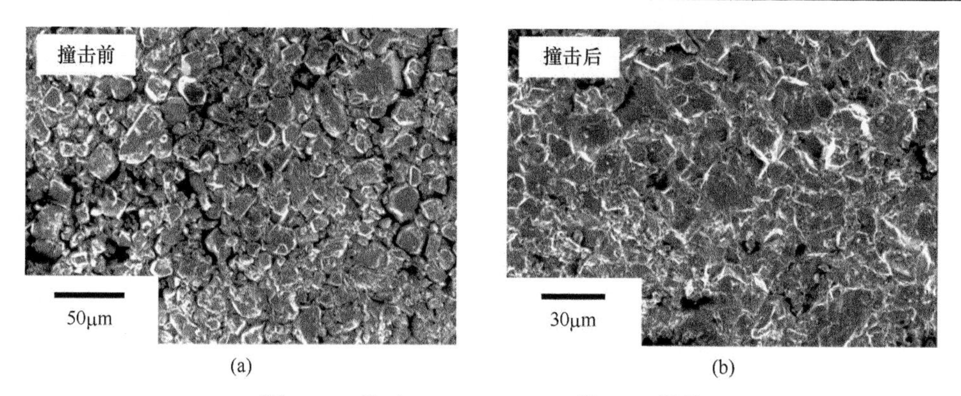

(a)　(b)

图 6-50　基于 10～20μm HMX 的 PBX 样品

似初始药片的多孔结构，颗粒尺寸也未发生明显变化。而基于 10～20μm HMX 的 PBX 样品，被撞击后颗粒间的空隙基本消失，且部分颗粒发生破碎或产生了裂纹。这是因为：基于大粒度 HMX 所制备的 PBX 炸药内颗粒堆积形成的空隙尺寸相应较大，且其力学强度较低，撞击作用下易发生空隙压缩及颗粒破碎并形成热点，颗粒受热相互熔合使空隙基本消失；而基于小粒径 HMX 所制备的 PBX 炸药力学强度较高，内部空隙尺寸很小，空隙难以直接被压缩，撞击作用下主要发生颗粒层的剪切滑移，形成的高温剪切带将局部炸药加热至熔化或反应温度形成熔化带。

6.5　微纳米含能材料在火工药剂中的应用研究进展

火工药剂是用于火工品（如雷管、火帽、底火等）以产生燃烧、爆燃或爆炸的药剂，主要有起爆药、击发药、点火药、延期药等。火工药剂是中国的四大发明之一，但是它的发明一开始只是用于烟花制造，并没有巨大的破坏性。13 世纪，蒙古军队在成吉思汗的带领下，横扫整个欧亚大陆，当时的阿拉伯人在战火中获得了火工药剂配方及制备工艺；14 世纪中叶，火工药剂传入了欧洲。第一次世界大战、第二次世界大战期间，各种各样的火工药剂相继问世，破坏威力大幅度提升，在战争中发挥了重要的作用。

国外非常重视发展火工药剂，20 世纪 80 年代，美国就开始研制一些新型火工药剂，包括无铅绿色起爆药、延期药、点火药等都处于国际领先水平。我国虽然起步较晚，但发展较快，如对改性黑火药、点火药、起爆药等的研究处于较高水平。进入 21 世纪以来，美国已将微纳米技术应用于火工品制造，进而显著提高了火工药剂的综合性能。我国也大量研究了微纳米技术在火工药剂领域的应用，并取得了显著进展。随着微纳米技术与微纳米材料的应用，火工药剂的点火与起爆灵敏度大幅度提高。

当前，降低火工药剂组分（如 HNS、CL-20 等）尺度，已成为其发展的重要方向。这是因为：通过降低组分尺度，不仅能够提高火工药剂的高频短脉冲起爆感度，还能降低组分的低频长脉冲冲击波感度，进而显著提高火工药剂的使用稳定性和安全性。

南京理工大学黄寅生等[18]研究了 RDX 粒度对导爆索传爆性能的影响，试验结果表明：RDX 粒径越小，比表面积越大，反应速率越快，爆速越高，传爆稳定性越好。中北大学张景林等[19,20]在 SiO_2 溶胶向凝胶转变过程中，依次加入 RDX 的 DMF 溶液和 PVA 水溶液，制备得到了含粒径 0.3～1.0μm 的 RDX/SiO_2 传爆药，并对其感度和传爆性能进行了研究。结果表明：与机械掺杂的 RDX-SiO_2 相比，RDX/SiO_2 传爆药的撞击、摩擦感度均显著降低，并且在临界厚度以上起爆时，亚微米级 RDX 使 RDX/SiO_2 传爆药的爆轰成长期缩短。该课题还采用喷射重结晶法制备得到了 3 种不同粒径的 HMX，即 1～2μm、20～30μm、30～40μm，并研究了 HMX 粒度级配对传爆药冲击波感度和爆速的影响，结果表明：在中等密度下，传爆药的冲击波感度随着粒径的减小而降低，且爆速也随着细颗粒 HMX 增多而呈现上升趋势。

中北大学王晶禹等[21-26]采用雾化辅助溶剂/非溶剂重结晶法制备了中位粒径 d_{50} 为 8.16μm、粒度分布在 1～10μm 的超细 HMX，并研究了超细 HMX 的性能及其在传爆药中的应用效果。结果表明：与原料 HMX（d_{50} 为 88.46μm）相比，超细 HMX 的热爆炸临界温度提高、热敏感性降低、安全性增强，撞击感度大幅度降低；与含原料 HMX 的传爆药相比，含超细 HMX 的传爆药在撞击作用下的特性落高显著提高，撞击安全性大大增强；通过粗、细 HMX 颗粒级配，可以提高传爆药药柱内部颗粒间的契合性，使药柱更密实，在压缩过程中，减少了大颗粒之间的直接作用，从而提高了力学性能。

王晶禹等也研究了炸药粒度对 CL-20 基油墨传爆性能的影响规律，分别制备得到了三种粒度级别的 CL-20 炸药：d_{50} 为 140nm、粒度分布 80～250nm，d_{50} 为 1.5μm、粒度分布 0.5～3μm，以及 d_{50} 为 15μm、粒度分布 4～30μm。以水性聚氨酯（WPU）和乙基纤维素（EC）组成双组分黏结分散体系，制备了 CL-20 基炸药油墨。研究结果表明：随着 CL-20 粒径减小，临界传爆厚度逐渐降低，最小可达 69μm，且 CL-20 炸药粒径越小，其爆轰波传播能力越强，越有利于其在极小尺寸的通道内可靠稳定传爆。并且，对于以 HTPB 为黏结剂的 CL-20 基传爆药研究结果也表明，通过使超细 CL-20（d_{50} 约 6μm）与粗颗粒 CL-20（d_{50} 约 100μm）进行粒度级配，可以提高传爆药的装药密度和抗压强度，使能量性能和力学性能获得提高。

他们还进一步研究了粒径在 60nm 左右的纳米 TATB 在 PBX 传爆药中的应用，结果表明：纳米 TATB 的加入使传爆药的撞击感度提高，起爆灵敏度增加。TATB

基 PBX 传爆药的 SEM 照片如图 6-51 所示。

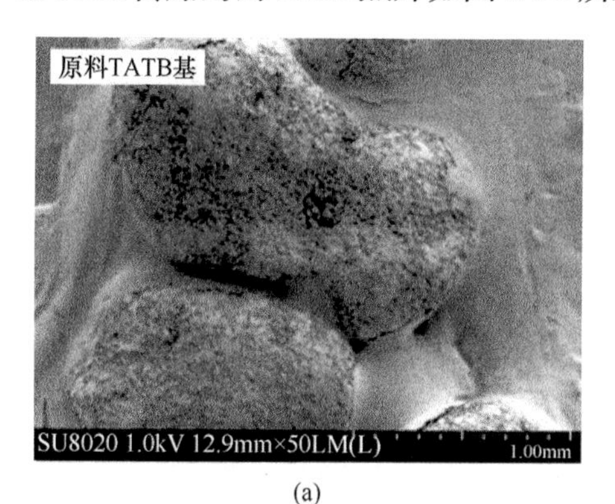

(a)

(b)

图 6-51　含 TATB 的 PBX 传爆药的 SEM 照片

当粒径小于 200nm 的超细 TATB 应用于 HMX 基传爆药后，可显著降低传爆药的感度。并且，他们还制备了中位粒径 d_{50} 为 89.2nm、粒度分布范围在 40～190nm、分散性良好的纳米级 HNS，通过研究纳米 HNS 的起爆性能，结果表明：纳米 HNS 比普通超细 HNS（HNS-Ⅳ）短脉冲起爆灵敏度更高，起爆可靠性更好。

另外，中北大学刘玉存等[27]还研究了以 HNS 为基的聚莀传爆药的热安定性，以及 HNS 在不同粒度和不同装药密度时，对聚莀传爆药冲击波感度的影响。结果表明：聚莀传爆药的内相容性良好、耐热性好、自发火温度高（在 305℃以上）；当聚莀传爆药的装药密度不变时，在一定范围内 HNS 的粒径越小，冲击波感度越低。并且，传爆药的冲击波感度随装药密度的降低而增加，原因在于装药密度大时，颗粒间空隙减小，爆炸气体产物不易渗入装药的内层激起反应，爆轰波压缩气泡形成热点的机会也减少。该研究结果可为引信传爆序列的安全设计和使用提供重要的依据。

西安近代化学研究所姚李娜等[28]采用机械粉碎法对 TATB 进行预处理，制备得到了高品质超细 TATB（d_{50} 为 8.24μm），使 TATB 粒径变小，表面光滑且缺陷减少。研究了含 TATB 的 RDX 基传爆药的感度，结果表明：与含普通 TATB 的 RDX 基传爆药相比，含高品质超细 TATB 的 RDX 基传爆药感度降低，这是因为高品质超细 TATB 在 RDX 颗粒表面分布更加均匀，减少了颗粒之间的空隙，进而使机械感度降低、传爆药的制备和使用安全性提高。

中国工程物理研究院化工材料研究所刘永刚等[29]研究了超细 HNS（HNS-Ⅳ）在传爆药中的应用，设计了以氟聚物作为黏结剂的传爆药配方，并研究了传爆药的性能。结果表明：基于超细 HNS 的传爆药配方具有优异的热安定性和安全性，可用于直列式传爆序列装药。陕西应用物理化学研究所王培勇等[30]利用爆炸箔冲击片试验研究了高纯 HNS 粒度与其冲击片起爆性能之间的关系，并模拟了不同粒度 HNS 的冲击片起爆性能。研究发现，药剂窄脉冲起爆能量随着高纯 HNS 粒径的减小而降低。

6.6 微纳米含能材料应用效果研究现状

当微纳米含能材料应用于军民领域火炸药产品中，可使这些产品的性能获得显著提升和改善。例如，当纳米 RDX（或纳米 HMX）应用于改性双基推进剂中，可显著提高推进剂在高温、常温和低温下的抗拉强度和伸长率，大幅度降低摩擦感度、撞击感度和压强指数，大大改善推进剂的力学性能、安全性和燃烧性能；当超细 HMX、超细 CL-20 等应用于交联改性双基推进剂或复合推进剂后，可使推进剂的感度降低、力学性能大幅度提高、燃烧性能显著改善；当超细 NQ 应用于低燃速推进剂中，可使推进剂在保持能量的基础上，燃速获得大幅度降低，吸湿性显著改善。

当纳米 RDX、纳米 HMX 应用于压装型 PBX 炸药中，可显著提高抗压强度和压缩率，大幅度降低摩擦、撞击和冲击波感度，大大改善混合炸药的力学性能和安全性；通过粒度级配还可提高装药密度，进而提高单位体积药柱的爆炸性能（如爆速）。当纳米 RDX、纳米 HMX 应用于 TNT 基熔铸炸药后，可使药柱密实度提高、微观缺陷减少，热稳定性增加、摩擦感度和撞击感度大幅度降低，抗压强度、抗拉强度、抗剪强度显著提高。并且，当微纳米含能材料应用于混合炸药后，还可减小临界爆轰直径，提高爆炸反应完全性，且通过粒度级配还可提高装药密度。

当微纳米 RDX、超细 HMX 应用于发射药中，可显著提升力学性能、改善燃烧性能，且相关研究还表明随着超细含能材料的引入，发射药的感度降低，温度敏感系数也降低，当亚微米级 HNS 应用于冲击片雷管中，可大幅度提高应用过程安全性，并使起爆可靠性、稳定性显著增强。此外，当所研制的微纳米复合含能材料（如 TATB/HMX、TATB/CL-20）应用后，在保证应用产品所需能量水平的基础上，还可使感度降低 20%以上。

总之，当所研制的高品质微纳米 RDX、HMX、CL-20、TATB、HNS 等，按设计要求合理地应用于战略战术武器用固体推进剂、发射药及混合炸药与火工药剂中，可大幅度提升力学性能，提高起爆灵敏度与精度，降低感度、降低温度敏感系数，改善燃爆性能，展现出优良的功效性能，使火炸药产品的综合性能大大提升，进而可显著提升武器装备的综合性能。微纳米含能材料的高品质开发及其高效能应用，将为武器装备性能提升提供重要支撑，进而对促进国防现代化发展和强军巩固国防发挥重要作用。

参 考 文 献

[1] 刘杰. 具有降感特性纳米硝胺炸药的可控制备及应用基础研究[D]. 南京: 南京理工大学, 2015.

[2] 李笑江. 粒铸 EMCDB 推进剂制备原理及性能研究[D]. 南京: 南京理工大学, 2007.

[3] 欧阳刚. 亚微米 CL-20 的制备及其在固体推进剂中的应用研究[D]. 南京: 南京理工大学, 2015.

[4] 周晓杨, 唐根, 庞爱民, 等. GAP/CL-20 高能固体推进剂燃烧性能影响因素[J]. 固体火箭技术, 2017, 40(5): 592-595.

[5] 周水平, 吴芳, 唐根, 等. CL-20 及其粒度级配对 NEPE 推进剂燃烧性能的影响[J]. 火炸药学报, 2020, 43(2): 195-202.

[6] 贾小锋, 李葆萱, 王世英. HMX/RDX 粒度对硝胺推进剂高低压燃烧特性的影响[J]. 固体火箭技术, 2010, 33(3): 319-322.

[7] Naya T, Kohga M. Influences of particle size and content of HMX on burning characteristics of HMX-based propellant[J]. Aerospace Science and Technology, 2013, 27(1): 209-215.

[8] 付有, 王彬彬, 徐滨, 等. RDX 对改性单基发射药燃烧性能的影响[J]. 含能材料, 2017, 25(2): 161-166.

[9] 王奥, 王彬彬, 徐滨, 等. RDX 粒度对改性单基药燃烧性能及力学性能的影响[J]. 火炸药学报, 2018, 41(2): 197-201.

[10] Wang B B, Liao X, Wang Z S, et al. Preparation and properties of a nRDX-based propellant[J]. Propellants, Explosives, Pyrotechnics, 2017, 42(6): 1-11.

[11] 廖昕. 低易损性发射药性能研究[D]. 南京: 南京理工大学, 2004.

[12] 韩进朝. 改性单基发射药的制备及性能研究[D]. 太原: 中北大学, 2019.

[13] 肖磊, 刘杰, 郝嘎子, 等. 微纳米 RDX 颗粒级配对压装 PBX 性能影响[J]. 含能材料, 2016, 24(12): 1193-1197.

[14] 靳承苏. 含微纳米 RDX/HMX 颗粒级配的高聚物粘结炸药的制备及性能研究[D]. 南京: 南京理工大学, 2018.

[15] 乔羽. 纳米 RDX 和 HMX 在 TNT 基熔铸炸药中的应用基础研究[D]. 南京: 南京理工大学, 2016.

[16] 戎园波. HMX 粒度级配对 TNT 基及 DNAN/TNT 基熔铸炸药的性能影响研究[D]. 南京: 南京理工大学, 2018.

[17] 李宇翔, 吴鹏, 花成, 等. 微纳米 HMX 基 PBX 力学、导热性能及药片撞击感度[J]. 含能材料, 2018, 26(4): 334-338.

[18] 黄寅生, 张春祥, 沈瑞琪, 等. 小直径低爆速金属导爆索[J]. 火工品, 1999, (4): 5-8+13.

[19] 王金英, 姜夏冰, 张景林, 等. 膜状 RDX/SiO_2 传爆药的制备及表征[J]. 火炸药学报, 2009, 32(5): 29-32.

[20] 柴涛, 张景林. HMX 粒度、粒度级配对混合传爆药性能影响的研究[J]. 中国安全科学学报, 2000, 10(3): 71-74.

[21] 张娜. 以 HMX 为基 PBX 传爆药的制备与研究[D]. 太原: 中北大学, 2016.

[22] 宋长坤, 安崇伟, 叶宝云, 等. 粒度对 CL-20 基炸药油墨临界传爆特性的影响[J]. 含能材料, 2018, 26(12): 1014-1018.
[23] 李俊龙, 王晶禹, 安崇伟, 等. HNIW/HTPB 传爆药的制备及性能研究[J]. 中国安全生产科学技术, 2012, 8(3): 13-17.
[24] 邵琴, 徐文铮, 王晶禹, 等. TATB 基 PBX 配方研究及性能测试[J]. 火工品, 2015, (5): 46-49.
[25] 于卫龙. 含 TATB 传爆药制备及工艺优化[D]. 太原: 中北大学, 2016.
[26] An C W, Xu S, Zhang Y R, et al. Nano-HNS particles: mechanochemical preparation and properties investigation[J]. Journal of Nanomaterials, 2018, (4): 1-7.
[27] 袁凤英, 闻利群, 刘玉存. 聚芪-X 传爆药的热安定性和冲击波感度[J]. 火工品, 1999, (3): 33-35.
[28] 姚李娜, 郑林, 戴致鑫, 等. 预处理 TATB 对 RDX 基传爆药机械感度影响的研究[J]. 化工新型材料, 2016, 44(9): 127-129.
[29] 刘永刚, 王平, 吴奎先. HNS-Ⅳ为基的传爆药配方设计及性能研究[J]. 火工品, 2007, (1): 5-8.
[30] 王培勇, 史春红, 张周梅, 等. 高纯 HNS 粒度对冲击片起爆感度的影响[J]. 火工品, 2011, (4): 29-31.

第 7 章　微纳米含能材料的研究与发展方向

微纳米含能材料由于其表面效应与小尺寸效应等所带来的优异特性，已表现出了较好的应用效果，并显示出潜在的诱人应用前景[1,2]。然而，只有当微纳米含能材料的优异特性获得充分发挥并表现出超常的应用效果后，才能真正促进大规模实际应用。因此，微纳米含能材料的后续研究与发展方向也必将紧紧围绕其高效应用的全过程。

7.1　强化高效应用基础理论及应用技术研究

在国家微纳米技术专项的支持下，我国微纳米材料的制备技术获得了长足发展，许多微纳米材料的制备技术研发成功并且已实现工程化和产业化放大。然而，微纳米材料的大规模高效应用尚需进一步强化研究。对于微纳米含能材料也不例外，其大规模高效应用也是当前急需攻克的难题。目前，微纳米含能材料虽然在固体推进剂与发射药及混合炸药中应用时，获得了较好的力学性能提升效果与降低感度的效果，也在推进剂与发射药中表现出良好的燃烧性能改善效果，还在火工药剂中表现出提高起爆灵敏度和起爆稳定性的优势；但是，在混合炸药中应用后，却并未表现出提高爆炸性能的预期优势。引起这些现象的原因是什么？目前尚不完全明确！

因此，必须强化应用基础理论研究，深刻、精准揭示出微纳米含能材料在推进剂、发射药、混合炸药及火工烟火药剂中应用后，对力学性能、感度、燃烧性能、爆炸性能、起爆灵敏度等的作用机理及影响规律。并研究出进一步提高应用效果的机理及技术途径。使微纳米含能材料的优异特性获得充分发挥，在火炸药产品中产生超常效果。只有这样，微纳米含能材料才能获得真正大规模工业化实际应用，也才达到了研究微纳米含能材料的实际意义和初衷。

含能材料尺度微纳米化后，首先，必须研究揭示出其自身热分解历程、爆轰反应历程、能量释放规律、感度等，随颗粒尺寸、形貌、粒度分布、晶粒尺寸等的变化机理及规律。然后，必须揭示出微纳米含能材料在推进剂、发射药、混合炸药及火工烟火药剂中应用后，含能颗粒与火炸药产品中的其他成分接触混合后，所形成的新体系的热分解历程或爆轰反应历程，以及能量释放规律、感度、机械力学作用规律等，随含能颗粒尺寸、形貌、粒度分布、晶粒尺寸等的变化机理及规律。最后，还必须研究出实现不同颗粒尺寸、形貌及粒度分布的微纳米含能材料，与火炸药产品中其他成分充分接触混合进而实现高效分散的技术途径。

只有充分研究揭示出这些作用机理与影响规律，并攻克了技术难题与瓶颈，才能从本质上为微纳米含能材料的高效大规模应用提供理论和技术支撑，最终为火炸药产品综合性能改善和武器装备应用性能提升提供支撑。

7.2　强化模拟仿真研究

微纳米含能材料的制备与应用过程存在极大的危险性，基础研究与工程化及产业化过程如果仍采用“画+打”模式，靠大量实验与试验获取数据，既耗费大量人力与物力，又增大了研究过程的安全风险。如果首先采用模拟仿真方式，从理论上推演出大量的实验与试验数据，这既可大大节约人力与物力，又可降低研究过程中的安全风险。因此，强化微纳米含能材料制备与应用时的模拟仿真研究尤为重要。

微纳米含能材料制备和应用过程涉及工艺与装备的模拟仿真研究，这些研究对微纳米含能材料制备和应用过程的安全、数字化、智能化至关重要，如：

（1）通过对含能材料微纳米化制备过程进行数值模拟仿真研究，就可在既定工艺装备的条件下，事先给出某种微纳米含能材料产品所需的制备工艺参数。还可直观预判某种工艺参数将可能获得的微纳米含能材料产品，或基于某种微纳米化制备工艺，优化装备的结构及材质。进而有效指导含能材料微纳米化制备工艺和装备的放大，使含能材料微纳米化制备过程更加高效、安全、可控，保证工程化与产业化放大后产品的质量稳定性。

（2）通过对微纳米含能材料干燥过程进行数值模拟仿真研究，就可形象地揭示出干燥过程物料的状态，如真空冷冻干燥过程水分升华脱除的状态，以及雾化连续干燥过程水分汽化脱除的状态。为缩短干燥时间、提高干燥效率与干燥后产品质量，以及优化干燥工艺及干燥装备结构与材质，提供直接的参考和指导。进而保证工艺和装备放大后的有效性和可靠性及产品质量稳定性。

（3）通过对微纳米含能材料在应用过程中的分散性，及含能颗粒与火炸药组分间的微观结合状态进行模拟仿真研究，就可系统全面地分析微纳米含能颗粒在产品基体体系中的分散、分布状态和界面演变规律。为高效分散所需的力场、温度场等设计提供指导；还可进一步为分散设备的设计，及其放大后的结构与材质及工艺优化，提供直接有效的指导，进而提高分散效率和效果。

（4）通过对含有微纳米含能材料的火炸药产品的性能进行模拟仿真研究，就可提前预判由于微纳米含能材料的引入，对产品感度、力学性能、燃烧性能、爆炸性能等的影响规律，为既定火炸药产品的性能最优化设计和武器装备所需新型特殊火炸药的定制化设计，提供强有力的理论指导和数据支撑。

总之，通过强化模拟仿真研究并推动仿真结果应用，不仅能够大幅度减少火炸药产品实际应用所需的大量探索试验研究工作，优化微纳米含能材料的制备和应用工艺，节约成本、缩短新型火炸药产品的研制周期，提升火炸药产品综合性能。还能够为微纳米含能材料与火炸药领域所涉及的基础研究、工程化试制与放大、产业化及推广应用等过程相关人员，提供科学、形象的指导，便于该领域教学、科研、生产、管理及人员培训等效率提高，推动行业技术进步。

7.3　加强微纳米（含能）粉体连续精确计量与准确加料技术及装备研究

为了实现含有大量微纳米粉体的固体推进剂、发射药、混合炸药及火工烟火药剂等制备工艺连续化，首先必须解决这些产品制造过程中，微纳米（含能）粉体的连续精确计量与加料问题。微纳米粉体的颗粒极细、表面能很高、表面电荷高，在连续输送加料过程中流散性很差，极易团聚、结块和架桥，导致这些粉体无法连续、均匀、准确输送加料，进而使火炸药产品无法实现连续化制造。为此，必须加强这方面的研究，解决如下关键技术：

（1）必须解决微纳米（含能）粉体在连续输送加料过程中的流散性问题，使之不易团聚、结块、架桥，实现连续均匀输送。

（2）必须解决输送设备、加料漏斗的结构与形状设计，使之能连续产生合适的分散力场，进而确保微纳米（含能）粉体在输送设备及加料漏斗内，在分散力场的作用下始终处于良好的分散状态，不团聚、不结块、不架桥。

（3）必须研发出微纳米（含能）粉体在连续、均匀加料过程中的连续精确计量技术与设备，并实现计算机远程控制，在线精确显示出单位时间内的物料加入量。

（4）必须研发出微纳米（含能）粉体连续均匀准确加料技术与设备，能随时根据计量设备显示出的计量结果，进行加料速度的修正与远程自动调控，使之按设计要求连续准确加料。

7.4　深入开展粉尘防护与环境保护研究

微纳米含能材料的制备和应用全过程，既涉及微纳米材料相关的粉尘防护和环境保护，又囊括含能材料相关的危害防治。首先，微纳米含能材料作为微纳米粉体，其具有毒性[3]。微纳米含能材料既可以造福人类，也可能给环境和人体健康带来影响。到目前为止，微纳米含能材料的生物安全性还不明晰，关于它对健康的影响尚不能系统全面的分析。例如，美国纽约罗切斯特大学研究人员的实验显示，实验鼠吸入纳米材料可能对多个脏器和中枢神经系统产生不良影响，但关于纳米颗粒如何进入大脑并累积起来会产生何种影响，这种作用机制尚未得到彻底揭示。当前，世界上许多国家，如中国、美国、英国、法国、日本等，都已开始高度关注微纳米材料的生物效应与安全性方面的研究工作。

微纳米含能颗粒，尤其是亚微米级和纳米级颗粒，由小尺寸效应、表面效应等所引起的独特理化性质，使其相关的毒性及毒理学研究与常规块状或粗颗粒显著不同。首先，纳米颗粒结构微小，能够轻易进入机体，并能穿透细胞膜，引起类似环境超微颗粒所致的炎症反应。一般理论认为，同种化合物的纳米级颗粒与微米级颗粒相比，其致炎性和致肿瘤性等毒性可能更大。其次，纳米材料的比表面积巨大，有高表面活性，该特性可能导致其对生物体毒效应的放大。再次，纳米颗粒可通过呼吸系统、皮肤接触、食用和注射，以及在生产、使用、处置过程中向环境释放等途径向生物体和环境暴露而产生威胁，而其主要途径是通过呼吸道或皮肤。

微纳米含能材料颗粒与生物体及生物大分子具有强烈的结合性，潜在蓄积毒性较大且扩散迁移能力强，这将对环境及人类健康造成很大的威胁。例如，人体吸入后会导致呼吸系统损伤甚至病变，并且纳米颗粒还可能随淋巴液进入血液，进而输送到人体各个部位，破坏人体免疫系统，造成更大的身体损害。此外，微纳米含能颗粒进入环境中，会造成严重的环境污染，如使水质富营养化、使空气质量下降等。

对于微纳米含能材料颗粒由于其尺度效应和表面效应所引起的环境污染与毒害机理，需系统深入地开展研究，才能更好地指导其实际应用。相关毒理学研究表明，影响微纳米材料毒性的因素很多，如颗粒大小、数目、浓度、表面积、物理性质、化学性质等。由此可见，微纳米含能颗粒的本身特性决定了其会对生物体及生态环境造成污染，并危及人类健康。在进行微纳米含能材料颗粒的危害机理研究时，尤其要重视微纳米含能颗粒的大小、形貌、粒度分布、浓度、种类等对环境污染和人体危害的影响，揭示它们的作用机制，进而为微纳米含能材料的毒副性控制和有效防护提供理论支撑。通过对微纳米含能材料颗粒进行表面修饰或复合化处理，降低其漂浮、飞散的能力，以及颗粒的聚集倾向与毒副性，进而可以减轻或控制甚至消除微纳米含能材料颗粒所引起的环境污染与人体健康问题。此外，操作人员在接触微纳米含能材料颗粒时，需穿戴好粉尘防护护具，防止微纳米含能颗粒直接与人体皮肤接触，或通过呼吸道进入人体，是降低其直接危害的有效途径。

另外，微纳米含能材料作为含能材料，其燃爆特性所可能引起的环境污染和人体伤害问题，也是需要特别重视的。例如，微纳米含能材料黏附在管道壁面、风机叶轮等部位，或沉积在管道，经长期累积达到一定数量后，可能在热、静电火花、机械刺激等因素作用下，发生猛烈的燃烧或爆炸，进而造成设备损坏、环境污染、人员伤亡等。因此，对于微纳米含能材料，要严格遵守含能材料安全操作规范，并且还要重视研究并消除微纳米颗粒的特性所引起的意外燃爆事故。

7.5 微纳米含能材料制备与应用新原理及新技术的突破和创新

1. 微纳米含能材料制备新原理及新技术的突破和创新

上文已述及微纳米含能材料的多种制备理论及技术，然而这些制备技术仍存在诸多不足之处，如工艺间断、数字化与智能化水平低，甚至一些技术存在过程复杂、环保问题突出、现场操作人员较多，以及得率较低、产品质量稳定性较差等严重不足。因此，急需研究提炼出新的制备原理并开发出新的制备技术及配套设备，使制备过程简单、安全，智能化水平提高。

由于含能材料大多是由化学合成法制备，如果能突破现有“合成构筑+间断干燥”、“重结晶+间断干燥”或“粉碎+间断干燥”工艺技术模式，快速一步制备出干态、分散性良好的所需粒度微纳米含能材料；或将含能材料直接干态超细化处理，获得分散性良好的所需粒度微纳米产品；并实现数字化与智能化控制生产。这将可使微纳米含能材料制备技术从现有的工业1.0、2.0落后状态，突升至工业3.0、4.0水平，彻底改变当前的落后面貌。

要达到这种效果，必须突破现有制备技术的束缚，创新研发出新的制备原理及技术与配套设备。例如，基于气流粉碎技术实现较钝感的含能材料，在干燥状态下直接高效超细化（0.5～10μm）粉碎；这样可避免采用湿法粉碎时，所需的复杂防团聚干燥处理。基于热风雾化连续干燥技术，或过热蒸汽连续粉碎与干燥及分散技术，实现微纳米含能材料连续、快速、安全粉碎与干燥及分散等。

对于微纳米含能材料在火炸药产品中的应用，也必须突破现有的一些条条框框，创新研发出新的原理及技术。

2. 微纳米含能材料应用过程中分散新原理及新技术的突破和创新

微纳米含能材料在推进剂、发射药、混合炸药及火工烟火药剂中的分散问题，是关系到微纳米含能材料优异特性在这些产品中是否能充分发挥，进而获得超常效果的关键。研究表明：现有的传统搅拌分散原理及技术与配套设备，已无法满足微纳米含能材料在火炸药产品中安全、高效、连续均匀分散的要求，必须突破现有的一些分散理念，研发出新的分散原理及新技术与配套设备。

如采用安全型雾化与沸腾相结合的连续均匀分散新原理及新技术，或采用安全型“柔性搓揉”连续均匀分散新原理及新技术，或无桨（如声共振）混合与分散技术；以解决微纳米含能材料在与高分子黏结剂、氧化剂、金属粉、金属氧化物等多种成分，所形成的特殊高分子复合材料体系中的安全、高效、连续均匀分散难题。进而充分发挥微纳米含能材料的优异特性，进一步提高火炸药产品综合性能。

3. 微纳米含能材料的表面处理与粒子设计及多功能化理论和技术创新

微纳米含能材料的比表面积大、表面能高，极容易发生团聚甚至颗粒长大，进而导致性能降低或优异特性丧失。在其应用前，可预先进行表面处理，如表面包覆、粒子复合、表面功能化修饰等，避免在应用过程中所引起的性能降低。并且，通过表面处理或粒子复合，进行特殊粒子设计实现微纳米含能材料多功能化，如核壳型氧化-催化一体化设计、核壳型降感-抗溶解一体化设计等，从而进一步提升微纳米含能材料的性能，提升火炸药产品的综合性能。要实现这一目的，就需要对微纳米含能材料的表面高效、均匀、高精度处理的理论及技术进行突破和创新，并对微纳米含能材料的性能优化与提升的理论进行创新，还需对微纳米含能材料多功能化耦合的理论及技术进行创新，最终才能促进其进一步高效能应用。

4. 性能在线或快速表征理论与技术创新

微纳米含能材料在制备或表面处理过程中，其粒度与形貌以及基本物理性能、热性能、感度等在线或快速有效表征，是实现其制备过程或表面处理过程连续化、数字化与智能化的基础。微纳米含能材料应用后，后续产品的组分均匀性[4-7]、力学性能、燃烧性能、感度及爆炸性能等快速表征，是提高其应用效能、促进大规模实际应用和火炸药产品综合性能提升所急需解决的瓶颈技术。例如，复合固体推进剂从捏合分散到固化成型，通常需 7 天左右的时间，且成型后的样品还需进一步整形处理后，才能对燃烧性能、力学性能等进行表征。如何实现快速、精确表征？如直接采用推进剂捏合分散药浆进行性能表征测试，进而精确有效推测出成型产品的性能等。这是非常迫切且急需的技术！

要实现这些目标，必须首先实现性能在线或快速表征的理论与技术创新，提出新的表征理论、研制出新的表征技术，最终助力实现微纳米含能材料高效能应用。

立足 21 世纪，面向未来，微纳米含能材料的实际应用领域将不断拓展，其制备、分散、应用及表征等过程中也将会遇到新的机遇和挑战。新理论、新技术、新装备的突破及其进一步研发创新,将为促进微纳米含能材料的科学与技术发展,推动工程化与产业化及全面推广应用，并更好地服务国防和国民经济，提供坚实的支撑。

参 考 文 献

[1] Liu J, Jiang W, Yang Q, et al. Study of nano-nitramine explosives: preparation, sensitivity and application[J]. Defence Technology, 2014, 10(2): 184-189.

[2] Liu J, Ke X, Xiao L, et al. Application and properties of nano-sized RDX in CMDB propellant with low solid content[J]. Propellants Explosives Pyrotechnics, 2017, 43(2): 144-150.

[3] 李凤生, 刘宏英, 陈静, 等. 微纳米粉体技术理论基础[M]. 北京: 科学出版社, 2010.

[4] Zhou S, Wang Z Q, Lu L M, et al. Rapid quantification of stabilizing agents in single-base propellants using near infrared spectroscopy[J]. Infrared Physics and Technology, 2016, 77: 1-7.

[5] Zhou S, Yin Q S, Lu L M, et al. Application of near infrared spectroscopy in fast assay of liquid components in single-base propellant intermediates[J]. Infrared Physics and Technology, 2017, 80: 11-20.

[6] 周帅, 邓国栋. 二维相关光谱技术在含能材料快速分析中的应用研究[J]. 光谱学与光谱分析, 2016, 36(10): 33-34.

[7] 王云云, 邓国栋, 徐君, 等. 单基发射药中钝感剂组分含量的快速检测方法[J]. 火炸药学报, 2018, 41(4): 408-413.